스마트홈
관리사

필기 | 실기 한권끝장

김일진 · 이의신 · 황준호 · 장우성 공저

1 스마트홈 개론	2 스마트홈 네트워크	3 스마트홈 기기	4 스마트홈관리사 실기	5 스마트홈관리사 필기 기출문제

한솔아카데미

머리말

'스마트홈관리사'는 인공지능과 사물인터넷, 네트워크 등 스마트홈에 관한 이론지식과 숙련기능을 바탕으로 스마트홈 환경 구현을 위한 시스템을 일반적인 권한 내에서 설계·구축·운용하는 전문 인력으로서, 인공지능 활성화와 정부의 디지털 뉴딜 정책사업 추진 등에 힘입어 최근 급부상하고 있는 유망직업 중의 하나입니다.

글로벌 컨설팅회사 맥킨지에 따르면, 스마트홈 서비스 플랫폼 적용을 통한 경제적 가치는 2025년 기준 3,500억 달러 이상으로 추산하고 있으며, 국내외 스마트홈 플랫폼 기업과 인공지능 스마트 가전 기업들은 스마트홈에 맞는 우수한 제품들을 앞 다투어 출시하며 치열한 홍보에 나서고 있습니다.

국내의 경우, LH(한국토지주택공사)는 스마트홈서비스인 홈즈(HomeZ)로 똑똑한 주거공간을 만들겠다고 선포하며 국내 통신사들과의 협업을 통해 개방형 스마트홈 플랫폼을 구축하는 한편, 시공하는 모든 주택에는 스마트홈서비스를 전면 적용시키겠다고 밝힌 바 있습니다.

또한, LG전자는 스마트 가전은 물론 태양광 패널, 시스템 에어컨과 같은 제품을 통해 스마트홈의 전기, 공조 등을 모니터링, 제어하기 위한 기술과 인프라를 갖추고 스마트홈 사업을 추진하고 있으며, 고객들은 지능형 라이프 스타일 플랫폼 'LG 씽큐(LG ThinQ)' 앱(Web)을 통해 제품 관리, 서비스, 커머스 등 다양한 기능을 활용하여 더욱 편리한 스마트홈 생활을 누릴 수 있습니다.

삼성전자도 스마트홈 플랫폼인 스마트싱스를 통해 별도의 IoT 허브 없이도 스마트홈 환경을 구현해 주는 '스마트싱스 허브(SmartThings Hub)' 소프트웨어를 선보였는데, 스마트싱스 허브는 삼성전자의 스마트 TV, 스마트 모니터, 패밀리 허브 냉장고 등 모든 가전에 적용될 예정입니다. 스마트싱스 생태계에는 이미 수십억 개의 장치가 호환되고 있으며, 특히 애플, 구글, 아마존 등이 참여한 스마트홈 상호 운용성 표준인 '매터(Matter)'에 대한 지원으로 연결성을 더 확대시킬 전망입니다.

이와 같은 스마트홈 서비스 분야에 많은 전문 인력 수요가 예측되므로 여러분이 4차 산업혁명시대에 요구되는 본 스마트홈관리사 자격증을 취득한다면, 스마트홈 분야에 있어서 누구보다 앞서 나가는 최고의 엔지니어가 될 것이라 확신합니다.

대표 편저자 김일진

스마트홈관리사 자격증 시험에 관한 자세한 정보는
한국정보통신자격협회 홈페이지에서 확인할 수 있습니다.

차례

3

스마트홈
기기

4
스마트홈관리사 실기

5 부록
스마트홈관리사 필기 기출문제

스마트홈관리사 검정요강

시험소개

01 검정개요

스마트홈관리사란, 4차 산업혁명의 핵심인 사물인터넷과 초연결 기술을 기반으로 나날이 발전하는 스마트홈 기기들의 효율적인 구축과 활용을 담당하는 전문 인력을 양성하기 위한 자격이다.

02 검정기준

자격명칭	검정기준
스마트홈관리사	인공지능과 사물인터넷, 네트워크 등 스마트홈에 관한 이론지식과 숙련기능을 바탕으로 스마트홈 환경 구현을 위한 시스템을 일반적인 권한 내에서 설계 · 구축 · 운용할 수 있는 이론적, 실무적 능력을 검정한다.

- 자격의 종류 : 등록(비공인)민간자격
- 등록번호 : 2021-000289
- 등급별 정보 : 등급 없음(민간자격)
- 자격발급기관 : 한국정보통신자격협회
- 민간자격정보서비스(www.pqi.or.kr)

03 검정요강

- 응시자격 : 제한 없음
- 검정과목

필기검정	필기 검정문제의 문항수는 40문항이 출제되며, 40분의 제한시간을 둔다.
실기검정	1 SET(5~20문항)가 출제되며 40분의 제한시간 내에 지시된 사항을 수행해야 한다.

• 문항 수 / 제한시간

등급	검정 방법	검정 과목	주요항목	문항수	제한 시간	유형
등급 없음	필기	스마트홈 개론	스마트홈의 이해	40 문항	40분	필기 : 택일
			IoT의 이해			
			인공지능의 이해			
			스마트홈 법규 및 직업윤리			
		스마트홈 네트워크	스마트홈 통신 기술			
			스마트홈 보안			
		스마트홈 기기	스마트홈 기기 일반			
			스마트 융합 기기			
	실기	스마트홈 실무	스마트홈 설계 실무	5~20 문항	40분	작업/서술/ 선택/분석형
			스마트홈 구축 및 운용 실무			

※ 필/실기 통합형 검정으로 실기 후 쉬는 시간 없이 필기 진행

04 합격기준

등급	검정방법	합격검정기준	
		만점	합격점수
등급 없음	필기	100점	40점 이상
	실기	100점	40점 이상
	합계	200점	120점 이상

※ 필기와 실기 각각 100점을 만점으로 하여 필기와 실기 각 40점 이상과 합계 평균 60점 이상을 득점한 자

05 검정료

등급	검정료	입금방법
등급 없음	75,000원	무통장입금, 신용카드, 온라인이체

시험일정

회수	2023년 제1회	2023년 제2회	2023년 제3회	2023년 제4회
등급	–	–	–	–
과목	통합	통합	통합	통합
접수기간	2023.02.27~ 2023.03.02	2023.05.22~ 2023.05.25	2023.08.21~ 2023.08.24	2023.11.06~ 2023.11.09
수검일자	2023.04.02	2023.06.25	2023.09.24	2023.12.03
합격발표	2023.04.11	2023.07.04	2023.10.03	2023.12.12
검정예정 지역	서울, 인천, 수원, 대전, 대구, 부산, 광주	서울, 인천, 수원, 대전, 대구, 부산, 광주, 제주	서울, 인천, 수원, 대전, 대구, 부산, 광주	서울, 인천, 수원, 대전, 대구, 부산, 광주, 제주

※ 지역별 접수인원이 일정 인원 미만인 경우 검정지역 변경 또는 취소(원서비 전액 환불)합니다.

기타 안내

- 검정 원서 접수방법 : 인터넷 접수 → 원서접수 기간 동안 가능
www.icqa.or.kr
※ 모든 검정은 온라인 접수입니다.

- 검정 장소 : 검정일 1주일 전 홈페이지에 공고
- 합격자 발표 : 검정 일정 참조

스마트홈관리사
실기시험 예제
프로그램 사용법

예시

실기시험에 관한 프로그램 화면은 일부만 발췌하였습니다.
실기시험 프로그램의 자세한 내용은 한국정보통신자격협회 홈페이지를 참고해 주세요.

한국정보통신자격협회
홈페이지
www.icqa.or.kr

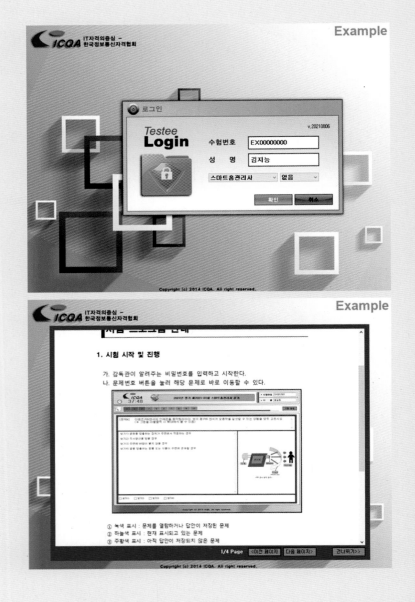

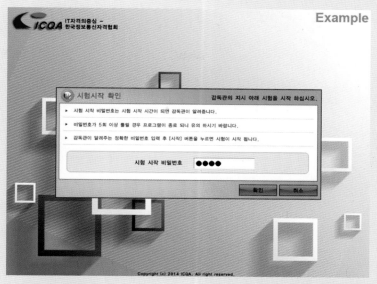

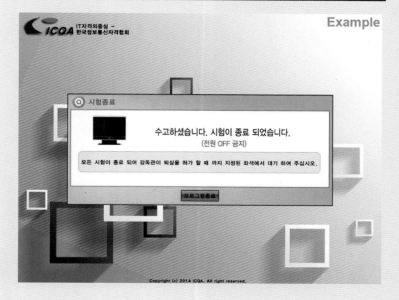

스마트홈
개론

01 스마트홈의 이해

1 스마트홈의 개요

(1) 스마트홈이란 무엇인가?

① 스마트홈은 기술 시스템, 자동화 프로세스, 원격 제어기기 등을 통해 아파트나 주택에서 설비나 가전을 사용하는 것을 말한다.

주요 목적은 가정에서 삶의 질과 편의성을 높이고, 보안을 향상시키며 에너지 효율을 높이는 것이며, 이때 연결된 원격 제어 기기를 사용하며 자동화를 지원하는 주택 또는 공동주택을 말하고 있다.

정부(국토교통부) 스마트시티 기술 분류에 따르면 스마트홈1은 에너지환경(스마트그리드, 전기자동차, 신재생에너지, 열병합발전 등 4가지 분야) 및 스마트홈2는 ICT영역(통신, IoT/센서, 네트워크시스템, 빅데이터, 정보보완 등 5가지 분야)와 스마트홈3는 스마트홈(홈네트워크, 스마트미러링, 플랫폼, 주거환경제어, 헬스케어, 에너지관리, 보완시스템 등 7가지 분야)로 총 스마트기술분류 7개 항목 32 요소 중 3가지 영역 16개 요소를 포함하고 있다.

그림 1-1 스마트시티 기술 분류(7개 항목 32요소)
출처: 국토교통과학기술진흥원, 2016

② 스마트 서비스에 있어서 가장 중요한 요소는 디지털 기반이고, 스마트 공간, 스마트 제품, 스마트 데이터, 스마트 서비스를 총괄하는 개념이다.

③ 스마트홈의 중심은 중앙 제어 유닛이다. 여기에 다수의 스마트기기를 연결하고 PC나 스마트폰이나 태블릿으로 제어할 수 있다. 가정 자동화 기기는 이의 제어를 위해서 인터넷을 통해 원격으로 모니터링 하고 제어되는 사물 인터넷[IoT]을 통한 통신과 와이파이, 블루투스, Zigbee, Z-Wave 같은 표준 무선 기술을 사용한다. 일반적으로 사용자 인터페이스로 제어하며, 이러한 중앙 제어유닛을 허브 또는 게이트 웨이라고도 한다.

(2) 스마트홈의 정의

① 스마트홈이란 홈(HOME)이라는 공간과 기술로 구현되는 '스마트(SMART)'의 개념이 합쳐진 것으로 스마트(SMART)라는 단어는 우리가 알고 있듯이 '똑똑하다'라는 의미로 사전적 정의는 '똑똑한, 영리한'으로 IT기술의 발달과 함께 성장한 스마트폰과 함께 전 산업 분야를 주도하는 컨셉을 말한다.

② 한국 스마트홈산업협회에 따르면 "주거 환경에 IT를 융합하여 국민의 편익과 복지증진, 안전한 생활이 가능하도록 인간 중심적인 스마트 라이프 환경"으로 정의하고 있다.

③ 스마트홈은 집안에 구현된 IoT 서비스라고 할 수 있다. 이는 집안의 가전제품과 보안 시스템, 조명 등을 서로 원격으로 제어하도록 연결하여 만든 시스템이며, 통신·건설·가전·보안·콘텐츠·전력 등 다양한 산업이 융합된 서비스를 말한다.

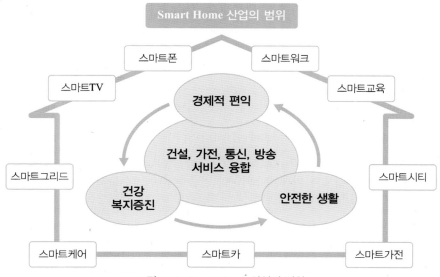

그림 1-2 Smart Home 산업의 범위
출처: 스마트홈산업협회, 스마트홈 산업의 범위와 스마트홈 연계성

(3) 스마트홈의 역사

스마트홈의 역사는 가정 내 노동력을 절약하는 기계로 시작된 가전의 자동화와 그 역사를 함께 하고 있다.

① 1950년대 공상 과학 소설에 기계가 완전히 자동으로 모니터링하고 제어하는 집이 처음 등장

② 1975년 최초의 범용 홈 오토메이션 네트워크 기술인 X10이 개발. 이후 지속적인 개량을 거듭하였다. 이후 현재는 3세대인 인간과 상호작용하는 로봇까지 발전 됨

③ 1980년말 '홈 오토'라는 단어가 등장

④ 1900년대 독립형 전력 분배가 도입됨에 따라 세탁기, 온수기, 냉장고, 식기 세척기 및 의류 건조기 도입

⑤ 1999년 디즈니가 제작한 영화인 "Smart House"는 가정용 컴퓨터에 관한 것으로 지능을 가진 기계가 스스로 사고하게 되었을 때 일어난 일들을 묘사

⑥ 1999년말 MIT 캐빈 애쉬턴과 P&G와 협업하면서 "사물 인터넷" 용어가 공식화됨

⑦ 2001년 뒤스부르크에 세워진 Fraunhofer inHausCenter인 등대 프로젝트에서 스마트홈 분야의 새로운 시스템 솔루션 및 제품을 주거 환경에서 테스트

⑧ 2005년부터 2011년까지 뮌헨에 세워졌던 "The House of the Present(이 시대의 집)"는 중앙 제어 전자 프로세스를 사용한 커넥티드 홈을 선보임

⑨ 2005년 베를린 Deutsche Telekom의 최초의 T-Com House세워짐

⑩ 2008년 스위스에서 세계 최초의 IoT 컨퍼런스 개최

⑪ 2014년 아마존이 에코 스마트홈 허브 출시로 IoT 기술과 일상이 상호작용하기 시작

⑫ 현재 구글홈, 애플홈킷, 아마존, 스마트씽스, ThinQ 등 다양한 플랫폼이 등장하여 스마트 홈 활성화에 기여하고 있다.

(4) 스마트홈 발전추세

4차 산업혁명의 물결 속에 스마트홈은 점진적으로 발달하고 있다.

매슬로우 인간의 5단계 욕구설과 스마트홈(시티)의 서비스와 연계하여 1차 혁명(인프라인 전기 상하수도)에서 2차 혁명(방범, 방재, 교통), 3차 혁명(초고속인터넷을 통한 도시서비스의 구현), 4차 혁명(공유경제와 미래예측의 개인맞춤형서비스의 도시 솔루션 개념의 자아실현)까지 연계하여 이해하도록 하자.

스마트홈은 발전단계에서 보다시피 통신망의 발전과 같이 발전하고 있다.

즉, 초기 전력선 또는 유선 통신망을 이용하던 시스템이 초고속 무선 통신망으로 바뀌었고, 디바이스도 스마트 기기로 진화했으며, IoT가 활성화 되면서 자동 조절할 수 있는 기기도 늘었듯이, 현재의 스마트홈은 통신기술 발달로 시공간 제약이 사라지고 더욱 다양한 기기들을 연결할 수 있게 되었다.

그림 1-3 인간의 욕구와 4차 산업혁명 구조

출처: 스마트＋인테리어 HVC산업의 뉴비즈니스 전략세미나, LH 발표자료, 2018.11.16

스마트홈은 집안에 사는 사람들이 즐겁고, 편리하고, 안전하고 건강한 삶을 통한 환경 친화적인 삶을 살도록 첨단 IT기술을 발전시켜, 이를 통한 다양한 융합서비스를 제공하도록 발전하고 있다.

표 1-1 스마트홈 발전추세

구분	스마트홈1.0	스마트홈2.0	스마트홈3.0	스마트홈4.0
개념	홈 오토메이션	홈 네트워크	IoT홈	커넥티드 홈
통신 방식	유선	유선	무선	무선
제어 기기	스마트 TV	월패드	IoT 가전	AI가전, 로봇 등
주요 기능	VOD 서비스	가정 내 제어	외부 원격제어, 모니터링	자율 동작, 개인 맞춤, 플래폼간 연동
관련 업종	가전사	가전사, 건설사, 홈넷사	가전사, 건설사, 통신사	SW, 센서, 자동자, 의료, 에너지 등

출처: 산업통상자원부, '2017-2018 산업통상자원백서', 재구성

(5) 스마트홈 산업 범위 및 구조

스마트홈 산업은 가전을 관리하고 지능형 서비스를 제공하여 가정 내 사용자 생활 편의성 증대, 에너지 효율성 확보 등을 제공하기 위한 서비스 플랫폼을 기준으로 전·후방 산업과의 연계가 중요한 산업의 특징을 가지고 있다.

스마트홈 서비스는 여타 플랫폼 대비 건강, 의료, 쇼핑 등 다양한 분야로의 확장이 가능하며, 특히 건설 산업 관련 주체들의 새로운 비즈니스 모델로 확장할 가능성이 있는 산업 구조다.

표 1-2 응용 분야에 따른 스마트홈 서비스 플랫폼 구분

구분	세부 내용
홈오토메이션	홈오토기기, 홈게이트웨이/월패드, 공용부관리 서비스 등
홈에너지	홈에너지관리, 에너지 저장, 전력공급 시스템 등
홈 시큐리티	가정 물리 재난, 가정 정보 재난, 가정 재난 대응 서비스 등
지능형 홈서비스	홈클라우드, 상황인지, 홈로봇서비스 등

① 난방, 환기 및 공조(HVAC) : 간결하고 사용자 친화적인 인터페이스를 통합한 인터넷을 기반으로 가정 내의 에너지 활용을 원격 제어한다.

② 거주자 인식 제어 시스템 : CO_2센서 및 스마트 미터기 등과 같은 환경감지 센서를 통한 감지가 가능하다.

③ 조명 제어 시스템

④ 누출 감지 및 연기 CO 탐지기

⑤ 애완동물 관리 : 애완동물의 움직임을 추적하여 엑세스 권한을 제어한다.

⑥ 보안 : 인터넷을 통한 보안 카메라를 원격 감시하거나, 가정용 자동화 시스템과 통합하여 모든 문과 창문 등을 원격 제어하고 계폐한다.

표 1-3 스마트홈 서비스 플랫폼 분야 산업구조

스마트홈 정보가전기기 분야	스마트홈 플랫폼 분야	스마트홈 서비스 분야
스마트 TV 홈IoT센서 홈IoT가전기기 홈로봇	스마트홈제어플랫폼 스마트홈사용자 인터랙션플랫폼 홈상황인지프레임워크 개방형 홈서비스프레임워크	홈오토메이션서비스 홈에너지관리 서비스 홈시큐리티서비스 스마트홈 O2O 서비스

(6) 스마트홈 생태계의 6구성 요소

① 존의 '홈 네트워크'가 유선 중심의 폐쇄성으로 시장확대에 한계를 가졌다면, 현재의 스마트홈(홈IoT)은 통신 기술 발달에 힘입어 이용자의 시공간의 제약이 사라지고 더욱 다양한 기기들을 연결할 수 있다는 점에서 기존 '홈 네트워크'와는 다른 새로운 생태계가 조성될 전망이다.

② 스마트홈 시장 생태계 조성의 첫 단추는 가장 먼저 '통신' 즉 유무선 인터 인프라 확보이며, 그 다음으로 IoT 통신이 가능한 '스마트 디바이스' 및 수 없이 많은 스마트 디바이스 간의 커넥티비티, 즉 '표준화'를 통한 스마트 디바이스 간 원활한 통신 기반 확보가 우선한다.

③ 유무선인터넷 /스마트 디바이스 / IoT 표준화가 인프라에 해당한다면 '플랫폼'은 이런 인프라 시설을 운용 및 컨트롤 할 수 있는 홈허브 역할을 하는 것이며, 홈허브를 이용자 편의성에 맞게 '컨트롤 할 수 있는 디바이스'가 갖춰져야 한다.

마지막으로 가장 중요한 '이용자의 니즈에 맞는 킬러 콘텐츠'가 적절히 갖춰져야 비로소 스마트홈 시장의 생태계는 완성이 될 수 있을 것이다.

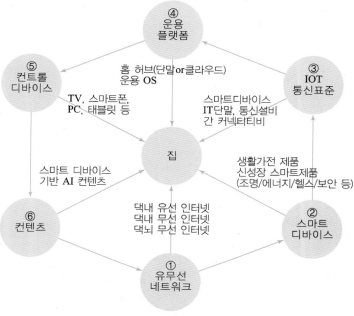

그림 1-4 스마트홈 생태계 6대 구성요소
출처: 디지에코

2 　스마트홈 융합기술

(1) 스마트 시티

도시는 큰 집이고 집은 작은 도시라는 시각으로 보아야 한다. 큰 시스템으로서 기술망, 법망, 도덕망, 환경망 등 다양한 레이어의 겹침으로 우리의 삶은 직조되고 국가와 도시와 마을, 그리고 집까지 연결되고 소통되는 것을 이해 한 후에 집을 본다면 큰 프레임 안에서 세부적인 내용까지 논리적인 이해가 될 것으로 판단된다. 도시는 편리한 생활을 할 수 있지만 인구밀도가 높아 여러 가지 문제가 발생하기도 하는데 사물인터넷을 교통, 환경, 시설 등에 적용하면 도시의 경쟁력을 높이고 도시의 문제를 해결하여, 사람들이 보다 쾌적하고 편리한 삶을 살 수 있게 만든다.

즉, 스마트 시티는 디지털 기술과 데이터를 이용하여 높은 삶의 질을 제공하고 현재 상황을 향상시키며 도시 기능을 최적화하는 솔루션을 제공한다.

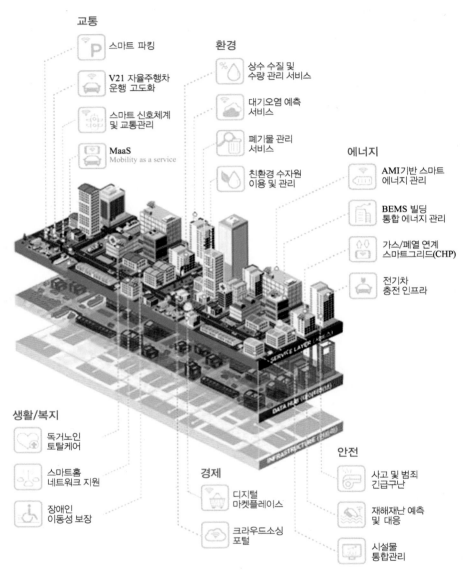

그림 1-5 국토교통부, 스마트시티 개념도
출처: https://webzine.tipa.or.kr/tipa/pdf/201910_sub1_2_1.pdf
중소기업전략기술로드맵 2019-2021 스마트시티, p3

(2) 스마트 물류

스마트 물류란 인공지능(AI)과 정보통신(ICT) 등의 다양한 신기술을 활용해 물류 현장 자동화와 무인화 설비를 구축해 운영하는 시스템을 의미한다.

운송－하역－보관－분류－포장－배송 등 물류처리 전 과정을 자동화, 정보화, 지능화하는 것을 스마트 물류라고 한다. 또한 스마트 물류는 물류기업은 모두 관심을 갖고 있으며, 글로벌 기업은 기술력, 자금력을 기본으로 스마트 물류시스템을 자체적으로 구축하고 있는 것이 현실이다. 하지만 우리나라 물류회사는 대부분 중소기업이 많아 높은 투자비용과 긴 투자 회수기간, 낮은 기술력 등으로 인한 어려움이 많다. 이에 최근에는 물류중심에서 생필품 배달 등 "생활물류"로 전환되어 스마트 물류시스템을 구축하는 중요성은 더욱 증대되고 있다.

(3) 스마트 쇼핑

매장과 상품에 사물인터넷을 적용하여 해당 매장의 정보와 상품에 대한 실시간 정보를 고객에게 제공할 수가 있으며, 매장을 지날 때 NFC와 비콘을 활용하여 매장에 진열된 상품에 대한 목록과 할인정보와 같은 데이터를 고객에게 바로 제공할 수 있고 이달의 인기제품이나 신상품도 쉽게 찾아볼 수 있게 만들고 있다.

이외 고객의 쇼핑 스타일을 분석해 효과적인 쇼핑을 돕고, 증강현실을 통해 현장 쿠폰 수령, 추천상품정보 조회, 결제 시 할인쿠폰 사용과 전자영수증 발급, 멤버십 정보 조회가 가능하게 한다.

(4) 스마트 금융

인터넷 · 스마트폰 · 사회관계망서비스(SNS) 등 스마트 기기를 매개로 제공하는 금융 서비스를 말하며, 시간과 장소에 제약 없이 스마트폰만으로 각종 금융업무를 편리 하게 처리할 수 있게 한다. 화상을 통해 펀드상담을 받을 수 있고 한도조회부터 대출 실행까지 할 수 있으며, 자산관리를 할 수 있는 종합적인 금융서비스를 정보 기술(IT)로 지원받아 할 수 있도록 하고 있다. 또한 주요 금융업무와 모바일 결제가 하나의 '전자지갑'으로 구현되어 스마트 쇼핑을 통해 구매한 상품을 전자지갑으로 결제하는 금융서비스가 이제 대세로 부상하고 있다.

(5) 스마트 헬스케어

사람의 건강을 위해 신체정보나 활동정보를 기반으로 피트니스와 질병예방이나 진단, 치료의 목적으로 건강 유지와 개선을 돕는 것을 말하는데, 웰니스(Wellness)는 웰빙(Well-Being)과 행복(Happiness)이 합쳐진 단어로, 균형 잡힌 건강하고 행복한 삶을 추구한다. 스마트 헬스케어(또는 디지털 헬스케어)는 개인의 건강과 의료에 관한 정보, 기기, 시스템, 플랫폼을 다루는 산업분야로서 건강관련서비스와 의료 IT가 융합된 종합의료서비스이다. 그동안의 헬스케어는 의사와 의료기관을 중심으로 만들어져 환자는 근방으로 소외되어 왔다. 하지만 현재의 헬스케어는 미래예측, 예방의학으로 변화하고 있으며, 환자 개개인의 고유한 특성에 적합한 맞춤의학, 환자 참여적 참여의학의 새로운 패러다임을 제시하고 있다.

이는 빅데이터가 큰 영향을 미치며 헬스케어의 패러다임 변화에 데이터 수집, 예방 및 건강증진을 통한 맞춤형 의학을 통한 효과적인 치료가 가능하며, 다양한 인공지능, 가상현실, 정밀의료, 유전체분석, 재생의료 등에서 활용되고 의료의 핵심영역으로서 스마트 헬스케어가 자리잡고 있다.

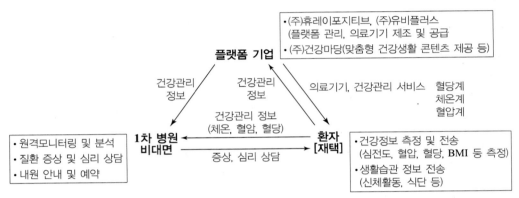

그림 1-6 스마트 헬스케어 구조도
출처: 중기부, 강원도 규제자유특구 비대면 의료 실증 구조도, 데일리메디, 2020.7

3 스마트홈 필요성

첨단 기술의 발달과 4차 산업혁명의 발달에 따라서 이제 집도 기계가 되고 로봇처럼 작동하는 시대로 접어들었다. 한국건설산업연구원에 따르면 국내 건축물 리모델링 시장 규모는 2020년 17조 원에서 2025년에는 23조 원, 2030년에는 29조 원 규모로 꾸준히 늘어날 것으로 전망되고 국내 스마트홈 시장 규모는 2017년에 14조 원에서 2025년에는 30조 6천 억 원으로 성장이 예상된다. 또 국내 인테리어 시장은 2000년 9조 원에서 지난해 30조 원으로 급성장한 데 이어 2020년 40조 원 이상 규모로 커질 것으로 전망되는 시장으로 스마트홈의 '블루오션'이다. 또 20년 이상 된 노후주택 수가 전국 760만 가구로 전체의 46%를 차지하고 있는 만큼, 스마트홈 산업과 인테리어 시장의 결합은 스마트홈의 저변을 넓히고 더 큰 부가가치가 창출할 수 있을 것으로 기대된다.[출처 : 넥스트데일리(http://www.nextdaily.co.kr]

이에 스마트홈에 대한 이해를 통하여 좀 더 인간의 인간에 의한 인간을 위한 집으로 사용하게 위하여 스마트홈의 필요성과 이해를 높이는 것이 필요하며 실제 공공과 민간에서 이루어지는 사례를 통하여 알아보도록 하자.

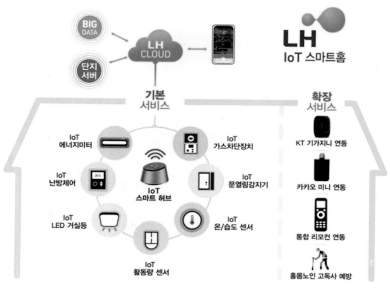

그림 1-7 LH 스마트홈 구성도
출처: 파이넨셜뉴스

※ LH 사례 포함하여 신축주택과 기축주택 인테리어의 관점에서 실제 사례에 적용을 살펴보자. 스마트우편함 사례와 미세먼지 센서 작용 관련 내용이며, 스마트 조명과 스마트 주차시스템과 충전 관련 내용이다.

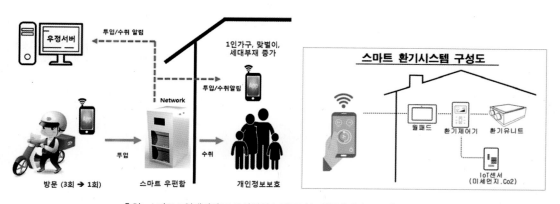

출처: 스마트+인테리어 HVC산업의 뉴비즈니스 전략세미나, LH 자료, 2018

노후주택 등 기축주택에 주거성능저하에 대한 스마트홈 기술적용을 할 요소들이다.

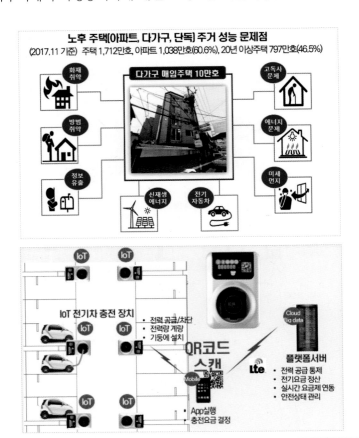

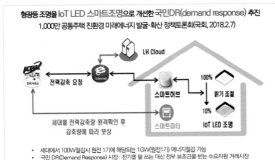

4 스마트홈 응용사례

가장 쉽게 스마트홈의 기능을 요약하면, 다음 4가지를 들 수 있다.
안전하고, 편리하며, 절감되고, 쾌적하게 하는 것을 말한다.

※ 스마트홈의 구체적인 구축 사례를 통하여 개념정립과 학습이 가능하도록 한다.

스마트홈 구 상	안 전	▶	생명 재산
	쾌 적	▶	공기
	편 리	▶	자동
	절 감	▶	에너지

스마트홈을 구상할 때 가장 기본적이면서도 중요한 4가지 사항으로 안전과 쾌적, 편리 그리고 절감을 고려할 수 있다. 안전은 생명과 재산을 보호하고, 쾌적은 공기를 기분 좋게 만들어주는 것이며, 편리는 자동으로 할 일을 대신해 주는 기능이고, 절감은 에너지를 절약하여 경제성을 높이는 것을 뜻한다. 모든 집은 기후와 세력의 침입 등 다양한 외부환경으로부터 안전을 위한 공간이자 장소가 가장 기본적인 기능으로 첨단기술의 발달로 동시적인 해결책으로 스마트홈의 역할은 점점 커지지만 기술은 보이지 않은 큰손 역할을 하고 있다.

표 1-4 절감과 쾌적

절감	가스비 절약	난방제어	각방
	전기세 절약	여름철 에어컨제어	각방
		조명제어	각방
쾌적	공기질	PM2.5 센서	주방
	환기시스템	전열교환기	각방
	온도습도관리	에어컨	각방
		선풍기	각방
		천장팬	주방

위와 같이 에너지 절감, 편리, 안전, 쾌적에 대한 연계성을 알 수 있다.

위 사례는 실제 집에서 적용하고 있는 사례로서 스마트기술의 활용을 이해 해보자.

허브는 다양한 삼성의 스마트씽스, 아카라, 오르비보 등의 거실에 설치되어 작동하고 있는 제품과 장소를 보여주는 체계도이다.

그리고 AI스피커는 아마존 에코나 구글홈, 네이버 클로바, 카카오미니, 케이티 기가지니 등 제품을 통하여 거실과 서재, 주방, 안방 등에서 작동하는 스마트 기기이다.

그리고 스마트홈의 에너지 절감을 위한 체계도로서 가스절약을 위한 난방제어기기를 각방에 설치하고 전기세절약을 위해 에어컨 제어 및 조명제어기를 사용하여 각방에서 작동하게 하는 체계도를 보여주고 있으며 스마트기능 중 쾌적을 위해서 공기질을 좋게 하기 위해 PM2.5 센서기기를 주방에 설치하고 환기시스템을 위해 전열교환기를 설치하여 각방마다 좋은 공기를 제공하고 온습도 관리를 위해서 에어콘, 선풍기, 천장팬 등을 제어하여 각방과 주방을 제어하는 제품과 공간의 사례 체계도이다.

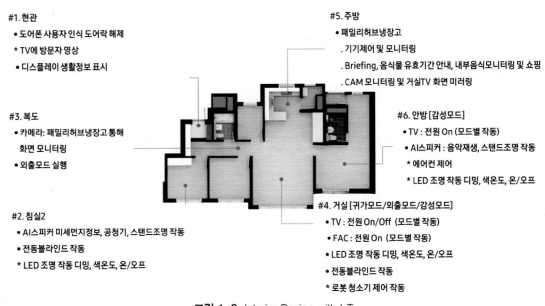

#1. 현관
- 도어폰 사용자 인식 도어락 해제
- * TV에 방문자 영상
- 디스플레이 생활정보 표시

#3. 복도
- 카메라: 패밀리허브냉장고 통해 화면 모니터링
- 외출모드 실행

#2. 침실2
- AI스피커 미세먼지정보, 공청기, 스탠드조명 작동
- 전동블라인드 작동
- * LED 조명 작동 디밍, 색온도, 온/오프

#5. 주방
- 패밀리허브냉장고
- . 기기제어 및 모니터링
- . Briefing, 음식물 유효기간 안내, 내부음식모니터링 및 쇼핑
- . CAM 모니터링 및 거실TV 화면 미러링

#6. 안방 [감성모드]
- TV : 전원 On (모드별 작동)
- AI스피커 : 음악재생, 스탠드조명 작동
- * 에어컨 제어
- * LED 조명 작동 디밍, 색온도, 온/오프

#4. 거실 [귀가모드/외출모드/감성모드]
- TV : 전원 On/Off (모드별 작동)
- FAC : 전원 On (모드별 작동)
- LED 조명 작동 디밍, 색온도, 온/오프
- 전동블라인드 작동
- * 로봇 청소기 제어 작동

그림 1-8 Interior Design with IoT
출처: 스마트＋인테리어 전략세미나, IoT공간혁신, 삼성전자, 2018

위는 주택평면에서 각 실마다 적용되는 IOT기술에 대한 기능과 연결내용으로 현관, 복도, 침실, 주방, 안방, 거실 등 모든 실마다 스마트홈의 기능을 위한 적용내용을 나타내고 있다. 아래도 국민주택 규모에서 사용되는 스마트시스템의 평면에 사용되는 적용(스마트허브, 스마트스위치, 스마트콘센트, 스마트컨트롤, 도어센스)사례이다.

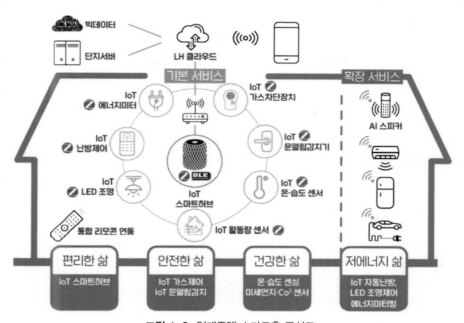

그림 1-9 임대주택 스마트홈 구성도

출처: 스마트+인테리어 전략세미나, 임대주택스마트적용, LH, 2021

스마트홈의 이해 예상문제

01 스마트홈(smart home)에 대한 설명으로 옳지 않은 것은?

① 스마트홈은 기술 시스템, 수동화 프로세스, 원격 제어 기기 등을 아파트나 주택에서 사용하는 것을 말한다.

② 스마트홈의 목적은 가정에서 삶의 질과 편의성을 높이고, 보안을 향상시키는 것이다.

③ 스마트홈은 연결된 원격 제어 기기를 사용하여 에너지 효율을 높이는 주택을 말하고 있다.

④ 스마트홈의 중심은 중앙 제어 유닛이다.

> 스마트홈은 자동화 프로세스로 사용된다.

02 스마트홈(smart home) 정의에 대한 설명으로 옳지 않은 것은?

① 홈이라는 공간과 기술이라는 스마트의 개념이 합쳐진 것이다.

② IT기술발달과 함께 성장해온 스마트폰과 함께 전 산업분야를 주도하는 컨셉이다.

③ 주거환경에 IT를 접목하여 국민의 편익, 복지증진, 안전한 생활을 가능하도록 로봇 중심적인 스마트라이프 환경으로 정의하고 있다.

④ 집안에 구현된 IoT서비스라서 가전제품, 보안시스템, 조명 등을 서로 원격으로 제어하도록 연결하여 만든 시스템이다.

> 주거환경에 IoT를 접목하여 인간중심적인 스마트라이프 환경으로 정의하고 있다.

03 다음 지문 내용 중 ( )에 해당하는 것은?

> 스마트홈의 목적은 가정에서 삶의 질과 ( )을 높이고, 보안을 향상시키고 에너지 효율을 높이는 것이며, 이때 연결된 원격 제어 기기를 사용하며 자동화를 지원하는 주택을 말하고 있다.

① 자율성   ② 인공성
③ 수동성   ④ 편의성

> 편의성은 스마트의 3대요소 중 중요한 편리와 쾌적과 안전에 관련된 의미이다.

04 다음 설명 중 옳지 않은 것은?

① 스마트 서비스의 개념으로는 스마트 공간이 있다.

② 스마트 서비스의 개념으로는 스마트 경제가 있다.

③ 스마트 서비스의 개념으로는 스마트 제품이 있다.

④ 스마트 서비스의 개념으로는 스마트 데이터가 있다.

> 스마트 서비스의 총괄개념으로는 스마트 공간, 제품, 데이터가 있다.

정답 01 ① 02 ③ 03 ④ 04 ②

05 국토교통부 산하기관에서 스마트시티 기술분류에서 스마트홈 7개 항목에 들어가지 않는 것은?

① 홈네트워크와 스마트미러링
② 플랫폼과 주거환경제어
③ 헬스케어와 에너지관리
④ 전기자동차와 보안시스템

> 홈네트워크와 스마트미러링, 보안시스템, 플랫폼과 주거환경제어, 헬스케어와 에너지관리이다

06 스마트홈은 무엇인지 설명으로 옳지 않은 것은?

① 스마트홈의 중심은 중앙 제어 유닛이다.
② 다수의 스마트기기를 연결하고 PC나 스마트폰이나 태블릿으로 제어할 수 있다.
③ 가정 자동화 기기는 이의 제어를 위해서 인터넷을 통해 원격으로 모니터링한다.
④ 블루투스, Zigbee, Z-Wave 같은 표준 무선 기술을 사용하는데 일반적으로 사용자 인터페이스로 제어하며, 이러한 중앙 제어 유닛을 코어센터 또는 게이트웨이라고도 한다.

> 중앙 제어유닛을 허브센터 또는 게이트웨이라고도 한다.

07 스마트홈 정의로 옳지 않은 것은?

① 스마트홈은 중앙 제어 유닛을 가지고 있는 시스템이다.
② 집안에 구현된 IoT 서비스를 가지고 있는 홈이다.
③ 집안의 가전제품과 보안 시스템, 조명 등을 서로 원격으로 제어하도록 연결하여 만든 시스템을 말한다.
④ 통신·건설·가전·보안·콘텐츠·전력 등 다양한 산업이 첨단으로 된 독자 서비스를 말한다.

스마트홈은 다양한 산업이 첨단으로 된 융합 서비스를 말한다.

08 스마트홈 역사에 대한 설명으로 옳지 않은 것은?

① 1950년대 공상 과학 소설에 기계가 완전히 자동으로 모니터링하고 제어하는 집이 처음 등장하였다.
② 1980년말 '홈 오토'라는 단어가 등장하였다.
③ 1999년 마이크로소프트가 제작한 영화인 "Smart House"는 가정용 컴퓨터에 관한 것으로 지능을 가진 기계가 스스로 사고하게 되었을 때 일어난 일들을 묘사하였다.
④ 1999년말 MIT 캐빈 애쉬턴과 P&G와 협업하면서 "사물 인터넷" 용어가 공식화되었다.

> 1999년 디즈니가 제작한 영화인 "Smart House"이다.

09 스마트홈의 목적이나 역할에 맞지 않는 것은?

① 삶의 질을 획기적으로 향상시킨다.
② 외부를 실시간으로 경비하는 서비스를 해준다.
③ 재생 에너지 발전으로 주택의 전력을 효율적으로 사용하는데 도움을 준다.
④ 건물을 건축함에 있어서 건축 설계비를 줄일 수 있다.

유무선 홈네트워크를 이용한 각종 서비스는 삶의 질을 획기적으로 향상시키고 있다. 특히 홈 헬스케어 서비스는 집에서 웹을 통해 의사의 의료 서비스를 제공받을 수 있고, 병원에 가지 않더라도 개인의 건강 상태를 확인할 수 있는 모니터링 시스템이 가구나 생활용품에 적용되기도 한다. 첨단 기술들이 가정으로 들어오면서 안전과 웰빙을 동시에 지원하는 시스템으로 진화하고 있고, 주택의 내부와 외부를 실시간으로 경비하는 서비스는 기본이고, 재생 에너지 발전으로 주택의 전력을 사용하는 데에도 사용된다.

10 스마트홈의 활성화 요인이 아닌 것은?

① 소형화   ② 저전력화
③ 저가격화   ④ 폐쇄화

활성화 요인
- 소형화 : MEMS과 같은 기술발전으로 센서와 부품의 크기를 아주 작게 만들 수 있다.
- 표준화 : 많은 업체가 생산하는 다양한 부품이 사물 인터넷 디바이스에 문제없이 사용되기 위해서 표준화를 준수하여야 한다.
- 모듈화 : 표준에 따라 개별 부품이 아닌 독립적인 기능을 갖춘 세트 형태로 만들어 활용성을 더욱 높였다.
- 개방화 : 관련기술들을 오픈하여 개방형 생태계로 전환하여 많은 업체의 참여를 이끌어 냈다.
- 저전력화 : 전전력 기술과 센서와 부품의 크기를 작게하여 사용되는 전력의 소모를 크게 낮추었다.
- 저가격과 : 대량생산으로 인해 센서와 부품의 가격이 크게 낮아졌다.

11 스마트홈은 발전 추세에 따라서 스마트홈1.0 에서 4.0 개념 중 옳지 않은 것은?

① 스마트홈 1.0은 홈오토메이션
② 스마트홈 2.0은 홈네트워크
③ 스마트홈 3.0은 홈멀티라인
④ 스마트홈 4.0은 커넥티드홈

스마트홈 3.0은 IoT홈이다.

12 스마트홈은 스마트홈1.0에서 4.0으로 발전 중이다. 스마트홈2.0 제어기기 중 옳은 것은?

구분	스마트홈 1.0	스마트홈 2.0	스마트홈 3.0	스마트홈 4.0
제어 기기	스마트 TV		IoT 가전	AI가전, 로봇 등

① 네트웍스   ② 월패드
③ 핸디월   ④ 디오라마

스마트홈의 월패드란 아파트 · 빌라 등 가정의 벽면에 부착된 단말기로 현관 출입문 통제, 에어컨, 조명 등을 제어할 수 있는 기능을 갖춘 장치다.

13 스마트홈은 발전 추세에 따라서 스마트홈1.0 에서 4.0 주요기능 중 옳지 않은 것은?

① 스마트홈 1.0은 VOD 서비스
② 스마트홈 2.0은 가정 외 제어
③ 스마트홈 3.0은 외부 원격제어, 모니터링
④ 스마트홈 4.0은 자율 동작, 개인 맞춤, 플랫폼간 연동

스마트홈 2.0은 가정 내 제어가 주요 기능이다.

14 스마트융합기술과 스마트시티에 대한 설명 중 옳지 않은 것은?

① 도시는 큰집이고 집은 작은 도시라는 개념으로 도시를 볼 수 있다.
② 도시는 편리한 생활을 할 수 있지만 낮은 인구밀도하에 여러 가지 문제가 발생하고 있다.
③ 사물인터넷을 교통, 환경, 시설 등에 적용하면 도시의 경쟁력을 높이고 도시의 문제를 해결하여, 사람들이 보다 쾌적하고 편리한 삶을 살 수 있게 만든다.
④ 스마트 시티는 디지털 기술과 데이터를 이용하여 높은 삶의 질을 제공하고 현재 상황을 향상시키며 도시 기능을 최적화하는 솔루션을 제공한다.

도시는 높은 인구밀도하에 여러 가지 문제가 발생하고 있다.

15 스마트시티는 디지털 기술과 데이터를 이용하여 높은 삶의 질을 제공하고 현재 상황을 향상시키며 도시기능을 최적화하는 솔루션을 제공한다. 다음 중 국토교통부 스마트시티 개념도에 해당하는 내용이 아닌 것은?

① 경제는 디지털 마켓플레이스와 크라우드 포털
② 안전은 사고 및 범죄 긴급구난 및 재해재난 예측 및 대응
③ 에너지는 AMI기반 에너지 관리 및 BEMS 빌딩 분산에너지관리
④ 교통은 스마트파킹, V21자율주행차 운행 고도화

에너지는 AMI기반 에너지 관리 및 BEMS빌딩 통합 에너지관리를 한다.

16 다음 중 IoT을 활용한 헬스케어와 웰니스 서비스에 대한 설명으로 잘못된 것은?

① 활동 추적 장치를 운동화에 부착하여 걷거나 달린 거리 및 속도, 소모한 칼로리 등의 확인
② 웨어러블 디바이스를 통한 다양한 생체 관련 데이터 측정
③ 사용자 인식 기반의 스마트 스트리트(Street) 조성
④ 실시간 수집된 개인의 건강정보를 과거의 데이터와 비교하여 알맞은 의료 서비스를 연결

17 다음 설명 중 빈칸에 알맞은 것은?

스마트홈 생태계 6대 요소 중 가장 중요한, '이용자의 (   )에 맞는 킬러 콘텐츠'가 적절히 갖춰져야 비로소 스마트홈 시장의 생태계는 완성이 될 수 있다고 한다.

① 공간　　　　　② 비용
③ 통신　　　　　④ 필요

이용자의 필요(니즈)에 맞는 콘텐츠가 갖춰져야 한다.

18 사물인터넷 기반 스마트홈 생태계를 이루는 4대 구성 요소가 아닌 것은?

① 유무선 네트워크 인프라
② 주거형 스마트 디바이스
③ 빠른 처리 속도의 중앙처리 시스템
④ 스마트 디바이스를 위한 운용 플랫폼

이용자 가치제공 스마트 콘텐츠

19 스마트융합기술 중 스마트 헬스케어에 대한 설명으로 옳지 않은 것은?

① 사람의 건강을 위해 신체정보나 활동정보를 기반으로 피트니스와 질병예방이나 진단, 치료의 목적으로 건강 유지와 개선을 돕는 것을 말한다.
② 웰니스(Wellness)는 웰빙(Well-Being)과 행복(Happiness)이 합쳐진 단어로, 균형 잡힌 건강하고 행복한 삶을 추구한다.
③ 스마트 헬스케어(또는 디지털 헬스케어)는 개인의 건강과 의료에 관한 정보, 기기, 시스템, 플랫폼을 다루는 산업분야로서 건강 관련서비스와 의료 IT가 융합된 종합의료 서비스이다.
④ 현재의 헬스케어는 미래예측, 예방의학으로 변화하고 있으며, 환자 개개인의 고유한 특성에 적합한 예비의학, 환자 참여적 참여의학의 새로운 패러다임을 제시하고 있다.

환자의 고유한 특성에 적합한 맞춤의학, 환자 참여적 참여의학의 새로운 패러다임을 제시

20 스마트요소기술에 해당하지 않은 것은?

① 스마트 헬스케어 기술
② 스마트 에너지 관리 기술
③ 스마트 원격제어기술
④ 스마트 주차관리기술

스마트 헬스케어, 스마트 에너지 관리, 스마트 원격제어 기술을 말한다.

21 스마트우편함의 내용 중 해당하지 않은 것은?

① IoT기반 기술로 우편함을 자동개폐한다.
② 우편물이 도착한 것을 자동으로 안내한다.
③ 1인 가구 증대와 맞추어 개인 정보보호 기능을 한다.
④ 우편배달 방문횟수가 증가한다.

우편배달 방문횟수가 3회에서 1회로 감소한다.

22 스마트 조명에 대한 내용 중 옳지 않은 것은?

① 형광등을 LED 조명으로 교체한다.
② 세대별 전력감축량을 원격으로 확인한다.
③ 스마트허브 없이 콘센트를 작동한다.
④ 스마트미터 사용 및 밝기 등을 조절한다.

스마트허브를 통해 콘센트를 작동한다.

23 다음 내용이 설명하는 것은?

스마트홈의 응용사례 중 아마존 에코나 구글홈, 네이버 클로바, 카카오미니, 케이티 기가지니 등 제품을 통하여 거실과 서재, 주방, 안방 등에서 작동하는 체계도에 활용되는 기술이다.

① 스마트조명   ② AI스피커
③ 환기시스템   ④ 온습도관리

AI스피커 중 기가지니 AI휴먼이 향후 미디어와 교육, 금융, 커머스 등 다양한 분야에서 완전한 24시간 비대면 서비스 구현을 가능한 스마트홈 기술이다.

24 삼성의 스마트싱스, 아카라, 오르비보 등 일반적으로 주택의 거실에 스마트홈을 컨트롤 하는 역할을 하는 기기는 무엇인가?

① 허브   ② 스마트콘센트
③ PM2.5센서   ④ 전열교환기

최근 스마트홈은 일과 건강, 웰빙, 엔터테인먼트, 모두가 가능한 스마트홈 허브로 변화시켰다.

25 주택의 스마트시스템에 사용되는 스마트허브, 스마트스위치, 스마트콘센트, 스마트컨트롤, 도어센서 등에 공통적으로 적용되는 기술은 무엇인가?

① 유선   ② 통신
③ IoT   ④ 로텍

홈 IoT 기술은 최근 가장 주목받고 있는 IoT기술 중 융합서비스 기술이다.

26 스마트미디어의 주요 요소가 아닌 것은 무엇인가?

① 가상 현실   ② 증강 현실
③ 디지털 사이니지   ④ 자율 주행

자율 주행은 스마트카의 주요 요소 중에 하나이다.

27 스마트홈 서비스의 제어장치에 대한 설명으로 적합하지 않은 것은?

① 인공지능 스피커는 제어장치로서 사물인터넷을 제어 가능하다.
② 월패드는 사물인터넷의 정보를 표시할 수 있다.
③ 인공지능 스피커는 스마트홈 서비스에서의 상황인지, 개인화 부문 서비스를 제공할 수 있다.
④ 인공지능 스피커의 발달 목표는 구체적인 기능에 대한 명령 인식률 향상만을 목표로 한다.

인공지능 스피커의 발달은 음성인식으로 가전제품 제어, 사용자의 의도에 맞는 정보 제공, 위급상황 시 도움 요청이나 필요한 기기제어 등 의 서비스 개발을 목표로 진행되고 있다

28 다음 지문 내용 중 (   )에 해당하는 것은?

과학기술정보통신부는 스마트홈의 탄탄한 기반을 마련하기 위해 연구개발(R&D)을 적극적으로 지원하고 있다. '제4차 과학기술기본 계획(2018~2022)'에서 120대 중점추진과제로 스마트홈이 추가됐으며 정부연구개발 투자방향에 (   ) 스마트홈을 명시해 R&D 투자를 늘려나가고 있다.

① 자동형   ② 지능형
③ 환경형   ④ 생태형

정부의 지능형 스마트홈에 관한 내용이다.

02 IoT(사물인터넷)의 이해

1 **IoT 개요**

(1) IoT개념

IoT(Internet of Things, 사물인터넷)은 사람, 사물, 공간, 데이터 등 모든 것이 인터넷으로 서로 연결되어, 정보가 생성 · 수집 · 활용되는 초 연결 인터넷을 뜻한다. 즉, 무선 통신을 통해 각종 사물을 연결하는 기술을 의미한다.

사물인터넷에 연결된 사물이란 모바일 장비, 웨어러블 디바이스, 가전 등 다양한 내장형 시스템(임베디드 시스템)을 통한, 사물들이 자신을 구별할 수 있는 유일한 아이피를 가지고 인터넷으로 연결되어야 하며, 데이터 정보센서를 내장할 수 있다.

ITU-T의 T.2060(2012/06)에서는 IoT란 이미 존재하거나 향후 등장할 상호 운용 가능한 정보 기술과 통신 기술을 활용하여 다양한 실재 및 가상 사물 간의 상호 연결을 통해서, 진보된 서비스를 제공 되는 것으로 정의 한다.

(2) 사물인터넷의 발전동향

1999년 MIT 캐빈애시턴과 P&G에서 IoT 용어가 처음 사용하면서 제품들에 RFID 태그를 부착함으로써 세상에 존재하는 모든 사물이 서로 연결될 수 있다면 새로운 세상이 펼쳐 질 것이라는 생각에서 기인하면서 이후 사물인터넷의 개념은 RFID 뿐만 아니라 다양한 센서 및 통신 기술들과 결합하며 발전해 나가기 시작한다.

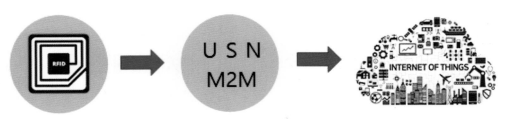

그림 2-1 사물인터넷 결합 구조

출처: 국립중앙과학관 과학학습콘텐츠 사물인터넷 내용 재구성

표 2-1 사물인터넷

구분	RFID / USN / M2M	사물인터넷[IoT]
통신/네트워크	근거리망, 이동망 중심	인터넷 중심
디바이스의 형태	센서중심	센서와 엑츄에이터의 Physical Thing과 데이터와 프로세스 등을 포함한 Virtual Thing
디바이스의 서비스 구동 수준	단순 정보 수집 / 수동적	자율 판단하는 지능 보유 / 자율적
서비스 플랫폼	모니터링 정보 처리	의미 기반 모니터링 및 자율 제어
서비스 관리 규모	수천만 개의 사물	수백 억 이상의 사물
서비스 적응성	통시적 서비스 제공	즉시적 스마트 서비스 제공

출처: 국립중앙과학관 과학학습콘텐츠 사물인터넷 내용 재구성

(3) IoT활성화 배경

① 흔히 IoT 기술이라는 말을 쓰지만, 이는 기술 용어가 아니다. IoT는 센서 기술, 무선통신기술, 데이터처리 기술 등 지금까지 개발되어온 다양한 기술들을 함께 이용함으로써 새로운 가치를 만들어내는 패러다임의 변화라 할 수 있다.

② 달리 말하면, IoT와 관련된 요소 기술들이 이미 활성화되어 있었음을 의미한다. 즉, 소자 및 무선통신 등 기술의 표준화, 소형화, 저전력화 그리고, 저가격화가 가능했기에 IoT 활성화가 일어날 수 있었던 것이다

③ IoT에 참여하는 각각의 개체는 다른 개체로 하여금 스스로를 식별할 수 있게 해주는 신원이 필요하다. 근거리에 위치한 사물의 신원을 나타내는 기술은 RFID 기술이지만 넓은 범위의 네트워크 상에서 개별 사물의 신원을 확인하기 위해서는 개별 사물에 IP주소를 부여해야 한다.

④ 중소기업중앙회와 파이터치연구원에 따르면(2021년) 'IoT를 활성화하면 중소기업 일자리가 55만 5000개 창출되고 중소기업 매출이 355조원 늘어난다'고 한다.

그림 2-2 IoT 활성화 특징

출처: 국립중앙과학관 과학학습콘텐츠

(4) IoT 분류

IoT는 단말이 센서와 통신기능을 내장하여 인간의 구체적인 개입이나 지시 없이 스스로 인터넷에 연결하고, 각 사물들이 생성한 정보를 공유 및 통합하여 효율적인 서비스를 제공하는 것으로 하드웨어와 소프트웨어로 구분, 세부 구성 요소는 다음과 같다.

표 2-2 IoT 세부 구성요소

대분류	중분류	소분류	내용
IoT	하드웨어	디바이스	• 데이터를 생성, 수집, 전달하는 기능 수행 • 네트워크에 연결되어 스스로 동작되는 기기
		네트워크	• 각 디바이스들을 연결할 수 있는 통신 인프라
	소프트웨어	플랫폼	• 디바이스로부터 수집된 데이터 가공, 처리, 융합 • 서비스 및 어플리케이션과 연동
		서비스	• 디바이스, 네트워크, 플랫폼을 연계 및 활용하여 다양한 분야에 지능화 된 서비스 제공 • 사용자 응용프로그램, 서비스 솔루션 등이 포함

(5) IoT 요소 기술

IoT 요소 기술은 일반적으로 센싱 기술, 네트워크 기술, 인터페이스 기술로 구분한다. IoT에 연결된 기기들의 정보를 획득하는 센서, 취득한 정보를 송신하고 수신받는 네트워크 프로토콜, 센서에서 수신된 데이터를 분석하고 응용서비스를 연동하는 인터페이스 기술이 있다.

표 2-3 IoT 요소 기술

요소 기술	내 용
센싱	• 온도, 습도, 열, 가스, 조도, 초음파 등 다양한 센서를 이용하여 원격 감지, 위치 및 모션 추적 등을 통해 주위 환경으로부터 정보를 획득하는 기능을 함
네트워크	• 인간과 디바이스, 서비스 등 분산된 환경 요소들을 연결 • 저전력 블루투스(BLE), ZigBee, WiFi 등 기존의 통신망과 연결과 5G의 발전에 주목함
인터페이스	• IoT의 주요 구성 요소를 통해 특정 기능을 수행하는 응용 서비스와 연동하는 역할을 함 • 정보의 검출, 가공, 정형화, 추출, 처리 및 저장 기능을 의미하는 검출정보기반기술과 위치정보기반기술, 보안기술 등으로 구성됨

2 IoT 표준화 기구 개요

(1) oneM2M

에너지, 교통, 국방, 공공서비스 등 산업별로 종속적이고 폐쇄적으로 운영되는 파편화된 서비스 플랫폼 개발 구조를 벗어나 응용서비스 플랫폼 환경을 통합하고 공유하기 위한 IoT 공동서비스 플랫폼 개발을 위해 발족된 사실상 표준화 단체이다.

전세계 지역별 표준 개발기구인 TTA(한국), ETSI(유럽), ATIS/TIA(미국), CCSA(중국), ARIB/TTC(일본)등 7개의 SDO(Standard Development Organization)가 공동으로 설립

(2) IFTF(국제인터넷표준화기구)

인터넷의 운영, 관리, 개발에 대해 협의하고 프로토콜 표준을 개발하고 있으며, IoT의 다양한 인터넷 프로토콜들에 대한 표준을 개발

(3) OCF(Open Connectivity Foundation)

IoT 구현 시 REST 구조 기반으로 경량형 CoAP 프로토콜로 IoT 장치들을 연결하고 장치에 존재하는 자원들을 상호 제어할 수 있는 표준플랫폼 기술을 2014년 7월 OCF 가 삼성, 인텔 등을 중심으로 시작해서, 2015년 12월 스마트홈의 대표적 국제표준단체인 UPnP 포럼을 통합 흡수하여 회원사가 100개 이상으로 성장하였고, 2016년 2월에 MS, 퀄컴 등이 합류하여 기업 표준화 단체가 됨

(4) IEEE(전기전자공학협회)

1980년 대학과 기업이 함께 발족한 단체로, 데이터 통신부분에서 물리계층 및 링크 계층 표준을 규정하는 표준화하는 기구이며, 2014년 7월 IEEE P2413 프로젝트그룹을 결성하여 IoT/M2M 전반적인 프로토콜, 아키텍처구조 등에 대한 표준 개발 작업에 착수하였으며, oneM2M과 협력하고 있다.

(5) 3GPP(3rdGeneration Partnership Project)

이통신과 관련된 사실상 표준을 제정하고 있으며, oneM2M과 마찬가지로 7개의 SDO (Standard Development Organization)들 간의 합의에 의해서 결성되고 표준을 개발

(6) 기타 주요 표준화 단체

① ISO/IED JTC1 : 정보처리시스템에 대한 국제표준화위원회(ISO/TC97)와 정보기기에 대한 국제표준화위원회(ISO/TC83)를 통합하여 공동기술위원회 설립

② ITU-T : 국제전기통신연합. 통신장비 및 시스템의 국제표준을 만들기 위한 최초의 국제기구

③ Thread Group : 구글이 주도하고 네스트랩스, 실리콘랩스, 프리스케일, ARM, 예일 시 큐리티, 삼성전자가 참여하여 IoT를 위한 새로운 IP기반 무선 통신망 프로토콜 개발을 통해 상호호환이 가능한 IoT 구현하기 위해 설립된 컨소시엄 표준화 단체

(7) 주요 IoT 표준화기구

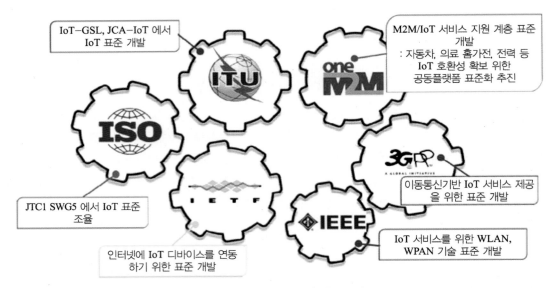

그림 2-3 국제 IoT 표준화 기구 구성
출처 : https://ensxoddl.tistory.com/430

(8) 비면허대역(LPWA) 광역 IoT 표준화

3GPP에서 LTE-M, NB-IoT 표준화를 완료하였으며, 그 외 비표준인 LoRa가 있음

(9) 셀룰러기반 광역 IoT 표준화

3GPP의 LTE-M 표준의 진화로부터 살펴볼 수 있고, NB-IoT는 3개의 동작모드 지원

3   IoT 플랫폼 종류

(1) 플랫폼 구조 개요

기본적이고 필수적으로 사용되는 공통기능을 제공하는 플랫폼을 사용하면 매번 같은 기억을 구현하지 않아도 되고 표준화된 기능으로 서비스보다 쉽고 빠르게 구현할 수 있다.

표 2-4 사물인터넷 서비스 구현을 위한 플랫폼의 기본 기능

기능	설명
디바이스 관리(Device management)	다양한 디바이스가 플랫폼에 쉽게 등록하고 관리
디바이스 연결(Device connectivity)	제한된 환경에서도 디바이스와 지속적인 연결을 보장
데이터 관리(Data management)	디바이스로부터 전달되는 데이터를 수집, 분석, 통합
탐색 및 검색(Discovert & Search)	서비스를 제공하기 위해 정의된 정보를 이용하여 검색결과를 제공
모니터링 및 제어(Monitoring & Control)	디바이스 상태를 모니터링하고 연결된 디바이스를 제어
어플리케이션 서비스(Application services)	서비스와 솔루션과의 연결점을 제공

(2) IoT를 위한 통합 서비스 제공하는 IoT 플랫폼

IoT 플랫폼은 물리적인 객체를 온라인에 구현하기 위해 필요한 요소를 제공하는 통합된 서비스다. 이는 수백만 개의 디바이스 연결을 동시에 지원할 수 있어야 하며, 기계와 기계간의 통신을 위한 장치를 간편하게 구성할 수 있어야 한다.

IoT 플랫폼은 크게 엔드투엔(End-to-end) 플랫폼, 커넥티비티 플랫폼, 클라우드 플랫폼, 데이터 플랫폼 등 4개로 구분할 수 있다.

① **엔드투엔 플랫폼** : 하드웨어와 소프트웨어, 커넥티비티, 보안 그리고 수백만 개에 달하는 디바이스의 연결을 관리하기 위한 툴을 제공
② **커넥티비티 플랫폼** : Wi-Fi에서 이동통신에 이르는 저전력, 저비용 커넥티비티 관리 솔루션을 제공
③ **클라우드 플랫폼** : 사용자의 복잡한 네트워크 스택 구축의 복잡성을 없애고, 백엔드 서비스와 기타 서비스를 제공해, 수백만 개의 동시 연결 디바이스를 모니터링하고 관리할 수 있는 기능 제공
④ **데이터 플랫폼** : 디바이스로부터 데이터를 수집하고 관리, 비주얼화하며 데이터를 분석할 수 있도록 수많은 툴의 조합을 제공하는 플랫폼

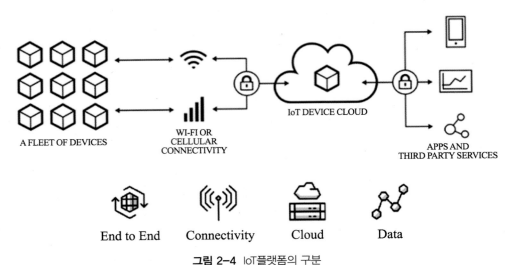

그림 2-4 IoT플랫폼의 구분
출처: 테크월드뉴스(http://www.epnc.co.kr)

(3) 주요 IoT 플랫폼

① **아마존 AWS IoT** : 아마존은 데이터 분석을 중심으로 인공지능과 하드웨어의 결합을 통해 생태계를 구축해 나가고 있다. 데이터 분석 플랫폼인 'AWS IoT', 인공지능인 '알렉사'와 알렉사를 탑재한 홈 IoT 허브인 '에코(Echo)' 스피커 등 개방형 IoT 비즈니스를 추진해 나가고 있다.

② **애플 HomeKit** : 애플(Apple)은 2014년 6월 세계개발자대회(WWDC)에서 피트니스와 건강정보를 수집하고 저장하는 헬스케어 플랫폼으로 헬스킷(HealthKit)을 발표했고 집안에 있는 가전기기와 전자제품들을 제어하기 위한 플랫폼으로 홈킷(HomeKit)을 발표. iOS를 사용하는 아이폰과 아이패드의 다양한 앱들이 사물인터넷 플랫폼인 헬스킷(HealthKit)과 홈킷(HomeKit)을 통해 헬스케어와 스마트홈을 구현할 수 있다.

③ **구글 Brillo** : 구글(Google)은 2014년 사물인터넷과 스마트홈 시장에 뛰어들기 위해 자동온도조절 장치를 만든 네스트랩스(Nest Labs)를 인수했고, 가정용 인터넷 카메라를 만든 드롭캠(Dropcam)도 인수. 구글 2015년 개발자 회의(I/O)에서 사물인터넷 시장의 주도권을 잡기 위해 브릴로(Brillo)를 발표했고, 브릴로를 탑재한 사물들 간의 네트워크를 위해 자체 개발한 개방형 프로토콜인 위브(Weave)를 소개

④ **마이크로소프트 애저 IoT** : 마이크로소프트는 윈도우운영체제를 기반으로 한 IoT 운영체제인 '윈도우 10 IoT'와 데이터 분석 플랫폼인 '애저IoT'를 중심으로 IoT 비즈니스를 전개해 나가고 있다. '애저IoT'는 머신러닝(Machine Learning) 기술을 이용, IoT 기기에서 생성된 데이터를 클라우드에 수집, 분석하는 플랫폼이다.

⑤ IBM 왓슨 IoT : IBM의 '왓슨 IoT'는 인공지능을 기반으로 IoT 기기를 통해 습득한 데이터를 분석하는 대표적인 데이터 분석 플랫폼이다. IBM은 빅데이터를 갖고 있거나 데이터 분석이 필요한 기업에게 왓슨 IoT 플랫폼을 제공하고, 기업들은 왓슨 IoT 플랫폼을 이용해 IoT 서비스를 제공하는 방식이다

⑥ AllSeen Alliance의 AllJoyn : AllJoyn은 퀄컴, MS, LG, 소니, 파나소닉, 샤프 등이 멤버로 참여하고 있으며, 로컬 영역에서 AllJoyn기기 간 피투피(P2P : Peer-to-Peer) 통신을 지원하는 IoT 플랫폼이다. 리눅스(Linux), 안드로이드(Android), iOS, 윈도우(windows) 등 다양한 운영 체제와 와이파이 같은 무선 접속 기술을 지원하여 사실상 특정 하드웨어에 의존하지 않는 IoT 애플리케이션 개발이 가능하다. 즉, 각기 다른 제조사에서 만들어진 조명, 스마트워치(smartwatch), 냉장고, 에어컨, 도어록, 스마트폰, 태블릿 PC 등으로 올조인기반 IoT 서비스를 구성할 수 있다.

⑦ 자이블리 : 자이블리(Xively)는 인터넷에 제품과 서비스를 신속하게 연결할 수 있게 해주는 클라우드에 특화된 사물인터넷 플랫폼이고, 연결형 제품관리 솔루션으로 빠른 속도와 무한 확장성으로 하루에 860억 개 이상의 메시지를 처리할 수 있는 솔루션과 연결된 제품을 실행하는 복잡한 비즈니스를 단순화하기 위해 사용자 프로비저닝, 모니터링, 업데이트 및 관리 도구를 제공한다.

⑧ 모비우스 및 앤큐브 : 전자부품연구원(KETI)이 주축으로 개발한 모비우스(Mobius)는 사물 간에 인터넷을 할 수 있는 통신 기반을 지원하는 개방형 사물인터넷 서비스 플랫폼이고, 앤큐브(&Cube)는 여러 참여기관들과 함께 개발한 개방형 사물인터넷 디바이스 플랫폼

⑨ 씽플러스 : 달리웍스는 사물인터넷 응용서비스를 위한 사물인터넷 플랫폼인 씽플러스(Thing+)를 선보였으며, 데이터 수집 및 분석 그리고 클라우드 저장 등과 같은 기능이 사용자 중심으로 구성되어 있고 사물인터넷 클라우드 서버인 씽플러스클라우드(Thing+ Cloud), 사물인터넷 기기를 위한 씽플러스임베디드(Thing+ Embeded), 클라이언트 애플리케이션 씽플러스포탈(Thimg+ Portal) 3가지 핵심 모듈로 구성된다.

⑩ 코머스 : 한국전자통신연구원(ETRI)과 다음, 핸디소프트 개방형 USN 시맨틱플랫폼인 코머스(COMUS, Common Open seManticUSnplatform)를 개발하여, 사물인터넷 자원을 컴퓨터가 해석할 수 있는 형태로 공통 언어로 기술하여 사용자가 USN 기술에 대하여 모르더라도 필요한 센서 정보에 쉽게 접근하고 정보를 자율적으로 해석하는 등의 의미 정보 기반 기술을 제공한다.

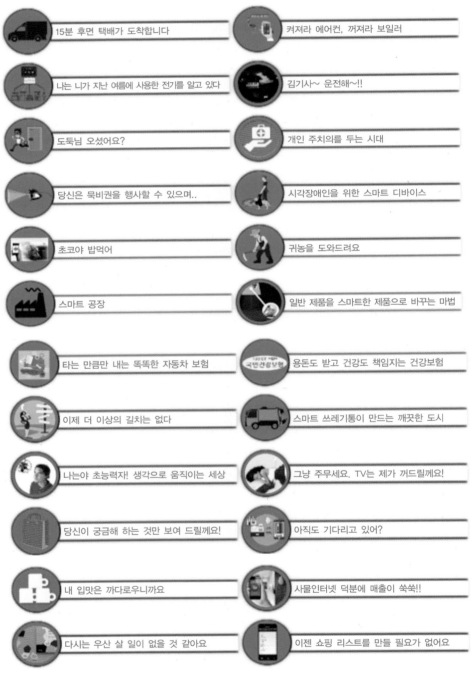

15분 후면 택배가 도착합니다

켜져라 에어컨, 꺼져라 보일러

나는 니가 지난 여름에 사용한 전기를 알고 있다

김기사~ 운전해~!!

도둑님 오셨어요?

개인 주치의를 두는 시대

당신은 묵비권을 행사할 수 있으며..

시각장애인을 위한 스마트 디바이스

초코야 밥먹어

귀농을 도와드려요

스마트 공장

일반 제품을 스마트한 제품으로 바꾸는 마법

타는 만큼만 내는 똑똑한 자동차 보험

용돈도 받고 건강도 책임지는 건강보험

이제 더 이상의 길치는 없다

스마트 쓰레기통이 만드는 깨끗한 도시

나는야 초능력자! 생각으로 움직이는 세상

그냥 주무세요. TV는 제가 꺼드릴께요!

당신이 궁금해 하는 것만 보여 드릴께요!

아직도 기다리고 있어?

내 입맛은 까다로우니까요

사물인터넷 덕분에 매출이 쑥쑥!!

다시는 우산 살 일이 없을 것 같아요

이젠 쇼핑 리스트를 만들 필요가 없어요

출처: 한국정보통신자격협회 스마트홈관리사 교안

IoT(사물인터넷)의 이해 **예상문제**

01 IoT(Internet of Things, 사물인터넷)에 대한 설명으로 옳지 않은 것은?

① 사람, 사물, 공간, 데이터 등 모든 것이 인터넷으로 서로 연결되어 있다.

② 정보가 생성 · 수집 · 활용되는 초 연결 인터넷으로 무선 통신을 통해 각종 사물을 연결하는 기술을 의미한다.

③ 사물인터넷에 연결된 사물이란 모바일 장비, 웨어러블 디바이스, 가전 등 다양한 외장형 시스템을 가진다.

④ 사물들이 자신을 구별할 수 있는 유일한 아이피를 가지고 인터넷으로 연결되어야 하며, 데이터 정보센서를 내장할 수 있다.

> 사물인터넷에 연결된 사물이란 다양한 내장형 시스템을 가진다.

02 다음 지문 내용 중 ( )에 해당하는 것은?

> ( )의 T.2060(2012/06)에서 IoT란 이미 존재하거나 향후 등장할 상호 운용 가능한 정보 기술과 통신 기술을 활용하여 다양한 실재 및 가상 사물 간의 상호 연결을 통해서, 진보된 서비스를 제공되는 것으로 정의 한다

① ICT
② TSR
③ ITU-T
④ ISO

> 기타 주요 표준화 단체인 ITU-T 국제전기통신연합으로서 통신 분야의 표준을 개발중이다.

03 IoT(Internet of Things, 사물인터넷)의 3대 요소기술이 아닌 것은?

① 센싱기술
② 네트워크기술
③ 플랫폼기술
④ 인터페이스기술

> IoT 요소기술은 일반적으로 센싱기술, 네트워크기술, 인터페이스기술로 구분한다.

04 정보의 검출, 가공, 정형화, 추출, 처리 및 저장 기능을 의미하는 검출 정보기반 기술과 위치정보 기반기술, 보안기술 등으로 구성되는 요소기술은 무엇인가?

① 감지기술
② 네트워크기술
③ 인터페이스기술
④ 스트럭쳐기술

> 인터페이스기술은 IoT의 주요 구성 요소를 통해 특정 기능을 수행하는 응용 서비스와 연동하는 역할을 한다.

05 전세계 지역별 표준 개발기구인 TTA(한국), ETSI(유럽), ATIS/TIA(미국), CCSA(중국), ARIB/TTC(일본) 등 7개의 SDO(Standard Development Organization)가 공동으로 설립된 표준 단체는 무엇인가?

① OCF
② oneM2M
③ IEEE
④ 3GPP

> 응용서비스 플랫폼 환경을 통합하고 공유하기 위한 IoT 공동서비스 플랫폼 개발을 위해 발족된 oneM2M이다.

06 2016년 2월에 MS, 퀄컴등이 합류하여 기업표준화 단체가 된 IoT 구현시 REST 구조 기반으로 경량형 CoAP프로토콜로 IoT 장치들을 연결하고 장치에 존재하는 자원들을 상호제어할 수 있는 표준플랫폼 기술 단체는 무엇인가?

① IFTF   ② oneM2M
③ OCF   ④ 3GPP

> 2014년 7월 삼성, 인텔 등을 중심으로 시작해서, 2015년 12월 스마트홈의 대표적 국제표준단체인 UPnP포럼을 통합 흡수하여 회원사가 100개 이상으로 성장한 OCF이다.

07 인터넷의 운영, 관리, 개발에 대해 협의하고 프로토콜 표준을 개발하고 있으며, IoT의 다양한 인터넷 프로토콜들에 대한 표준을 개발하는 협회는 무엇인가?

① IFTF   ② oneM2M
③ OCF   ④ 3GPP

> IFTF는 인터넷의 운영, 관리, 개발에 대해 협의하고 프로토콜 표준을 개발하고 있다.

08 사물인터넷 서비스 구현을 위한 플랫폼의 기본 기능 중에서 서비스와 솔루션과의 연결점을 제공하는 것은 무엇인가?

① 디바이스 관리
② 데이터 관리
③ 모니터링 및 제어
④ 어플리케이션 서비스

> 사물인터넷 서비스와 솔루션과의 연결점을 제공하는 어플리케이션 서비스이다.

09 IoT 플랫폼은 물리적인 객체를 온라인에 구현하기 위해 필요한 요소를 제공하는 통합된 서비스가 4가지 있다. 다음 중 해당되지 않은 것은?

① 엔드투엔 플랫폼
② 커넥티비티 플랫폼
③ 클라우드 플랫폼
④ 자이언트 플랫폼

> IoT 플랫폼은 엔드투엔(End-to-end) 플랫폼, 커넥티비티플랫폼, 클라우드 플랫폼, 데이터 플랫폼 등 4개로 구분할 수 있다.

10 수백만 개의 동시 연결하는 디바이스를 모니터링하고 관리할 수 있는 기능을 제공하는 플랫폼은 무엇인가?

① 엔드투엔 플랫폼
② 커넥티비티 플랫폼
③ 데이터 플랫폼
④ 클라우드 플랫폼

> 클라우드 플랫폼은 사용자의 복잡한 네트워크 스택 구축의 복잡성을 없애고, 백엔드서비스와 기타 서비스를 제공한다.

11 IBM이 만든 플랫폼 중 빅데이터를 갖고 있거나 데이터 분석이 필요한 기업에게 해당 플랫폼을 제공하고, 기업들은 해당 플랫폼을 이용해 IoT 서비스를 제공하는 방식으로 이 플랫폼의 이름은 무엇인가?

① AWS IoT   ② 왓슨 IoT
③ 알렉사   ④ 홈키트

> 인공지능을 기반으로 IoT 기기를 통해 습득한 데이터를 분석하는 대표적인 데이터 분석 플랫폼을 개발한 왓슨 IoT이다.

12 애플(Apple)이 만든 피트니스와 건강정보를 수집하고 저장하는 헬스케어 플랫폼의 이름은 무엇인가?

① 알렉사
② 위브
③ 씽큐
④ 헬스킷

헬스케어와 스마트홈을 구현하는 플랫폼인 위브이다.

13 개방형 사물인터넷 서비스 플랫폼의 이름은 모비우스이고 여러 참여기관들과 함께 개발한 개방형 사물인터넷 디바이스 플랫폼의 이름은 무엇인가?

① AWS IoT
② HomeKit
③ Brillo
④ &Cube

전자부품연구원(KETI)이 주축으로 개발한 통신 기반을 지원하는 플랫폼인 &Cube이다.

14 아래 내용 중 빈칸에 가장 적합한 것은?

데이터 분석 플랫폼인 'AWS IoT', 인공지능인 '알렉사'와 알렉사를 탑재한 홈 IoT 허브인 '에코(Echo)' 스피커 등 (   ) IoT 비즈니스를 추진해 나가고 있다.

① 폐쇄형
② 내부형
③ 자립형
④ 개방형

아마존은 데이터 분석을 중심으로 인공지능과 하드웨어의 결합을 통해 생태계를 구축해 나가고 있는 개방형 IoT 연계됨

15 아래 내용 중 빈칸에 가장 적합한 것은?

윈도우 10 IoT'와 데이터 분석 플랫폼인 (   )를 중심으로 IoT 비즈니스를 전개해 나가고 있다. 이 플랫폼은 머신러닝(Machine Learning) 기술을 이용, IoT 기기에서 생성된 데이터를 클라우드에 수집, 분석하는 플랫폼

① 알렉사
② 위브
③ 씽큐
④ 애저 IoT

마이크로소프트사의 윈도우 운영체제를 기반으로 한 IoT 운영체제와 연계한 애저 IoT이다.

16 아래 내용 중 빈칸에 가장 적합한 것은?

IoT 용어는 1999년 매사추세츠공과대학(MIT)의 (   )이(가) 처음 사용하면서 생겨났다. 제품들에 RFID 태그를 부착함으로써 세상에 존재하는 모든 사물이 서로 연결될 수 있다면 새로운 세상이 펼쳐질 것이라는 생각에서 기인하여 발전해왔다.

① 스티브 잡스
② 빌게이츠
③ 일론머스크
④ 캐빈 애시턴

캐빈 애시턴의 사물인터넷의 개념은 RFID뿐만 아니라 다양한 센서 및 통신 기술들과 결합하며 발전해 나가기 시작한다.

17 다음이 설명하고 있는 단체는?

구글이 주도하고 네스트랩스, 실리콘랩스, 프리스케일, ARM, 예일시큐리티, 삼성전자가 참여하여 IoT를 위한 새로운 IP기반 무선 통신망 프로토콜 개발을 통해 상호 호환이 가능한 IoT 구현하기 위해 설립된 컨소시엄 표준화 단체

① IFTF
② oneM2M
③ Thread Group
④ 3GP

컨소시엄 표준화 단체인 Thread Group를 말한다.

18 다음이 설명하고 있는 단체는?

한국전자통신연구원(ETRI)과 다음, 핸디소프트 개방형 USN 시맨틱 플랫폼을 개발하여, 사물인터넷 자원을 컴퓨터가 해석할 수 있는 형태의 플랫폼

① IEEF
② oneM2M
③ Thread Group
④ COMUS

COMUS는 공통 언어로 기술하여 사용자가 USN 기술에 대하여 모르더라도 필요한 센서 정보에 쉽게 접근하고 정보를 자율적으로 해석하는 등의 의미 정보 기반 기술을 제공하는 플랫폼이다.

19 다음이 설명하고 있는 플랫폼의 이름은 무엇인가?

전자부품연구원(KETI)이 주축으로 개발한 이 플랫폼은 디바이스 플랫폼인 앤큐브도 개발되었다.

① 브레인   ② 브릴로
③ 모비우스   ④ 라이거스

모비우스는 사물 간에 인터넷을 할 수 있는 통신 기반을 지원하는 개방형 사물인터넷 서비스 플랫폼

03 인공지능의 이해

1 인공지능의 개요

(1) 인공지능 개념

① 인공지능(人工知能, artificial Intelligence, AI)은 인간의 학습능력, 추론능력, 지각능력, 자연언어의 이해능력 등을 컴퓨터 프로그램으로 실현한 기술을 말함

② 하나의 인프라 기술로 인간을 포함한 동물이 갖고 있는 지능 즉, natural intelligence와는 다른 개념으로 지능을 갖고 있는 기능을 갖춘 컴퓨터 시스템이며, 인간의 지능을 기계 등에 인공적으로 시연(구현)한 것임

(2) 인공지능 배경 및 발전동향

① 인공지능의 개발 배경
- 맨해튼 프로젝트(Manhattan Project)
  - 히틀러 나치 정권에 앞서 원자폭탄을 만들기 위한 미국의 비밀 프로젝트
  - 미국 내 최고 과학자들이 모두 참여하여, 원자폭탄을 만드는 연구에 참여
- 인공지능 맨해튼 프로젝트(AI Manhattan Project)
  - 인공지능 기술 개발을 위한 구글의 세기적 프로젝트
  - 관련 IT 기업과 전문가들을 확보하기 위한 거대 인수합병을 진행
- 1,000명 이상의 인력이 구글의 인공지능 / 머신러닝연구 진행 중(아주경제)
- 2014년 1월 Deep Mind 인수(6억 5000만 달러)
- 2014년 1월 Nest Labs 인수(32억 달러)
- 기타 50여 개의 인공지능 기업들이 맨해튼 프로젝트에 참여, 연구 진행

② 인공지능 기술 추세
- 빅데이터(Big Data) 기술의 확산과 컴퓨팅 속도의 향상과 함께, 인공지능 시장은 빠른 속도로 성장하고 있음
- 현재 인공지능 기술은 분야를 가리지 않고 다양하게 이용되고 있음
- 현재 인공지능 기술은 비전(Vision)과 자연어 처리(Natural Language Processing), 음성인식(Speech Recognition) 등의 분야를 필두로 빠르게 발전하고 있음

- Discriminative Model의 급격한 발전과 함께 Generative Model의 성능 또한 빠르게 발전하고 있는 추세

(3) 인공지능의 종류

① 유형
- 지능 형태 : 합성 지능 – 가짜가 아닌, 시뮬레이트 되지 않은 인간이 만든 실질적인 지능
- 테크놀로지 유형
  - 컴퓨팅 유형 : 일부 지능적 기능을 하는 컴퓨터 시스템
  - 이머징기술

② 인공 지능 분야의 기술
- 인공지능 : 인공 지능 > 기계 학습 > 인공 신경망 > 딥 러닝

③ 인공지능의 종류 : 인공지능의 종류는 '인간의 지능을 모방한 정도', '개발 방법' 등에 따라 다양하게 분류할 수 있으며, 현재 일반적으로 분류하고 있는 기준은 다음과 같음

표 3-1 인간의 지능을 모방한 정도에 따른 구분

약인공지능 (Weak AI)	• 특정 문제 해결을 목적으로 인간의 지능을 기계적으로 일부 모방해 구현한 인공지능
강인공지능 (Strong AI)	• 인간의 지능을 기계적으로 완벽히 모방해 구현한 인공지능 • 특정 문제 해결을 넘어 사람처럼 생각하고 경험해 보지 않은 문제도 해결할 수 있는 수준의 인공지능 • 완전 AI 혹은 인공일반지능(AGI, Artificial General Intelligence)라고 불리기도 한다.
초인공지능 (Super AI)	• 인간의 지능을 완전히 모방하는 것을 넘어 인간보다 훨씬 더 높은 지능을 갖도록 구현한 인공지능

표 3-2 개발 방법론에 따른 구분

지식 기반형 (Knowledge–Based Agent, KBA)	입력되어 저장된 지식만을 이용해 의사 결정하는 방법
데이터 기반형 (기계학습형)	입력되어 저장된 대량의 지식에서 새로운 지식을 추출하여 획득해 이용하는 의사 결정하는 방법

(4) 인공지능의 범위와 역할

① 인공지능(Artificial Intelligence) : 사람이 해야 할 일을 기계가 대신할 수 있는 모든 자동화에 해당

② 머신러닝(Machine Learning) : 명시적으로 규칙을 프로그래밍하지 않고 데이터로부터 의사 결정을 위한 패턴을 기계가 스스로 학습하는 것

③ 딥러닝(Deep Learning) : 인공신경망 기반의 모델로, 비정형 데이터로부터 특징 추출 및 판단까지 기계가 한 번에 수행하는 것을 기계가 스스로 학습하는 것

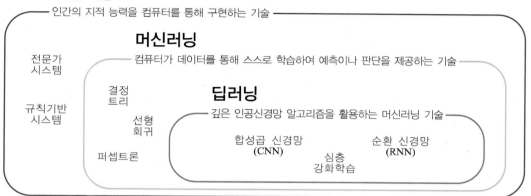

그림 3-1 인공지능 범위와 역할
출처: ETRI

딥러닝의 학습 모델 중 대표적 5가지

① 인공 신경망(Artificial Neural Network, ANN)
- 인공 신경망 ANN은 간략히 신경망이라고도 하는데, 인간의 뉴런이 연결된 형태를 수학적으로 모방한 모델이다.
- 뇌에서 뉴런들이 어떤 신호, 자극 등을 받고 그 자극이 어떠한 임계값을 넘어선 결과 신호를 전달하는 과정에서 착안한 것이다.
- ANN뉴런은 여러 입력값을 받아서 일정 수준이 넘어서면 활성화되어 출력값을 내보낸다. 이러한 뉴런들을 여러 개 쌓아, 두 개의 층(Layer) 이상 구성된다.
- 가장 대표적은 예시로는 퍼셉트론 Perceptron이 있다.

② 심층 신경망(Deep Network, DNN)
- ANN 이후 모델 내 은닉층을 많이 늘려서 학습의 결과를 향상시키는 방법이 등장하였고, 이를 심층 신경망이라고 한다.
- 컴퓨터가 스스로 분류 레이블을 만들어 내고 공간을 왜곡하고 데이터를 구분 짓는 과정을 반복하여 최적의 구분선을 도출해낸다.
- DNN은 ANN에 비해 더 적은 수의 유닛들만으로도 복잡한 데이터를 모델링할 수 있게 해준다.
- 많은 데이터와 반복학습, 사전학습과 오류역전파 기법을 통해 현재 널리 사용됨

- 대표적인 예시로는 심장 질환 환자들의 심장 박동수로 건강상태를 예측한다.

③ 합성곱 신경망(Convolutional Neural Network, CNN)
- 기존의 방식은 데이터에서 지식을 추출해 학습이 이루어졌지만, 합성곱 신경망 CNN은 데이터의 특징을 추출하여 특징들의 패턴을 파악하는 구조이다.
- CNN 알고리즘은 Convolution과정과 Pooling 과정을 통해 진행된다.
- Convolution Layer와 Pooling Layer를 복합적으로 구성하여 알고리즘을 만든다.
- 최근 가장 인기 있는 모델이며, 대표적으로는 13개의 은닉층을 사용한 알파고가 있다.

④ 순환 신경망(Recurrent Neural Network, RNN)
- 순환 신경망 RNN 알고리즘은 반복적이고 순차적인 데이터학습에 특화된 인공신경망의 한 종류로써 내부의 순환구조가 들어있다는 특징을 가지고 있다.
- 순환구조를 이용하여 과거의 학습을 Weight를 통해 현재 학습에 반영한다.
- 기존 지속적이고 반복적이며 순차적인 데이터 학습의 한계를 해결하는 알고리즘
- 현재의 학습과 과거의 학습의 연결을 가능하게 하고 시간에 종속된다는 특징
- 음성파형을 파악하거나, 텍스트의 앞, 뒤 성분을 파악할 때 주로 사용된다.
- 예로, 영화같이 시간순으로 수많은 이미지를 가지면서 상황을 판단할 수 있으며 파파고나 구글 번역기처럼 언어를 번역하는 것 또한 순차적인 데이터학습이다.

⑤ 생산적 적대 신경망(Generative Adversarial Network, GAN)
- 서로 경쟁하면서 가짜 이미지를 진짜 이미지와 최대한 비슷하게 만들어 내는 네트워크를 말하게 된다.
- GAN을 이용하여 가상이미지를 만들어 내며, 사람도 가상의 얼굴을 만들 수 있다.

2 인공지능 융합기술

AI(인공지능) 기술에는 자연어처리, 머신러닝, 딥러닝, 지능엔진 등 다양한 세부기술들이 있으며, 각각의 기술들은 독립적으로 사용되기보다는 다양한 기술과 융합되어 혁신 제품을 만들어 낸다. AI 기술은 계속 발전해 나가고, 성장하고, 전 산업과 일상 생활의 모든 측면에서 점점 더 중요해지며 인공지능은 앞으로 우리들의 삶에 새로운 영역으로 지속적으로 발전될 것이며, 혁신적인 응용 프로그램이 개발되어 AI를 통해 쉽고 생산적인 삶을 제공하는데 더 큰 도움이 될 것이다.

시리, 구글어시스턴트, 알렉사 및 코타나 등 유비쿼터스 스마트 디지털 도우미들은 명령을 하면 듣고 응답하여 행동으로 바꿀 수 있는 제품들로서 시리를 누르면 '친구에게 전화 걸기'와 같은 명령을 내릴 수 있다. 이 기능은 몇 초 만에 사용자가 말한 내용을 분석하고 음성을 둘러싼 모든 배경 소음

을 걸러내고 명령을 해석하여 실제 수행하게 된다. 이런 도우미들이 더욱 스마트해지면서 명령 프로세스의 모든 단계를 개선하고 몇 년 전처럼 명령을 구체적으로 지정할 필요가 없어지고 가상 도우미가 실제 명령에서 불필요한 배경 소음을 걸러내는 기능이 더욱 향상되고 있다.

(1) 의료(Healthcare)

미래 의료산업 분야는 의료장비가 많은 역할을 할 것이다. 인공지능을 접목한 의료 장비의 경우 사람보다 컴퓨터가 빅데이터를 통해 진단한 결과에 대한 통계데이터를 훨씬 더 많이 축적해 놓고 있고, 처방도 훨씬 빠르게 할 수 있다.

IBM사의 인공지능 암 진단 장비인 '왓슨'은 사람과 왓슨이 진단한 경우 80% 정도가 비슷한 결론을 내고 있다.

마이크로소프트(MS)의 '프로젝트 인너아이(InnerEye)' 가장 잘 알려진 AI 프로젝트 중 하나는 MS가 운영하는 프로젝트다. MS의 '프로젝트 InnerEye'는 세계를 변화시킬 수 있는 최첨단 연구다. 이 프로젝트의 목표는 뇌, 특히 뇌의 신경계를 연구하여 뇌의 기능을 보다 잘 이해하는 것이다. 이 프로젝트의 목적은 다양한 신경학적 질병을 진단하고 치료하는데 인공 지능을 사용할 수 있도록 하는 것이다.

(2) 스마트시티와 자동차

자율주행 차량은 많은 센서 데이터를 이용 임무를 수행하는 동시 교통상황에 대응하는 방법을 학습하여 실시간 의사 결정을 내린다. 자율주행 차량은 운전자의 제어 없이 운행하기 위해 AI 기술과 기계학습(Machine Learning)에 사용되고 있다. 자율주행 자동차를 만들기 위해서는 장애물을 인식할 수 있는 센싱 기술과 비디오비전 기술이 필요하며 또한 계속 주행을 할지 양보할지 판단하는 AI 기술도 필요하다. 현재 주요 도시에서 진행하고 있는 시내버스 노선 시간 및 도착시간을 예고하는 교통 시스템 등이 'U-City'의 일환으로 구축된 것이다. 이젠 이보다 한 발 앞서 인공지능과 로봇이 통제하는 스마트시티가 열릴 것이다.

인공지능과 함께 21세기에 배터리 기술의 진보는 전기동력 항공기를 만들 새 가능성을 열었다. 아직 현재의 배터리 기술로는 대형 항공기의 전동화가 어려운 상황이나 전기로 추진되는 소형 UAS나 드론개발은 가능해졌고, 더 이상 취미 생활에 활용하는 장난감이 아닌 공공 및 상업적 이용 사례들로 많이 증가하였다. 이 같은 기술들의 발전으로 현재 많은 항공업계 전문가들이 UAM(Urban Air Mobility) 도심 항공 모빌리티에 개발에 참여하고 있다. 공동주택에도 옥상에 주차시설이 추가될 것이며 지하주차장에도 실시간 주차공간활용 방안으로 새로운 주차방식으로 변화되고 있다.

(3) 인공지능 스피커

인공지능 기술을 융합한 제품 가운데 가장 빠른 성장과 발전을 보이는 아이템 중 하나가 인공지능 스피커로서 국내외 기업들, 특히 국내 기업의 경우 통신 회사인 SKT(제품명 '누구')와 KT(기가 지니), 그리고 인터넷서비스 기업 네이버(클로바)와 카카오(카카오 미니), 가전업체인 LG전자(씽큐허브) 등이 앞 다퉈 신제품을 개발 공급하면서 시장 쟁탈전을 벌이고 있다. 글로벌기업의 경우 아마존(Echo), 구글(Home), 애플(HomePod) 등도 이 시장 선점을 위한 치열한 경쟁을 벌이고 있다. 인공지능 스피커는 쇼핑, 검색 등 인터넷 서비스로 연결되는 스마트홈의 중심 역할을 할 것이다.

(4) Chatbot(챗봇)

많은 기업들이 이용자와 상호 작용하는 방법으로 챗봇을 사용하는 경우가 많다. 챗봇은 질문에 답변하거나 질문에 응답할 수 있는 충분한 직원이 없는 기업의 고객 서비스 옵션으로 사용되는 경우가 많다. 이러한 기업은 챗봇을 사용하여 고객들로부터 중요한 정보를 얻는 동시에 직원의 시간을 다른 작업에 할애할 수 있다. 블랙프라이데이와 같이 접속량이 많은 시간대에 챗봇은 유용하게 쓰인다. 많은 질문에 답할 수 있으며 이를 통해 이용자에게 보다 나은 서비스를 제공할 수 있다. 챗봇 혹은 채터봇은 음성이나 문자를 통한 인간과의 대화를 통해서 특정한 작업을 수행하도록 제작된 컴퓨터 프로그램이다.

(5) 교육

인공지능 기술을 접목한 인공지능 교육산업도 크게 성장할 가능성이 높다는 것이다. 다시 말해 사교육을 대체할 기술로 인공지능이 떠오르고 있다.

우리나라는 알파고와 이세돌의 경기가 종료된 후 인공지능 연구에 5년간 1조 원을 지원하겠다고 발표했고, 2018년 AI의 R&D를 강화하기 위해 2.2조 원의 투자를 발표하며 AI 인재 확보, AI 기술 개발, AI 스타트업 및 중소기업의 개발 지원을 위한 인프라에 투자하고 있다. 인공지능 기술이 아무리 발전해도 그 중심에는 인간의 알고리즘이 있다. 인공지능 인재가 가져야 할 역량, 인간의 지능이 아직까지 인공지능을 뛰어넘는 것은 재능과 능력이 뛰어난 것 말고도 인간적인 특징이 있기 때문이다.

한국을 포함하여 주요국의 AI정책을 살펴보면 AI 인력 양성 정책을 일관되게 추진하고 있으며, AI 고급 인재 양성을 위한 대학교의 역할과 글로벌 고급 인재 확보를 강조하고 있다는 것을 알 수 있다. 인공지능 교육의 역할은 다음과 같다.

① 인공지능을 다루는 교육이다 → 인공지능의 내용 이해
② 인공지능 교육은 문제해결력을 길러준다 → 인공지능의 내용과 사고력 신장

③ 인공지능 파워를 활용한다 → 인공지능 활용

④ 인공지능 사회를 이해하게 해준다 → 인공지능 가치, 태도

⑤ 미래 사회에 필요한 역량을 길러준다 → 인공지능 역량 신장

- What 교육 : 인공지능을 이해하는 교육, 인공지능 이해 교육
- How 교육 : 인공지능을 활용하는 교육, 인공지능 활용 교육
- Why 교육 : 인공지능을 바라보는 교육, 인공지능 가치 교육
- What → How → Why

인공지능 교육에서도 Why가 중요한 교육의 가치가 되고 있다.

미래의 유동적인 상황에 대처할 수 있는 능력을 교육하는 것이 필요하며 이에 학습하는 방법을 학습하는 것, 모든 학습의 기초가 되는 개념이나 원리를 학습하는 것, 다른 학습에 전이 효과가 큰 내용을 학습하는 것과 같은 도구적 학습이 더 중요하다. '미래 지능화 사회에 대한 대국민 인식 조사'를 실시한 결과 4차 산업혁명, 인공지능 등 미래 변화에 대응하는 교과 과정이 보강돼야 한다고 보는 의견에 일반 국민 응답자의 62.3%, 전문가의 83%가 동의한다고 한다. 하지만, '지금의 교육보다 AI 교사, 교육용 로봇, 가상현실을 활용한 교육이 더 큰 효과가 있다고 본다.'라는 질문에는 일반 국민 응답자의 45%, 전문가 46.4%가 동의했으며, 교육과 관련이 높은 10대는 38.4%, 20대는 34%로 지능화 기술을 활용한 교육 효과에 대해서는 부정적으로 생각했다.

(6) 게임

지난 2016년 인공지능 제품인 알파고와 이세돌의 바둑대결은 알파고의 승리로 끝났다. 이는 사람은 인공지능 로봇을 결코 이기지 못함을 입증한 것이다. 때문에 게임은 앞으로 인공지능 기술을 접목한 게임으로 발전할 것이다.

블레이드&소울 '무한의탑'이라는 게임에서 플레이어는 몬스터와 싸우게 되는데, 이 몬스터를 마치 사람이 직접 플레이하는 느낌을 주도록 기획됐다. 이를 위해 사람이 플레이 하는 장면을 인공지능 컴퓨터가 강화 학습해 몬스터에 적용했다. 이로 인해 무한의탑 인공지능 NPC는 상대에게 쉴 틈을 주지 않고 끊임없이 공격/방어 기술을 사용할 수 있다. 이용자는 마치 플레이어와 전투를 하는 것처럼 박진감 넘치는 전투의 긴장감과 재미를 느낄 수 있게 된다. 블소 이용자의 실력과 난이도에 따라 다음 층의 높이와 NPC 등 환경이 정해진다. 엔씨소프트는 이런 인공지능 기술 개발을 위해 'AI(인공지능) 센터'라는 별도의 조직을 만들기도 했다. AI 센터에는 AI 랩과 NLP(자연어 처리) 랩으로 구성되어 있다. 엔씨소프트가 집중하고 있는 혁신 중 하나가 AI기술이라며 AI를 기반으로 한 새로운 게임 플레이를 만들 것이라고 또 AI를 엔씨소프트의 미래라고 규정하기도 했다. 넥슨도 인공지능 기술을 게임에 활용하고 대표적으로 '야생의 땅: 듀랑고' 게임에는 '절차적 콘텐츠 생성'이라는 인공지능적 요소가 가미되어 있다.

(7) TV

인공지능 기능을 장착한 TV가 시장을 주도할 것이다. 실례로 LG전자는 말을 알아듣는 '인공지능 올레드 TV'를 선보였다. 이 제품은 자사의 독자 인공지능 플랫폼 인 '딥 씽큐(Deep ThinQ)'를 적용시켰다. 즉 이 제품은 음성으로 "지금 보고 있는 프로그램 끝나면 꺼줘", "게임기에 연결해줘" 등과 같이 요청하면 자동인식을 통해 해결한다.

LG전자는 위에서 아래로 내려오는 '롤다운 롤러블 TV'를 새롭게 선보인다. 제품 크기는 65인치다. 현재까지 나온 LG 롤러블 TV는 아래에서 위로 올라간다. 이 때문에 기존 롤러블 TV를 설치하려면 공간적 제약이 있었다. 스크린이 돌돌 말려 들어가는 스피커 본체를 둘 최소한의 공간이 필요하다. 하지만 위에서 내려오는 롤러블 TV는 천장에 설치해 스피커를 놓을 공간이 없어도 사용할 수 있다. 자율주행자동차 시대가 오면 자동차 천장에서 롤러블 TV가 아래로 내려오는 모습도 구현할 수 있다. 삼성전자는 세계 최대 IT · 가전 전시회 'CES 2022'에서 미래 '가전 경험'을 제안하였다. 메타버스와 로봇 플랫폼을 통해 집 전체를 하나의 제품처럼 관리하는 '사용자 맞춤형 미래 홈(Personalized & Intelligent Future Home)' 기술을 선보였다. 사용자는 자신과 가장 가까운 모바일 기기를 통해 집사 역할을 하는 아바타와 소통하고 명령을 내릴 수 있고 AI와 사물인터넷(IoT) 기술로 구현한 '스마트싱스(SmartThings)'를 기반으로 TV와 가전, 모바일 제품까지 여러 기기를 연결해 고객에게 하나의 팀처럼 유기적인 경험을 제공하도록 하였다.

(8) 엔터테인먼트

엔터테인먼트 사업은 인공지능과 결합되며 새로운 시장을 창출할 것이다.

IT업계를 중심으로 디지털휴먼(가상인간)을 앞세운 기술경쟁이 치열하다. 가상과 현실의 경계를 넘나드는 디지털 휴먼은 기업의 새 브랜드 이미지를 구축하고 홍보 효과를 더 높이는 최적의 마케팅 수단이다. 디지털휴먼 기술은 초기 단계지만 성장성이 크므로 기업들은 해당 기술을 확보하기 위해 합동연합 및 투자를 늘리고 있다. 해외에서는 '루두마갈루', '릴미켈라', '바비' 등을 중심으로 지난해부터 SNS(사회관계망서비스) 등에서 강력한 인플루언서로서 활약 중이다. 미국 인텔리전스 조사에 따르면 기업이 버추얼 인플루언서 등 가상인간 마케팅에 쓰는 비용은 2019년 80억 달러(약 9조원)에서 2022년 150억 달러(약 17조원)로 두 배 가까이 증가한 것을 미국 블룸버그는 가상인간 시장 규모가 2025년도에는 실제 사람 인플루언서 시장규모를 추월할 가능성이 있다고 전망했다. 대표적으로 디지털휴먼 네이버 로지, 스마일게이트 한유아, 넷마블 리나와 크래프톤의 버추얼휴먼가 생겼다. 과거 가상인간은 광고, 가수 등 연예분야에서 실존인물을 대체하는 역할이었다면 최근에는 게임, 웹툰 · 웹소설 등 콘텐츠부터 쇼핑 방송까지 다방면에서 활약 및 개별 캐릭터로서 역할을 하고 있다. 사례로 네이버 가상인간 '로지'를 필두로 마케팅 활동을 넓히는 중이고 최근 네이버는 싸이더스 스튜디오엑스와 협업해 로지의 AI(인공지능) 보이스를 클로바 AI 음성합성 기술로 만들어 라디오에 출연했다. 라디오에서 로지는 스페셜 게스트로 DJ와 이야기를 나누고, 청취자 사연도 직접 소개하여 그 AI 보이스는 네이버 클로바에서 자체 개발한 NES(Natural End-to-end Speech synthesis system) 기술을 이용 제작됐으며, 녹음 분야도 사람에 가까운 자연스러운 목소리를 구현해냈다.

(9) 앱(App)

예를 들어 카카오 내비게이션, T맵, 네이버 지도 등의 앱 개발은 그렇게 어렵지 않다. 카카오톡, 야놀자, 네이버 클로바, 배달의 민족, 멜론 등이 대표적인 예라고 할 수 있다. 네이버가 검색창에 인공지능 기술을 접목시켜 온라인 쇼핑 강자로 떠오른 것도 주목할 만한 사안이다. 이처럼 실생활과 관련된 각종 앱을 개발해 비즈니스로 창출해 나가는 산업이 더욱 활성화될 것이다.

(10) AI융합(뷰티, 엔터테인먼트 기타)

AI를 접목한 내비게이션, 노래방, 무인편의점, 청소기, 도어 락(Door Lock, 얼굴 인식, 음성 인식), 캐디(Caddie, 골프), ATM(현금자동입출금기), 경비(로봇 또는 인공 지능을 접목시킨 경비) 등은 모두 인공지능 기술을 접목시킨 새로운 기술과 제품으로 대체한다.
메이크업 O2O(Online to Offline) 플랫폼 '발라랩(Valla Lab)'을 운영하고 '발라랩'은 뷰티 크리에이터와 메이크업 아티스트가 가지고 있는 다양한 뷰티 정보를 인공지능 기술을 통해 데이터베이스화 하였다. 이를 활용해 초개인화 뷰티 콘텐츠 큐레이션 서비스를 제공한다. 또한 실제 오프라인에서 메이크업 서비스를 받을 수 있도록 메이크업 아티스트 매칭 서비스도 함께 운영하고 추후 뷰티 크리에이터와 메이크업 아티스트가 추천하는 제품을 플랫폼 안에서 바로 구매할 수 있는 커머스로 확장한다는 계획이다.

(11) 얼굴 인식

AI와 머신 러닝은 모든 기술을 더욱 효과적이고 강력하게 만든다. 얼굴 인식도 다르지 않다. 이제 얼굴 인식에 AI를 사용하는 앱이 많이 등장했다. 사회관계망 서비스(SNS)인 스냅챗(snapchat)은 AI 기술을 사용하여 실제로 사람의 얼굴을 인식하는 얼굴 필터를 적용한다. 페이스북은 이제 특정 사진에서 얼굴을 식별하고 다른 사람을 초대하여 태그를 지정할 수 있다. 그리고 얼굴을 이용한 휴대폰의 잠금 해제 기능이 제대로 작동하려면 AI와 머신 러닝이 필요하다. 애플의 'Face ID'는 설치할 때 얼굴을 스캔하고 약 3만 개의 규칙을 규정한다. 이는 다양한 각도에서 얼굴을 인식하는데 도움이 되는 마커(marker)로 사용된다. 이를 통해 다양한 상황과 조명 환경에서 얼굴을 사용해 휴대폰을 잠금 해제하는 동시에 다른 사람이 같은 작업을 하지 못하도록 방지할 수 있다.

(12) 은행

많은 대형 은행에서는 스마트폰을 통해 수표를 입금하는 옵션을 제공한다. 실제로 은행으로 가는 대신 두 번의 두드림만으로 입금할 수 있다. 전화를 통해 은행 계좌에 접근 시 수표는 확실한 안전장치 외에 서명도 요구한다. 현재 은행에서는 AI와 머신 러닝 소프트웨어를 사용 시 손글씨를 읽고 이전에 은행에 제공한 서명과 비교하여 수표를 승인하는데 안전하게 한다. 일반적으로 머신 러닝과 AI 기술은 은행 내 소프트웨어가 수행하는 대부분 작업을 가속화하는 것은 작업을 보다 효율적으로 실행해 대기시간과 비용을 줄여주고 신용 사기 방지에 대한 것도 알아야 할 내용이다. 은행은 매일 업무를 진행하면서 엄청난 양의 거래를 처리하므로 은행은 이 모든 것을 추적하고, 분석한다. 보통 사람에게는 불가능한 일이지만 사기 등 부정한 거래는 매일 변경되는 양상을 AI 및 머신 러닝 알고리즘을 사용하면 1초에 수천 개의 거래를 분석가능하다. 또 문제를 일으킬 수 있는 거래를 파악하고 향후 문제에 대비하도록 하며 대출을 신청하거나 신용 카드를 신청할 때마다 은행은 신용 점수, 재무 기록 등 여러 가지 요소를 확인할 필요가 있으므로 은행은 이 모든 것을 소프트웨어로 처리할 수 있다. 이로 인해 승인 대기 시간이 단축되어 실수가 줄어드는 효과가 크게 된다.

금융권에서 AI는 신용평가, 고객 경험 제고, AI 상담원, AI 은행원, 콜봇서비스, 로봇 자동화 등 자동화 혹은 방대한 데이터 처리 기반 예측이 필요한 업무를 중심으로 도입될 것이라며 "다만 이러한 AI 금융 서비스의 안정성과 투명성, 공정성 확보를 통한 금융 AI의 사회적 신뢰 구축도 필요하다"고 보고 있다.

(13) AI로봇

인공지능(AI), 자연언어처리(NLP), Robotic Operating System과 같은 개발 플랫폼 분야의 학문 발전으로 Social Robotics라고 불리는 클래스 로봇의 등장하게 되었다.

소셜 로봇은 인공지능(AI)에 의한 카메라 및 기타 센서를 통해 수신한 정보와 상호작용을 하고 인공지능(AI)의 발전을 활용해 설계자가 신경과학 및 심리학적 통찰력을 모두 알고리즘으로 변환가능하게 한다. 그래서 얼굴이나 감정, 음성인식, 음성을 해석하고 사람들의 요구에 적절하게 대응하여 다양한 산업 분야에서 소셜 로봇 응용이 확대되고 있다. 새 기술에 대한 WEF의 2019년 보고서에 따르면, 소셜 로봇 공학 분야는 로봇이 더 뛰어난 인터랙티브 기능을 가지고, 유용한 작업을 수행할 수 있는 전환점에 도달하게 된다고 본다. 그리고 전세계 소비자 로봇 매출이 2018년에 약 56억 달러에 달하고 2025년 말까지 190억 달러로 매출은 증가하고, 매년 6,500만대 이상의 로봇이 판매될 것으로 예상되고 있다. 그러나 선행 투자비 증가, 하드웨어와 소프트웨어의 오작동, 사용자의 프라이버시 보호 우려, 로봇 무기화 등의 중요 요인이 시장 성장을 방해하고 있는 상황이나, 모든 가정에 휴머노이드 로봇이 머지않아 한 대씩은 존재할 것이다.

(14) 음식

AI는 요리와 같은 예기치 않은 영역에서도 잠재력을 가진다. 라사(Rasa)라는 회사는 음식을 분석한 후 냉장고와 식료품 저장고 재료를 기준으로 레시피를 추천하는 AI 시스템을 개발했다. 이 유형의 AI는 요리를 좋아하지만 식사 계획에 너무 많은 시간을 허비하고 싶지 않은 사람들에게 좋은 방법이라고 볼 수 있다.

최근 사례로 음식 사진 촬영만으로 영양 정보를 인식할 수 있는 '푸드렌즈(Food Lens)'의 API를 제공하는 플랫폼을 오픈했다. 푸드렌즈는 음식을 사람의 눈처럼 인식하는 인공지능 기술 특허 기반으로 실현했다. 딥러닝 이미지 처리기술 바탕으로 사진 속 여러 음식 정보를 한 번에 자동 분석, 음식명과 칼로리 등의 영양 정보를 95% 이상의 정확도로 제공하여 음식 인식과 기록이 필요한 모든 서비스에 접목이 가능하게 되었다. 연계하는 헬스케어, 식음료, 보험, 의료 등 다양한 업종업체가 이용하게 되어 검증된 안정성과 기술력을 바탕으로 지속적인 업그레이드로 경쟁력 있는 서비스를 만드는 기업 등 다양한 음식AI기업이 생기고 있다.

(15) 소셜(Social)

중소벤처기업부가 주관하는 팁스(TIPS, Tech Incubator Program for Startup)는 성장 가능성이 높이 평가되는 스타트업을 정부와 민간 투자사가 함께 발굴해 지원하는 민간 투자 주도형 기술 창업 지원 프로그램이다. 선정된 기업은 기술적으로 검증되었단 평가를 받는다. 최근 한 달 다수의 스타트업이 이 프로그램에 선정되었다. 인터랙티브 콘텐츠 노코드 SaaS(클라우드 기반 소프트웨어) '도다'를 운영하는 사례로서 도다마인드가 팁스에 선정됐다. 도다는 코딩 없이 인터랙티브 콘텐츠를 제작할 수 있는 클라우드 기반 소프트웨어이다. 유형테스트부터 정오답, 점수 퀴즈까지 다양한 로직을 지원하여 브랜드가 고객에 대해 알아갈 수 있는 콘텐츠 제작을 도와준다. 도다는 2022년 5월 현재 대기업, 스타트업, 정부기관 관계자 등 14,000여 명이 브랜드와 고객을 연결 짓는 용도로 활용하고 있다. 도다마인드는 이번 팁스 선정을 발판 삼아 글로벌 시장에 진출할 예정이다. 이를 위해 토너먼트, 가지치기 등 다양한 로직을 추가하고 애널리틱스 기능을 강화할 예정이다. 티피는 반려동물 매장에서 편리하게 고객을 관리할 수 있도록 예약관리, 고객안내, 동의서, 알림장 등 다양한 기능을 제공하는 반려동물 매장용 관리 프로그램이다. 프릿지크루는 이번 팁스 선정으로 서비스 기술 개발에 속도를 높일 예정이다. 기존 '티피'에서 가맹점주들의 호평을 받았던 전자 동의서와 알림장 기능 외에도 매장 노쇼 방지를 위한 예약금 기능, 매장에서 취급하는 상품을 편리하게 관리할 수 있는 재고 관리 기능, 호텔 예약을 편리하게 관리하도록 도와주는 호텔 예약 기능 등 기능을 업데이트한다.

① **머신러닝** : 분석 모델구축을 자동화하여 통계분석, 운영분석, 물리학, 신경망에서 활용되는 기법들을 이용한 후 프로그래밍 없이 특정 위치를 찾거나 결론을 내리는 등 데이터에 숨은 인사이트를 구함

② **신경망** : 뉴런처럼 외부 입력에 반응과 각 단위 사이의 정보를 연계 처리하는 일종의 머신러닝. 서로의 연계성을 찾아 정의되지 않은 데이터로 부터 의미를 추론하기 위해 처리 과정에서 다중 데이터 패스를 필요

③ **딥러닝** : 컴퓨팅 파워의 발전과 학습기법 개선을 바탕, 여러 레이어를 포함한 엄청난 규모의 신경망 활용하여 대량의 데이터에서 복잡한 패턴을 학습하고 예로 이미지 및 음성 인식이 예시됨

④ **인지 컴퓨팅** : 인지 컴퓨팅(Cognitive Computing)은 기계로부터 인간과 유사한 자연스러운 인터랙션을 도출하려는 인공지능(AI)의 한 분야. 인공지능(AI)과 인지 컴퓨팅에서 추구하는 궁극 목표는 기계에 이미지와 음성의 이해능력을 부여 한 후 사람과 같은 방식으로서 행동하고 같은 반응을 생성해 내는 것

⑤ **컴퓨터 비전** : 패턴 인식과 딥러닝 기술을 바탕으로 하는 그림이나 비디오 내용을 인식한 후 기계가 이미지를 처리하고 분석 후 이해 가능할 경우 이미지나 비디오를 실시간으로 포착하고 그 주변 상황 해석함

⑥ **자연어 처리** : 자연어 처리(NLP, Natural Language Process)는 컴퓨터가 사람의 언어와 음성을 포함하여 분석, 이해 및 생성 가능한 기술. NLP의 추후 단계는 사람이 평상시와 같은 언어표현을 사용 한 후 컴퓨터와 소통하고 작업을 지시하도록 하는 자연어 인터랙션

⑦ **그래픽 처리 장치** : 반복작업에 필요한 엄청난 컴퓨팅 파워를 주는 인공지능(AI)의 핵심 요소로서 신경망 학습에는 거대한 양의 데이터 뿐 만 아니라 엄청난 컴퓨팅 파워를 요구함

⑧ **사물 인터넷** : 연결된 장치로부터 많은 양의 데이터 생성과 인공지능(AI)을 통해 모델을 자동화할 경우 이 데이터를 실시간으로 분석하여 유용하게 활용. 보다 많은 데이터를 다양한 수준에서 더 빠르게 분석하기 위한 첨단 알고리즘이 새 방향으로 개발 및 결합한 후 매우 드물게 발생하는 이벤트를 예측하고 복잡한 시스템을 이해하고 고유한 시나리오의 최적화에 필수

⑨ **애플리케이션 처리 인터페이스** : 애플리케이션 처리 인터페이스(API) 솔루션 패키지와 기존 제품에 인공지능(AI) 기능을 부가 시 필요한 코드 패키지. API 이용해 각종 보안 시스템에 이미지 인식 기능추가 및 데이터를 설명하고 캡션과 헤드라인 생성 등 데이터의 흥미로운 패턴과 인사이트를 알려주는 Q&A를 추가함

인공지능의 이해 예상문제

01 인공지능 개념과 특성으로 적합하지 않은 것은?

① 인공지능(人工知能, artificial Intelligence, AI)은 인간의 학습능력, 추론능력, 지각 능력, 자연언어의 이해능력 등을 아날로그 프로그램으로 실현한 기술이다.

② 하나의 인프라 기술로 인간을 포함한 동물이 갖고 있는 지능 즉, natural intelligence와는 다른 개념이다.

③ 지능을 갖고 있는 기능을 갖춘 컴퓨터 시스템이다.

④ 인간의 지능을 기계 등에 인공적으로 시연(구현)한 것이다.

> 인공지능은 컴퓨터 프로그램으로 실현한 기술을 말한다.

02 인공지능 맨해튼 프로젝트(AI Manhattan Project)를 수행한 기업은 어디인가?

① 아마존　　　② 메타
③ 구글　　　④ 마이크로소프트

> 구글은 인공지능 맨해튼 프로젝트(AI Manhattan Project)를 수행하였다.

03 비정형 데이터로부터 특징 추출 및 판단까지 기계가 한 번에 수행 하는 것을 기계가 스스로 학습 하는 것을 무엇인가?

① 인공지능　　　② 머신러닝
③ 딥러닝　　　④ 셀프러닝

> 인공신경망 기반의 모델인 딥러닝을 말한다.

04 아래 빈칸에 적합한 것은?

> 인간의 지능을 기계적으로 완벽히 모방해 구현한 인공지능으로 특정 문제 해결을 넘어 사람처럼 생각하고 경험해 보지 않은 문제도 해결할 수 있는 수준의 인공지능을 (　)이라고 한다. 완전 AI라고 불리기도 한다.

① 약인공지능　　　② 강인공지능
③ 중인공지능　　　④ 초인공지능

> 인공일반지능(AGI, Artificial General Intelligence)이라고 하는 강인공지능이다.

05 IBM사는 인공지능 암 진단 장비를 개발하여 높은 진단확인을 보여주고 있다. 이 장비의 이름은 무엇인가?

① 톰슨　　　② 키라
③ 모로　　　④ 왓슨

> 왓슨은 사람과 별도로 진단한 경우 80% 정도가 비슷한 결론을 내고 있다고 한다.

06 인공지능 기술을 융합한 제품 가운데 가장 빠른 성장과 발전을 보이는 아이템 중 하나가 인공지능 스피커이다. 다음 기업과 인공지능 제품 중에서 잘못 연결된 것은 무엇인가?

① LG전자(허브큐)　　② KT(기가 지니)
③ 네이버(크로바)　　④ 카카오(카카오미니)

> LG전자에서 나온 인공지능스피커는 씽큐허브

07 인간의 학습능력, 추론능력, 지각능력, 자연언어의 이해능력 등을 컴퓨터 프로그램으로 실현한 기술을 무엇이라 하는가?

① 인공지능　　　　② 블록체인
③ 무인체계　　　　④ 빅데이터

인간의 학습능력, 추론능력, 지각능력, 자연언어의 이해능력 등을 컴퓨터 프로그램으로 실현한 기술을 인공지능이라 한다.

08 카카오 내비게이션, T맵, 네이버 지도 등의 기술개발을 말하는 것으로 카카오톡, 야놀자, 네이버 클로바, 배달의 민족, 멜론 등이 대표적인 예라고 할 수 있다. 이처럼 실생활과 관련된 비즈니스로 창출해 나가는 기술을 무엇이라고 하는가?

① 챗봇　　　　　　② 게임
③ 앱　　　　　　　④ AI

네이버가 앱 기술, 검색창에 인공지능 기술을 접목시켜 온라인 쇼핑 강자로 떠올랐다.

09 아래 빈칸에 적합한 것은?

(　)컴퓨팅은 기계로부터 인간과 유사한 자연스러운 인터랙션을 도출하려는 인공지능(AI)의 한 분야로, 인공지능(AI)과 (　)컴퓨팅에서 추구하는 궁극 목표는 기계에 이미지와 음성의 이해능력을 부여 후 사람과 같은 방식으로 행동하고 같은 반응을 생성해 내는 것이라고 한다.

① 엣지　　　　　　② 인지
③ 슈퍼　　　　　　④ 첨단

인지컴퓨팅은 기계로부터 인간과 유사한 자연스러운 인터랙션을 도출하려는 인공지능(AI)의 한 분야

10 다음이 설명하는 것은?

패턴인식과 딥러닝 기술을 바탕으로 하는 그림이나 비디오 내용을 인식한 후 기계가 이미지를 처리하고 분석 후 이해 가능할 경우 이미지나 비디오를 실시간으로 포착하고 그 주변 상황 해석하는 기술을 말한다.

① 컴퓨터마이닝
② 컴퓨터비전
③ 자연어처리
④ 그래픽인터페이스

컴퓨터비전은 이미지나 비디오를 실시간으로 포착하고 그 주변 상황 해석하는 기술

11 명시적으로 규칙을 프로그래밍하지 않고 데이터로부터 의사결정을 위한 패턴을 기계가 스스로 학습 하는 것으로 결정트리, 선형회귀 등의 알고리즘을 사용하는 것은 무엇인가?

① 인공지능　　　　② 자동학습
③ 머신러닝　　　　④ 딥러닝

결정트리, 선형회귀 등을 사용하는 머신러닝을 말한다.

12 컴퓨터가 사람의 언어와 음성을 포함하여 분석, 이해 및 생성 가능한 기술로 추후 단계는 사람이 평상시와 같은 언어표현을 사용한 후 컴퓨터와 소통하고 작업을 지시하도록 하는 것은?

① 컴퓨터마이닝
② 컴퓨터비전
③ 자연어처리
④ 그래픽인터페이스

자연어처리는 사람의 언어와 음성을 포함하여 분석, 이해 및 생성 가능한 기술

13 일종의 머신러닝으로 서로의 연계성을 찾아 정의되지 않은 데이터로 부터 의미를 추론하기 위해 처리 과정에서 다중 데이터 패스를 필요로 하는 것은?

① 컴퓨터마이닝
② 신경망
③ 자연어처리
④ 인터페이스

> 외부 입력에 반응과 각 단위 사이의 정보를 연계 처리하는 일종의 머신러닝인 신경망

14 다양한 각도에서 얼굴을 인식하는 데 도움이 되는 마커(marker)를 통해 다양한 상황과 조명 환경에서 얼굴을 사용해 휴대폰을 잠금 해제하는 동시에 다른 사람이 같은 작업을 하지 못하도록 방지할 수 있다. 이런 방식은 무엇인가?

① 딥마이닝
② 컴퓨터비전
③ Face ID
④ 인터페이징

> 애플이 얼굴을 스캔하고 약 3만 개의 규칙을 규정을 기반으로 만든 방식은 Face ID이다.

15 고객들로부터 중요한 정보를 얻는 동시에 직원의 시간을 다른 작업에 할애할 수 있다. 특히 블랙 프라이데와 같이 접속량이 많은 시간대에 유용하게 쓰여 많은 질문에 답할 수 있으며 이를 통해 이용자에게 보다 나은 서비스를 제공할 수 있다. 이 방식을 무엇인가?

① 컴봇   ② 아이봇
③ 챗봇   ④ 메타봇

> 기업에서 많이 사용하는 방식으로 질문에 답변하거나 질문에 응답할 수 있는 충분한 직원이 없는 기업의 고객 서비스 옵션인 챗봇

16 딥러닝의 학습모델 중 다음 내용과 관련 있는 것은 무엇인가?

> 많은 데이터와 반복학습, 사전학습과 오류역전파 기법을 통해 현재 널리 사용되며, 그 예로 심장질환 환자들의 심장박동수로 건강상태를 예측한다.

① 순환 신경망(RNN)
② 심층 신경망(DNN)
③ 합성곱 신경망(CNN)
④ 인공 신경망(RNN)

> DNN은 컴퓨터가 스스로 분류 레이블을 만들어 내고 공간을 왜곡하고 데이터를 구분 짓는 과정을 반복하여 최적의 구분선을 도출해낸다.

17 스마트시티와 함께 도심 항공을 연계 개발되는 새로운 교통체계는 무엇인가?

① UAM   ② UAD
③ UAC   ④ UAT

> Urban Air Mobility 도심항공교통으로 하늘을 이동통로로 활용하는 미래 도시교통체계

18 순환 신경망(RNN)의 내용으로 틀린 것은?

① 과거의 학습을 Weight를 통해 현재학습에 반영한다.
② 13개의 은닉층을 사용한 알파고가 있다.
③ 파파고처럼 언어를 번역하는 것 또한 순차적 데이터 학습이다.
④ 텍스트의 앞, 뒤 성분을 파악할 때 주로 사용된다.

> 알파고는 합성곱 신경망(CNN)을 사용

19 마이크로소프트(MS)의 가장 잘 알려진 AI 프로젝트 중 세계를 변화시킬 수 있는 최첨단 연구의 목표는 뇌, 특히 뇌의 신경계를 연구하여 뇌의 기능을 보다 잘 이해하는 것이다. 이 프로젝트의 이름은 무엇인가?

① 인너아이　　　　② 헤이
③ 컴투게더　　　　④ 빅마인드

MS의 인너아이(InnerEye) 프로젝트의 목적은 다양한 신경학적 질병을 진단하고 치료하는 데 인공 지능을 사용할 수 있도록 하는 것이다.

20 아래 지문 ㉠, ㉡에 알맞은 것은?

금융 서비스의 안정성과 투명성, 공정성 확보를 위해 금융권에서는 신용평가, (㉠)은행원, 고객 경험 제고, (㉡)서비스, 자동화 혹은 방대한 데이터 처리 기반의 예측이 필요한 업무를 중심으로 인공지능서비스를 활용하고 있다.

① ㉠ 자동, ㉡ 콜백　　② ㉠ 독립, ㉡ 콜봇
③ ㉠ 자율, ㉡ 콜백　　④ ㉠ AI, ㉡ 콜봇

금융권에서 AI는 신용평가, 고객 경험 제고, AI 은행원, 콜봇 서비스, 로봇 자동화 도입 예정

21 아래 내용의 빈칸에 맞는 내용은?

삼성은 메타버스와 로봇 플랫폼을 통해 집 전체를 하나의 제품처럼 관리하는 '사용자 맞춤형 미래 홈(Personalized & Intelligent Future Home)' 기술을 선보였다. 사용자는 자신과 가장 가까운 모바일 기기를 통해 집사 역할을 하는 아바타와 소통하고 명령을 내릴 수 있고 AI와 사물인터넷(IoT) 기술로 구현한 '스마트싱스(SmartThings)'를 기반으로 TV와 가전, 모바일 제품까지 여러 기기를 연결해 고객에게 하나의 팀처럼 유기적인 (　　)을 제공하도록 하였다.

① 사용　　　　② 연합
③ 공유　　　　④ 경험

삼성전자는 세계 최대 IT · 가전 전시회 'CES 2022'에서 미래 '가전경험'을 제안하였다.

22 전세계 소비자 로봇 매출이 2018년에 약 56억 달러에 달하고 2025년 말까지 190억 달러로 매출은 증가하고, 매년 6,500만대 이상의 로봇이 판매될 것으로 예상되고 있다. 유네스코 연결도 시상 수상에 기여한 한국의 대표적인 기술로 만든 휴머노이드 로봇은 무엇인가?

① 아이봇　　　　② 리쿠
③ 아이쉬타인　　④ 푸니

WEF의 2019년 보고서에 따르면, 소셜 로봇 공학 분야는 로봇이 더 뛰어난 인터랙티브 기능을 가지고, 유용한 작업을 수행할 수 있는 전환점에 도달하게 된다고 보며 한국소셜로봇 리쿠

23 최근사례로 음식 사진 촬영만으로 영양 정보를 인식할 수 있는 API를 제공하는 플랫폼을 오픈했다. 딥러닝 이미지 처리기술 바탕으로 사진 속 여러 음식 정보를 한 번에 자동 분석, 음식명과 칼로리 등의 영양 정보를 95% 이상의 정확도로 제공하여 음식 인식과 기록이 필요한 모든 서비스에 접목이 가능하게 되었다. 이 플랫폼의 이름은?

① 푸드봇　　　　② 푸리
③ 푸드렌즈　　　④ 푸드아이

푸드렌즈는 음식을 사람의 눈처럼 인식하는 인공지능 기술 특허 기반으로 실현했다.

24 다음 중 기계학습의 종류가 아닌 것은?

① 지도학습(Supervised Learning)
② 비지도학습(Unsupervised Learning)
③ 시뮬레이션학습(Simulation Learning)
④ 준지도학습(Semi-supervised Learning)

기계학습(머신러닝)의 종류
- 지도 학습(Supervised learning)
- 준지도 학습(Semi-supervised learning)
- 비지도(자율) 학습(Unsupervised learning)
- 강화 학습(Reinforcement learning)

25 아래 내용의 빈칸에 맞는 내용은?

인공지능은 기계를 인간처럼 만들어가는 공학주의적 접근방법과 인간 지능이 무엇인지 스스로 알아가는 구성주의적 접근 방법이 결합된 학문이다. 학습자들이 스스로 만들어가며 학습하고 지능에 관한 지능을 지식으로 구성함으로써 스스로의 사고를 인식하는 (   )사고를 경험하게 된다.

① 이성　　　　② 감성
③ 메타　　　　④ 인문

메타사고로 학습자들이 스스로 만들어가며 학습하고 지능에 관한 지능을 지식으로 구성함으로써 스스로의 사고를 인식하고 경험하게 된다.

26 AI 서비스 중 "잠이 잘 안 오네"하면 반갑게 "전등을 끄세요."라고 알려준다든지 하는 상황에 맞는 스마트함을 이용하여 검색 및 상담 등에 이용할 수 있는 인공지능 기술의 한 분야는?

① 초연결 사회(Hyper-connected Society)
② 클라우드 서비스(CLOUD SERVICE)
③ 자연어 처리(NLP)
④ 통계 코드(ML Model)

엔씨소프트는 이런 인공지능 기술 개발을 위해 'AI(인공지능) 센터'라는 별도의 조직을 만들기도 했다. AI 센터에는 AI 랩과 NLP(자연어 처리) 랩으로 구성되어 있다. 넥슨의 절차적 콘텐츠생성의 인공지능의 예이다.

04 스마트홈 법규 및 직업윤리

1 인공지능과 직업윤리

직업은 경제적 보수를 통한 생계 유지를 위한 수단을 넘어서 자아를 실현하고 사회에 참여함으로서 사회적 존재로서의 인간의 삶에 꼭 필요한 것이 되었다. 우리들은 직업을 가지고 수많은 사람들과 관계를 맺고, 상호이해 작용을 하는 과정에서 마땅히 지켜야 할 윤리적 규범을 지키며 살아간다. '카카오톡'으로 알려진 카카오는 국내 기업 중에서 처음으로, '알고리즘 윤리헌장'을 발표했다. 카카오는 "인공지능의 위상이 높아짐에 따라 알고리즘과 관련한 윤리의식을 확보하는 것은 이를 만드는 기업들의 사회적 책임"이라고 밝혔다.

세상은 이미 급격하게 변화하여, 세계의 여러 나라들이 AI 기술 연구개발에 매진하고 있는 현재, 인공지능은 데이터, 지식의 영역에서는 인간을 대체할 수 있지만 결국 최종 의사 결정은 인간의 몫이다. 다행스러운 것은 인간에게 쉬운 것은 컴퓨터에게 어렵고 반대로 인간에게 어려운 것은 컴퓨터에게 쉽다는 사실이다. (이준호 · 박지웅, 5G와 AI가 만들 새로운 세상, 갈라북스)

세계경제포럼(WEF)은 '미래 일자리'보고서에서, 2022년까지 세계적으로1억 3300만 개의 새로운 일자리가 생겨나고 로봇이 7,500만 개의 기존 일자리를 대신할 것이라고 발표하고 있다. 또한 정부는 'AI 국가전략'을 통하여 AI를 잘 활용하는 국가 건설을 목표로 하는, AI경쟁력 혁신, AI활용 전면화, AI와 조화 공존 등, 3가지의 핵심전략을 발표하기도 하였다.

이러한 시대적 요구에 따른 4차 산업혁명이 주도하는 사회에서, 가상현실과 로봇으로 대체되는 작업현장이 우리 눈앞에서 펼쳐지는 이때 우리 사회에서 고려되어야 할 직업윤리는 무엇인가? (김은우, 4차 산업혁명과 직업윤리)

첫째, 인간의 존엄성이 보존되어야 한다.

로봇이 사회에 등장하면서 산업현장 전반에 영향을 미치고 있다.

로봇은 인간이 할 수 없는 일까지 척척 해내면서 인간을 대량실업이라는 위기로 몰고 있다. 대량실업은 인간을 사회적 관계와 분리시켜 소외시키는 위기에 봉착하게 만들 수 있다.(서규선, 2010, 21세기 노동윤리의 변화)

4차 산업혁명은 생명공학의 발전이다. 생명공학은 건강한 삶을 위해서 인체를 인공적으로 변형시키고, 인간과 유사한 종을 만들어 낼 것이다.

즉, 포스트휴먼 사회가 열리는 것이다. 포스트휴먼 사회는 인간의 변형을 통해서 유사한 종이 만들어져서 인간과 공존하는 사회이다.(한국포스트휴먼연구소 · 한국포스트휴먼학회 편저, 2017: 33). 인간이 한계를 가진 존재라고 할지라도 로봇이 우리의 모든 것을 대체 할 수 없다.

"그렇다면 우리는 어떻게 인간존엄성을 지킬 수 있는가?"

이에 대해 칸트는 인간은 스스로 자신을 지키고 노력해야 할 의무적 존재라는 것이다. 누구도 우리의 존엄성을 대신 지켜줄 수 없다. 로봇은 인간이 될 수 있는 것이 아니라 인간이 만들어 낸 작품에 불과하다.(김진 · 한자경, 2015, 칸트 인간은 자연을 넘어선 자유의 존재다, 북이십일21세기북스) 하지만 인간존엄성을 사회적 합의와 제도로 지키는 것은 한계가 있다. 결국 인간 존엄성을 지킬 수 있는 것은 자기 자신이다. 이러한 의식이 사라진다면, 우리는 다가오는 4차 산업혁명 사회에서 소외되고 말 것이다.

둘째, 인간의 자율성이 발휘 되어야 한다.

인간은 4차 산업혁명으로 인해 로봇에게 많은 부분에서 우리의 일자리를 내어주게 되었다. 우리는 기피하는 일뿐만 아니라, 할 수 있는 일까지 포기해야 할 것이다.

4차 산업혁명의 핵심인 인공지능, 빅테이터, 스마트 팩토리 등의 기술 그 자체는 윤리적으로 중립적이다. 이 기술들은 선하지도 악하지도 않기 때문에 기술이 아니라, 개발하고 사용하는 사람의 문제라고 본다.(이광석 외 7인, 2017)

과학은 인과적 법칙에 따라 움직인다면, 인간은 함께 공유할 수 있는 보편적 법칙을 세우고 그것을 실천해 가야 한다. 왜냐하면 인간만이 법칙을 세우고 실천해 갈 수 있는 특권을 가지고 있기 때문이다. 우리가 지킬 수 있는 법칙을 세우는 것이 새로운 사회에서 직업 환경의 변화를 극복할 수 있는 방안이다. 그렇지 않으면 우리의 자율성은 과학기술 앞에 퇴보하고 말 것이다. 외부로부터의 영향과 권위 앞에 무너지는 것이 아니라, 우리의 한계를 극복할 수 있어야 한다.(편상범, 2015)

셋째, 공동체 의식이 회복되어야 한다.

19세기에는 일에 종사하는 사람을 '노동자(workers)'로 불렀다.

추후 현대 민주주의가 들어서면서 그 용어를 '직원(staff)'으로 수정했다.

용어의 변화는 고용의 형태를 드러내는 것이다. 이것은 개별적인 인원을 의미하는 것에서 공동체를 의미하는 인적 자원으로 변한 것이다.

4차 산업혁명이 도래하면서 직업 환경에 가장 많은 영향을 미친 것은 고용의 형태가 바뀌는 것이다. 과거 고용시장은 개인의 역량을 강조하기보다 공동체의 일원으로서 협력을 강조했다. 반면 4차 산업혁명의 고용시장은 개인의 역량을 강조하는 방향으로 바뀌고 있다. 이런 측면에서 직업윤리는 한 개인의 역량을 강조하면서 사회전체의 일원이라는 의식이 강조되어야 한다.(서규선, 2010).

우리는 사회적 역할을 감당하는 것과 동시에 일정한 소득을 통해서 인간다운 삶을 실현해 갈 수 있다. 그러나 기업이 공동체 의식을 상실한 채 4차 산업혁명의 기술 연구에만 몰두하면 개인 노동자와 대립이 심화된다. 또한 공동체 의식이 사라지면, 기업은 직원을 파트너로 보는 것이 아니라 고용의 관계에서 노동자로만 보는 것이다. 고용의 형태가 정규직이든 비정규직이든 혹은 필요에 따라 고용하는 구조로 바뀌어도 중요한 것은 기업과 개인이 공동체의 의식을 품어야 한다는 것이다.(김진·한자경, 2015).

미래사회의 고용 형태가 불안정해도 서로에 대한 인격적인 신뢰가 전제 된다면, 최소한의 기본권은 보장 받을 수 있다. 4차 산업혁명을 통한 사회변화가 피할 수 없는 길이라면 우리는 그 변화를 잘 이용해야 한다. 직업윤리야 말로 4차 산업혁명이라는 거대한 산 앞에서 인간다운 삶을 살 수 있도록 안내하는 이정표이다.

스마트홈을 다루는 직업윤리 중에서 인공지능 윤리는 미래 산업발전을 위한 가장 기본적이면서도 중요한 가치를 가진 직업윤리 중에서 기술윤리차원에서 알아야 할 것이다. AI윤리를 주제로 한 국내 유일의 컨퍼런스인 인공지능 윤리 대전을 2020년, 2021년 2회를 진행하면서 학계, 공공기관, 산업계 전문분야별 AI윤리에 관한 균형감 있는 목소리를 나누었다. 인공지능윤리에 대한 신뢰구축을 가장 중요한 과제로 보고 AI윤리가 반드시 미래첨단산업에서 안전장치로서 AI기술에 적용돼야 소비자들의 신뢰를 얻고 선택을 받을 수 있을 것이라고 하였다.(한국인공지능윤리협회창배 이사장, 2021)

(1) 인공지능(Artificial Intelligence, AI)의 개념

① 국가전략(관계부처 합동, 2019년 12월)
인간의 지적능력을 컴퓨터로 구현하는 과학기술로써
- 상황을 인지
- 이성적, 논리적으로 판단 및 행동
- 감성적, 창의적인 기능을 수행하는 능력까지 포함

② Stuart Russell & Peter Norvig의 4분론에 따른 접근 방식(고학수)
- 인간적 행위(Acting Humanly) : 앨링튜링의 실험, 인간이 대화 상대를 사람으로 느끼면 그 대상이 기준에 부합
- 인간적 사고(Thinking Humanly) : 인간의 사고방식을 모형화하고 그 모형을 재현
- 합리적 사고(Thinking Rationally) : 인간적 특성에 얽매이지 않고 논리적이고 합리적인 추론의 연속, 즉 사고의 법칙(laws of thought)이 인공지능의 핵심
- 합리적 행위(Acting Rationally): 행위자의 최선의 결과 획득을 위한 행동 여부. 불확실성이 있는 경우 기댓값을 기준으로 최선의 결과 산출을 위한 행동 여부 등을 기준으로 판단

(2) 인공지능(Artificial Intelligence, AI)의 문제점

① 기술 오남용 : 유럽의 한 에너지기업 CEO는 영국 범죄자들이 AI를 활용해 정교하게 만든 모회사 CEO의 가짜 음성에 속아 22만 유로를 송금하는 피해(2019년 9월)

② 데이터 편향성 : 아마존의 인공지능 기반 채용시스템이 개발자, 기술직군에 대부분 남성만을 추천하는 문제가 발생함에 따라 아마존에서 동 시스템 사용 폐기(2018년 10월)

③ 알고리즘 차별 : 인공지능 기반 범죄 예측 프로그램인 'COMPAS'의 재범률 예측에서 흑인 범죄자의 재범 가능성을 백인보다 2배 이상 높게 예측하는 편향 발견(2018년 1월)

④ 프라이버시 침해 : 아마존 알렉사, 구글 어시스턴트, 애플 시리 등이 인공지능 스피커로 수집된 음성 정보를 제3의 외부업체가 청취하는 것으로 밝혀져 논란(UPI, 2019년 9월)

(3) 인공지능(AI)윤리기준(과학기술정보통신부)

① 인공지능 개발 및 활용과정에서 고려될 3대 기본 원칙 : '인간성을 위한 인공지능(AI for Humanity)'을 위해 인공지능 개발에서 활용에 이르는 전 과정에서 고려되어야 할 기준으로 3대 기본원칙을 제시

인간 존엄성 원칙	① 인간은 신체와 이성이 있는 생명체로 인공지능을 포함하여 인간을 위해 개발된 기계제품과는 교환 불가능한 가치가 있다. ② 인공지능은 인간의 생명을 물론 정신적 및 신체적 건강에 해가 되지 않는 범위에서 개발 및 활용되어야 한다. ③ 인공지능 개발 및 활용은 안전성과 견고성을 갖추어 인간에게 해가 되지 않도록 해야 한다.
사회의 공공선 원칙	① 공동체로서 사회는 가능한 한 많은 사람의 안녕과 행복이라는 가치를 추구한다. ② 인공지능은 지능정보사회에서 소외되기 쉬운 사회적 약자와 취약 계층의 접근성을 보장하도록 개발 및 활용되어야 한다. ③ 공익 증진을 위한 인공지능 개발 및 활용은 사회적, 국가적 나아가 글로벌적 관점에서 인류의 보편적 복지를 향상시킬 수 있어야 한다.
기술의 합목적성 원칙	① 인공지능 기술은 인류의 삶에 필요한 도구라는 목적과 의도에 부합되게 개발 및 활용되어야 하며 그 과정도 윤리적이어야 한다. ② 인류의 삶과 번영을 위한 인공지능 개발 및 활용을 장려하여 진흥해야 한다.

② 기본원칙을 실현할 수 있는 10대 핵심요건(=AI 윤리기준) : 과학기술정보통신부와 정보통신정책연구원이 마련한 AI 윤리기준에서 "모든 인공 지능은 '인간성을 위한 인공지능'을 지향하고, 인간에게 유용할 뿐만 아니라 나아가 인간 고유의 성품을 훼손하지 않고 보존, 함양하도록 개발되고 활용되어야 한다. 인간의 정신과 신체에 해롭지 않도록 개발되고 활용되어야 하며, 개인의 윤택한 삶 과 행복에 이바지하며 사회를 긍정적으로 변화하도록 이끄는 방향으로 발전되어야 한다. 인공지능은 사회적 불평등 해소에 기여하고 주어진 목적에 맞

게 활용되어야 한다'는 인간존엄성 원칙, 사회의 공동선 원칙, 기술의 합목적성 원칙 등 인간성 구현을 위한 3대 원칙을 제시하고 있으며 이를 위한 10대 핵심요건은 다음과 같다.

- 인권보장 : AI의 개발과 활용은 모든 인간에 동등하게 부여된 권리를 존중해야 하며, 다양한 민주적 가치와 국제 인권법에 명시된 권리를 보장해야 한다.
- 프라이버시 보호 : 인공지능을 개발하고 활용하는 전 과정에서 개인의 프라이버시를 보호하며, 인공지능 전 생애주기에 걸쳐 개인정보의 오용을 최소화하도록 노력해야 한다.
- 다양성 존중 : AI는 성별, 연령, 장애, 지역, 인종, 종교, 국가 등 개인 특성에 따른 편향을 최소화해야 하고 특정 집단이 아닌 모든 이에게 혜택을 골고루 분배해야 한다.
- 침해금지 : AI는 인간에 해를 미치는 목적으로 활용할 수 없고, 부정적 결과에 대한 대응방안을 마련해야 한다.
- 공공성 : 개인 행복 추구 외에 공공성 증진과 인류 공동의 이익을 위해 활용되어야 한다.
- 연대성 : 다양한 집단 간 관계 연대성을 유지하고 미래세대도 배려해야 한다.
- 데이터 관리
  - 개인정보 등 각각의 데이터를 그 목적에 부합하도록 활용하고, 목적 용도로 활용하지 않아야 한다.
  - 데이터 수집과 활용의 전 과정에서 데이터 편향성이 최소화되도록 데이터의 품질과 위험을 관리해야 한다.
- 책임성
  - 인공지능 개발 및 활용과정에서 책임주체를 설정함으로써 발생할 수 있는 피해를 최소화하도록 노력해야 한다.
  - 인공지능 설계 및 개발자, 서비스 제공자, 사용자 간의 책임소재를 명확히 해야 한다.
- 안전성
  - 인공지능 개발 및 활용 전 과정에 걸쳐 잠재적 위험을 방지하고 안전을 보장할 수 있도록 노력해야 한다.
  - 인공지능 활용 과정에서 명백한 오류 또는 침해가 발생할 때 사용자가 그 작동을 제어할 수 있는 기능을 갖추도록 노력해야 한다.
- 투명성
  - 사회적 신뢰 형성을 위해 타 원칙과의 상충관계를 고려, 인공지능 활용 상황에 적합한 수준의 투명성과 설명 가능성을 높이려는 노력을 기울여야 한다.
  - 인공지능 기반 제품이나 서비스를 제공할 때 인공지능의 활용 내용과 활용 과정에서 발생할 수 있는 위험 등의 유의사항을 사전에 고지해야 한다.

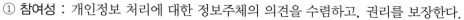

2 인공지능의 개인정보보호 6대 원칙

① **참여성** : 개인정보 처리에 대한 정보주체의 의견을 수렴하고, 권리를 보장한다.
② **투명성** : 개인정보 처리내역을 알기 쉽게 공개한다.
③ **책임성** : 개인정보 처리에 대한 책임을 명확히 한다.
④ **안전성** : 개인정보는 안전하게 관리한다.
⑤ **공정성** : 사생활 침해와 사회적 차별 등이 발생하지 않도록 유의한다.
⑥ **적법성** : 개발 · 운영 시 개인정보의 처리 근거는 적법 · 명확해야 한다.

3 개인정보 보호법 개요(개인정보 보호법 제1장)

(1) 개인정보란(제2조)

- 가명처리를 하여 원래의 상태로 복원하기 위한 추가정보의 사용·결합 없이는 특정 개인을 알아볼 수 없는 정보

가명정보

살아있는 개인에 관한 정보
- 자연인에 관한 정보만 해당
- 국적이나 신분에 관계없이 법 적용대상
  (Ex. 외국인, 피의자 정보)

- 다른 정보의 입수 가능성 등 개인을 알아 보는데 소요되는 시간, 비용, 기술 등을 합리적으로 고려

쉽게 결합하여 알아볼 수 있는 정보

개인정보란

개인에 관한 정보여야 함
- 법인 또는 단체의 정보는 해당 없음
- 단, 연관성에 따라 개인정보가 될 수 있음
  (Ex. 대표자 성명, 담당자 전화번호)

- 해당정보를 처리하는 자의 입장에서 합리적으로 활용될 가능성이 있는 수단을 고려

개인을 알아볼 수 있는 정보여야 함

정보의 내용·형태 등은 제한이 없음
- 전자, 수기 등 형태와 처리방식은 무관
- 주관적평가, 허위정보라도 해당될 수 있음
  (Ex. 대표자 성명, 담당자 전화번호)

그림 4-1 개인정보 법적 특징
출처: 개인정보보호위원회, 한국인터넷진흥원

(2) 개인정보의 예시

구분		내용
인적 정보	일반정보	성명, 주민등록번호, 주소, 연락처, 생년월일, 출생지, 성별 등
	가족정보	가족관계 및 가족구성원정보 등
신체적 정보	신체정보	얼굴, 홍채, 음성, 유전자정보, 지문, 키, 몸무게 등
	의료 · 건강정보	건강상태, 진료기록, 신체장애, 장애등급, 병력, 혈액형, IQ, 약물테스트 등의 신체검사 정보 등
정신적 정보	기호 · 성향정보	도서 등 대여기록, 잡지구독정보, 물품구매내역, 웹사이트 검색내역 등
	내연의 비밀정보	사상, 신조, 종교, 가치관, 정당 · 노조가입여부 및 활동내역 등
	교육정보	학력, 성적, 자격 · 면허증보유내역, 상벌기록, 생활기록부, 건강기록부 등
사회적 정보	병역정보	병역여부, 군번 및 계급, 제대유형, 근무부대, 주특기 등
	근로정보	직장, 고용주, 근무처, 근로경력, 상벌기록, 직무평가기록 등
	법정정보	전과 · 범죄기록, 재판기록, 과태료납부내역 등
재산적 정보	소득정보	봉급액, 보너스 및 수수료, 이자소득, 사업소득 등
	신용정보	대출 및 담보설정내역, 신용카드번호, 통장계좌번호, 신용평가정보 등
	부동산정보	소유주택, 토지, 자동차, 기타소유차량, 상점 및 건물 등

(3) 개인정보 보호법 주요 용어

① 개인정보
- 성명, 주민등록번호 및 영상 등을 통하여 살아있는 개인을 알아볼 수 있는 정보
- 다른 정보와 쉽게 결합하여 개인을 알아볼 수 있는 정보
- 별도로 보관된 추가 정보의 사용 · 결합 없이는 특정 개인을 알아볼 수 없는 정보
※ 개인정보 보호법은 임직원, 주주, 협력업체 등 모든 사람의 개인정보에 적용됨
② 정보주체 : 처리되는 정보에 의해 알아볼 수 있는 그 정보의 주체가 되는 사람
③ 개인정보 파일 : 개인정보를 쉽게 검색할 수 있도록 일정한 규칙에 따라 체계적으로 배열하거나 구성한 개인정보의 집합물
④ 처리 : 개인정보의 수집, 생성, 연계, 연동, 기록, 저장, 보유, 가공, 편집, 검색, 출력, 정정, 복구, 이용, 제공, 공개, 파기, 그 밖에 이와 유사한 행위
⑤ 개인정보 처리자 : 업무를 목적으로 개인정보파일을 운용하기 위하여 스스로 또는 다른 사람을 통하여 개인정보를 처리하는 공공기관, 법인, 단체, 개인 등
⑥ 개인정보 보호 책임자 : 개인정보 처리에 관한 업무를 총괄해서 책임지거나 업무처리를 최종적으로 결정하는 자

⑦ 개인정보 취급자 : 개인정보처리자의 지휘 · 감독을 받아 개인정보를 처리하는 임직원, 파견근로자, 시간제근로자 등

⑧ 개인정보 처리시스템 : 데이터베이스 시스템 등 개인정보를 처리할 수 있도록 체계적으로 구성한 응용시스템

⑨ 영상정보 처리기기 : 일정한 공간에 지속적으로 설치되어 사람 또는 사물의 영상 등을 촬영하거나 이를 유 · 무선망을 통하여 전송하는 장치 또는 촬영되거나 전송된 영상정보를 녹화 · 기록 · 수집 · 저장할 수 있는 폐쇄회로 텔레비전과 네트워크 카메라 등의 장치

(4) 개인정보 보호 원칙(제3조)

① 처리 목적의 명확화 : 목적 내에서 적법하고 정당하게 최소 수집
② 처리 목적 내에서 처리 : 목적 외 활용 금지
③ 처리 목적 내에서 정확성 · 완전성 · 최신성 보장
④ 정보주체의 권리 침해 위험성 등을 고려하여 안전하게 관리
⑤ 개인정보 처리사항 공개 : 정보주체의 권리보장
⑥ 사생활 침해 최소화 방법으로 처리
⑦ 가명/익명처리가 가능한 경우 가명/익명으로 처리
⑧ 개인정보처리자의 책임 준수 : 정보주체의 신뢰성 확보

(5) 정보주체의 권리(제4조)

개인정보 자기결정권

자신에 관한 정보가 언제, 어떻게, 어느 범위까지 수집, 이용, 공개될 수 있는지를 정보주체가 스스로 통제, 결정할 수 있는 권리

① 개인정보의 처리에 관한 정보를 제공받을 권리
② 개인정보의 처리에 관한 동의 여부, 동의 범위 등을 선택, 결정할 권리
③ 개인정보의 처리 여부 확인, 개인정보 열람을 요구할 권리(사본 발급 포함)
④ 개인정보의 처리 정지, 정정 · 삭제 및 파기를 요구할 권리
⑤ 개인정보의 처리로 인한 피해를 신속, 공정하게 구제받을 권리

Q 〈정의〉 공적 생활에서 형성된 정보, 이미 공개된 정보도 개인정보에 해당합니까?

A 개인정보는 개인의 신체, 신념, 사회적 지위, 신분 등과 같이 인격주체성을 특정 짓는 사항으로서 개인의 동일성을 식별할 수 있게 하는 일체의 정보를 의미하며, 반드시 개인의 내밀한 영역에 속하는 정보에 국한되지 않고 공적 생활에서 형성되거나 이미 공개된 개인정보까지도 포함됩니다. [대법원 2016. 3. 10. 선고 2012다105482 판결]

출처: 개인정보보호위원회, 개인정보보호법령및지침 · 고시해설, 2020.12.

Q 〈정의〉 휴대전화번호 뒤 4자리는 개인정보에 해당합니까?

A 휴대전화번호 뒷자리 4자만으로도 그 전화번호 사용자가 누구인지를 식별할 수 있는 경우가 있고, 특히 그 전화번호 사용자와 일정한 인적 관계를 맺어온 사람이라면 더더욱 그러할 가능성이 높으며, 설령 휴대전화번호 뒷자리 4자만으로는 그 전화번호 사용자를 식별하지 못한다 하더라도「그 뒷자리 번호 4자리와 관련성이 있는 다른 정보(생일, 기념일, 집 전화번호, 가족 전화번호, 기존통화 내역 등)와 쉽게 결합하여 그 전화번호 사용자가 누구인지를 알아볼 수도 있다」고 하여 개인정보로 볼 수 있습니다. [대전지법 논산지원, 2013고단17 판결]

출처: 개인정보보호위원회, 개인정보보호법령및지침 · 고시해설, 2020.12.

Q 〈다른 법률과의 관계〉「개인정보 보호법」,「위치정보법」,「신용정보법」 중 어느 법이 우선 적용되나요?

A 개인정보 수집에 대한 동의를 받을 때「위치정보법」과「신용정보법」은 각각 별도의 규정이 있으므로 이에 대하여는「개인정보 보호법」보다 우선하여 적용됩니다. 그러나「위치정보법」과「신용정보법」 등에는 영상정보처리기기 설치운영 제한, 분쟁 조정, 단체소송 등의 규정이 없으므로 이에 대하여는「개인 정보 보호법」이 우선하여 적용됩니다.

출처: 한국인터넷진흥원, 개인정보보호상담사례집, 2017.1

Q 〈개인정보 수집 및 이용〉 정부기관에서 정책홍보 퀴즈이벤트를 진행하는데 참여자의 개인정보(성명, 연락처)를 수집하면서 동의 여부(예, 개인정보 수집에 동의합니다.)에 대한 확인만 요청해도 되나요?

A 정보주체와의 계약의 체결 및 이행을 위하여 불가피하게 필요한 경우에는 동의를 받을 필요가 없습니다. 정보주체가 퀴즈이벤트 참여에 동의했다면 계약이 성립된 것이므로 그 이행에 필요한 범위 내에서 최소한의 개인정보(성명, 연락처)는 동의 없이 수집이 가능합니다. 다만, 이 경우에도 개인정보의 처리목적, 수집항목, 보유, 이용기간 등을 알기 쉽게 알려야 합니다.

출처: 한국인터넷진흥원, 2018년 개인정보 보호 상담 사례집, 2019.4

Q 〈개인정보 수집 및 이용〉 정보주체의 동의를 받는 경우에는 목적에 필요한 최소한의 범위를 벗어난 개인정보 수집이 허용될 수 있나요?

A 목적에 필요한 최소한의 범위를 벗어난 개인정보는 선택정보로서 필수정보와 구분하여 동의를 얻어야 하며 정보주체가 동의를 하는 경우에는 수집이 가능합니다. 다만, 필요 최소한의 정보 이외의 개인정보 수집에 동의하지 않는다는 이유로 정보주체에게 재화 또는 서비스의 제공을 거부하는 경우에는 3천만 원 이하의 과태료가 부과될 수 있습니다.

출처: 개인정보보호위원회, 개인정보보호법령및지침·고시해설, 2020.12.

Q 〈개인정보의 수집 출처 등 고지〉 대학 홈페이지 등에 공개된 교수 등의 개인정보를 이용하여 인물 DB를 만드는 경우 고려해야 할 사항은?

A 이른바 '공개된 개인정보'는 당초 공개된 목적 내에서만 이용할 수 있습니다. 예컨대 공공기관 등의 홈페이지에 공개된 담당자의 이름, 직책, 직급, 연락처 등의 정보는 해당 공공기관과 관련된 업무 목적으로만 이용될 수 있으며 마케팅 행위 등에는 이용할 수 없습니다. 대학 홈페이지 등에 공개된 교수의 개인정보는 학술연구와 자문, 저술활동, 기고 등에 쓰일 것을 전제하고 있다고 보이므로 정보주체에게 개인정보 수집에 대한 동의를 받을 필요는 없으나, 만약 정보주체가 요구한 경우에는 즉시 개인정보의 수집 출처, 처리 목적, 개인정보 처리의 정지를 요청할 권리가 있다는 사실을 고지하여야 합니다.

출처: 한국인터넷진흥원, 개인정보 보호 상담 사례집, 2017.1

Q 〈주민등록번호 처리의 제한〉 채용지원서에 주민등록번호를 기재하도록 요구하는데 적법한 것인가요?

A 채용지원 단계에서는 주민등록번호를 수집할 수 없습니다. 다만 채용이 결정된 후 법령을 근거로 주민등록 처리를 요구하는 경우 수집이 가능합니다. 입사지원서 접수, 필기시험, 면접 등 채용 전형과정에서는 해당 전형에 필요한 최소한의 개인정보만 수집하여야 합니다.

특히 주민등록번호는 법령에 처리 근거 등의 예외적인 사유가 존재하지 않는 한 원칙적으로 수집이 금지되므로 채용 전형 과정에서는 주민등록번호를 처리할 수 없습니다. 다만 채용결정 후 사용자가 근로자 의무 보험 또는 국민연금 등을 처리해야 할 법령상의 의무이행을 위해 관련 법률에 따라 제공해야 하므로 수집 가능하고, 이때는 근로자의 동의는 필요하지 않습니다.

출처: 한국인터넷진흥원, 개인정보보호상담사례집, 2017.1.

주민등록번호의 처리제한(제24조의 2)
다음의 어느 하나에 해당하는 경우에만 주민등록번호 처리 가능

1) 법률·대통령령·국회규칙·대법원규칙·헌법재판소규칙·중앙선거관리위원회 규칙 및 감사
원규칙에서 구체적으로 주민등록번호의 처리를 요구하거나 허용한 경우
2) 정보주체 또는 제3자의 급박한 생명, 신체 재산의 이익을 위하여 명백히 필요하다고 인정되는
경우

* 주민등록번호는 정보주체의 동의를 받아도 처리 불가(위반 시 3천만 원 이하의 과태료)

Q 〈업무위탁에 따른 개인정보 처리 제한〉 정보시스템에 대한 단순 유지 보수를 위탁하는 경우에도
개인정보 처리업무 위·수탁인가요?

A 개인정보 처리시스템의 유지 보수를 외부에 위탁한 경우 개인정보 처리 위·수탁으로 볼 수 있
습니다. 「개인정보 보호법」 제2조제2호에서 '처리'를 '개인 정보의 수집, 생성, 연계, 기록, 저
장, 보유, 가공, 편집, 검색, 출력, 정정, 복구, 이용, 제공, 공개, 파기, 그 밖에 유사한 행위'로
정의하고 있습니다. 다만, 개인 정보에 접근하지 않고 단순히 시스템의 부품만 교체하는 등의
업무는 개인정보 "처리" 업무에 해당 하지 아니하므로 개인정보 처리 위·수탁이 아닙니다.

출처: 개인정보보호위원회, 개인정보보호법령및지침·고시해설, 2020.12.

| 5 | 지능형 홈네트워크 설비 설치 및 기술기준 중 제3조(용어정의) |

1. "홈네트워크 설비"란 주택의 성능과 주거의 질 향상을 위하여 세대 또는 주택단지 내 지능형 정
보통신 및 가전기기 등의 상호 연계를 통하여 통합된 주거서비스를 제공하는 설비로 홈네트워
크망, 홈네트워크장비, 홈네트워크 사용기기로 구분한다.
2. "홈네트워크망"이란 홈네트워크장비 및 홈네트워크 사용기기를 연결하는 것을 말하며 다음 각
목으로 구분한다.
   가. 단지망 : 집중구내통신실에서 세대까지를 연결하는 망
   나. 세대망 : 전유부분(각 세대 내)을 연결하는 망
3. "홈네트워크장비"란 홈네트워크망을 통해 접속하는 장치를 말하며 다음 각 목으로 구분한다.
   가. 홈게이트웨이 : 전유부분에 설치되어 세대 내에서 사용되는 홈네트워크 사용기기들을 유무
   선 네트워크로 연결하고 세대망과 단지망혹은 통신사의 기간망을 상호 접속하는 장치
   나. 세대단말기 : 세대 및 공용부의 다양한 설비의 기능 및 성능을 제어하고 확인할 수 있는 기
   기로 사용자 인터페이스를 제공하는 장치

다. 단지네트워크장비 : 세대내 홈게이트웨이와 단지서버 간의 통신 및 보안을 수행하는 장비
　　로서, 백본(back-bone), 방화벽(Fire Wall), 워크그룹 스위치 등 단지망을 구성하는 장비

라. 단지서버 : 홈네트워크 설비를 총괄적으로 관리하며, 이로 부터 발생하는 각종 데이터의 저
　　장 · 관리 · 서비스를 제공하는 장비

4. "홈네트워크 사용기기"란 홈네트워크망에 접속하여 사용하는 다음과 같은 장비를 말한다.

가. 원격제어기기 : 주택 내부 및 외부에서 가스, 조명, 전기 및 난방, 출입 등을 원격으로 제어
　　할 수 있는 기기

나. 원격검침시스템 : 주택 내부 및 외부에서 전력, 가스, 난방, 온수, 수도 등의 사용량 정보를
　　원격으로 검침하는 시스템

다. 감지기 : 화재, 가스누설, 주거침입 등 세대 내의 상황을 감지하는데 필요한 기기

라. 전자출입시스템 : 비밀번호나 출입카드 등 전자매체를 활용하여 주동출입 및 지하주차장
　　출입을 관리하는 시스템

마. 차량출입시스템 : 단지에 출입하는 차량의 등록여부를 확인하고 출입을 관리하는 시스템

바. 무인택배시스템 : 물품 배송자와 입주자간 직접대면 없이 택배화물, 등기우편물 등 배달물
　　품을 주고받을 수 있는 시스템

사. 그 밖에 영상정보처리기기, 전자경비시스템 등 홈네트워크망에 접속하여 설치되는 시스템
　　또는 장비

5. "홈네트워크 설비 설치공간"이란 홈네트워크 설비가 위치하는 곳을 말하며, 다음 각 목으로 구
　분한다.

가. 세대단자함 : 세대 내에 인입되는 통신선로, 방송공동수신설비 또는 홈네트워크 설비 등의
　　배선을 효율적으로 분배 · 접속하기 위하여 이용자의 전유부분에 포함되어 실내공간에 설
　　치되는 분배함

나. 통신배관실(TPS실) : 통신용 파이프 샤프트 및 통신단자함을 설치하기 위한 공간

다. 집중구내통신실(MDF실) : 국선 · 국선단자함 또는 국선배선반과 초고속통신망 장비, 이동
　　통신망장비 등 각종 구내통신선로설비 및 구내용 이동통신설비를 설치하기 위한 공간

라. 그 밖에 방재실, 단지서버실, 단지네트워크센터 등 단지 내 홈네트워크 설비를 설치하기 위
　　한 공간

스마트홈 법규 및 직업윤리 **예상문제**

01 인공지능과 직업 윤리 중 맞지 않은 것은?

① 직업을 가지고 수많은 사람들과 관계를 맺고, 상호이해 작용을 하는 과정에서 마땅히 지켜야 할 윤리적 규범을 지키며 살아간다.

② 국내 기업 중에서 처음으로 '알고리즘 윤리헌장'을 발표한 곳은 한글과 컴퓨터이다.

③ 인공지능은 데이터, 지식의 영역에서는 인간을 대체할 수 있지만 결국 최종 의사 결정은 인간의 몫이다.

④ 정부는 'AI 국가전략'을 통하여 AI를 잘 활용하는 국가 건설을 목표로 하는, AI경쟁력 혁신, AI활용 전면화, AI와 조화 공존 등 3가지의 핵심전략을 발표하였다.

> 국내 기업 중에서 처음으로 '알고리즘 윤리헌장'을 발표한 곳은 카카오이다.

02 인공지능과 직업 윤리 중 핵심내용에 가장 맞지 않은 것은?

① 인간의 존엄성이 보존되어야 한다.
② 인간의 자율성이 발휘되어야 한다.
③ 공동체 의식이 회복되어야 한다.
④ 개인의 창의성을 극대화하여야 한다.

> 윤리적인 측면에서 상대적으로 창의성의 극대화보다는 존엄성과 자율성, 공동체 의식이 우선함

03 아래 빈칸에 가장 적합한 것은?

> 스마트홈을 다루는 직업윤리 중에서 기술윤리차원에서 AI윤리를 주제로 한 인공지능윤리에 대한 신뢰구축을 가장 중요한 과제로 보고 AI윤리가 반드시 미래첨단산업에서 ( )로서 AI기술에 적용돼야 소비자들의 신뢰를 얻고 선택을 받을 수 있을 것이라고 하였다.
>
> 출처: 국제인공지능 & 윤리협회

① 안전장치
② 지속감시
③ 책임보호
④ 상호대화

> 한국인공지능윤리협회는 인공지능개론을 내면서 안전장치로서 AI기술의 중요성을 강조

04 인공지능 개념 중 Stuart Russell & Peter Norvig의 4분론에 따른 접근 방식이 아닌 것은?

① 인간적 행위(Acting Humanly)
② 인간적 사고(Thinking Humanly)
③ 합리적 사고(Thinking Rationally)
④ 합리적 대화(Acting Dialoguelly)

> Stuart Russell & Peter Norvig의 4분론은 인간적 행위, 인간적 사고, 합리적 사고, 합리적 행위이다.

05 다음에서 인공지능(Artificial Intelligence, AI)의 문제점이 아닌 것은?

① 기술 오남용
② 데이터 편향성
③ 알고리즘 유사성
④ 프라이버시 침해

> 알고리즘 편향성을 들 수 있다.

정답 01 ② 02 ④ 03 ① 04 ④ 05 ③

06 인공지능(AI) 윤리기준으로 과학기술정보통신부가 정한 인공지능 개발 및 활용과정에서 고려될 3대 기본 원칙에 해당하지 않는 것은?

① 인간의 존엄성 원칙
② 사회의 공공선 원칙
③ 기술의 합목적성 원칙
④ 집단의 초이익화 원칙

> 인공지능(AI) 윤리기준인 과학기술정보통신부의 3대 기본 원칙은 인간의 존엄성, 사회의 공공선, 기술의 합목적성의 원칙을 들고 있다.

07 과학기술정보통신부와 정보통신정책연구원이 마련한 AI윤리기준 중 3대 기본 원칙을 위한 10대 핵심요건에 맞지 않은 것은?

① 인권보장과 프라이버시 보호
② 다양성과 침해성 존중
③ 공공성과 연대성
④ 데이터관리와 투명성

> AI는 인간에 해를 미치는 목적으로 활용할 수 없고, 부정적 결과에 대한 대응방안을 마련해야 하는 침해방지의 내용이다.

08 인공지능의 개인정보 보호 6대 원칙에 맞지 않은 것은?

① 참여성과 투명성　② 책임성과 안전성
③ 공정성과 적법성　④ 사회성과 혁신성

> 개인정보 보호 6대 원칙은 참여성과 투명성, 책임성과 안전성, 공정성과 적법성이 있다.

09 개인정보 보호법 개요(개인정보 보호법 제1장)에서 제2조 개인정보에 맞지 않은 것은?

① 가명정보 및 살아있는 개인의 정보
② 쉽게 결합하여 알아볼 수 있는 정보와 개인에 관한 정보

③ 개인을 알아볼 수 있는 정보 및 정보의 내용, 형태 등은 제한이 없음
④ 복사 가능한 정보 및 정보의 수량이 한정됨

> 복사 가능한 정보 및 정보의 수량에 제한이 없음

10 다음 중 개인정보에 해당되지 않은 것은?

① 인적 정보　　② 신체적 정보
③ 정신적 정보　④ 기술적 정보

> 인적, 신체적, 정신적 정보가 개인정보의 내용이다.

11 다음 중 개인정보 내용의 연결이 잘못된 것은?

① 인적정보 – 일반 정보 및 가족 정보
② 신체적 정보 – 의료 정보 및 건강 정보
③ 재산적 정보 – 소비 정보 및 신용정보 및 부동산정보
④ 사회적 정보 – 병역 정보 및 근로 정보 및 법정 정보

> 재산적 정보 – 소득 정보 및 신용 정보 및 부동산 정보

12 다음 중 개인정보 보호법 주요 용어 중 맞지 않은 것은?

① 개인정보 보호법은 임직원, 주주, 협력업체 등 모든 사람의 개인정보에 적용된다.
② 정보주체는 처리되는 정보에 의해 알아볼 수 있는 그 정보의 주체가 되는 사람이다.
③ 개인정보파일은 개인정보를 쉽게 검색할 수 있도록 일정한 규칙에 따라 체계적으로 배열하거나 구성한 개인정보의 집합물이다.
④ 개인정보 취급자는 개인정보 처리에 관한 업무를 총괄해서 책임지거나 업무처리를 최종적으로 결정하는 자이다.

> 개인정보 취급자는 임직원, 파견근로자, 시간제 근로자

13 개인정보 보호원칙(제3조)에 해당하지 않는 것은?

① 처리목적의 명확화
② 처리목적 내 처리와 목적 등 다양하게 적용
③ 처리목적 내 정확성, 완전성, 최신성 보장
④ 정보주체의 권리보장

> 개인정보 보호원칙 중 처리목적 내 처리와 목적 외 활용은 금지함

14 다음 중 개인정보 보호법에 맞지 않은 것은?

① 반드시 개인의 내밀한 영역에 속하는 정보에 국한되지 않고 공적생활에서 형성되거나 이미 공개된 개인정보까지도 포함된다.
② 전화번호 뒷자리 4자리와 관련성이 있는 다른 정보(생일, 기념일, 집 전화번호, 가족 전화번호, 기존통화 내역 등)와 쉽게 결합하여 그 전화번호 사용자가 누구인지를 알아볼 수도 있다고 하여 개인정보로 볼 수 있다.
③ 위치정보법과 신용정보법 등에는 영상정보처리기기 설치운영 제한, 분쟁 조정, 단체소송 등의 규정이 없으므로 이에 대하여는 개인정보 보호법이 우선한다.
④ 필요한 최소한의 정보 이외의 개인정보 수집에 동의하지 않는다는 이유로 정보주체에게 재화 또는 서비스의 제공을 거부하는 경우에는 1천만 원 이하의 과태료가 부과될 수 없다.

> 필요한 최소한의 정보 이외의 개인정보 수집에 동의하지 않는다는 이유로 정보주체에게 재화 또는 서비스의 제공을 거부하는 경우에는 3천만 원 이하의 과태료가 부과될 수 있다.

15 다음 ( ) 내용 중 맞는 것은?

> 개인정보( )은 자신에 관한 정보가 언제, 어떻게, 어느 범위까지 수집, 이용, 공개될 수 있는지를 정보주체가 스스로 통제, 결정할 수 있는 권리를 말한다.

① 자기결정권　　② 대인결정권
③ 상호결정권　　④ 소신결정권

> 개인정보 자기결정권은 자신에 관한 정보가 언제, 어떻게, 어느 범위까지 수집, 이용, 공개될 수 있는지를 정보주체가 스스로 통제, 결정할 수 있는 권리

16 '공개된 개인정보'에 맞지 않은 것은?

① 당초 공개된 목적 내에서만 이용할 수 있다.
② 공공기관 등의 홈페이지에 공개된 담당자의 이름, 직책, 직급, 연락처 등의 정보는 해당 공공기관과 관련된 업무 목적과 마케팅에 이용될 수 있다.
③ 대학 홈페이지 등에 공개된 교수의 개인정보는 학술연구와 자문, 저술활동, 기고 등에 쓰일 것을 전제하고 있다고 보이므로 정보주체에게 개인정보 수집에 대한 동의를 받을 필요는 없다.
④ 정보주체가 요구한 경우에는 즉시 개인정보의 수집 출처, 처리 목적, 개인정보 처리의 정지를 요청할 권리가 있다는 사실을 고지하여야 한다.

> 공공기관 등의 홈페이지에 공개된 담당자의 이름, 직책, 직급, 연락처 등 의 정보는 해당 공공기관과 관련된 업무 목적과 마케팅에 이용될 수 없다.

17 주민등록번호 처리제한에 관련한 내용과 맞지 않은 것은?

① 채용지원 단계에서는 주민등록번호를 수집할 수 없다.
② 주민등록번호는 법령에 처리 근거 등의 예외적인 사유가 존재하지 않는 한 원칙적으로 수집이 금지된다.
③ 채용결정 후 사용자가 근로자 의무 보험 또는 국민연금 등을 처리해야 할 법령상의 의무이행을 위해 관련 법률에 따라 수집가능하고, 이때는 근로자의 동의도 필요하다.
④ 주민등록번호는 정보주체의 동의를 받아도 처리 불가하고 위반 시 과태료를 3000만 원 이하 주어진다.

> 채용결정 후 사용자가 근로자 의무 보험 또는 국민연금 등을 처리해야 할 법령상의 의무이행을 위해 관련 법률에 따라 수집가능하고, 이때는 근로자의 동의는 필요 없다.

18 「위치정보법」과 「신용정보법」에는 영상정보처리기기 설치운영 제한, 분쟁 조정, 단체소송 등의 규정이 없으므로 이에 대하여는 다음 법 중 가장 우선되는 법은?

① 위치정보법   ② 신용정보법
③ 개인정보법   ④ 영상정보법

> 개인정보 수집에 대한 동의를 받을 때 「위치정보법」과 「신용정보법」은 각각 별도의 규정이 있으므로 이에 대하여는 「개인정보 보호법」 보다 우선하여 적용됩니다. 그러나 위 사항은 개인정보법이 우선한다.

19 다음 중 (   )에 해당하는 것은?

> 그러나 기업이 이 의식을 상실한 채 4차 산업혁명의 기술연구에만 몰두하면 개인 노동자와 대립이 심화된다. 또한 (   ) 의식이 사라지면, 기업은 직원을 파트너로 보는 것이 아니라 고용의 관계에서 노동자로만 보는 것이다. 고용의 형태가 정규직이든 비정규직이든 혹은 필요에 따라 고용하는 구조로 바뀌어도 중요한 것은 기업과 개인이 (   )의 의식을 품어야 한다는 것이다.

① 초개인   ② 편리성
③ 공동체   ④ 이익화

> 공동체의 의식, 사회적 역할을 감당하는 것과 동시에 일정한 소득을 통해서 인간다운 삶을 실현해 갈 수 있다.

20 지능형 홈네트워크 설비 설치 및 기술기준 중 제3조 중 용어정의에 맞지 않은 것은?

① 홈네트워크설비는 통합된 단지 외 주거서비스를 제공하는 설비로 홈네트워크망, 홈네트워크장비, 홈네트워크 사용기기로 구분한다.
② 홈네티워크망에서 세대망은 집중구내통신실에서 세대까지를 연결하는 망이다.
③ 홈네트워크 장비란 홈네트워크망을 통해 접속하는 장치로 홈게이터웨이, 세대단말기, 단지네트워크장비, 단지서버를 말한다.
④ 홈네트워크 사용기기는 주택내부 및 외부에서 가스, 조명, 전기 및 난방, 출입 등을 원격으로 제어할 수 있는 기기다.

> 홈네트워크 설비는 통합된 세대 또는 주택단지 내 주거서비스를 제공하는 설비로 홈네트워크망, 홈네트워크장비, 홈네트워크 사용기기로 구분한다.

21 "홈네트워크 설비 설치공간"이란 홈네트워크 설비가 위치하는 곳을 말하며, 다음 내용 중 해당되지 않은 것은?

① 세대스마트우편함
② 통신배관실(TPS실)
③ 집중구내통신실(MDF실)
④ 방재실, 단지서버실, 단지네트워크센터 등 단지 내 홈네트워크 설비를 설치하기 위한 공간

> 홈네트워크 설비설치공간은 세대단지함, 통신배관실, 집중구내통신실 등이다.

22 다음 중 정신적 정보가 아닌 것은?

① 기호 · 성향정보
② 내연의 비밀정보
③ 교육정보
④ 신용정보

신용정보는 정신적 정보가 아닌 재산적 정보이다.

23 아래 내용과 가장 근접한 특성은?

사회적 신뢰 형성을 위해 타 원칙과의 상충관계를
고려, 인공지능 활용 상황에 적합한 수준의 설명
가능성을 높이려는 노력을 기울여야 하며 인공지
능 기반 제품이나 서비스를 제공할 때 인공지능의
활용 내용과 활용 과정에서 발생할 수 있는 위험
등의 유의사항을 사전에 고지해야 한다.

① 기호성   ② 내향성
③ 투명성   ④ 개인성

사회적 신뢰 형성을 위해 타 원칙과의 상충관계를 고려
하기 위해서는 투명성이 중요하다

24 다음 중 (   )에 해당하는 것은?

AI 윤리기준 10대 핵심요건 중에서 개인정보 등
각각의 데이터를 그 목적에 부합하도록 활용하
고, 목적 용도로 활용하지 않아야 한다. 데이터 수
집과 활용의 전 과정에서 데이터 (   )이 최소화되
도록 데이터의 품질과 위험을 관리해야 한다.

① 기호성   ② 내향성
③ 편향성   ④ 이타성

데이터 수집과 활용의 전 과정에서 데이터편향성이 최
소화되도록 데이터의 품질과 위험을 관리해야 한다.

25 다음 중 (   )에 가장 적합한 것은?

과학기술정보통신부와 정보통신정책연구원이 마
련한 AI윤리기준에서 "모든 인공 지능은 '(   )을
위한 인공지능'을 지향하고, 인간에게 유용할 뿐
만 아니라 나아가 인간 고유의 성품을 훼손하지
않고 보존, 함양하도록 개발되고 활용되어야 한
다. 인간의 정신과 신체에 해롭지 않도록 개발되
고 활용되어야 하며, 개인의 윤택한 삶과 행복에
이바지하며 사회를 긍정적으로 변화하도록 이끄
는 방향으로 발전돼야 한다.

① 기호성   ② 내향성
③ 인간성   ④ 이타성

인간성을 위한 인공지능이 생명존중과 동·식물 등 인간
이 지향해야 할 최고의 가치일 것

2

스마트홈
네트워크

01 스마트홈 통신기술

1 네트워크의 기본 개념

(1) Network의 의미

① 분산되어 있는 컴퓨터들을 자원이나 정보를 공유하기 위하여 통신망으로 연결한 것을 의미
② 프로토콜을 사용하여 데이터를 교환하는 시스템의 집합을 통칭
③ 전송 매체로 서로 연결된 시스템의 모음

(2) Network의 종류

일반적으로, 기기 간의 통신을 위한 네트워크의 종류는 크기와 범위에 따라서 PAN, LAN, MAN, 그리고 WAN으로 나뉠 수 있다.

① PAN(Personal Area Network) : PAN은 Personal에서 알 수 있듯이 한 사람을 중심으로 주변에 형성된 컴퓨터 네트워크로써 블루투스나 UWB 등의 기술을 이용해서 10m 이내의 개인 휴대기기 사이에서 구성된 개인 영역 통신망을 의미한다.

② LAN(Local Area Network) : LAN은 사무실, 학교, 대학, 소규모 산업 또는 건물 클러스터와 같이 1~5km 범위의 넓지 않은 일정 지역 내에서 다수의 컴퓨터나 사무 자동화 기기 등을 속도가 빠른 통신 선로로 연결하여 기기 간에 100Mbps 이내 통신이 가능하도록 하는 근거리 통신망이다.

③ MAN(Metropolitan Area Network) : MAN은 LAN 보다는 크지만, WAN에 의해 커버되는 지역보다는 지리적으로 작은 장소인 50km 이내의 컴퓨터 자원들과 사용자들을 서로 연결하는 통신망으로, 한 도시 내의 통신망들을 하나의 거대한 통신망으로 서로 연결하는데 적용된다.

④ WAN(Wide Area Network) : WAN은 여러 개의 LAN이 모여 이루는 150km 이상의 넓은 범위의 통신망으로써, 지역 간, 더 나아가 국가 간 서로 연결하는 통신망을 의미한다.

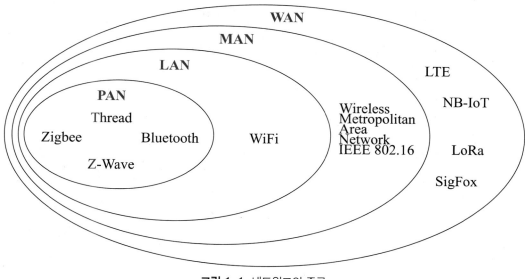

그림 1-1 네트워크의 종류

2 스마트홈 통신 기술의 종류

스마트홈 통신을 위한 무선 통신 기술의 종류는 데이터 전송 속도와 무선 전송 범위에 따라서 WPAN, WLAN, LPWAN, 그리고 WWAN으로 나뉠 수 있다.

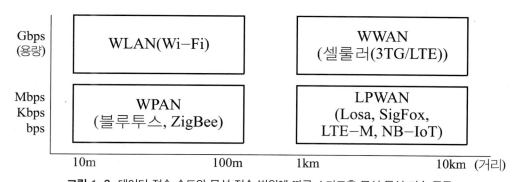

그림 1-2 데이터 전송 속도와 무선 전송 범위에 따른 스마트홈 무선 통신 기술 종류

출처: Marius Monton(2014), [IoT Connectivity and Solution], 한국전자통신연구원(2016), [LPWA기반 광역 IoT기술 및 표준화]

(1) 개인영역통신(PAN : Personal Area Network)

① PAN의 개요

- PAN은 개인의 작업 공간을 중심으로 장치들을 서로 연결하기 위한 컴퓨터 네트워크이다.
- PAN에서 유선을 통한 연결은 보통 USB나 FireWire 등의 인터페이스를 통하여 연결되고, 무선 연결은 IrDA나 Bluetooth, UWB, ZigBee 등의 무선 네트워크 기술을 이용하여 연결된다.
- PAN은 10m 이내의 짧은 거리에 존재하는 컴퓨터와 주변기기, 휴대폰, 가전제품 등을 유, 무선으로 연결하여 이들 기기 간의 통신을 지원함으로써 다양한 응용 서비스를 가능하도록 한다.
- 보통의 경우 PAN을 말할 때에는 모바일 컴퓨팅(Mobile Computing)이나 웨어러블 컴퓨팅(Wearable Computing)적인 성격이 강하고, Bluetooth나 UWB 등의 기술을 이용하여 개인 휴대 기기 사이에서 구성된 무선 연결망을 의미한다.
- 일반적으로 PAN은 Bluetooth 연결의 경우 2~54Mbps 정도의 속도를 보여주고, UWB의 경우에는 675Mbps 정도의 속도를 보여준다.
- 특히, Wireless PAN(WPAN)은 IEEE 802.15 Working Group에서 통신 관련 표준화를 진행한다.
- ※ WPAN과 유사한 기술군으로, 사람의 신체 범위 안의 1~2m 구간 네트워킹을 위한 WBAN(Wireless Body Area Network)이 있다.

② 주요 WPAN 기술들의 비교

표 1-1 주요 WPAN 기술 비교

구분	Bluetooth	HR-WPAN (High Rate)	LR-WPAN (Low Rate)	Bluetooth 3.0 HS
표준	802.15.1	802.15.3	802.15.4	-
주요 기술	블루투스	UWB	Zigbee	UWB
적용 거리	~10m	~10m	10m	(unknown)
전송 속도	1Mbps	11~55Mbps	868MHz : 20kbps 915MHz : 40kbps 2.4GHz : 250kbps	480Mbps
디바이스 크기	소형	소형	초소형	소형
비용/복잡성	저비용	저비용	초저비용	저비용
소모 전력	저전력	저전력	초저전력	초저전력
채널 접속 프로토콜	마스터/슬레이브 폴링 시분할다중화(TDD)	CSMA-CA	CSMA-CA	802.11 프로토콜

구분	Bluetooth	HR-WPAN (High Rate)	LR-WPAN (Low Rate)	Bluetooth 3.0 HS
물리 계층	FHSS	QPSK, QAM	DSSS	UWB
동작 주파수	2.4GHz	2.402~2.480GHz	2.4GHz	2.4~2.4835GHz 6~9GHz

출처: 정보통신기술영어해설

③ WPAN 기술들

㉠ 블루투스(Bluetooth)

- 블루투스는 수 미터에서 수십 미터 정도의 거리를 둔 정보기기 사이에, 전파를 이용해서 저전력으로 간단한 정보를 교환하는데 사용된다. 당초에는 에릭슨을 필두로, 인텔, IBM, 노키아, 도시바 등의 5개 회사가 프로모토로서 규격의 책정에 참가했으며, 그 후 마이크로소프트, 모토로라, 3COM, 루센트 테크놀로지 등의 4개 회사가 추가 참여했다. 현재는 3COM과 루센트 테크놀로지 대신, 애플, Nordic Semiconductor가 추가되어, 총 9개 회사가 프로모터 기업으로 참가했다.

- 블루투스는 1999년에 IEEE 802 산하의 IEEE 802.15.1로 등재되어 있으나, 현재 블루투스는 Bluetooth Special Interest Group(SIG)을 통해 관리되고 있다. 이 그룹에는 전기통신, 컴퓨터, 네트워크, 가전 등의 분야의 30,000사 이상의 기업들이 멤버에 가입되어 있다. 블루투스 SIG는 규격의 개발을 감시, 규격의 인증 프로그램의 관리 및 트레이드마크의 보호를 관장하고 있다. 장비 제조사가 블루투스 장비로 인증을 받기 위해서는, SIG에서 제정한 표준 규격을 만족해야 한다.

- 블루투스는 통신을 위해서 ISM 밴드의 2402~2480MHz 주파수 대역에 총 79개의 채널을 사용한다. 79개의 주파수 대역에서의 간섭으로 인한 무선 충돌 현상을 방지하기 위해서 주파수 호핑 방식을 이용한다. 블루투스는 할당된 79개의 채널을 1초당 1600번 호핑한다. 블루투스는 기기 간의 데이터 전달을 위해서 마스터와 슬레이브 관계의 통신 방식을 사용한다. 하나의 마스터 기기에는 최대 7개까지의 슬레이브 기기가 연결될 수 있다.

- 블루투스는 휴대전화를 차내 오디오 시스템으로 연결해서 핸즈프리 통화와 음악 재생, 휴대형 스피커로 디바이스 연결, 웨어러블 피트니스 트래커와 스마트 워치를 휴대전화나 컴퓨터로 연결, 무선 컴퓨터 키보드와 마우스, 디바이스들 간의 파일 전송 등과 같이 다양한 응용 분야에서 활용되고 있다.

㉡ HR-WPAN(UWB)

- UWB는 저전력으로 넓은 주파수 영역에서 최고의 속도로 디지털 데이터를 전송할 수 있는 차세대 WPAN 기술이다. UWB는 IEEE 802.15.3 산하에서 표준화를 진행하고 있다. 초창기에는 UWB에 관한 연구와 활용은 규제로 인해 주로 군사용 레이더에 한정되었으나, 2002년 2월 미국의 FCC가 −41.3dBm/MHz 이하의 펄스를 전송하는 조건으로 상업적 용도의 UWB 사용을 허가하면서, 본격적인 UWB 기술 개발이 촉발됐다.

- UWB는 기존의 전파이용자에게 간섭을 주지 않을 정도의 매우 낮은 출력과 500MHz 이상의 넓은 주파수 대역을 이용해 10m 이내의 가까운 거리에서 블루투스보다 전송속도가 100~200배나 빠른 480Mbps의 초고속 정보전송이 가능하다. 또한 UWB는 주기가 짧은 펄스의 특성을 이용해 cm 수준까지 정확한 위치 추적이 가능하고, 근본적으로 QoS를 보장할 수 있는 특징이 있으며, 복수 경로로 인한 신호 간섭의 영향을 덜 받는다.

ⓒ LR-WPAN(ZigBee)

- ZigBee는 소형, 저전력 디지털 라디오를 이용해 개인 통신망을 구성하여 통신하기 위한 표준 기술이다. ZigBee는 2003년 버전 IEEE 802.15.4 표준의 물리 계층 및 매체 접근 제어를 바탕으로 개발되었다. ZigBee는 저가, 저전력 무선 메시 네트워크를 지향하므로, 저가라는 특성으로 인해 무선 제어 및 모니터링 등의 목적으로 광범위한 영역에 ZigBee 기기를 다량으로 배치하는 것이 가능하고, 저전력으로 송수신시 평균 전력 소비 수준은 50mW 정도이고, 메시 네트워킹을 통해 높은 신뢰성과 넓은 범위 확장을 제공할 수 있다.

- ZigBee는 ISM 밴드에서 동작하며, 유럽에서는 868MHz, 미국 및 오스트레일리아에서는 915MHz, 그리고 세계 대부분 지역에서 2.4GHz 무선 주파수를 사용한다. 데이터 전송 속도는 868MHz 주파수 대역에서 초당 20 킬로비트, 2.4GHz 주파수 대역에서 초당 250 킬로비트 정도이다. ZigBee의 전송 거리는 가시선 기준 10m에서 100m 정도이며 출력 강도 및 무선 환경에 따라 달라진다.

  ※ 참고로, IEEE 802.15.4는 물리계층과 MAC에 대해서 규정하고 있다. 따라서, Zigbee, ISA100.11a, WirelessART, MiWi, 6LoWPAN 등과 같은 통신 기술들은 하위 통신 계층에 IEEE 802.15.4을 사용하고 그 위에 각각의 통신 프로토콜을 정의하고 있다. IEEE 802.15.4는 IEEE 802.15 워킹 그룹에서 만들지만 ZigBee는 여러 업체들이 모인 ZigBee Alliance에서 만든다. 그러므로, IEEE 802.15.4와 Zigbee의 관계는 IEEE 802.11과 Wi-Fi와 관계와 비슷하다고 말할 수 있다.

ⓔ Z-Wave

- Z-Wave는 보안 시스템, 온도 조절 장치, 창문, 자물쇠, 수영장 및 차고문의 개폐와 같은 주거용 기기 및 기타 장치의 무선 제어가 가능하도록 저에너지 전파를 사용하는 메쉬 네트워크 기반의 무선 통신 기술이다. Z-Wave는 2001년 코펜하겐에 본사를 둔 덴마크 회사 Zensys에 의해 개발되었다. 2017년 5월 기준으로, 1,700 개 이상의 상호 운용 가능한 Z-Wave 제품이 존재한다.

- Z-Wave는 물리 계층, 미디어 액세스 제어(MAC) 계층, 전송 계층, 라우팅 계층, 그리고 어플리케이션 계층으로 구성되어 있으며, 800~900MHz 대역(유럽 : 869MHz, 미국 : 908MHz)과 2.4GHz 대역을 사용하면서 9.6kbps, 40kbps, 그리고 200kbps의 속도를 제공한다. Z-Wave는 물체 투과율이 높아서 통신 거리도 굉장히 긴편으로 약 30m를 지원한다.

- Z-Wave의 상호 운용성 계층은 장치가 정보를 공유하고 모든 Z-Wave 하드웨어 및 소프트웨어가 함께 작동 할 수 있도록 하여 스마트홈 타사의 거의 모든 제품과 호환이 가능하다. Z-Wave는 232개의 노드를 연결할 수 있어서, 가정 등에서 사용되는 메시 네트워크가 가능한 모든 디바이스와 연결이 가능하도록 한다.

ⓜ RFID(Radio Frequency Identification)

- RFID는 주파수를 이용해 ID를 식별하는데 사용하는 통신 방식으로 일명 전자태그로 불린다. RFID는 전파를 이용해 먼 거리에서 정보를 인식하며, 전자기 유도 방식으로 통신한다. RFID 통신을 통한 식별은 RFID 태그와 RFID 판독기가 필요하다. 태그는 안테나와 집적 회로로 이루어지는데, 집적 회로 안에 정보를 기록하고 안테나를 통해 판독기에게 정보를 송신한다. 이 정보는 태그가 부착된 대상을 식별하는 데 이용된다.

- RFID는 사용하는 동력으로 분류할 수 있는데, 오직 판독기의 동력만으로 칩의 정보를 읽고 통신하는 RFID를 수동형(Passive) RFID, 태그에 건전지가 내장되어 있어 칩의 정보를 읽는 데는 그 동력을 사용하고, 통신에는 판독기의 동력을 사용하여 통신하는 RFID를 반수동형(Semi-passive) RFID, 칩의 정보를 읽고 그 정보를 통신하는 데 모두 태그의 동력을 사용하여 통신하는 RFID를 능동형(Active) RFID라 말한다. RFID는 또한 동력 대신 통신에 사용하는 전파의 주파수로 구분하기도 하는데, 낮은 주파수를 이용하는 RFID를 LFID(Low-Frequency IDentification)이라 하는데, 120~140 킬로헤르츠(kHz)의 전파 사용하고, HFID(High-Frequency IDentification)는 13.56 메가헤르츠(MHz)를 사용하며, 그보다 한층 높은 주파수를 이용하는 장비인 UHFID (UltraHigh-Frequency IDentification)는 868 ~ 956 메가헤르츠 대역의 전파를 이용한다.

- RFID의 작동 원리는 다음과 같다.
  - 목적에 맞는 정보를 입력한 태그(Tag)를 상품에 접촉
  - 리더(Reader)에서 안테나를 통해 발사된 무선주파수 태그에 접촉
  - 태그는 주파수에 반응하여 입력된 데이터를 안테나(Antenna)로 전송
  - 안테나는 전송 받은 데이터를 디지털신호로 변조하여 리더에 전달
  - 리더(Reader)는 데이터를 해독하여 컴퓨터 등으로 전달

ⓗ NFC(Near Field Communication)

- NFC는 10cm 정도의 아주 가까운 거리(접촉 및 근접 비접촉 모두 포함)의 양방향 무선 통신을 위한 기술이다. 13.56MHz 주파수 대역의 RFID 기술을 발전시킨 NFC는 기존의 RFID와 달리 읽기와 쓰기가 모두 가능하며, 안드로이드 스마트 폰에 NFC 기술이 적용되면서 대중화되었다. NFC는 0.1초 내외의 단말기 인식 시간 등으로 인해 통신을 위한 준비 설정 시간이 거의 없다는 특징의 장점으로, 보안성이 우수하여 다른 통신 기술에 필요한 설정 정보(인증, 보안키 공유, 페어링) 교환에 많이 사용된다. NFC는 표준에서 최대 424Kbps의 전송속도를 가진다.

- NFC는 3가지 모드를 지원한다.
  - 카드 에뮬레이션(Card Emulation) 모드 : NFC를 탑재한 기기가 기존의 비접촉식 카드와 같이 동작하며, 신용카드, 교통카드, 신분증 등의 응용 분야에 활용된다.
  - 리더/라이터(Reader/Writer) 모드 : NFC를 탑재한 기기가 RFID 태그 리더기로 동작하며, 각종 본인확인 서비스, 마케팅(프로모션, 쿠폰) 도구 등의 응용 분야에 활용된다.
  - P2P(Peer-to-Peer) 모드 : NFC 기기 간 데이터 송수신이 가능하도록 동작하며, 명함 교환, 개인송금 등의 응용 분야에 활용된다.

Ⓢ 기타개인영역무선통신

- 비콘(Beacon)
  - 비콘은 최대 50m의 근거리에 있는 스마트 기기를 자동으로 인식하여 필요한 데이터를 전송할 수 있는 무선 통신 장치이다. 비콘은 블루투스(Bluetooth) 4.0 기술(BLE, Bluetooth Low Energy)을 기반으로 하기 때문에 블루투스 비콘이라고 불리기도 한다.
  - 비콘은 3가지 요소로 구성되어 있다.
    1. Access Point : BLE, 초음파 송신기로써, 일정한 주기로 WPAN(BLE 또는 초음파) 기반 비콘 신호(UDDI, 각도, 세기) 송신한다.
    2. Tag : 스마트폰 O/S, 앱으로써, 위치를 알고 싶은 대상체가 비콘에서 발생한 WPAN 신호 기반 비콘 신호를 수신한다.
    3. Position Engine : TOF나 RSS로써, Tag의 위치 정보를 계산한다.
  - 비콘은 경기장의 좌석 안내 서비스, 미술관의 작품 해설 서비스, 쿠폰이나 매장 이벤트 알림 서비스, 결제 서비스, 미아 방지 서비스, 작업자 안전관리 서비스, 출입보안, 자산관리, 창고관리, 차량관제 등의 다양한 응용 분야에서 활용된다.
- INSTEON : INSTEON은 SmartLabs에서 조명 스위치를 연결하기 위해 개발한 무선 통신 기술로써, RF 링크와 AC-전원 링크 간 메쉬 네트워크 토폴로지를 구성하여 작은 구역에서 장치 간 통신을 가능하게 한다. INSTEON은 중심 주파수 904MHz에서 FSK(Frequency Shift Keying/주파수편기 변조)를 사용하고 38.4kb/s의 데이터 전송률을 제공한다. INSTEON의 디바이스들은 전송자의 역할, 수신자의 역할, 혹은 중계자의 역할을 수행할 수 있으며, 동일한 구간에 위치하지 않은 디바이스들 간의 통신은 시간 구간 동기화 방법을 이용한 멀티-홉 라우팅을 사용하여 가능하게 한다.
- WAVENIS : WAVENIS는 주택과 빌딩을 포함하여 여러 가지 환경에서 제어와 감시 응용을 위하여 Coronis System에서 개발한 무선 통신 프로토콜이다. WAVENIS는 물리, 링크, 네트워크 층으로 구성되고 주로 ISM 대역인 433MHz, 868MHz, 915MHz 대역을 아시아, 유럽, 미국에서 사용한다. WAVENIS의 최소, 최대 데이터 전송률은 각각 4.8kb/s, 100kb/s이며 19.2kb/s가 일반적으로 사용된다. WAVENIS는 GFSK(Gaussian FSK)로 변조하고 FHSS(Fast Frequency-Hopping Spread Spectrum/쾌속 주파수 도약 확산

스펙트럼)은 50kHz 대역의 채널에 사용된다.

- 6LoWPAN(IPv6 over Low Power WPAN) : 6LoWPAN은 IEEE 802.15.4를 PHY/MAC으로 하는 저전력 WPAN상의 인터넷 프로토콜 IPv6(128bit 주소체계)를 결합하여 USN 네트워크를 통합해 광범위한 확장성과 이동성을 보장하기 위한 기술이다. 6LoWPAN은 IETF 6LoWPAN Working Group에서 추진중인 IP-USN 관련 표준으로 센서 네트워크와 IPv6 네트워크를 직접 연동한다. 6LoWPAN은 127byte 패킷 한계를 극복하기 위해 헤더압축기술, 단편화/재조립방법을 사용한다.

(2) 근거리 통신(LAN, Local Area Network)

① LAN의 개념

- LAN은 1~5km 범위의 넓지 않은 일정 지역 내에서 다수의 컴퓨터나 사무 자동화 기기 등을 속도가 빠른 통신 선로로 연결하여 기기 간에 100Mbps 이내 통신이 가능하도록 하는 근거리 통신망이다.

  * 100Mbps 이상은 고속 LAN이라고 지칭한다.

- LAN의 학문적인 연구는 1970년대초 Xerox사의 PARC(Palo Alto Research Center)에서 시작하여 이더넷(Ethernet)이 탄생하게 되면서 시작되었다.

- LAN은 표준화 기구인 미국 전기전자 기술자 협회(IEEE)와 국제 표준화 기구(ISO)에서 다음과 같이 정의한다.
  - 한정된 지역에서 컴퓨터를 기본으로 하는 여러 가지 전자기기 사이의 자유로운 정보 교환이 가능하다.
  - 구축한 사용자가 직접 관리 및 운영이 가능하다.
  - 서로 다른 밴더의 기기 간에도 통신이 가능하다.

② LAN의 토폴로지(Topology)

- 링(Ring) 토폴로지 : 각 기기를 마치 원과 같이 연결한 방식으로 구축비용이 비교적 저렴한 편에 속한다.

- 스타(Star) 토폴로지 : 중앙 제어 방식으로 모든 기기가 Point-to-Point 방식으로 연결 되어 있으며 문제 해결이 쉽고 하나의 기기의 고장은 전체에 영향을 미치지 않지만 중앙 제어 장비가 고장이 나면 모든 시스템에 영향을 미치게 된다.

- 메시(Mesh) 토폴로지 : 네트워크 상의 모든 기기들이 서고 간에 연결되어진 형태로써 연결 된 기기나 노드가 고장이 나더라도 다른 경로를 통해 통신이 가능하며 어떠한 경우에도 네트워크가 동작한다는 장점을 가지게 된다.

- 버스(Bus) 토폴로지 : 모든 기기들이 버스에 T자형으로 연결되어 상호 Point-to-Point 형태를 가지게 되어 신뢰성과 확장성이 좋다.

③ LAN의 전송 매체

㉠ 유선

- 동축 케이블(Coaxial Cable)
    - 동축 케이블은 잡음을 최소화시키기 위해 통신선을 전도체와 그 주위를 둘러싸고 있는 금속 끈으로 구성하고, 전도체가 외부에 노출되는 것을 방지하기 위해 전도체를 불 전도성 물체로 감싸고, 그 둘레를 다시 금속 끈 막으로 감싼 후 다시 플라스틱 물체로 외부 피막을 만든 케이블이다.
    - 폭 넓은 대역폭(Bandwidth), 빠른 데이터 전송속도와 전기적 간섭이 적어서 LAN에서 많이 이용한다.
    - 동축 케이블에 사용되는 저항의 크기는 대개 50ohm에서 75ohm 사이를 사용하고, 이더넷의 경우에는 50ohm 규격의 동축케이블을 사용한다.
    - 베이스 밴드와 브로드밴드에서 사용되며 이때 사용되는 케이블의 크기는 각각 3/8인치, 1/2 인치이고, 베이스 밴드 LAN에서 사용 시, 동축케이블의 용량은 초당 10~12Mbit를 전송할 수 있다.
- 이중 나선 케이블(Twisted Pair Cable)
    - 이중 나선 케이블은 적은 비용으로 한 지역에서 다른 지역으로 정보를 보내는 가장 효과적인 방법으로 사용한다.
    - 보통의 전선을 전기적인 간섭을 줄이기 위해 쌍으로 꼬이게 하여 전자적 유도 현상을 줄인 케이블이다.
    - 음성신호에 적합하며 노드 부착이 쉽고 가격이 저렴하지만 잡음(Noise)에 약하고 전송 거리에 제한을 받는다.
    - 네트워크 전송매체로서 가장 값싸고 쉽게 설치할 수 있다는 장점을 지니고 있지만, 대역폭의 제한이 많고 동축 케이블, 광섬유 케이블에 비해 잡음이 많다.
- 광섬유 케이블(Optical Fiber Cable)
    - 광섬유 케이블은 레이저광을 이용하는 유리섬유 케이블로써 빛을 통해 신호를 전달하므로 외부의 전자기적 간섭에 전혀 영향을 받지 않아 신뢰성이 대단히 높고 먼 거리까지 신호를 보낼 수 있으며, 높은 속도의 통신이 가능하다.
    - 광섬유 케이블은 빛이 전송되는 부분인 코어(Core), 빛이 광섬유 밖으로 새어 나가지 못하도록 하는 클래드(Clad) 및 광섬유를 보호하기 위한 코팅으로 구성된다.
    - 광섬유 케이블은 넓은 대역폭(3.3GHz)을 갖고 외부 간섭에 전혀 영향을 받지 않으므로, 데이터의 전송속도는 대략 1Gbps이고, 오류는 1Gbit당 1bit로서 매우 적다는 장점이 있다.
    - 케이블의 크기가 상대적으로 작고 가볍지만, 케이블 및 관련 장비의 가격이 비싸고, 설치비용이 많이 들며, 증설이 어려운 단점이 있다.

ⓛ 무선

- 라디오파(Radio Wave)
  - 방향성이 없이 전방향 전파가 가능하고, 데이터 송수신할 때 벽을 통과할 수 있다.
  - 무선파를 사용하므로 별도의 수신 장치가 필요 없으며 빛의 속도로 데이터 전송이 가능하다.
  - 기지국을 중심으로 사용자가 많은 밀집 지역에 사용하는 서비스에 적합하다.
  - 라디오 방송용 통신으로 익히 알고 있는 FM(주파수 변조)은 주파수를 변조하는 방식이고 AM(진폭 변조)은 신호의 강약 조절하는 방식이다.
  - 동일한 주파수를 사용하여 전송할 경우에는 인접 경로의 방해를 받아 경로 손실이 발생한다.

- 마이크로파(Micro Wave)
  - 파장이 라디오파보다 짧고, 적외선(IR)보다 긴 전자기파의 한 종류로, 주파수로는 10^9 Hz~3×10^{11}Hz 범위에 있고, 파장으로는 1mm~1m 사이의 범위에 있으며, 레이더, 휴대전화, 와이파이(Wi-Fi), 전자레인지 등에 다양하게 사용되어지고 있다.
  - 파장이 짧은 성질로 인해 빛과 유사하여 넓은 공간을 직진하는 단방향성이고 장애물이 있으면 투과하지 못하며 평면 금속판에 닿으면 입사한 방향에 따라 결정되는 반사방향으로 반사한다.
  - 유전체에 부딪히면 굴절되고 기상변화에 따라 흡수, 산란되어 감쇠현상을 일으킨다.

④ LAN의 매체 접근 제어(Media Access Control) 방식
- CSMA 방식
  - 각 노드가 데이터 프레임을 송신하기 전에 통신 매체를 조사하여 사용중이면 대기하고, 그렇지 않으면 데이터 프레임을 송신하는 방식이다.
  - 동일 통신 매체를 통해 한 노드가 데이터 프레임을 송신하는 도중에 다른 노드에서 다른 데이터 프레임을 송신하면 데이터 프레임의 충돌이 발생한다.
- CSMA/CD 방식
  - CSMA 방식의 충돌 발생 문제를 해결하기 위해, CSMA 방식에 충돌 검출 기능과 충돌 발생 시 재송신하는 기능을 추가하였다.
  - CSMA/CD 방식은 통신 매체가 사용 중이면 일정 시간 동안 대기하고, 통신 매체 상에 데이터가 없을 때에만 데이터 프레임을 송신하며, 송신 중에도 전송 매체의 상태를 계속 감시한다.
  - 송신 도중 충돌이 발생하면 송신을 중지하고, 모든 노드에 충돌을 알린 후 일정 시간이 지난 다음 데이터 프레임을 재송신한다.
- 토큰 버스(Token Bus) 방식
  - 버스(Bus) 토폴로지 LAN에서 사용하는 방식으로, 토큰이 논리적으로 형성된 링

(Ring)을 따라 각 노드들을 차례로 옮겨 다니는 방식이다.

- 토큰은 논리적인 링을 따라 순서대로 전달되며, 토큰을 점유한 노드는 데이터 프레임을 전송할 수 있고, 전송을 끝낸 후 토큰을 다음 노드로 전달한다.

- 토큰 링(Token Ring) 방식
  - 링(Ring) 토폴로지 LAN에서 사용하는 방식으로, 물리적으로 연결된 링(Ring)을 따라 순환하는 토큰(Token)을 이용하여 송신 권리를 제어한다.
  - 토큰 상태에는 프리 토큰(Free Token)과 비지 토큰(Busy Token)이 있는데, 송신할 데이터 프레임이 있는 노드는 링을 따라 순환하는 프리 토큰이 도착하면 토큰을 비지 상태로 변환시킨 후 데이터 프레임과 함께 전송한다.

⑤ IEEE 802 LAN 표준화

- IEEE 802 표준은 컴퓨터 통신망의 표준화를 추진하고 있는 IEEE 802 위원회에 의해 개발된, 일련의 LAN 접속 방법 및 프로토콜 표준들을 지칭한다.
- IEEE 802 표준 프로토콜의 참조 모델은 OSI 참조모델의 계층화 개념을 바탕으로 하고 있는데, 주로 OSI 모델의 7개 계층 중에서, 하위 2계층인 물리 계층과 데이터 링크 계층까지를 표준화하였다.
- 각 표준마다 IEEE 802.1, 802.2와 같이 번호가 802. 이후에 번호가 붙는다.

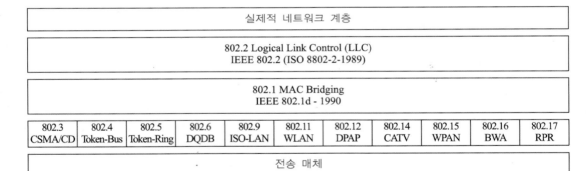

그림 1-3 IEEE 802 표준들

출처: 정보통신기술용어해설, http://www.ktword.co.kr/test/view/view.php?m_temp1=1081

IEEE 802 표준들

- IEEE 802.1 : IEEE 802 위원회 산하 상위 계층 인터페이스 소위원회(Higher Layer Interface Subcommittee)에서 표준화를 추진하는 LAN의 망 구조, 망간 접속(Internetworking), 망 관리 등에 관한 표준이다.
- IEEE 802.2 : 상위 계층인 네트워크 계층과 LAN의 MAC 계층을 연결해 주는 인터페이스에 대한 표준으로, 어떤 장비가 붙더라도 논리적으로(Logical) 상위 계층에 제공될 수 있도록 관련 프로토콜을 담고 있다.

- IEEE 802.3 : 물리 계층과 링크 계층의 서브계층인 매체접근제어(MAC) 계층의 이행에 관해 명기한 표준으로, 각종 물리적 매체에 걸쳐 다양한 속도에서 CSMA/CD 매제 접근 방식을 포함한다.
- IEEE 802.4 : 물리계층과 링크계층의 서브계층인 매체접근제어 계층의 이행에 관해 명기한 표준으로, 버스 토폴로지를 갖는 토큰 버스 매체 접근 방식을 포함한다.
- IEEE 802.5 : 물리계층과 링크계층의 서브계층인 매체접근제어(MAC) 계층의 이행에 관해 명기한 표준으로, 토큰 링 기반의 매체 접근 방식을 포함한다.
- IEEE 802.6 : DQDB 기술 기반의 도시권 통신망(MAN) 규격의 표준이다.
- IEEE 802.7 : Boardband Cable에 대하여 검토하고 802.3 과 802.4에 기여하는 기술 지원 표준이다.
- IEEE 802.8 : 광섬유 케이블에 대하여 검토하고 802.3과 802.4에 기여하는 기술 지원 표준이다.
- IEEE 802.9 : 음성/데이터 통화 LAN에 대해 검토하고 기술 지원하는 표준이다.
- IEEE 802.10 : LAN에 관한 보안에 대해 검토하고 기술 지원하는 표준이다.
- IEEE 802.11 : 무선 LAN(Wireless LAN) 기술에 대한 표준으로 CSMA/CA(반송파 감지 다중 접근/충돌 예방, 회피)의 용도를 포함한다.
- IEEE 802.12 : 카테고리 3 UTP 선로에서 작동하도록 규정한 100Mbit/s 이더넷 표준이다.
- IEEE 802.14 : CATV와 LAN간 상호 접속 관련 기술을 지원하는 표준이다.
- IEEE 802.15 : 블루투스와 같은 WPAN(Wireless PAN) 무선 통신 기술을 지원하는 표준이다.
- IEEE 802.16 : 와이브로와 같은 WMAN(Wireless MAN) 무선 통신 기술을 지원하는 표준으로, BWA(Broadband Wireless Access, 광대역 무선 접속)을 지원한다.
- IEEE 802.17 : 이더넷 기술을 기반으로 메트로 망에서 효율적으로 인터넷 트래픽을 처리 및 전송이 가능하도록 RPR(Resilient Packet Ring) 기술을 지원하는 표준이다.

⑥ LAN 통신 기술들
㉠ 이더넷(Ethernet)
- 이더넷 개요
  - 이더넷(Ethernet)은 1973년 미국의 제록스 PARC(Palo Alto Research Center)에서 로버트 멧칼프(Robert Metcalfe)에 의해 개발되었다.
  - 1980년대, IEEE는 LAN 기술 표준화를 위한 802 프로젝트를 시작하였고, 이더넷은 1983년에 IEEE 802.3으로 표준화되었다.
- 이더넷 특징
  - 이더넷은 CSMA/CD라는 데이터 전송 시점을 늦추는 방법을 사용하여 충돌을 방지한다.

‣ CS : 데이터를 보내려고 하는 컴퓨터가 케이블에 데이터가 흐르고 있는지 확인하는 규칙
‣ MA : 케이블에 데이터가 흐르고 있지 않으면 데이터를 보내도 된다는 규칙
‣ CD : 충돌이 발생하고 있는지 확인하는 규칙
  * 하지만, 최근에는 스위치(switch)라는 장비를 사용하면서 CSMA/CD를 사용하지 않는다.
 － 이더넷 상에 각각의 노드는 48비트로 구성된 MAC 주소를 사용하여 데이터 프레임을 송수신한다.
‣ 앞 24비트는 랜 카드를 만든 제조사 번호이다.
‣ 뒤 24비트는 제조사가 랜 카드에 붙인 일련번호이다.
• 이더넷 규격
 － 이더넷은 케이블 종류나 통신 속도에 따라 다양한 규격으로 분류되고, 그 규격은 10BASE5, 10BASE2, 10BASE-T, 100BASE-TX, 1000BASE-T, 10GBASE-T 이 있다.
 － BASE 앞의 숫자는 통신 속도를 의미하며, 속도 뒤에 붙는 BASE와 같은 문자는 전송방식을 의미한다.
 － 동축 케이블은 케이블의 최대길이를 100m 단위로 표시한다.
 － UTP케이블은 케이블 종류를 표시한다.
 － 랜 포트는 1000BASE-T가 일반적이며, 10GBASE-T도 늘고 있다.

표 1-2 이더넷 규격

규격 이름	통신 속도	케이블	케이블 최대 길이	표준화 연도
10BASE5	10Mbps	동축케이블	500m	1982년
10BASE2	10Mbps	동축케이블	185m	1988년
10BASE-T	10Mbps	UTP케이블(Cat3 이상)	100m	1990년
100BASE-TX	100Mbps	UTP케이블(Cat5 이상)	100m	1995년
1000BASE-T	1000Mbps	UTP케이블(Cat5 이상)	100m	1999년
10GBASE-T	10Gbps	UTP케이블(Cat6a 이상)	100m	2006년

출처: https://velog.io/@gndan4/네트워크-데이터-링크-계층

ⓛ Wi-Fi
• Wi-Fi 개요
 － Wireless Fidelity의 약자로, IEEE 802.11 통신규정을 만족하는 기기들끼리 일정한 거리 안에서 무선으로 데이터를 주고받을 수 있도록 하는 무선 근거리 통신망 기술을 의미한다.

* 참고로, Wi-Fi가 IEEE 802.11에 기반하고 있을 뿐이지 IEEE 802.11과 Wi-Fi는 다르다.

- 휴대 전화 등의 Wi-Fi를 지원하는 기기는 부채꼴 모양의 아이콘으로 신호를 표시하고, 이것을 Wi-Fi의 시그니처로 쓰기도 한다.

- Wi-Fi를 사용하기 위해서는 흔히 "공유기"라고 불리는 무선 접속 장치(AP, Access Point)가 필요하다.

- 유선 인터넷 회선에 연결된 공유기는 인터넷 신호를 무선 신호로 바꾸어 전달하여 무선 신호 범위 내의 기기들에게 무선 인터넷 사용을 가능하게 한다.

• Wi-Fi 특징

- Wi-Fi는 기기의 종류, 사용 모드에 따라 무선 신호를 전달하는 AP(Access point)가 주변의 일정한 반경 내에 있는 복수의 단말기(PC 등)들과 데이터를 주고받는 인프라스트럭쳐(Infrastructure) 모드, 그리고 AP 없이 단말기 끼리 P2P형태로 데이터를 주고받는 애드혹(ad-hoc)모드로 나뉜다.

▸ 인프라스트럭쳐 모드 : 가장 일반적인 Wi-Fi의 사용 형태다. 예를 들어 시중에서 판매되는 무선 공유기를 인터넷 신호가 전달되는 유선랜 케이블에 접속한 뒤 집안에 설치하면 주변에 있는 노트북이나 스마트폰 등에서 모두 무선 인터넷 접속이 가능해지는 것을 볼 수 있다.

▸ 애드혹 모드 : 단말기끼리 직접 접속하는 형태로, 휴대용 게임기 2대를 연결해 2인용 게임을 즐기거나 휴대폰끼리 데이터를 주고받는 등의 용도로 쓴다. 애드혹 모드는 인프라스트럭처 모드에 비해 사용빈도 및 지원하는 기기의 종류가 적은 편이였지만 최근 블루투스를 비롯한 근거리 무선통신이 각광받기 시작하면서 와이파이 진영 역시 대응의 필요성을 느끼게 되어 Wi-Fi 얼라이언스는 편의성과 안정성을 향상시킨 Wi-Fi 애드혹 표준인 '와이파이 다이렉트(Wi-Fi Direct)'를 2009년에 발표하고 이듬해에 규격을 확정했다.

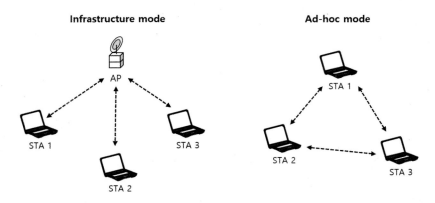

그림 1-4 인프라스트럭처 모드와 애드혹 모드

- Wi-Fi를 사용하는 기기들은 주로 2.4 GHz(12센티미터) UHF 및 5 GHz(6센티미터) SHF ISM 무선 대역을 사용한다.
  - 2.4GHz : 전자렌지나 IH 쿠킹 히터, 무선 고정 전화, 무선 헤드폰, Bluetooth 기기 등에도 사용되고 있는, 보급형의 주파수대로써, 장애물에 강하고 저가이지만, 전파끼리가 간섭하기 쉽다.
  - 5GHz : 2.4GHz대에 비해 통신 속도가 빠르고, Wi-Fi(무선 LAN) 이외에는 거의 사용되고 있지 않아, 다른 가전이나 전자기기가 많은 환경에서도 전파 간섭이 적지만, 장애물에 약하고 고가이다.
- IEEE 802.11 표준 기술들
  - IEEE 802.11 : 무선랜, 와이파이라고 부르는 무선 근거리 통신망을 위한 컴퓨터 무선 네트워크에 사용되는 기술로써, IEEE의 LAN/MAN 표준 위원회(IEEE 802)의 11번째 워킹 그룹에서 개발된 표준이다.
  - IEEE 802.11b : 802.11 규격을 기반으로 발전시킨 기술 표준으로, 최고 전송속도는 11Mbs이나 실제로는 CSMA/CA 기술의 구현 과정에서 6~7Mbps 정도의 효율을 나타낸다. 이전 규격에 비해 현실적인 속도를 지원해 기업이나 가정 등에 유선 네트워크를 대체하기 위한 목적으로 폭넓게 보급되었으며, 공공장소 등에서 유·무상 서비스를 제공하는 업체도 생겨났다.
  - IEEE 802.11a : 5GHz 대역의 전파를 사용하는 표준으로, OFDM 기술을 사용해 최고 54Mbps까지의 전송 속도를 지원한다. 그러나, IEEE 802.11g규격이 등장한 이후로 잘 쓰이지 않는다.
  - IEEE 802.11g : 2.4 Ghz 대역의 전파를 사용하는 표준으로, IEEE 802.11a 표준과 전송 속도가 같고, IEEE 802.11b 표준과 쉽게 호환되어 현재 널리 쓰이고 있다.
  - IEEE 802.11n : 상용화된 전송 표준으로 2.4Ghz 대역 및 5Ghz 대역을 사용하며 최고 600Mbs까지의 속도를 지원하고 있다. 2개의 채널점유를 하는 점유주파수대역폭의 문제로 300Mbs 이상까지 사용할 수 있다. 큰 단점은 한대라도 다른 프로토콜에 연결되면 최대속도는 낮게 유지된다.
  - IEEE 802.11ac : 5GHz 대역에서 운용되는 표준으로, 다중 단말의 무선랜 속도가 최소 1Gbit/s, 최대 단일 링크 속도는 최소 500Mbit/s 까지 가능하게 된다. 이는 더 넓은 무선 주파수 대역폭(최대 160MHz), 더 많은 MIMO 공간적 스트림(최대 8개), 다중 사용자 MIMO, 그리고 높은 밀도의 변조(최대 256 QAM) 등 IEEE 802.11n에서 받아들인 무선 인터페이스 개념을 확장하였다.
  - IEEE 802.11ad : 빔포밍 기술을 이용하여 최대 7Gb/s의 속도를 제공하는 전송 표준이다. 기존 2.4GHz/5GHz 대신 60GHz 대역을 사용해 데이터를 전송하는 방식으로 대용량의 데이터나 무압축 HD 비디오 등 높은 비트레이트 동영상 스트리밍에 적합하

다. 하지만 60GHz는 장애물 통과가 어려워 10m 이내 같은 공간 내에서만 사용이 가능하여 근거리 사용기기만 이용가능하다. 기존 2.4/5GHz 대역사이도 원활한 전환을 위해 '빠른 세션 전송'을 추가했으며 Tri-band 네트워킹, 무선 도킹, 유선과 동등한 데이터 전송속도, 압축 스트리밍 비디오 지원 등의 보완이 이루어졌다.

- IEEE 802.11ax : 최대 10Gbps의 속도를 지원하기 위한 표준으로 HEW(High Efficiency WLAN) 라고도 불린다. IEEE 802.11ac 표준의 취약한 커버리지와 형편없는 물리적 속도를 극복하기 위해 5GHz와 더불어 2.4GHz 대역을 다시 지원하고 1024-QAM, OFDMA, MU-MIMO 등의 기술을 사용하였다.

(3) 저전력 장거리 무선 통신(LPWAN, Low Power Wide Area Network)

① LPWAN의 개념
- LPWAN은 서비스 범위(커버리지)가 10km 이상의 광역으로 매우 넓고, 센서와 같은 소규모 장치들에 초당 최대 수백 킬로비트(kbps) 이하의 통신 속도를 제공하는 전력 소모가 적은 무선 광역 통신망이다.
- LPWAN은 IoT 서비스를 위해 저전력 소모, 저가 단말기, 낮은 구축비용, 안정적인 커버리지, 대규모 단말기 접속 등의 조건을 충족시킨다.

② LPWAN의 주요 특징 : LPWAN은 넓은 커버리지 기반 통신 범위 확대와 낮은 비용으로 IoT 서비스 통신망 구축 가능하도록 주요한 3가지 특징을 가진다.

표 1-3 LPWAN 3가지 주요 특징

저전력	장거리	저비용
충전이 어려운 사물 인터넷 환경 위한 전력 소모 최소	기존 통신 기술의 거리 제한 문제 극복	저가 통신칩 저가 단말의 대규모 접속 지원

표 1-4 LPWAN의 특성과 목표치

특성	LPWAN을 위한 목표치
통신거리	5km(도심)~40km(개활지)
초 저전력	배터리 수명 10년 이상
데이터 처리율	응용분야별로 다르나 보통 수 kbps 이하
무선 칩셋 가격	$2 이하
개별 가입 사용료	$1/년/개 이하
전송 지연	대부분 응용이 지연에 무관
서비스 반경을 위한 소요 기지국 수	수천~수만 기기 당 하나
서비스 지역 및 침투	빌딩 내, 지하, 외곽지역

출처: 한국전자통신연구원(2016), [LPWA기반 IoT기술 및 표준화]

③ LPWAN의 활용 분야 : LPWAN은 저전력 장거리 통신을 위한 IoT 서비스의 증가로 위치 추적, 원격검침, 스마트농업, 환경, 스마트시티, 교통 등의 다양한 응용 분야에 활용될 수 있다.

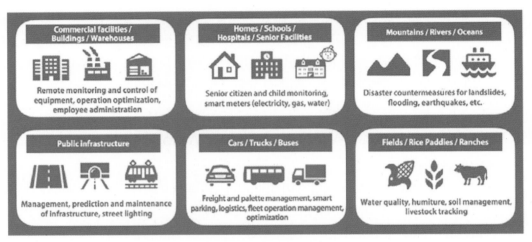

그림 1-5 LPWAN 활용 분야

출처: http://www.softbank.jp/en/corp/group/sbm/news/press/2016/20160912_01/

④ LPWAN 통신 기술들 : LPWAN을 위해서 다양한 통신 기술들이 개발되었다. 이러한 통신 기술들은 전용망 기반 방식과 비전용망 기반 방식으로 구분될 수 있다. 전용망 기반 통신 기술에는 LoRA, Sigfox가 있고, 비전용망 기반 통신 기술에는 LTE-M, NB-IoT가 있다.

표 1-5 전용망 방식과 비전용망 방식 비교

유형	설명	사례
전용망 방식 (LPWA 전용망)	• 비면허 대역 광역IoT 기술 • 독자적인 저전력 사물인터넷 통신망, ISM 밴드 주파수 • 저렴한 구축 비용	• LoRa Alliance의 LoRa • SIGFOX社의 Sigfox
비전용망 방식 (셀룰러 IoT)	• 셀룰러 기반 광역 IoT 기술 • 기존 이동통신 주파수 사용 • 기존 구축된 LTE 네트워크를 그대로 활용 가능	3GPP 표준 • LTE-M • NB-IoT

- LoRa
  - LoRa는 사물끼리 서로 통신을 주고받을 수 있게 도와주는 저전력 장거리 통신(LPWA, Low Power Wide Area) 기술이다.
  - LoRa는 대규모 저전력 장거리 무선통신 기술로 대기 전력이 적고 모듈 가격이 저렴하여 스마트 시티와 옥외 등에서 사용된다.

- LoRa의 주요 특징은 저전력, 장거리 통신망, 최소한의 전력소모로 10km 이상 통신, 별도 기지국 또는 중계장비 불필요, 낮은 구축비용, 높은 확장성이다.
- LoRa 시스템은 일반적으로 IoT Server, LoRa Gateway, LoRa node, Sensor/Actuator로 구성된다.

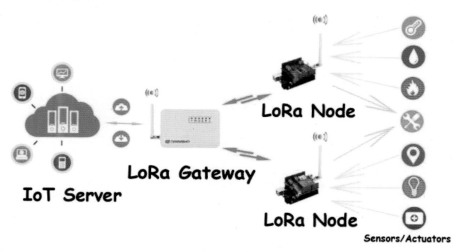

그림 1-6 LoRa 시스템 구성도

출처: https://www.instructables.com/Use-the-LoRa-Kit-to-Build-Your-Own-IoT-Network/

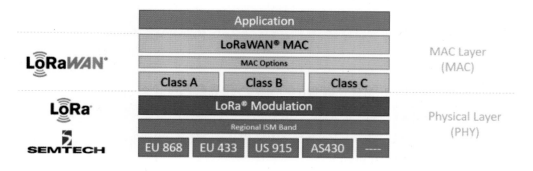

그림 1-7 LoRa 프로토콜 스택

출처: LoRa and LoRaWAN: A Technical Overview, SEMTECH, Dec. 2019

- Sigfox
  - Sigfox는 비면허 대역의 저전력, 저비용, 고신뢰 네트워크를 구성하는 장거리 커버리지 제공 무선 통신 기술이다.
  - Sigfox는 ETSI의 표준 주도로 프랑스의 SIGFOX사에서 개발되었다.
  - Sigfox는 통신을 위한 주파수 대역폭으로 100Hz Uplink(BPSK)와 600Hz Downlink(GFSK)를 사용한다.

표 1-6 Sigfox 특징

저전력/저비용/장거리	저전력 배터리, 기존 칩셋 사용, ~146/162dB 커버리지
비면허 대역	ISM 주파수 대역(<1GHz) 사용
최소 Data 및 암호화 전송	26byte 패킷, 메시지 암호화(AES-128) 적용

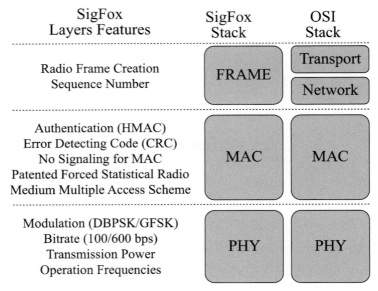

그림 1-8 Sigfox 프로토콜 스택

출처: L. Olive, et. al, "MAC Layer Protocols for Internet of Things: A Survey," MDPI Future Internet, 11(1), 2019

- LTE-M
  - LTE-M은 LTE-MTC(Machine-Type Communication)의 줄임말로 3GPP가 정의한 UE Category1, Category0, Category-M에 해당하는 저전력 장거리 통신 기술이다.
  - LTE-M Cat1은 3GPP Release 8에서 발표되었으며 Cat0와 Cat-M은 각각 Release 12와 13에서 발표되었다.
  - LTE-M Cat1은 배터리 사용량을 줄이기 위해 단말 단에 안테나를 2개만 장착, 대역폭은 20Mhz이며 전파 도달 거리는 대략 10km 미만으로 다운로드 10Mbps, 업로드 5Mbps의 전송속도를 지원하여 음성과 저화질 동영상 전송이 가능하다.
  - LTE-M Cat0은 전송속도는 1Mbps이며 주파수 대역폭은 20Mhz 활용하고 단말 단에 안테나를 1개만 장착, 동시 송수신이 불가능한 반이중통신을 하며 전력 소모를 줄이는 PSM(Power Saving Mode) 기능이 적용되었다.
  - LTE-M Cat-M은 Cat0과 동일한 전송속도(1Mbps)를 제공하면서도 주파수 대역폭은 1.4MHz만을 활용, Cat0에 비해 배터리 사용 기간은 더 길고 통신 모듈 가격과 사용료는 더 낮추었다.

- NB–IoT
  - NB–IoT는 3GPP에서 이동통신망을 통해 저전력 광역(LPWA, Low Power Wide Area) 통신을 지원하는 협대역 사물 인터넷 표준 기술이다.
  - NB–IoT는 저가격, 저전력, 용이성의 3가지 요구사항을 가진다.
  - NB–IoT는 Standalone, Guard–band, In–band의 3가지 운영모드를 지원한다.

표 1-7 NB–IoT의 3가지 운영 모드

Standalone Mode	GSM STAND ALONE 200kHz	GSM 주파수 대역 그리고 잠재적으로 IoT 서비스를 위한 주파수 밴드를 이용하여 NB–IoT 서비스를 단독으로 제공
Guard–band Mode	LTE GUARD BAND LTE 200kHz	LTE 주파수 밴드에 정의되어 있는 가드 대역(Guard–band) 내에 사용되지 않는 자원 블록(resource block)을 이용하여 NB–IoT 서비스를 제공
In–band Mode	LTE INBAND 200kHz	LTE 주파수 밴드에 있는 자원 블록(resource block)을 이용하여 NB–IoT 서비스를 제공

출처: A. Ratilainen, "NB–IoT presentation for IETF LPWAN," LPWAN@IETF97, Nov. 14th, 2016.

표 1-8 LPWAN 통신 기술 비교

항목	전용망 기반		비전용망 기반	
	LoRa	Sigfox	LTE–M	NB–IoT
표준단체	LoRa Alliance	ETSI	3GPP	3GPP
면허여부	ISM 밴드	ISM 밴드	LTE 대역	LTE 대역
사용대역	<1GHz	<1GHz	LTE Band	LTE Band
대역폭	125~500KHz	100Hz(U) 600Hz(D)	1.4MHz	180KHz
전송속도	300bps~50Kbps	100bps(U) 600bps(D)	<1Mbps	<250Kbps
변조방식	Chirp FSK	GFSK/DBPSK	OFDMA (QPSK~16QAM)	OFDMA (BPSK~QPSK)
듀플렉스	HFDD	HFDD	HFDD/TDD	HFDD
커버리지	~150/157dB	~146/162dB	~156dB	~164dB
특징	Class A,B,C 범위/속도 동적 균형	주파수호핑 프레임반복 멀티기지국	PSM eDRX Mode CE Mode	Standalone Guard–band In–band Mode

출처: http://blog.skby.net/lpwan–low–power–wide–area–network/

(4) 무선 광역 네트워크(WWAN, Wireless Wide Area Network)

① WWAN의 개념

- WWAN은 고정된 위치가 아닌 장소에서 사용자가 단말기를 통해 음성이나 영상, 데이터 등을 장소에 구애받지 않고 무선으로 통신할 수 있도록 이동성이 부여된 통신 체계를 말한다.
- 보통 휴대전화라고 불리는 서비스인 셀룰러 이동통신을 사용하여 유선없이 인터넷에 연결하는 방법이다.

② WWAN의 주요 특징

㉠ 셀룰러 기술 : 서비스 대상 지역을 작은 크기의 여러 개의 셀로 나누어 각 셀마다 셀의 중심에 기지국(base station)을 두고 그 셀의 영역에 존재하는 사용자들은 해당 기지국과 통신하는 방법을 사용한다.

㉡ 핸드오버

- 사용자가 하나의 셀 영역을 떠나 인접 셀로 진입하면 통신하는 기지국이 변경되어야 하므로 사용자가 통신에 사용하는 채널을 변경하는 작업이다.
- 핸드오버의 종류에는 하드 핸드오버(hard hand over), 소프트 핸드오버(soft hand over)가 있다.
  - 하드 핸드오버 : 일단 기존 셀과의 연결을 해지하고 난 후 새로운 셀과 연결하는 방법이다. 주파수 분할 다중 접속(FDMA)이나 시분할 다중 접속(TDMA) 방식을 사용하는 시스템에서 주로 사용하고 있는데, 이 방법은 네트워크에는 가장 부담이 적은 핸드오버 방식이지만 핸드오버 시 순간의 통화 단절이 느껴질 수도 있다. 하지만 만약 채널을 할당해 줄 수 있는 자원이 부족하다면 통화가 바로 단절될 수도 있다.
  - 소프트 핸드오버 : 하나의 셀 내에서 섹터가 바뀔 때 발생하는 핸드오버로 섹터의 변경이 하나의 셀 내에서 발생하는 것이므로 잠깐 동안 두 섹터를 모두 이용하여 통신하다가 인접 섹터로의 변경을 완료하게 된다.

㉢ 다이버시티(Diversity)

- 2개 이상의 독립된 전파 경로를 통해 전송된 여러 개의 수신 신호 중에서 가장 양호한 특성을 가진 신호를 이용하는 방법이다.
- 다이버시티에는 주파수 다이버시티, 공간 다이버시티, 편파 다이버시티, 각도 다이버시티, 시간 다이버시티, 경로 다이버시티, 사이트 다이버시티가 있다.

㉣ 위치 등록 : 셀룰러 시스템에서 중요한 역할을 하는 기술 중 하나로, 이동 단말기가 주기적으로 자기의 존재를 알리는 신호를 송출해 수신한 기지국은 신호를 자기의 이동 교환국으로 보내고 이동 교환국은 해당 이동 단말기가 자신이 관할하는 범위 내에 있다는 정보를 위치 등록기에 보내는 것이다.

ⓜ 전력 제어
- 자기 기지국과 인접 기지국의 통화 용량을 최대화하고, 이동 기지국의 배터리 수명 연장과 균일한 통화 품질을 제공하기 위한 송출 신호의 전력을 제어하는 기술이다.
- 기지국으로부터 이동 단말기로 송출하는 신호의 전력을 제어하는 순방향 전력 제어와 반대로 이동 단말기로부터 기지국으로의 송출을 제어하는 역방향 전력 제어가 있다.

③ WWAN 이동 통신 기술(세대별)
- 1세대 이동통신(1G, 1984년 3월 서비스 시작)
  - 아날로그 셀룰러 통신 : analog FM, FDM, FDMA 방식
  - 일반인 대상 최초의 이동통신
  - 단지 음성 만 가능
  - 북미 : AMPS, 북유럽(다국적) : NMT, 영국 : TACS
- 2세대 이동통신(2G, 1996년 1월 서비스 시작)
  - 디지털 셀룰러 통신 : CDMA 및 TDMA 방식
  - PCS(개인휴대통신서비스) 등장 : 무선 이동통신의 일상화 계기
  - 국내 및 제한적 국제 로밍, SMS(단문메세지서비스) 구현 등
  - 음성 위주 : 아날로그 → 디지털, 데이터 서비스 가능 그러나 음성 위주
  - 기존 1세대 용량의 개선
  - 디지털신호처리 기술 본격 도입(음성부호화, 오류정정부호화 등)
  - 데이터 속도 : 9.6~14.4kbps
  - 유럽 : GSM(TDMA/FDMA), 북미: IS-95A(CDMA, 음성 만), IS-136(TDMA)
- 3세대 이동통신(3G, 2002년 1월 서비스 개시)
  - IMT-2000
  - 광대역 CDMA 방식에 기초한 전세계 표준화
  - 데이터 서비스 위주, 영상 통신서비스 구현
  - 고 품질의 이동통신 구현 계기
  - 전세계 표준화 및 동일 주파수를 통한 글로벌 로밍 제공
  - 데이터 속도 : 144 kbps ~ 2 Mbps
  - 유럽 : W-CDMA(UMTS, 비동기식 광대역 CDMA), 북미 : CDMA 2000Mx(IS-2000, 동기식 광대역 CDMA)
- 4세대 이동통신(4G, 2011년 7월 서비스 개시)
  - System beyond IMT-2000(Beyond 3G, B3G, IMT-Advanced)
  - 회선교환 방식의 음성 지원 없이, 패킷 데이터 만을 지원
  - 주파수 선택적 페이딩에 강한 OFDM 기술에 기초함
  - ITU-R의 WP8F에서 4세대 이동통신을 「System beyond IMT-2000」이라 명칭

- 데이터 속도 : ~1Gbps
- paired(상하향 분리), unpaired(상하향 겹침) 스펙트럼 모두에서 동작 가능
- LTE-Advanced
- 5세대 이동통신(5G, 2019년 4월 서비스 개시)
  - IMT-2020
  - 특정 무선접속 기술 보다는 광범위하게 응용 가능한 미래 이동통신 서비스를 포괄 지칭함
  - 비전 요약
    ‣ 초 고용량 : 4G 대비 100~1000배의 데이터 처리 용량
    ‣ 초 연결성 : 500km/h 이상 이동 중에도 많은 수의 지속성 있는 연결 가능
    ‣ 초 저지연 : 수 ms 이내 연결 수립 가능(저 지연)
    ‣ 초 저전력 : 단위 용량 당 소비전력이 1/1000~1/100 이하

표 1-9 이동 통신 기술의 세대별 특징

구분	1G	2G	3G	4G	5G
서비스 개시	1984년 3월	1996년 1월	2002년 1월	2011년 7월	2019년 4월
통신 방식	아날로그	디지털	디지털	디지털	디지털
교환 방식	회선 교환	회선(음성) + 패킷(데이터)	패킷 교환	패킷 교환
통신 속도		14.4~153.6Kbps	2~14.4Mbps	75~1000Mbps	1~20Gbps
주요 서비스	음성	음성 문자 저속 인터넷	음성 고속 인터넷 영상통화	고음질 통화 초고속 인터넷 고화질 동영상	AR/VR 홀로그램 자율주행차 스마트시티 등

출처: 김학용, "5G 서비스 구현 기술의 이해," 방송과 미디어, 제 24권, 제3호, 12쪽, 2019년

(5) 기타 스마트홈 통신 기술

① 네트워크 계층 통신 기술

㉠ 6LowPAN(IPv6 over Low-Power Wireless Personal Area Network)

- 6LowPAN 개념
  - 802.15.4 기반의 센서 네트워크 위에서 인터넷 프로토콜 IPv6를 사용하기 위한 IETF 기술 표준
  - 일반적으로 WSN(Wireless Sensor Network)의 특징들을 모두 가지고 있으며 추가적으로 Adaption Layer를 도입함으로써 이미 널리 구축되어 있는 IP 네트워크 인프라를 이용

- 6LowPAN 특징
  - IEEE 802.15.4를 PHY/MAC으로 하는 저전력 WPAN상에 IPv6를 탑재함.
  - IPv6 사용을 위해 128bit의 주소체계 사용
  - 127byte의 패킷 한계와 IPv6를 지원하기 위해 헤더 압축 기술, 단편화/재조립 방법, 주소 자동 설정 등을 정의
- 6LowPAN 장점
  - 이미 구현되어 있고 다양한 매커니즘들이 입증되어진 IP 네트워크를 이용 가능
  - 기술이 공개되어 있어 자유롭게 설치 및 운용이 가능
  - 확장된 주소 사용으로 주소 고갈 문제 해결 가능
  - 각 센서 노드에 직접적 접근 가능
  - 물리적 거리를 가지는 대량의 무선 센서 네트워크 구성 가능

ⓛ RPL(IPv6 Routing Protocol for Low-power Lossy Networks)
- RPL 개념
  - IETF의 ROLL 워킹 그룹에서 표준화를 진행 중인 IPv6 라우팅 프로토콜
  - IEEE 802.15.4, 전력선 통신 등 저전력과 잡음이 매우 심한 네트워크 환경에 적합하도록 설계
- RPL 특징
  - Distance Vector에 기반한 오픈 라우팅 프로토콜
  - Distance Vector를 활용하여 노드들 간을 연결하는 Destination Oriented Directed Acyclic Graph(DODAG)를 만든다.
  - 라우팅 메트릭(Routing Metric)과 목적 함수(OF, Objective Function)을 사용하여 최적의 경로를 가지는 DODAG 구성한다.
  - 여러 응용들의 다양한 요구 사항을 수용하기 위해 다양한 라우팅 메트릭을 지원한다.

② 전송 계층 통신 기술
㉠ 전송 프로토콜
- TCP(Transmission Control Protocol)
  - TCP는 전송 계층에서 사용하는 연결 지향적 프로토콜로써 연결의 설정(3-way handshaking)과 해제(4-way handshaking)의 과정을 가진다.
  - 연결형 (connnection-oriented) 서비스로 연결이 성공해야 통신이 가능하다.
  - 데이터의 경계를 구분하지 않는 바이트 스트림 서비스를 제공한다.
  - 데이터의 순서 유지를 위해 각 바이트마다 번호를 부여하여 데이터의 전송 순서를 보장한다.
  - Sequence Number, Ack Number 통한 신뢰성 있는 데이터 전송을 제공한다.

- 데이터 흐름 제어(수신자 버퍼 오버플로우 방지) 및 혼잡 제어(패킷 수가 과도하게 증가하는 현상 방지)를 제공한다.
- 전이중(Full-Duplex), 점대점(Point to Point) 서비스를 제공한다.
- UDP보다 전송속도가 느리다.
- UDP
  - UDP는 데이터를 주고받을 때 연결 절차를 거치지 않고 발신자가 일방적으로 데이터를 발신하는 비연결 지향적 프로토콜이다.
  - 비연결형 서비스로 연결 없이 통신이 가능하며 데이터그램 방식을 제공한다.
  - 정보를 주고 받을때 정보를 보내거나 받는다는 신호절차를 거치지 않는다.
  - 데이터 재전송과 데이터 순서 유지 기능을 제공하지 않으므로 비신뢰성 데이터 전송을 수행한다.
  - 비신뢰성 데이터 전송을 사용하므로 패킷 관리가 필요하다.
  - 패킷 오버헤드가 적어 네트워크 부하가 감소되는 장점이 있다.
  - 상대적으로 TCP보다 전송속도가 빠르다.

ⓒ 보안 프로토콜

- TLS(Transport Layer Security)
  - 인터넷 상에서 통신할 때 주고받는 데이터를 보호하기 위한 표준화된 암호화 프로토콜이다.
  - 넷스케이프사에 의해 개발된 SSL(Secure Socket Layer) 3.0 버전을 기반으로 하며, 현재는 2018년 8월에 발표된 TLS버전 1.3이 최종 버전이다.
  - TLS는 전송계층(Transport Layer)의 암호화 방식이기 때문에 HTTP뿐만 아니라 FTP, XMPP등 응용 계층(Application Layer)프로토콜의 종류에 상관없이 사용할 수 있다.
- DTLS(Datagram Transport Layer Security)
  - 데이터그램 기반 애플리케이션에 대한 도청, 변조 또는 메시지 위조등에 대한 보안을 제공하기 위한 프로토콜이다.
  - TLS에 기초하여 유사한 보안 보장을 제공한다.
  - DTLS는 상호 인증을 통해 신뢰성을 보장하며, 공개키 암호를 사용할 수 있다.
  - 키교환 방식은 PKI를 이용하며 IoT 장비와 호환성이 높아 IoT 장비에 자주 사용된다.

③ 응용 계층 통신 기술

㉠ HTTP(HyperText Transfer Protocol)

- HTTP 개념
  - 웹(web)을 이용하여 HTML로 작성된 하이퍼텍스트(hypertext) 문서를 주고받을 수 있는 프로토콜이다.

- HTTP 통신규약을 이용하여 웹서버와 웹브라우저 사이에서 정보를 주고받을 수 있다.
- HTTP를 통해 전달되는 자료는 http:로 시작하는 URL(인터넷 주소)로 조회할 수 있다.
- 1991년 팀 버너스 리와 그의 팀이 CERN에서 개발하였다.
- HTTP 동작 : 클라이언트 즉, 사용자가 브라우저를 통해서 어떠한 서비스를 url을 통하거나 다른 것을 통해서 요청(request)을 하면 서버에서는 해당 요청사항에 맞는 결과를 찾아서 사용자에게 응답(response)하는 형태로 동작한다.
  - 요청 : client → server
  - 응답 : server → client
- HTTP 특징
  - 단순성(Simple) : HTTP는 사람이 읽을 수 있도록 간단하게 고안되었다.
  - 확장성(Scalable) : 클라이언트와 서버가 새로운 헤더의 시맨틱에 대해서만 합의한다면, 언제든지 새로운 기능을 추가할 수 있다.
  - 무상태(Stateless) : HTTP는 통신상의 연결 상태 처리나 정보를 저장하지 않는다.
  - 비연결성(Connectionless) : HTTP는 클라이언트와 서버가 한 번 연결을 맺은 후, 클라이언트의 요청에 대해 서버가 응답을 마치면 맺었던 연결을 끊어버린다.

ⓒ CoAP(Constrained Application Protocol)

- CoAP 개념
  - 작은 센서 장치 등과 같이 CPU, 메모리, 통신 bandwidth 등이 제한된 기기를 위한 응용 계층 프로토콜로써 IEFT RFC 7252에 표준으로 정의되었다.
  - 사물인터넷과 같이 대역폭이 제한된 통신 환경에 최적화하여 개발된 REST (REpresentational State Transfer) 기반의 자원 발견, 멀티캐스트 지원, 비동기 트랜잭션 요청 및 응답 등을 지원하기 위한 경량 메시지 전송 프로토콜이다.
- CoAP 동작
  - 전송 계층에서 UDP (User Datagram Protocol) 를 사용하며 송신자 수신자 간에 정보를 주고받을 때 자료를 보낸다는 신호나 받는다는 신호를 보내지 않는 비동기식 방식의 전송방법이다.
  - CoAP은 확인형(Confirmable), 비확인형(Non-confirmable), 승인(Acknowledgement), 리셋(Reset) 4가지의 메시지 형을 정의하고, 요청(Request)과 응답(Response) 메시지의 상호작용으로 전달된다.
- CoAP 특징
  - 8bit 프로세서와 같은 저사양 센서 모듈에서도 구현 가능한 사양
  - 802.15.4 기반의 무선 프로토콜(thread, zigbee) 대응(손실, 작은 패킷 크기)
  - IPv6 기반(6LoWPAN)
  - 쉽게 web(HTTP)에 연동하기 위한 경량화된 RESTful 적용

−CoAP−HTTP gateway에서도 stateless로도 쉽게 HTTP로 변환하여 전달 가능

ⓒ MQTT(Message Queue Telemetry Transport)

- MQTT 개념
  −M2M(machine−to−machine)와 IoT(Internet of things) 같은 낮은 전력, 낮은 대역폭 환경에서도 사용이 가능하도록 1999년 IBM에서 개발된 응용 계층 통신 프로토콜이다.
  −HTTP와 같은 클라이언트−서버 구조로 이루어지는 것이 아닌, Broker, Publisher, Subscriber 구조를 사용한다.

- MQTT 동작
  −MQTT는 Publisher는 메시지를 발행(publishing)하고, Subscriber가 관심 있는 주제를 구독(subscribe)하는 것을 기본 원칙으로 한다.
  −Publisher과 Subscriber은 모두 Broker에 대한 클라이언트로 동작하고, 메시지를 발행 또는 구독하기 위해서 Broker에 연결한다.

- MQTT 특징
  −단순하고 가벼운 메시징 프로토콜
  −헤더 크기 축소와 페이로드 데이터 중립을 통한 오버헤드 최소화
  −클라이언트와 서버 간 연결이 끊어졌을 때 보정 기능 제공
  −TLS/SSL 지원(X.509를 이용한 양방향 인증 지원)
  −사용자 인증 방식 제공
  −오픈 소스
  −1 : 1 뿐만 아니라, 1 : N, N : N도 지원 가능

ⓔ XMPP(Extensible Messaging and Presence Protocol)

- XMPP 개념
  −1999년 Jabber 오픈 소스 커뮤니티에서 개발된 XML을 기반으로 하는 IM(Instant Messenger) 지향 미들웨어용 오픈 소스 통신 프로토콜로써, RFC 6210, 6121, 7622 에서 정의되었다.
    * IM(Instant Messaging) : 둘 이상의 Clients가 실시간으로 text를 통신을 하는 것
      (예) 온라인 채팅
  −네트워크 상에 두 지점 간의 통신 규격을 정의한 것으로 user@server.com/mobile과 같은 이메일 형식으로 각각의 지점이 표현되고 양 지점간의 메시징, 상태값들이 실시간으로 전달이 가능하게 하는 규격이다.
  −Google Talk, Facebook Chat 등에서 활용되고 있다.

- XMPP 동작
  −XMPP는 다른 IM(Instant Messenger) 서비스와 마찬가지로 Client와 Server 구조를 가지지만, 그 외에 Gateway라는 모듈이 포함된다.

- Server : DNS에 의한 호스트이름 또는 IP로 나타내진다.
- Client : 서버와 호스트이름과 ID를 이용한 계정을 가진다.
- Gateway : Client 와 같이 특정 서버에 연결되고 Gateway를 통하여 다른 네트워크 또는 다른 프로토콜의 IM(Instant Messenger) 프로토콜들과 연결할 수 있게 한다.
  - Client가 Sever에 접속하여 인증이 되면 서로 간에 메시지 송수신 또는 상태 송수신이 가능하게 된다.
  - 주소는 [node"@"]domain["/" resource]로 구성된다.
- XMPP 특징
  - 분산화 : 누구든지 자신만의 XMPP 서버를 구동할 수 있으며 중앙 마스터 서버는 존재하지 않는다.
  - 개방형 표준 : 규격의 지원을 추가하기 위해 로열티가 따로 들지 않으며 개발은 단일 업체에 한정되지 않는다.
  - 보안 : XMPP 서버는 공개 XMPP 네트워크(이를테면 회사 인트라넷)와 분리할 수 있으며 강력한 보안(SASL, TLS를 통해)을 코어 XMPP 규격에 추가 가능하다.
  - 유연성 : 기기 간 상호 운용성을 유지하기 위해 사용자가 직접 만든 기능을 XMPP 최상단에 빌드 할 수 있으며 일반 확장 기능들은 XMPP 표준 재단이 관리한다.

스마트홈 통신기술 예상문제

01 다음의 네트워크 종류에 대한 설명이 올바르지 않은 것은 무엇인가?

① PAN – 10m 이내의 개인 휴대기기 사이에서 구성된 개인 영역 통신망을 의미한다.

② LAN – 1~5km 범위의 넓지 않은 일정 지역 내에서 다수의 컴퓨터나 사무 자동화 기기 등을 속도가 빠른 통신 선로로 연결한 통신망을 의미한다.

③ MAN – 50km 이내의 한 도시 내의 컴퓨터 자원들과 사용자들을 서로 연결하는 하나의 통신망을 의미한다.

④ WAN – 여러 개의 PAN이 모여 이루는 150km 이상의 넓은 범위의 통신망을 의미한다.

> WAN은 여러 개의 LAN이 모여 이루는 150km 이상의 넓은 범위의 통신망으로써, 지역 간, 더 나아가 국가 간 서로 연결하는 통신망을 의미한다.

02 네트워크의 크기가 작은 것에서 큰 것의 순서로 올바르게 나열된 것은 무엇인가?

① PAN → LAN → MAN → WAN
② PAN → LAN → WAN → MAN
③ LAN → PAN → MAN → WAN
④ MAN → PAN → LAN → WAN

> PAN은 10m 이내, LAN은 1~5km 범위, MAN은 50km 이내, 그리고 WAN은 150km 이상이다.

03 다음은 스마트홈 통신 기술 중에 하나에 대한 설명이다. (A)에 들어갈 알맞은 용어는 무엇인가?

> (A)는 ISM 밴드의 2.4 GHz 대역을 사용하여 10m 안팎의 거리에서 최대 240Mbps의 전송 속도를 제공한다. (A)는 시스템 간 전파 간섭 방지를 위한 수단으로 주파수 호핑 방식을 사용한다. (A)를 이용하여 텍스트, 음성, 그래픽, 비디오를 포함한 데이터를 전송하는 응용들을 지원할 수 있다.

① NFC
② LoRa
③ Bluetooth
④ RFID

> • NFC는 13.56MHz의 대역을 가지며, 아주 가까운 거리(접촉 및 근접 비접촉 모두 포함)의 무선 통신을 하기 위한 기술이다.
> • LoRa는 장거리 저전력 무선 플랫폼으로서 (한국에서) 920MHz 대역의 주파수를 사용하는 무선통신 기술이다.
> • RFID는 주파수를 이용해 ID를 식별하는 방식으로 일명 전자태그로 불린다. RFID 기술이란 전파를 이용해 먼 거리에서 정보를 인식하는 기술을 말하며, 전자기 유도 방식으로 통신한다. 여기에는 RFID 태그와 RFID 판독기가 필요하다.

04 블루투스에 대한 설명으로 올바르지 않은 것은 무엇인가?

① 블루투스는 IEEE 802.15.1에서 표준화 되었다.

② 블루투스는 10m 안팎의 초단거리에서 데이터나 음성, 영상 등 저전력 무선 연결에 사용하는 무선 기술이다.

③ 블루투스는 기기 간 마스터와 슬레이브 구성으로 연결한다.

④ 블루투스는 13.56MHz 대역을 사용한다.

> 블루투스는 ISM 대역인 2,400~2,483.5MHz를 사용한다. 13.56MHz 대역은 NFC에서 사용한다.

05 개인 영역 통신 기술 중에 하나인 Bluetooth에 대한 설명으로 올바르지 않은 것은 무엇인가?

① 10m 안팎의 초단거리에서 데이터나 음성, 영상 등을 전송하기 위한 저전력 무선 연결에 사용된다.
② ISM 대역인 2402~2480MHz를 사용한다.
③ 시스템 간 전파 간섭 방지를 위한 수단으로 주파수 호핑 방식을 사용한다.
④ 최대 600Mbps 전송 속도를 제공한다.

• Bluetooth는 3.0이 최대 24Mbps 전송 속도를 지원한다.
• 최대 600Mbps 전송 속도를 제공하는 것은 IEEE 802.11ac이다.

06 블루투스의 데이터 전송 방식에 대한 설명으로 올바르지 않은 것은 무엇인가?

① 주파수 호핑을 사용한다.
② 625초 동안 하나의 주파수를 사용해 신호를 보낸다.
③ 동기식 데이터 전송과 비동기식 데이터 전송을 지원한다.
④ 비동기식 데이터 전송은 실시간 음성 데이터 전송을 지원한다.

동기식 데이터 전송이 실시간 음성 데이터 전송을 지원한다.

07 블루투스의 페어링에 대한 설명으로 올바르지 않은 것은 무엇인가?

① 페어링을 하려는 두 기기는 페어링을 위해서 준비 모드로 진입한다.
② 페어링을 하려는 두 기기는 마스터 기기와 슬레이브 기기로 구분된다.
③ 슬레이브 기기는 검색할 수 있는 모드로 진입하고 마스터 기기는 검색될 수 있는 모드로 진입한다.

④ 검색 신호를 통해서 블루투스 기기를 검색한다.

슬레이브 기기는 검색될 수 있는 모드로 진입하고 마스터 기기는 검색할 수 있는 모드로 진입한다.

08 다음은 ZigBee에 대한 설명이다. 올바르지 않은 것은 무엇인가?

① ZigBee 장치는 물리 계층, 매체접속제어 계층, 네트워크 계층과 응용 계층으로 나누어진다.
② ZigBee는 세계 대부분에서 ISM 밴드인 2.4GHz 대역을 사용한다.
③ ZigBee는 변조 방식으로 직접 시퀀스 확산 스펙트럼 방식을 사용한다.
④ ZigBee의 데이터 전송 속도는 최대 1Mbps 이다.

• ZigBee의 데이터 전송 속도는 20~250Kbps이다.
• 데이터 전송 속도가 최대 1Mbps인 것은 초창기 Bluetooth이다.

09 다음의 ZigBee의 설명 중에 올바르지 않은 것은 무엇인가?

① 소형, 저전력, 저비용, 근거리 통신을 목적으로 IEEE 802.15.4 기반으로 동작한다.
② 프로토콜은 물리 계층, 매체접속제어 계층, 네트워크 계층, 응용 계층으로 나누어진다.
③ 데이터 전송 속도는 20~250kbps를 지원한다.
④ 네트워크는 스타 구조의 토폴로지만 지원한다.

네트워크는 클러스터 트리 구조, 스타 구조, 메시 구조의 다양한 형태의 토폴로지를 지원한다.

10 WPAN의 하나의 통신 기술인 Zigbee가 채택한 IEEE 802 표준은 무엇인가?

① IEEE 802.15.1
② IEEE 802.15.3
③ IEEE 802.15.4
④ IEEE 802.15.7

• IEEE 802.15.1은 Bluetooth를 기반으로 한 WPAN 표준이다.
• IEEE 802.15.3은 480Mbps의 초고속 정보전송을 위한 HR-WPAN으로써 UWB 표준이다.
• IEEE 802.15.7은 Visible Light Communication(가시광 통신) WPAN 표준이다.

11 다음은 개인 영역 통신(PAN) 통신 기술 중에 하나에 대한 설명이다. (A)에 들어갈 알맞은 용어는 무엇인가?

(A)는 덴마크 젠시스가 주축이 되어 개발한 홈오토메이션의 모니터링과 컨트롤을 위한 저전력 통신 기술이다.
이 기술은 900MHz(미국)와 주변 주파수 대역에서 동작하여 통신 거리가 길고 간섭에 자유로우며, GFSK 변조 방식을 사용하며 9,600bps~100Kbps 전송 속도를 제공한다.
이 기술에는 소스 라우팅 기반의 메쉬 네트워크 기법이 적용되며 232개의 디바이스가 연결이 가능하다.

① Z-Wave   ② Zigbee
③ Bluetooth   ④ NFC

• Zigbee는 모토로라, 하니웰 등이 중심이 되어 1998년부터 기술 개발이 시작되었으며, 2002년에 Zigbee Alliance가 설립되었다. Zigbee는 2.4GHz 대역을 사용하고 데이터 전송 속도는 20~250Kbps이다.
• Bluetooth는 ISM 밴드의 2.4GHz 대역을 사용하여 10m 안팎의 거리에서 최대 240Mbps의 전송 속도를 제공한다. Bluetooth는 시스템 간 전파 간섭 방지를 위한 수단으로 주파수 호핑 방식을 사용한다. Bluetooth를 이용하여 텍스트, 음성, 그래픽, 비디오를 포함한 데이터를 전송하는 응용들을 지원할 수 있다.

• NFC는 13.56MHz의 대역을 가지며, 아주 가까운 거리(접촉 및 근접 비접촉 모두 포함)의 무선 통신을 하기 위한 기술이다.

12 Z-Wave에 대한 설명 중 올바르지 않은 것은 무엇인가?

① 덴마크 젠시스가 주축이 되어 개발한 홈오토메이션의 모니터링과 컨트롤을 위한 저전력 통신 기술이다.
② 2.4GHz 주파수 대역을 사용하여 통신 거리가 짧지만 간섭이 크다.
③ GFSK 변조 방식을 사용하며 9,600bps~100Kbps 전송 속도를 제공한다.
④ 소스 라우팅 기반의 메쉬 네트워크 기법이 적용되며 232개의 디바이스가 연결이 가능하다.

• Z-Wave는 908.42MHz(미국)와 주변 주파수 대역에서 동작하여 통신 거리가 길고 간섭에 자유로운 장점이 있다.
• 2.4GHz 주파수 대역은 블루투스와 Zigbee에서 주로 사용한다.

13 Z-Wave에 대한 설명으로 올바르지 않은 것은 무엇인가?

① 2001년 코펜하겐에 본사를 둔 덴마크 회사 Zensys에 의해 개발되었다.
② 홈 오토메이션의 모니터링과 컨트롤을 위한 저전력 통신 기술이다.
③ 국내에서는 919.7MHz, 921.7MHz, 923.1MHz 주파수 대역을 사용한다.
④ 최대 24Mbps의 전송 속도를 지원한다.

최대 24Mbps의 전송 속도를 지원하는 것은 Bluetooth 3.0이다.

14 다음은 스마트홈의 개인 영역 통신 기술 중에 하나에 대한 설명이다. (A)에 들어갈 알맞은 용어는 무엇인가?

> (A)는 주파수를 이용해 ID를 식별하는 방식으로 일명 전자태그로 불린다.
> (A) 기술이란 전파를 이용해 먼 거리에서 정보를 인식하는 기술을 말하며, 전자기 유도 방식으로 통신한다.
> (A) 기술에는 태그와 판독기가 필요하다.

① RFID   ② Bluetooth
③ LoRa   ④ NFC

- Bluetooth는 ISM 밴드의 2.4GHz 대역을 사용하여 10m 안팎의 거리에서 최대 240Mbps의 전송 속도를 제공하고, 시스템 간 전파 간섭 방지를 위한 수단으로 주파수 호핑 방식을 사용하며, 텍스트, 음성, 그래픽, 비디오를 포함한 데이터를 전송하는 응용들을 지원할 수 있다.
- LoRa는 장거리 저전력 무선 플랫폼으로서(한국에서) 920MHz 대역의 주파수를 사용하는 무선통신 기술이다.
- NFC는 13.56MHz의 대역을 가지며, 아주 가까운 거리(접촉 및 근접 비접촉 모두 포함)의 무선 통신을 하기 위한 기술이다.

15 RFID의 주파수별 특징에 대한 설명이 올바르지 않은 것은 무엇인가?

① 저주파 RFID는 인식 거리가 60cm 미만이고 수동형 동작 방식을 사용한다.
② 고주파 RFID는 교통카드 등 사용 시스템에 가장 널리 활용되고 표준화도 잘 되어 있다.
③ 극초단파 RFID는 IC기술 개발로 가장 저가로 생산이 가능하고 능동형 동작 방식을 사용한다.
④ 마이크로파 RFID는 안테나 크기가 작아 초소형 RFID 태그 구성이 가능하다.

극초단파 RFID는 IC기술 개발로 가장 저가로 생산이 가능하고 능동형과 수동형 동작 방식을 모두 사용 가능하다.

16 다음은 스마트홈 통신 기술 중에 하나에 대한 설명이다. (A)에 들어갈 알맞은 용어는 무엇인가?

> (A)는 13.56MHz의 대역을 가지며, 아주 가까운 거리(접촉 및 근접 비접촉 모두 포함)의 무선 통신을 하기 위한 기술이다.

① NFC   ② LoRa
③ Bluetooth   ④ RFID

- LoRa는 장거리 저전력 무선 플랫폼으로서(한국에서) 920MHz 대역의 주파수를 사용하는 무선통신 기술이다.
- Bluetooth는 ISM 밴드의 2.4GHz 대역을 사용하여 10m 안팎의 거리에서 최대 240Mbps의 전송 속도를 제공한다. Bluetooth는 시스템 간 전파 간섭 방지를 위한 수단으로 주파수 호핑 방식을 사용한다. Bluetooth를 이용하여 텍스트, 음성, 그래픽, 비디오를 포함한 데이터를 전송하는 응용들을 지원할 수 있다.
- RFID는 주파수를 이용해 ID를 식별하는 방식으로 일명 전자태그로 불린다. RFID 기술이란 전파를 이용해 먼 거리에서 정보를 인식하는 기술을 말하며, 전자기 유도 방식으로 통신한다. 여기에는 RFID 태그(이하 태그)와, RFID 판독기(이하 판독기)가 필요하다.

17 다음은 NFC의 3가지 모드 중에 하나에 대한 설명이다. (A)에 들어갈 알맞은 용어는 무엇인가?

> NFC의 (A)는 NFC 기기 간 데이터 송수신이 가능하도록 동작하며, 명함 교환, 개인송금 등의 응용 분야에 활용된다.

① 애드 혹(Ad-hoc) 모드
② 카드 애뮬레이션 모드
③ 리더/라이터(Reader/Writer) 모드
④ 피어 투 피어(Peer-to-Peer) 모드

- 애드 혹(Ad-hoc) 모드는 WLAN에서 단말기끼리 직접 접속하는 형태로, 휴대용 게임기 2대를 연결해 2인용 게임을 즐기거나 휴대폰끼리 데이터를 주고받는 등의 용도로 쓴다.
- 카드 애뮬레이션 모드는 기존 비접촉식인 RFID 카드처럼 동작하며 전력 공급이 불필요하여, 신용카드, 교통카드, 신분증 등의 응용 분야에 활용된다.
- 리더/라이터(Reader/Writer) 모드는 NFC를 탑재한 기기가 RFID 태그 리더기로 동작하며, 각종 본인확인 서비스, 마케팅(프로모션, 쿠폰) 도구 등의 응용 분야에 활용된다.

18 다음은 NFC의 3가지 모드 중에 하나에 대한 설명이다. (A)에 들어갈 알맞은 용어는 무엇인가?

> NFC의 (A) 모드는 기존 비접촉식인 RFID 카드처럼 동작하며 전력 공급이 불필요하여, 신용카드, 교통카드, 신분증 등의 응용 분야에 활용된다.

① 피어 투 피어(Peer-to-Peer) 모드
② 리더/라이터(Reader/Writer) 모드
③ 카드 애뮬레이션 모드
④ 애드 혹(Ad-hoc) 모드

- 피어 투 피어(Peer-to-Peer) 모드 NFC 기기 간 데이터 송수신이 가능하도록 동작하며, 명함 교환, 개인 송금 등의 응용 분야에 활용된다.
- 리더/라이터(Reader/Writer) 모드는 NFC를 탑재한 기기가 RFID 태그 리더기로 동작하며, 각종 본인확인 서비스, 마케팅(프로모션, 쿠폰) 도구 등의 응용 분야에 활용된다.
- 애드 혹(Ad-hoc) 모드는 WLAN에서 단말기끼리 직접 접속하는 형태로, 휴대용 게임기 2대를 연결해 2인용 게임을 즐기거나 휴대폰끼리 데이터를 주고받는 등의 용도로 쓴다.

19 NFC (Near Field Communication)의 3가지 동작 모드가 아닌 것은 무엇인가?

① 피어 투 피어 모드(Peer-to-Peer Mode)
② 리더/라이터 모드(Reader/Writer Mode)
③ 카드 애뮬레이션 모드(Card Emulation Mode)
④ 마스터/슬레이브 모드(Master/Slave Mode)

> 마스터/슬레이브 모드(Master/Slave Mode)는 블루투스 장치에서 사용하는 통신 모드이다.

20 LAN의 프로토콜 구조를 하위 계층에서 상위 계층으로의 순서로 올바르게 나타낸 것은 무엇인가?

① Physical-MAC-LLC
② MAC-LLC-Physical
③ LLC-Physical-MAC
④ Physical-LLC-MAC

21 다음은 근거리 통신망 (LAN)의 하나의 네트워크 형태를 설명한 것이다. (A)에 들어갈 알맞은 용어는 무엇인가?

> (A)은 전송매체가 원형을 이루며, 노드가 그 원형에 순차적으로 연결하는 형태이다.

① 성형
② 버스형
③ 링형
④ 트리형

- 성형은 중앙의 네트워크 제어 장치를 중심으로 각 노드를 점-대-점 방식으로 연결하는 형태이다.
- 링형은 전송매체가 원형을 이루며, 노드가 그 원형에 순차적으로 연결하는 형태이다.
- 트리형은 버스형을 확장한 형태이다.

22 다음은 근거리 통신망 (LAN)의 하나의 네트워크 형태를 설명한 것이다. (A)에 들어갈 알맞은 용어는 무엇인가?

> (A)는 중앙의 네트워크 제어 장치를 중심으로 각 노드를 점-대-점 방식으로 연결하는 형태로써, 설치 비용이 저렴하다는 장점이 있지만 중앙 제어 장치가 고장 나면 전체가 마비되는 단점이 있다.

① 성형
② 버스형
③ 링형
④ 트리형

- 버스형은 전송매체 하나에 노드 여러 개를 연결하는 형태이다.
- 링형은 전송매체가 원형을 이루며, 노드가 그 원형에 순차적으로 연결하는 형태이다.
- 트리형은 버스형을 확장한 형태이다.

23 다음 중 근거리 통신망(LAN)에 사용하는 매체 접근 제어 프로토콜로 올바르지 않은 것은 무엇인가?

① Token Ring
② CSMA/CD
③ Token Bus
④ PCF

> PCF(Point Coordination Function)는 WLAN에서 AP의 중앙집중형 폴링에 의해 QoS를 제공하기 위한 매체 접근 제어 프로토콜이다.

정답 18 ③ 19 ④ 20 ① 21 ② 22 ① 23 ④

24 다음 중 LAN의 데이터 전송 방식 중에 하나인 베이스밴드 방식에 대한 설명으로 올바르지 않은 것은 무엇인가?

① 채널수는 1개이다.
② 신호 전송은 디지털이다.
③ 매체 접근 방식은 토큰 버스이다.
④ 설치와 보수가 쉽다.

- 베이스밴드 방식의 매체 접근 방식은 CDMA/CD와 토큰 링이다.
- 매체 접근 방식이 토큰 버스인 것은 브로드밴드 방식이다.

25 다음 중 이더넷 전송매체의 특성에 대한 설명 중 올바른 것은 무엇인가?

① 100Base-TX는 카테고리 5인 UTP 케이블을 사용하며 전송 거리는 약 10m이다.
② 100Base-FX는 광섬유 케이블을 사용하며 전송 거리는 약 200~300m이다.
③ 1000Base-CX는 동축 케이블을 사용하며 전송 거리는 약 25m이다.
④ 1000Base-T는 광섬유 케이블을 사용하며 전송 거리는 약 2km이다.

- 100Base-TX는 카테고리 5인 UTP 케이블을 사용하며 전송 거리는 약 100m이다.
- 100Base-FX는 광섬유 케이블을 사용하며 전송 거리는 약 2Km이다.
- 1000Base-T는 광섬유 케이블을 사용하며 전송 거리는 약 200~300m이다.

26 다음 중 이더넷 전송매체의 특성에 대한 설명 중 올바르지 않은 것은 무엇인가?

① 100Base-TX는 카테고리 5인 UTP 케이블을 사용하며 전송 거리는 약 100m이다.
② 100Base-FX는 광섬유 케이블을 사용하며 전송 거리는 약 2km이다.

③ 1000Base-CX는 동축 케이블을 사용하며 전송 거리는 약 25m이다.
④ 1000Base-T는 광섬유 케이블을 사용하며 전송 거리는 약 200~300m이다.

1000Base-T는 카테고리 5인 UTP 케이블을 사용하며 전송 거리는 약 10m이다.

27 다음은 근거리 통신 기술 중에 하나에 대한 설명이다. (A)에 들어갈 알맞은 용어는 무엇인가?

(A)는 1950년대 미국 국방부가 군사용 레이터와 원격탐지용으로 개발한 기술이다. 이 기술은 3.1~10.6GHz 대역에서 100Mpbs 이상 속도로 넓은 대역에서 걸처 통신을 실현하고, 낮은 송신 출력으로 전송 반경은 10m 이내이다.

① UWB   ② Wi-Fi
③ LoRa   ④ Bluetooth

- Wi-Fi는 전자기기들이 무선랜(WLAN)에 연결할 수 있게 하는 기술로서, 주로 2.4기가헤르츠(12센티미터) UHF 및 5기가헤르츠(6센티미터) SHF ISM 무선 대역을 사용한다.
- LoRa는 사물인터넷통신을 위해 만들어진 통신규격으로 다른 통신규격과의 차이점이라면 초장거리연결과 저전력으로 좋은 환경에서 최대 10마일(16km)정도의 통신이 가능하며 별도의 유심이 필요없이 센서에 할당된 노드번호를 기반으로 통신한다.
- Bluetooth는 ISM 밴드의 2.4 GHz 대역을 사용하여 10m 안팎의 거리에서 최대 240Mbps의 전송 속도를 제공한다. Bluetooth는 시스템 간 전파 간섭 방지를 위한 수단으로 주파수 호핑 방식을 사용한다. Bluetooth를 이용하여 텍스트, 음성, 그래픽, 비디오를 포함한 데이터를 전송하는 응용들을 지원할 수 있다.

28 다음의 UWB 설명 중에 올바르지 않은 것은 무엇인가?

① 1950년대 미국 국방부가 군사용 레이더와 원격탐지용으로 개발한 기술이다.
② FCC 규정 중심주파수의 20% 이상 점유대역폭을 가지거나 500MHz 이상의 점유대역폭을 사용하는 무선 통신 기술이다.
③ 3.1~10.6GHz 대역에서 100Mpbs 이상 속도로 넓은 대역에서 걸쳐 통신을 실현한다.
④ 높은 송신 출력을 사용하여 통신 반경이 100m 이상이다.

> UWB는 매우 낮은 출력으로 타 통신 시스템에 간섭을 최소화하면서 수백 Mbps 데이터 전송률을 제고할 수 있으며, 낮은 송신 출력으로 전송 반경은 10m 이내이다.

29 고속 이더넷의 특징에 대한 설명으로 올바르지 않은 것은 무엇인가?

① 동일한 프레임 형식 사용
② 동일한 64비트 주소체계 유지
③ 표준 인터넷과의 호환성 구축
④ 데이터 전송률 100Mbps 지원

> 고속 이더넷은 동일한 48비트 주소체계 유지한다.

30 고속 이더넷의 특징에 대한 설명으로 올바르지 않은 것은 무엇인가?

① 데이터 전송률 1Gbps 지원
② 표준 인터넷과의 호환성 구축
③ 동일한 48비트 주소체계 유지
④ 동일한 프레임 형식 사용

> 고속 이더넷은 데이터율 100Mbps를 지원한다.

31 다음은 LAN 표준화 조직과 그에 대한 설명이다. 올바르지 않은 것은 무엇인가?

① IEEE 802.3 – CSMA/CD 기반 네트워크 표준화
② IEEE 802.5 – 토큰 링 네트워크 표준화
③ IEEE 802.10 – 고속 LAN과 요구 우선순위를 제어하는 방식을 표준화
④ IEEE 802.11 – 무선 LAN 표준화

> IEEE 802.10 – LAN 관련 보안 검토 및 표준화

32 다음은 LAN 표준화 조직과 그에 대한 설명이다. (A)에 들어갈 알맞은 용어는 무엇인가?

> (A)는 IEEE 802 표준의 하위 표준이며 논리 링크 제어(LLC)와 매체 접근 제어(MAC)를 정의한다. 논리 링크 제어는 LAN의 MAC 계층과 네트워크 계층을 연결하고 매체 접근 제어는 물리 계층의 접근 제어를 담당한다.

① IEEE 802.1
② IEEE 802.2
③ IEEE 802.3
④ IEEE 802.4

> • IEEE 802.1은 LAN의 구조와 전체 구성 정의하며, LAN와 WAN의 인터네트워킹 정의
> • IEEE 802.3은 CSMA/CD 기반 네트워크 표준화
> • IEEE 802.4은 토큰 버스 네트워크 표준화

33 다음은 LAN 표준화 조직과 그에 대한 설명이다. 올바른 것은 무엇인가?

① IEEE 802.3 – 토큰 링 네트워크 표준화
② IEEE 802.5 – CSMA/CD 기반 네트워크 표준화
③ EEE 802.10 – LAN 관련 보안 검토 및 표준화
④ IEEE 802.12 – 무선 LAN 표준화

- IEEE 802.3은 물리 계층과 링크 계층의 서브계층인 매체접근제어(MAC) 계층의 이행에 관해 명기한 표준으로, 각종 물리적 매체에 걸쳐 다양한 속도에서 CSMA/CD 매제 접근 방식을 포함한다.
- IEEE 802.5는 물리계층과 링크계층의 서브계층인 매체접근제어(MAC) 계층의 이행에 관해 명기한 표준으로, 토큰 링 기반의 매체 접근 방식을 포함한다.
- IEEE 802.12는 카테고리 3 UTP 선로에서 작동하도록 규정한 100Mbit/s 이더넷 표준이다.

34 무선 LAN의 특징에 대한 설명으로 옳지 않은 것은 무엇인가?

① 데이터 전송 시 목적지 주소와 위치가 동일하다.
② 무선 주파수 자원은 무한하지 않다.
③ 단말기를 이동하면서 사용할 수 있다.
④ 무선 매체는 통신망 설계에 영향을 준다.

데이터 전송 시 목적지 주소와 위치가 동일하지 않다.

35 IEEE 802에서 무선 LAN 표준을 규정하는 조직은 무엇인가?

① IEEE 802.3   ② IEEE 802.5
③ IEEE 802.11   ④ IEEE 802.12

- IEEE 802.3은 이더넷 표준화 조직이다.
- IEEE 802.5는 토큰 링 네트워크 표준화 조직이다.
- IEEE 802.12는 고속 LAN 표준화 조직이다.

36 다음 중 무선 근거리 통신망(WLAN)에 사용하는 매체 접근 제어 프로토콜로 올바른 것은 무엇인가?

① CSMA/CD   ② Token Bus
③ CSMA/CA   ④ Token Ring

CSMA/CD, Token Bus, Token Bus은 LAN에서 사용하는 매체 접근 제어 프로토콜이다.

37 다음의 WLAN 표준화를 위한 IEEE 802.11 표준에 대한 설명 중 올바르지 않은 것은 무엇인가?

① IEEE 802.11a는 5GHz 대역에서 54Mbps 데이터 전송 속도 제공한다.
② IEEE 802.11b는 동일 매체 접근 방식인 DSSS를 적용해서 최대 11Mbps 전송 속도를 제공한다.
③ IEEE 802.11g는 60GHz 대역을 활용하여 최대 7Gbps 전송 속도 제공한다.
④ IEEE 802.11n는 40MHz의 채널 대역을 사용함으로써 최대 600Mbps전송 속도를 제공한다.

- IEEE 802.11g는 2.4GHz에서 최대 54Mbps 전송 속도 제공한다.
- 60GHz 대역을 활용하여 최대 7Gbps 전송 속도 제공하는 것은 IEEE 802.11ad이다.

38 다음은 Wi-Fi 표준 중에 하나에 대한 설명이다. 설명 내용에 해당하는 것은 무엇인가?

- 기존 802.11 표준에 MIMO 기술을 적용해 성능을 개선
- 2.4GHz 및 5GHz 대역에서 동작하며, 빔포밍, 채널 결합 기술 적용
- 최대 600Mbps 전송 속도 지원

① IEEE 802.11a   ② IEEE 802.11g
③ IEEE 802.11n   ④ IEEE 802.11ac

- IEEE 802.11a는 5GHz 대역의 전파를 사용하는 규격으로, OFDM 기술을 사용해 최고 54Mbps까지의 전송 속도를 지원한다.
- IEEE 802.11g 규격은 a 규격과 전송 속도가 같지만 2.4GHz 대역 전파를 사용한다는 점만 다르다.
- IEEE 802.11ac는 5GHz 주파수에서 높은 대역폭(80MHz~160MHz)을 지원하고, 동일한 5GHz에서 802.11n과의 호환성을 위해 40MHz까지 대역폭을 지원하고, 다중 단말의 무선랜 속도는 최소 1Gbit/s, 최대 단일 링크 속도는 최소 500Mbit/s까지 지원한다.

39 다음은 무선 LAN 표준인 IEEE 802.11의 매체 접근 제어에 대한 설명이다. (A)와 (B)에 알맞은 것은 무엇인가?

> IEEE 802.11 MAC 계층에서 매체 접근 방법은 두 가지를 사용한다. 첫 번째는 모든 트래픽에 매체 접근을 제공하기 위한 경쟁 알고리즘인 (A)이다. 다른 하나는 무경쟁 서비스를 제공하기 위해 사용되는 중앙 집중화된 (B)이다.

① (A) DCF, (B) PCF
② (A) PCF, (B) DCF
③ (A) DCF, (B) HCF
④ (A) PCF, (B) HCF

> HCF는 802.11e에서 기존 802.11 표준에 QoS 제공을 위해 추가 정의되어 선택 가능한 혼성적 매체접근방식이다.

40 스마트홈 구축을 위해서 무선 LAN이 사용되어질 때 고려되어질 요구사항이 아닌 것은 무엇인가?

① 매체 접근 제어 프로토콜은 무선 매체의 용량을 최대화하기 위해 효율적으로 사용되어야 한다.
② 무선 LAN에 대한 설계는 잡음 환경에서조차도 신뢰성있게 전송 가능해야 하고, 외부의 도청으로부터 보안을 제공해야 한다.
③ 무선 LAN 측면에서 네트워크 관리와 MAC 주소 지정은 다른 사용자의 간섭없이 동적이고 자동적으로 단말 시스템의 재배치와 추가, 삭제를 가능하게 해야 한다.
④ 무선 LAN이 지원하는 영역을 최대화하기 위해서 전형적인 송신 영역은 지름이 1km에서 5km 정도이다.

> 무선 LAN이 지원하는 전형적인 송신 영역은 지름이 100m에서 300m 정도이다.

41 다음의 LPWAN 기술들의 설명 중에 올바르지 않은 것은 무엇인가?

① LTE-M은 최대 10Mbps의 통신 속도를 지원한다.
② LoRa는 최대 1km의 넓은 통신 범위를 가진다.
③ Sigfox는 UNB 기술을 사용한다.
④ NB-IoT는 면허 대역을 사용한다.

> LoRa는 최대 21km의 넓은 통신 범위를 가진다.

42 LPWAN (Low Power Wide Area Network)의 기술이 아닌 것은 무엇인가?

① LoRa   ② SigFox
③ NB-IoT   ④ BLE

> BLE는 Personal Area Network(PAN)의 기술 중에 하나이다.

43 다음 중 LPWAN 기술과 표준화 기구가 올바르게 짝지어지지 않은 것은 무엇인가?

① LTE-M: 3GPP
② LoRa: LoRa Allience
③ Sigfox: ETSI
④ NB-IoT: IETF

> NB-IoT는 3GPP에서 표준화 한다.

44 다음의 LPWAN 기술들의 설명 중에 올바르지 않은 것은 무엇인가?

① Sigfox는 UNB 기술을 사용한다.
② LoRa는 최대 21Km의 넓은 통신 범위를 가진다.
③ LTE-M은 면허 대역을 사용한다.
④ NB-IoT의 대역폭은 20MHz이다.

> NB-IoT의 대역폭은 200KHz이다.

45 저전력 장거리 무선 통신 기술인 LoRa에 대한 설명으로 올바르지 않은 것은 무엇인가?

① LoRa WAN의 네트워크 아키텍처에서 게이트웨이는 엔드 디바이스와 인터넷 상의 서버 사이에 브리지 역할을 수행한다.
② LoRa Alliance가 정하는 무선의 인증 규격이다.
③ 게이트웨이에는 여러 개의 엔드 디바이스가 스타형 토폴로지로 접속한다.
④ 통신 거리는 데이터 레이트나 기기 사양, 주변 구조물 등에 따라서 바뀌지만 대략 100m 정도이다.

LoRa 통신 거리는 데이터 레이트나 기기 사양, 주변 구조물 등에 따라서 바뀌지만 대략 10km 정도이다.

46 다음은 무선통신 기술 중에 하나에 대한 설명이다. (A)에 들어갈 알맞은 용어는 무엇인가?

(A)는 ETSI에서 표준화한 LPWAN 기술 중에 하나로써, 1GHz 이하의 ISM 주파수 대역에서 UNB(Ultra Narrow Band) 기술을 사용한다.

① Sigfox   ② LoRa
③ NB-IoT   ④ Bluetooth

• LoRa는 LoRa Alliance에서 표준화하였다.
• NB-IoT는 3GPP에서 표준화하였다.
• Bluetooth는 개인영역통신 (PAN) 기술이다.

47 다음의 Sigfox에 대한 설명 중 올바르지 않은 것은 무엇인가?

① 1GHz 이하의 ISM 주파수 대역을 사용한다.
② SIGFOX 기업에서 개발한 LPWAN 기술 중에 하나이다.
③ UNB(Ultra Narrow Band) 기술을 사용한다.
④ 3GPP에서 표준화한 기술이다.

• Sigfox는 ETSI에서 표준화하였다.
• 3GPP는 LTE-M과 NB-IoT를 표준화하였다.

48 LPWAN 통신 기술 중에 하나인 Weightless 기술에 대한 설명 중 올바르지 않은 것은 무엇인가?

① 영국 캠브리지 주변의 암(ARM), 뉴엘(Neul), CSR(Cambridge Silicon Radio) 등이 주축이 되어 만든 개방형 표준 기반의 LPWAN 기술이다.
② BPSK, QPSK, 16-QAM 등의 변조 기술을 사용한다.
③ Standalone, Guard-band, In-band의 3가지 운영모드를 지원한다.
④ 고속의 다운링크는 500Kbps~16Mpbs, 저속의 다운링크는 2.5Kbps~500Kbps의 속도를 지원한다.

Standalone, Guard-band, In-band의 3가지 운영모드를 지원하는 LPWAN 통신 기술은 NB-IoT이다.

49 다음은 이동통신 기술에 대한 설명이다. (A)에 들어갈 알맞은 용어는 무엇인가?

(A)는 사용자가 하나의 셀 영역을 떠나 인접 셀로 진입하면 통신하는 기지국이 변경되어야 하므로 사용자가 통신에 사용하는 채널을 변경하는 작업이다.

① 핸드오버(Handover)
② 페이징(Paging)
③ 위치등록(Location Registration)
④ 다이버시티(Diversity)

• 페이징은 이동통신 단말기로 호가 오면 마지막으로 등록된 단말기의 위치를 기준으로 가까운 위치의 셀들에게 폴링 신호(Polling Signal)를 보내어 단말기의 위치를 파악하는 기술이다.

- 위치등록은 셀룰러 시스템에서 중요한 역할을 하는 장치 중 하나로, 이동 단말기가 주기적으로 자기의 존재를 알리는 신호를 송출해 수신한 기지국은 신호를 자기의 이동 교환국으로 보내고 이동 교환국은 해당 이동 단말기가 자신이 관할하는 범위 내에 있다는 정보를 위치 등록기에 보내는 것이다.
- 다이버시티는 2개 이상의 독립된 전파 경로를 통해 전송된 여러 개의 수신 신호 중에서 가장 양호한 특성을 가진 신호를 이용하는 방법이다.

50 다음은 이동통신 기술에 대한 설명이다. (A)에 들어갈 알맞은 용어는 무엇인가?

(A)는 이동기지국이 한 기지국에서 다른 기지국으로 이동할 때 기존 기지국과 연결되었던 채널을 끊은 후 새로운 기지국의 새로운 채널로 연결되는 핸드 오프 방식을 말한다.

① Soft 핸드 오프
② Softer 핸드 오프
③ Hard 핸드 오프
④ Harder 핸드 오프

- Soft 핸드 오프는 셀 간의 핸드 오프를 말한다.
- Softer 핸드 오프는 동일한 기지국 내 다른 섹터 간의 핸드 오프를 말한다.
- Harder 핸드 오프라는 용어는 없다.

51 다음은 이동통신 기술에 대한 설명이다. (A)에 들어갈 알맞은 용어는 무엇인가?

(A)은 이동통신 단말기로 호가 오면 마지막으로 등록된 단말기의 위치를 기준으로 가까운 위치의 셀들에게 폴링 신호(Polling Signal)을 보내어 단말기의 위치를 파악하는 기술이다.

① 페이징(Paging)
② 위치등록(Location Registration)
③ 다이버시티(Diversity)
④ 핸드오버(Handover)

- 위치등록은 셀룰러 시스템에서 중요한 역할을 하는 장치 중 하나로, 이동 단말기가 주기적으로 자기의 존재를 알리는 신호를 송출해 수신한 기지국은 신호를 자기의 이동 교환국으로 보내고 이동 교환국은 해당 이동 단말기가 자신이 관할하는 범위 내에 있다는 정보를 위치 등록기에 보내는 것이다.
- 다이버시티는 2개 이상의 독립된 전파 경로를 통해 전송된 여러 개의 수신 신호 중에서 가장 양호한 특성을 가진 신호를 이용하는 방법이다.
- 핸드오버는 사용자가 하나의 셀 영역을 떠나 인접 셀로 진입하면 통신하는 기지국이 변경되어야 하므로 사용자가 통신에 사용하는 채널을 변경하는 작업이다.

52 3GPP의 4세대 이동통신 기술의 특징에 대한 설명이 올바르지 않은 것은 무엇인가?

① All-IP 서비스를 지원한다.
② 대용량의 멀티미디어 서비스를 제공한다.
③ TDD와 FDD를 이용한 전이중 통신을 지원한다.
④ 1~20Gbps의 통신 속도를 지원한다.

- 4세대 이동통신 기술은 1Gbps까지의 전송 속도를 지원한다.
- 1~20Gbps의 통신 속도를 지원하는 것은 5세대 이동통신 기술이다.

53 이동통신 기지국의 서비스 범위를 확대하기 위한 방법으로 올바르지 않은 것은 무엇인가?

① 저 잡음 수신기를 사용한다.
② 기지국의 송신 출력을 감소한다.
③ 지향성 안테나를 사용한다.
④ 중계기를 사용한다.

기지국의 서비스 범위를 확대하기 위해서는 기지국의 송신 출력을 증가하여야 한다.

54 다음 설명의 (A)에 들어갈 알맞은 용어는 무엇인가?

> (A)는 스마트폰 등의 통신 단말기들이 기지국을 거치지 않고 직접 데이터를 주고받음으로서 늘어나는 데이터 트래픽 수요를 해결하고 한정된 주파수 자원의 이용 효율 증대에 효과적인 LTE 통신 기술이다.
> LTE (A)는 향후 초연결사회의 사물인터넷에 사용될 다양하고 새로운 서비스인 위치 정보 기반의 SNS, 특정 지역의 범죄 정보 전송이나 새로운 방식의 개인별 모바일 광고나 근거리 파일 전송, 멀티 게임 및 차량 간 통신 등 다양한 통신 서비스를 창출할 것으로 기대된다.

① D2D(Device to Device)
② Bluetooth
③ RFID
④ Wi-Fi

- 블루투스(Bluetooth)는 1994년에 에릭슨이 최초로 개발한 디지털 통신 기기를 위한 개인 근거리 무선 통신 산업 표준이다.
- RFID(Radio-Frequency Identification)는 주파수를 이용해 ID를 식별하는 방식으로 일명 전자태그로 불린다.
- Wi-Fi는 무선 통신 표준 기술 중 하나인 IEEE 802.11에 기반한 서로 다른 장치들 간의 데이터 전송 기술이다.

55 다음 중 5G의 주요 특징이 아닌 것은 무엇인가?

① 초고속　　　② 초광대역
③ 초저지연　　④ 초연결

초광대역은 기존의 스펙트럼에 비해 매우 넓은 대역에 걸쳐 낮은 전력으로 대용량의 정보를 전송하는 무선통신 기술을 의미한다.

56 사물인터넷 응용 계층 프로토콜 중에 하나인 HTTP에 대한 설명이 올바르지 않은 것은 무엇인가?

① 웹(web)을 이용하여 HTML로 작성된 하이퍼텍스트(hypertext) 문서를 주고받을 수 있는 프로토콜이다.

② 클라이언트와 서버 사이의 요청/응답 기반 데이터 교환 방식을 사용한다.
③ 서버는 포트 80번을 사용하고 클라이언트는 임시 포트 번호를 사용한다.
④ IEEE 802.15.4 기반의 무선 통신 프로토콜에 대응이 가능하다.

IEEE 802.15.4 기반의 무선 통신 프로토콜에 대응이 가능한 응용 계층 프로토콜은 CoAP이다.

57 다음은 HTTP에 대한 설명이다. 올바르지 않은 것은 무엇인가?

① 클라이언트와 서버 기반의 통신 기술이다.
② 요청/응답 기반 데이터 교환 방식이다.
③ 저전력 경량화를 목적으로 한다.
④ 응용 계층 프로토콜이다.

HTTP는 저전력 경략을 목적으로 하지 않는다.

58 다음 중 사물인터넷 프로토콜인 CoAP에 대한 설명 중 올바르지 않은 것은 무엇인가?

① HTTP와 비슷한 메시지 구조를 가지고 있어서 HTTP와도 효과적으로 연결이 가능하다.
② 인터넷에서 센서 노드와 같은 제한된 컴퓨팅 성능을 갖는 디바이스를 지원하는 경량 프로토콜이다.
③ IETF의 CoRE 워킹 그룹에서 개발한 응용 계층 프로토콜이다.
④ IEEE 802.11 표준을 기반으로 IPv6를 사용한다.

CoAP는 IEEE 802.15.4 표준을 기반으로 IPv6를 사용한다.

59 다음은 사물인터넷 응용 계층 프로토콜 중에 하나에 대한 설명이다. (A)에 들어갈 알맞은 용어는 무엇인가?

> (A)는 IEEE 802.15.4 표준을 기반으로 IPv6를 사용하며, IETF의 CoRE 워킹 그룹에서 개발한 응용 계층 프로토콜이다.
> (A)는 인터넷에서 센서 노드와 같은 제한된 컴퓨터 성능을 갖는 디바이스를 지원하는 경량 프로토콜이다.
> (A)는 HTTP와 비슷한 메시지 구조를 가지고 있어서 HTTP와도 효과적으로 연결이 가능하다.

① LoRa   ② MQTT
③ CoAP   ④ XMPP

- LoRa는 사물인터넷 통신을 위해 만들어진 통신규격으로 다른 통신규격과의 차이점이라면 초장거리연결과 저전력으로 좋은 환경에서 최대 10마일(16km) 정도의 통신이 가능하며 별도의 유심이 필요 없이 센서에 할당된 노드번호를 기반으로 통신한다.
- MQTT는 HTTP 통신과 같이 클라이언트-서버 구조로 이루어지는 것이 아닌, Broker, Publisher, Subscriber 구조로 이루어진다.
- XMPP는 XML에 기반한 메시지 지향 미들웨어용 통신 프로토콜이다.

60 다음은 스마트홈에서 사용되는 하나의 통신 기술에 대한 설명이다. (A)에 들어갈 알맞은 용어는 무엇인가?

> (A)는 디바이스 간에 데이터 통신을 할 목적으로 작성된 응용 계층의 프로토콜이다. (A)는 IETF에 의해서 표준화되었고, RFC7252로 정의되어 있다. (A)는 사물인터넷에서 디바이스 제어용 프로토콜로 자주 이용되고 비동기 통신을 지원한다.

① AMQP(Advanced Message Queuing Protocol)
② HTTP(Hypertext Transfer Protocol)
③ CoAP(Constrained Application Protocol)
④ MQTT(Message Queue Telemetry Transport)

- AMQP는 메시지의 송신과 수신을 위한 응용계층 프로토콜로써, 다른 벤더가 개발한 서버나 미들웨어에 공통의 프로토콜을 적용하여 상호 메시지 교환을 가능하게 목적으로 개발되었다.
- HTTP는 인터넷에서 브라우저가 웹사이트나 미디어 콘텐츠를 취급하거나 유저가 입력한 데이터를 송신하기 위하여 이용하는 프로토콜이다.
- MQTT는 주로 메시지 송신을 위해서 TCP/IP를 베이스로 하는 응용계층 프로토콜로써, 브로커(Broker)라 불리는 중개 서버를 이용하는 Pub/Sub 모델을 채용한다.

61 다음은 스마트홈에서 사용되는 하나의 통신 기술에 대한 설명이다. (A)에 들어갈 알맞은 용어는 무엇인가?

> (A)는 주로 메시지 송신을 위해서 TCP/IP를 베이스로 하는 응용계층 프로토콜로써, 브로커(Broker)라 불리는 중개 서버를 이용하는 Publish/Subscribe 모델을 채용한다.

① MQTT(Message Queue Telemetry Transport)
② AMQP(Advanced Message Queuing Protocol)
③ HTTP(Hypertext Transfer Protocol)
④ CoAP(Constrained Application Protocol)

- AMQP는 메시지의 송신과 수신을 위한 응용계층 프로토콜로써, 다른 벤더가 개발한 서버나 미들웨어에 공통의 프로토콜을 적용하여 상호 메시지 교환을 가능하게 목적으로 개발되었다.
- HTTP는 인터넷에서 브라우저가 웹사이트나 미디어 콘텐츠를 취급하거나 유저가 입력한 데이터를 송신하기 위하여 이용하는 프로토콜이다.
- CoAP는 디바이스 간에 데이터 통신을 할 목적으로 작성된 응용 계층의 프로토콜로써, IETF에 의해서 표준화되었고, RFC7252로 정의되어 있다. CoAP는 사물인터넷에서는 디바이스 제어용 프로토콜로 자주 이용되고 비동기 통신을 지원한다.

정답 59 ③   60 ③   61 ①

62 MQTT(Message Queue Telemetry Transport)에 대한 설명으로 올바르지 않은 것은 무엇인가?

① 주로 메시지 송신을 위해서 TCP/IP를 기반으로 하는 응용계층 프로토콜이다.
② 송수신 수속이 간략화 되어 있으며 패킷 송수신 횟수나 양이 비교적 적은 경량화 특성을 가진다.
③ 브로커(Broker)라 불리는 중개 서버를 이용하는 Publish/Subscribe 모델을 채용한다.
④ QoS(Quality of Service)를 지정할 수 없다.

> MQTT는 QoS를 지정하기 위해서 QoS란 헤더로 지정하는 2비트 플래그가 있다.

63 다음은 MQTT에 대한 설명이다. (A)에 들어갈 알맞은 용어는 무엇인가?

> MQTT는 제한된 컴퓨팅 성능과 빈약한 네트워크 환경에서의 동작을 고려하여 설계된 대용량 메시지 전달 프로토콜로서 (A)라는 중계 서버를 통해서 사물인터넷 기기들 간의 데이터 전달을 지원한다.

① 브로커(Broker)
② 게이트웨이(Gateway)
③ 엑세스 포인트(Access Point)
④ 브릿지(Bridge)

> • 게이트웨이는 컴퓨터 네트워크에서 서로 다른 통신망, 프로토콜을 사용하는 네트워크 간의 통신을 가능하게 하는 컴퓨터나 소프트웨어를 두루 일컫는 용어, 즉 다른 네트워크로 들어가는 입구 역할을 하는 네트워크 포인트이다.
> • 엑세스 포인트는 무선랜을 구성하는 장치중 하나로, 유선랜과 무선랜을 연결시켜주는 장치이다.
> • 브릿지는 두 개의 근거리통신망(LAN)을 서로 연결해주는 통신망 연결 장치로, OSI 모형의 데이터 링크 계층에 속한다.

64 다음은 스마트홈에서 사용되는 하나의 통신 기술에 대한 설명이다. (A)에 들어갈 알맞은 용어는 무엇인가?

> (A)는 Jabber 오픈 소스 커뮤니티에서 개발된 XML 기반으로 하는 IM(Instant Messenger) 지향 미들웨어용 오픈 소스 통신 프로토콜로써, RFC 6210, 6121, 7622에서 정의되었다.
> 이 기술은 네트워크 상에 두 지점 간의 통신 규격을 정의한 것으로 user@server.com/mobile과 같은 이메일 형식으로 각각의 지점이 표현되고 양 지점간의 메시징, 상태값들이 실시간으로 전달이 가능하게 하는 규격이다.

① MQTT(Message Queue Telemetry Transport)
② XMPP(Extensible Messaging and Presence Protocol)
③ HTTP(Hypertext Transfer Protocol)
④ CoAP(Contrained Application Protocol)

> • MQTT는 주로 메시지 송신을 위해서 TCP/IP를 베이스로 하는 응용계층 프로토콜로써, 브로커(Broker)라 불리는 중개 서버를 이용하는 Publish/Subscribe 모델을 채용한다.
> • HTTP는 인터넷에서 브라우저가 웹사이트나 미디어 콘텐츠를 취급하거나 유저가 입력한 데이터를 송신하기 위하여 이용하는 프로토콜이다.
> • CoAP는 디바이스 간에 데이터 통신을 할 목적으로 작성된 응용 계층의 프로토콜로써, IETF에 의해서 표준화었고, RFC7252로 정의되어 있다. CoAP는 사물인터넷에서는 디바이스 제어용 프로토콜로 자주 이용되고 비동기 통신을 지원한다.

65 다음 설명의 (A)와 (B)에 들어갈 알맞은 용어는 무엇인가?

> 사물인터넷의 발전으로 인해서 인터넷에 연결하기 위한 장치들이 기하급수적으로 늘어날 전망이다. 그러므로, 대략 3.4×10의 38승 개의 주소 공간을 지원하는 (A) 비트의 주소 체계를 사용하는 (B) 프로토콜이 사물인터넷을 위한 필수 기술이 될 것으로 예상이 된다.

① (A) 32, (B) IPv4 ② (A) 128, (B) IPv4
③ (A) 32, (B) IPv6 ④ (A) 128, (B) IPv6

> IPv4는 32비트 주소 체계를 사용한다.

66 다음의 6LowPAN의 설명 중 올바르지 않은 것은 무엇인가?

① IEEE 802.15.4의 PHY와 MAC에 기반한다.
② 센서 네트워크 위에서 인터넷 프로토콜을 사용하기 위한 프로토콜이다.
③ 헤더 압축과 어드레스 자동 설정 기능을 제공한다.
④ IPv4 주소 체계에 기반을 두고 있다.

> 6LowPAN은 IPv6 주소 체계에 기반을 두고 있다.

67 스마트홈 통신 기술에 하나인 6LoWPAN에 대한 설명으로 올바르지 않은 것은 무엇인가?

① 저전력의 메쉬 네트워크를 구축하는 프로토콜이다.
② 채용하는 무선 규격으로는 ZigBee IP, Wi-SUN, Bluetooth4.2 등이 있다.
③ 각 노드는 전용의 IPv4 주소를 가지고 있다.
④ OSI 참조 모델의 물리계층 및 데이터링크 계층의 프로토콜에는 ZigBee 등에서 채용되고 있는 IEEE 802.15.4를 채용한다.

> 6LoWPAN에서 각각의 노드는 전용의 IPv6 주소를 가지고 있다.

68 다음은 전송 계층 프로토콜 중에 하나에 대한 설명이다. (A)에 알맞은 용어는 무엇인가?

(A)는 인터넷 상에서 통신할 때 주고받는 데이터를 보호하기 위한 표준화된 암호화 프로토콜로써, 넷스케이프사에 의해 개발된 SSL(Secure Socket Layer) 3.0 버전을 기반으로 개발되었다.
(A)는 전송 계층에서 암호화 기능을 제공하기 때문에 HTTP뿐만 아니라 FTP, XMPP 등의 응용 계층 프로토콜의 종류에 상관없이 사용할 수 있다.

① TCP   ② UDP
③ TLS   ④ DTLS

- TCP는 전송 계층에서 사용하는 연결 지향적 프로토콜로써 암호화 프로토콜은 아니다.
- UDP는 데이터를 주고받을 때 연결 절차를 거치지 않고 발신자가 일방적으로 데이터를 발신하는 비연결 지향적 프로토콜로써, 또한 암호화 프로토콜이 아니다.
- DTLS는 데이터그램 기반 애플리케이션에 대한 도청, 변조 또는 메시지 위 조등에 대한 보안을 제공하기 위한 프로토콜이다.

02 스마트홈 보안

1 스마트홈 보안 개념

(1) 스마트홈 보안 필요성

① 스마트홈은 이기종 스마트 기기에 IoT 센서를 이용하여 인터넷, 무선, 이동 통신 등 물리적 환경과 네트워크 환경에서 다양한 종류의 데이터를 수집하거나 센싱하기 때문에 보호해야 할 대상, 특성, 주체, 보호 방법의 측면에서 일반적인 사이버 보안 시스템으로는 통제 및 보안이 어렵다.

② 스마트홈에서 수집되는 데이터는 사람과 사물간의 데이터 교환을 기반으로 개인정보(이름, 생년월일, 전화번호, 주소 등), 개인 영상 정보 등 사생활에 대한 다양한 정보를 포함하고 있어 유출시 프라이버시 침해 위험성이 높다.

(2) 스마트홈 환경에서의 보안 패러다임 변화

표 2-1 사이버 보안과 스마트홈 보안의 차이점

구분	사이버 보안	스마트홈 보안
보호 대상	PC, 모바일 중심 기기별로 통신환경 지원	생활밀착형으로 센서를 기반으로 유·무선 통신 통해 정보가 센싱, 수집되는 환경
보호 특성	고전력, 고성능	전력 및 성능 자원이 제한적
보호 방법	방화벽과 같은 별도의 보안장비	물리·논리적 환경으로 기기자체에 보안기능을 제공
보안 주체	보안전문업체, IPS, 이용자	제조업체, 서비스업체, 이용자가 모두 결합된 상태

표 2-2 스마트홈 제품 유형별 주요 보안 위협과 원인

유형	주요 제품	주요 보안위협	주요 보안위협 원인
멀티미디어 제품	스마트TV, 스마트냉장고 등	• PC 환경에서의 모든 악용 행위 • 카메라/마이크 장애 시 사생활 침해	• 인증 메커니즘 부재 • 강도가 약한 비밀번호 • 펌웨어 업데이트 취약점 • 물리적 보안 취약점
생활가전 제품	청소기, 인공지능 로봇 등	• 알려진 운영체제 취약점 및 인터넷 기반 해킹 위협 • 로봇청소기에 내장된 카메라를 통해 사용자 집 모니터링	• 인증 메커니즘 부재 • 펌웨어 업데이트 취약점 • 물리적 보안 취약점
네트워크 제품	홈캠, 네트워크 카메라 등	• 사진 및 동영상을 공격자의 서버 및 이메일로 전송 • 네트워크에 연결된 홈캠 등을 원격으로 제어하여 임의 촬영 등 사생활 침해	• 접근통제 부재 • 전송데이터 보호 부재 • 물리적 보안 취약점
제어 제품	디지털 도어락, 가스밸브 등	• 제어기능 탈취로 도어락의 임의 개폐	• 인증 메커니즘 부재 • 강도가 약한 비밀번호 • 접근통제 부재 • 물리적 보안 취약점
	모바일 앱(웹) 등	• 앱 소스코드 노출로 IoT 제품 제어기능 탈취	• 인증정보 평문 저장 • 전송데이터 보호 부재
센서 제품	온/습도 센서 등	• 잘못된 또는 변조된 온·습도 정보 전송	• 전송데이터 보호 부재 • 데이터 무결성 부재 • 물리적 보안 취약점

출처: IoT보안얼라이언스(2017), [홈/가전 IoT 보안가이드]

표 2-3 스마트홈 보안 취약 사례

분야	사례
CCTV	보안카메라 업체인 Trendnet의 유아용 CCTV의 경우, 자체 소프트웨어의 결함으로 인터넷 주소만 알면 누구라도 쉽게 영상과 음성을 도·감청할 수 있으며, 실제 인터넷 상에서 약 700개의 CCTV에서 촬영 중인 실시간 영상링크가 유포
Smart TV	'13년 8월에는 미국 라스베이거스에서 스마트TV에 탑재된 카메라를 해킹해 사생활 영상을 유출하는 시연이 열려, 인터넷에 연결된 가정기기의 보안 취약성을 노출
가전	'14년 1월, 미국 보안업체 Proofpoint는 스마트TV와 냉장고, 홈네트워크 라우터를 해킹하여 '좀비가전'을 만든 뒤 악성 이메일을 75만 건 발송한 사이버공격 사례를 공개
가전기기	최근 중국에서 수입된 다리미, 주전자 등 가전기기 30여 개에서 스파이 마이크로칩이 발견. 이들 칩은 보안설정이 되지 않은 무선네트워크에 접속해 같은 망에 있는 컴퓨터로 악성코드와 스팸을 유포하고 외국에 있는 서버로 데이터 전송이 가능한 것으로 알려짐

분야	사례
로봇청소기	2014년 9월, 서울 'ISEC 2014'에서 블랙펄 시큐리티는 로봇청소기 원격조종을 위해 필요한 앱의 인증방식 취약점과 로봇청소기에 연결되는 AP의 보안 설정상의 취약점 등을 이용ᆞ해킹하여, 로봇청소기에 탑재된 카메라로 실시간 모니터링이 가능하다는 것을 시연
온도 조절기	지난 블랙햇 2014에서 플로리다 대학의 한 팀은 해커가 가정의 온도조절기 제어권을 가져가는 것이 가능함을 증명
프린터	지난 9월 런던에서 개최된 44Con(정보보안컨퍼런스)에서 프린터를 해킹하여 PC 게임인 둠(Doom)을 프린터의 LED 화면을 통해 실행. 이는 인쇄 요청이 걸린 문서를 인쇄기를 해킹함으로써 들여다보는 것도 가능하다는 걸 시사
홈 네트워크	보안업체 Kaspersky는 가정용 DSL 라우터를 통해 홈네트워크에 침입해 14가지 취약점을 찾아내는 데 20분도 걸리지 않았다고 보고
방송	2013년 블랙햇에서 중간자공격(MITM, Man in the middle)을 사용한 티비싱을 공개 ※ 티비싱(TVshing=TV+Smishing)은 TV와 셋톱박스의 통신을 가로채 원래 방송자막 대신 공격자의 자막을 송출하는 기법

출처: 정보통신기술진흥센터/ICT Insight

2 보안 기본 이론

(1) 보안의 3대 원칙

① 기밀성(Confidentiality)
- 인가된 사용자만 정보 자산에 접근할 수 있는 것을 의미 : 전송되는 데이터의 내용을 완벽하게 보호(알아보지 못하게 하는 등)하여, 비인가자가 정보의 실제 내용에 접근하는 것을 방지하는 보안 서비스
- 기밀성을 해치는 행위 : 스니핑(snipping), 열람, 유출 등
- 기밀성 확보를 위한 대처 : 암호화, 접근통제 등

② 무결성(integrity)
- 적절한 권한을 가진 사용자가 인가한 방법으로만 정보를 변경할 수 있도록 하는 것을 의미 : 정보가 제3자 등에 의해 중도에 임의 변경되지 않았는가 즉, 인가된 방식에 의해서만 변경되도록 하여 임의 변경, 삽입, 삭제 등에서 보호하려는 보안 서비스
- 무결성을 해치는 행위 : 스푸핑(spoofing), 변조 등
- 무결성 확보를 위한 대처
  - 데이터 전송 에러에 대한 대처 : Checksum, CRC 등
  - 고의적(악의적) 임의변경 대처 : 해쉬함수, 메세지 다이제스트, MD5, RC4 등

③ 가용성(Availability)

- 인가된 사용자가 필요한 시점에 정보 자산에 대한 접근이 가능하도록 하는 것을 의미 : 정보 자산이 요구된 방법으로 적시에 접근이 가능하고, 인가된 사용자는 필요할 때 항상 정보의 사용이 가능하도록 하는 보안 서비스
- 가용성을 해치는 행위 : DDoS 공격, 자연재해, 장애 등
- 가용성 확보를 위한 대처 : 정보의 백업, 이중화 등

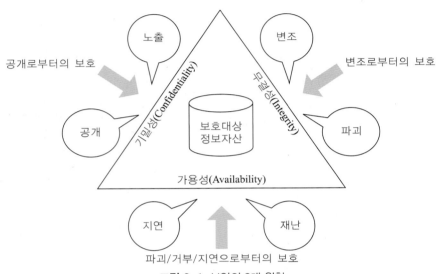

그림 2-1 보안의 3대 원칙

출처: https://dataonair.or.kr/db-tech-reference/d-guide/db-security/?mod=document&uid=434

(2) IoT 보안 7대 원칙

IoT 공통 보안 7대 원칙은 IoT 장치 및 서비스의 제공자(개발자)와 사용자가 IoT 장치의 전주기 세부 단계에서 고려해야 하는 공통의 보안 요구사항임

① IoT 장치의 설계/개발 단계의 보안 요구사항

- 정보 보호와 프라이버시 강화를 고려한 IoT 제품, 서비스설계 : "Security by Design" 및 "Privacy by Design" 기본 원칙 준수
- 안전한 소프트웨어 및 하드웨어 개발 기술 적용 및 검증 : 시큐어 코딩, 소프트웨어, 어플리케이션 보안성 검증 및 시큐어 하드웨어 장치 활용

② IoT 장치배포/설치(재설치)/구성(재구성) 단계의 보안 요구사항

- 안전한 초기 보안 설정 방안 제공 : "Secure by Default" 기본 원칙 준수
- 보안 프로토콜 준수 및 안전한 파라미터 설정 : 통신 및 플랫폼에서 검증된 보안 프로토콜 사용(암호/인증/인가 기술)

③ IoT 장치 및 서비스운영/관리/폐기단계의 보안 요구사항
- IoT 제품, 서비스의 취약점 보안 패치 및 업데이트 지속 이행 : S/W와 H/W의 보안 취약점에 대해 모니터링하고 업데이트 지속 수행
- 안전한 운영, 관리를 위한 정보 보호 및 프라이버시 관리 체계 마련 : 사용자 정보 취득-사용-폐기의 전 주기 정보의 보호 및 프라이버시 관리
- IoT 침해 사고 대응 체계 및 책임 추적성 확보 방안 마련 : 보안 사고에 대비한 침입탐지와 사고 시 분석 및 책임추적성 확보

(3) 암호의 기본

① 암호의 필요성 : 안전한 통신을 위한 보안 서비스 요구사항인 기밀성과 무결성 제공
- 기밀성 : 정당한 사용자만이 데이터의 내용을 파악할 수 있게 함
- 무결성 : 수신 메시지에 불법적인 삽입이나 변조가 있는지 확인할 수 있게 함

② 암호의 개념 : 암호화는 알고리즘을 이용하여 누구든 읽어볼 수 있는 평문으로 저장된 정보를 암호화를 위한 비밀 키를 가진 사람만이 볼 수 있도록 암호문으로 변환하는 것을 말한다. 복호화는 그 반대 과정을 말한다.
- 평문(Plaintext) : 원문이나 데이터로서 알고리즘의 입력으로 이용
- 암호 알고리즘(Encryption algorithm) : 입력으로 들어온 원문을 다양한 방법으로 치환하고 변환
- 암호화(Encryption) : 평문을 암호문으로 바꾸는 것
- 비밀키(Secret key) : 암호 알고리즘의 하나의 입력으로써, 이 키를 이용하여 알고리즘에 의해서 정확한 대체와 전환 가능
- 암호문(Ciphertext) : 출력으로 나오는 암호화된 메시지로써 평문과 비밀키에 의해서 달라지고 서로 다른 키를 사용하면 다른 암호문 생성
- 복호 알고리즘(Decryption algorithm) : 암호문에 암호 알고리즘과 암호에 사용했던 동일한 키를 적용하여 원문을 복원
- 복호화(Decryption) : 암호문을 평문으로 바꾸는 것

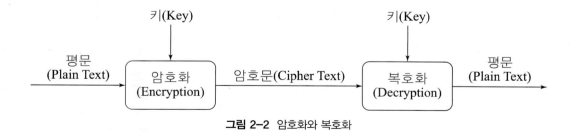

그림 2-2 암호화와 복호화

③ 암호의 종류 : 비밀키의 사용 방법에 따라서 대칭키 방식과 비대칭키 방식으로 나눌 수 있다.

　㉠ 대칭키 방식

- 암복호화에 사용하는 키가 동일하다.
- 장점 : 암호화방식에 속도가 빠르다. 대용량 Data 암호화에 적합하다.
- 단점 : 키를 교환해야 하는 문제, 탈취 관리 걱정, 사용자가 증가할수록 어려운 키관리, 낮은 확장성
- Session Key, Secret Key, Shared Key, 대칭키, 단용키라고도 함
- 기밀성을 제공하나, 무결성/인증/부인방지를 보장하지 않음
- 대표적 알고리즘 : 공인인증서의 암호화 방식으로 유명한 SEED, DES, 3DES, AES, ARIA, 최근 주목받고 있는 암호인 ChaCha20

　㉡ 비대칭키 방식

- 암복호화에 사용하는 키(공개키, 개인키)가 서로 다르다. 공개키는 다른 사용자에게 암호 모드와 인증 모드 사용을 위해서 공개가 된다. 따라서, 비대칭키 방식은 공개키 방식으로도 불린다.
- 단점 : 속도가 느림
- 장점 : 키분배 필요 없음, 기밀성/인증/부인방지 기능 제공
- 방식
  - 암호 모드 : 송신자 공개키로 암호화 → 수신자 사설키로 복호화
    소량의 메시지 암호화 목적, 주로 키 교환의 용도로 사용
  - 인증 모드 : 송신자 사설키로 암호화 → 수신자 공개키로 복호화
    메시지를 인증(부인방지)하는 것이 목적
- 대표적인 알고리즘
  - Diffie Hellman : 최초의 공개키 알고리즘, 위조에 취약
  - RSA : 대표적 공개키 알고리즘
  - DSA : 전자서명 알고리즘 표준
  - ECC : 짧은 키로 높은 암호 강도, 빠른 구현 가능, PDA, 스마트폰 등에 사용

표 2-4 대칭키 방식과 비대칭키 방식의 비교

구분	대칭키(비밀키) 암호화 방식	비대치킹(공개키) 암호화 방식
개념	• 암호키(비밀키)=복호키(비밀키)	• 암호키(공개키)와 복호키(개인키)가 다르며, 이들 중 복호화키만 비밀로 간직 • 비대칭구조를 가짐
특징	• 대량 Data 암호화 유리	• 전자서명, 공인인증서 등 다양한 이용

구분	대칭키(비밀키) 암호화 방식	비대치킹(공개키) 암호화 방식
장점	• 연산속도가 빠르고 구현이 용이 • 일반적으로 같은 양의 데이터를 암호화하기 위한 연산이 공개키 암호보다 현저히 빠름 • 손쉽게 기밀성을 제공 • 암호화 할 수 있는 평문의 길이에 제한이 없음	• 키 분배/키 관리가 용이 • 사용자의 증가에 따라 관리할 키의 개수가 상대적으로 적다 • 키 변화의 빈도가 적다(공개키의 복호화키는 길고 복잡하기 때문) • 기밀성, 인증, 무결성을 지원하고 특히 부인 방지 기능을 제공
단점	• 키 관리가 어렵다. • 인증, 무결성 지원이 부분적으로만 가능하며, 부인방지기능을 제공하지 못함	• 키의 길이가 길고 연산속도가 느림 • 암호화 할 수 있는 평문의 길이에 제한이 있음
알고리즘	• DES, AES, SEED, HIGHT, IDEA, RC5, ARIA	• Diff-Hellman, RSA, DSA, ECC, Rabin, ElGamal
키의 개수	• $n(n-1)/2$	• $2n$

3 인증 기술

(1) 인증 개념

① 인증(Authentication)은 참이라는 근거가 있는 무언가를 확인하거나 확증하는 행위이다.

② 제3자에 대해 어떠한 인적 물적 객체나 서비스 또는 문서나 행위가 정당한 절차로 이루어졌다는 것을 공적 기관이 증명하는 절차 및 제도를 말한다.

③ 일반적으로 인증 방법을 분류할 때는 인증하려는 대상에 따라서, 사람인 경우는 사용자 인증, 기기인 경우에는 기기 인증이라고 한다.

④ 인증과 유사한 개념으로는 권한부여(Authorization)와 접근제어(Access Control)가 있다.

(2) 인증 기술 종류

① 비밀번호 인증

• 사용자와 인증 시스템 간에 미리 비밀번호를 공유해 놓고 인증 기반으로서 비밀번호를 사용하는 방식이다.

• 비밀번호 인증은 사용자 ID로 표시되는 비밀번호 파일을 이용한다.

• 인증 시스템 안에 저장된 비밀번호 파일의 사용자 ID와 대응되는 비밀번호를 입력된 비밀번호와 비교하여 인증한다.

② Basic 인증과 Digest 인증

㉠ Basic 인증
- Basic 인증은 가장 잘 알려진 HTTP 인증 규약으로, 거의 모든 주요 클라이언트와 서버에 기본 인증이 사용되고 있다.
- Basic 인증은 서버에서 클라이언트로의 인증요구와 클라이언트에서 서버로의 응답으로 동작한다.
  - 인증요구(서버에서 클라이언트로) : WWW-Authenticate: Basic realm=따옴표로 감싼 문서집합
  - 응답(클라이언트에서 서버로) : Authorization: Basic base-64로 인코딩한 이름과 비밀번호
- base-64 인코딩은 바이너리, 텍스트 국제 문자 데이터 문자열을 받아서 전송할 수 있게 그 문자열을 전송 가능한 문자인 알파벳으로 변환하는 것으로써, 전송 중에 원본 문자열이 변질될 걱정 없이 원격에서 디코딩이 가능하도록 한다.

㉡ Digest 인증
- Basic 인증이 편리하고 유연하지만, 사용자 이름과 비밀번호를 평문으로 보내고 메시지를 위조 방지하는 기능이 없어서 안전하지 않으므로, 이를 해결하기 위해서 Digest 인증이 개발되었다.
- Digest 인증은 사용자 이름이나 패스워드를 직접 송수신하지 않고 인증을 구현하였다.
- Digest 인증은 HTTP로 송수신되는 인증 정보는 무작위로 생성된 문자열이나 메시지 다이제스트 뿐이므로 설령 네트워크 도청을 당하더라도 패스워드를 역으로 계산하기란 불가능하다.
- Digest 인증 순서
  1. 웹 서버가 논스(nonce)라고 부르는 무작위 문자열을 생성해 인증 요구와 함께 웹 브라우저에 보냄
  2. 웹 브라우저는 클라이언트 논스(cnonce)라고 부르는 무작위 문자열을 생성
  3. 웹 브라우저는 사용자가 입력한 ID, PW에 nonce와 cnonce를 합친 문자열의 메시지 다이제스트를 작성, 이것을 응답(response)이라고 함
  4. 웹 브라우저는 응답과 클라이언트 논스를 웹 서버에 돌려줌
  5. 웹 서버는 저장하고 있는 ID, PW, 논스와 함께 웹 브라우저에서 받은 클라이언트 논스로부터 메시지 다이제스트를 작성해 웹 브라우저로부터 받은 응답과 비교해 인증을 실시

③ 토큰 인증
- 사용자가 자신의 ID를 확인하고 고유한 액세스 토큰을 받을 수 있는 프로토콜을 말한다.
- 사용자는 토큰 유효 기간 동안 동일한 웹페이지나 앱, 혹은 그 밖에 해당 토큰으로 보호를 받는 리소스로 돌아갈 때마다 인증을 다시 받을 필요 없이 토큰이 발급된 웹사이트나 앱

에 액세스할 수 있다.

- 토큰 인증의 방법으로 많은 웹 서버들은 JWT(JSON Web Token)을 사용한다.
- 인증 과정
  - 사용자가 아이디와 비밀번호로 로그인 수행
  - 서버 측에서 해당 정보 검증
  - 계정정보가 정확하다면 서버 측에서 유저에서 signed 토큰을 발급
  - 클라이언트는 토큰을 저장해 두고 요청마다 토큰을 서버에 함께 전달
  - 서버에서 토큰을 검증하고 요청에 응답

④ 생체 인증

- 하나 이상의 고유한 신체적, 행동적 형질에 기반한 생체 정보를 이용하여 사용자를 인증하는 방식을 두루 가리킨다.
- 생체 인증은 생체 정보로 신체 일부를 이용한다는 점에서 편의성을 가지고 있으며, 별도의 장치가 없어 분실의 위험이 적다.
- 생체 정보로 사용되는 신체적 특성으로는 지문(Fingerprint), 얼굴(Face), 홍채(Iris) · 망막(Retina), 정맥(Vein), 손모양(Hand Geometry), 장문(손바닥, Palm Print), 뇌파 등이 있으며 행동적 특성으로는 서명(Signature), 음성(Speaker), 걸음걸이(Walk), 타자방식(Keystroke Dynamics) 등이 있다.
- 생체 정보는 만인 부동의 원칙과 평생 불변해야 한다는 특징을 지녀야 한다.

표 2-5 생체 인증 기술의 고유 특성

구분	특성	설명
일반적으로 갖추어야 할 특성	보편성(Universality)	모든 사람이 가지고 있는 생체 특성이어야 함
	유일성(Uniqueness)	같은 특성을 가진 사람이 없어야 함
	영구성(Permanence)	절대 변화거나 변경되지 않아야 함
	획득성(Collectability)	센서로부터 생체특성정보 추출 및 정량화가 쉬워야 함
신뢰성을 높이기 위한 추가적인 특성	정확도(Performance)	시스템의 정확도, 처리속도, 내구성 등
	수용도(Acceptability)	시스템에 대한 거부감을 느끼지 않은 정도
	기만용이도(Circumvention)	비정상적으로 시스템을 속이거나 쉬운 정도

출처: 정보통신정책연구원, NICE디앤비 재구성

⑤ 리스크(Risk) 기반 인증

- 리스크 기반 인증은 시스템에 대한 인증을 요청하는 사용자의 프로파일을 고려하여 해당 트랜잭션과 연관된 리스크 프로파일을 결정하는 비정적 인증 기술이다.

- 사용자의 액세스 위험도에 따라 가장 적합한 인증 수단을 동적으로 적용한다.
- 서버가 사용자의 정보(기기 정보, 언어 정보, 위치 정보, 사용 시간 등)를 판단해서 사용자의 액세스 위험도를 결정하고 액세스 위험도에 기반하여 사용자의 접근 여부를 결정한다.

4 보안 위협 및 대응

(1) 보안 위협

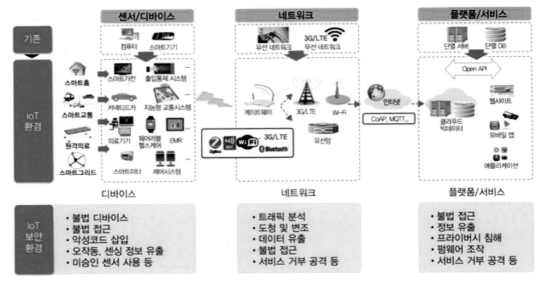

그림 2-3 IoT 환경에서의 사이버 보안 위협
출처: IoT 공통 보안 가이드, 한국인터넷진흥원(2019)

① 디바이스 보안(디바이스의 통신에 대한 보안위협)
- 디바이스·센서와 게이트웨이 간 통신 주파수에 노이즈를 발생시키거나, 동시에 동일한 주파수에 접속 또는 신호의 위·변조로 실제 정상 신호를 방해하는 방법 등으로 보안을 위협할 수 있다.
- 이러한 보안위협은 전파 간섭(Interference) 및 방해(Jamming), 충돌(Collision) 등 무선링크에 대한 공격에서부터 네트워크에 공유된 Key를 취득하여 허가되지 않은(Fake) 디바이스를 네트워크에 접속시켜 악의적인 행위를 하도록 조종하는 공격까지 수없이 많이 존재한다.

표 2-6 IoT 디바이스 관련 보안 위협

보안위협	위협내용
간섭(Interference)/ 재밍(Jamming)/충돌(Collision)	노이즈 발생, 동시 동일 주파수 접속, 주파수 위변조 등을 통해 실제 신호의 정상적인 송수신을 방해하는 공격
시빌 공격 (Sybil Attack)	기존의 Wireless Ad-hoc이나 센서 네트워크에서 Multi-Identity가 허용되는 취약점을 이용하여 네트워크를 장악하려는 공격으로 각 디바이스나 센서에 Unique ID를 부여하지 않을 경우 발생
트래픽 분석 (Traffic Analysis)	암호화되지 않는 NPDU(패킷), DLPDU(프레임) 페이로드를 분석하여 정보를 취하는 공격(단, 암호화 할 경우 상대적으로 안전하지만, System Performance에 영향이 갈 수 있음)
서비스거부 (DoS)	주변 노드에 지속적인 광고 패킷을 송신, DLPDU 반복 수정, CRC 반복 체크로 시스템에 무리를 주거나 주파수 Jamming 등을 통해 신호 송수신을 방해하는 공격
비동기화 (De-synchronization)	Device Pool에 잘못된 시간 정보를 송신하여 디바이스가 계속적으로 시간을 교정하는데 자원을 소모하도록 하는 공격
웜홀 (Wormhole)	상호 통신이 허가되지 않은 두 디바이스의 무선 통신 모듈을 공격해 상호 간 통신을 가능하게 만들고, 통신 라우팅을 고의로 변경하거나 악성코드 배포 경로로 이용하는 공격
변조(Tampering)	단말에 저장된 데이터 혹은 송수신 데이터를 임의로 위변조하는 공격
도청 (Eavesdropping)	암호화되지 않은 디바이스(센서)와 게이트웨이 구간 정보를 도청하는 공격
선택적 전달 공격(Selective Forwarding Attack)	선택적으로 특정 노드에 패킷을 포워딩하지 않게 하여 해당 노드를 블랙홀로 만들어 버리는 공격
스푸핑 (Spoofing)	네트워크에 공유된 Network-Key를 취득하여 허가되지 않은 Fake 디바이스(센서)를 네트워크에 접속시켜 악의적인 행위를 하도록 하는 공격

출처: 행정안전부, [정부사물인터넷 도입 가이드라인],(2019)

② 네트워크 보안(게이트웨이 연결 및 통신에 대한 보안 위협)
- 사물인터넷 게이트웨이는 수많은 사물인터넷 기기와 외부 환경(WAN)과의 연결점으로써 사물인터넷 기기로부터 방대한 센싱 데이터가 송·수신되고, 사물인터넷 기기의 제어(액츄에이션) 및 관리가 이루어진다. 이에 따라 악의적인 공격자의 공격 대상이 될 요인이 충분하다.
- 게이트웨이에 대한 보안위협은 게이트웨이 자체를 대상으로 한 위협과 게이트웨이와 기기 간, 게이트웨이 간, 게이트웨이와 연계하는 외부환경 간 네트워크를 대상으로 한 보안 위협, 그리고 게이트웨이의 서비스를 대상으로 하는 보안 위협으로 나눌 수 있다.

표 2-7 IoT 게이트웨이 관련 보안 위협

보안 위협	위협 내용
사물봇 (ThingBot)	• 광범위한 사물로 구성된 사물봇에 의한 트래픽 폭증 공격
프로토콜 변환 취약점 공격	• 사물인터넷 기기는 자원 제약(전력, 연산성능, 통신범위)으로 인하여 일반적으로 경량 프로토콜, 근거리 통신을 사용함 • 사물인터넷 게이트웨이가 이를 고기능성 프로토콜 또는 장거리 통신(Ethernet 등)으로 전환하는 과정에서 데이터 기밀성 훼손, 악의적인 위·변조, 보안정책 훼손, 임의의 메시지 주입으로 인한 보안위협(예 : Buffer overflow 공격)이 존재
서비스 마비	• 사물인터넷 게이트웨이와 사물인터넷 기기 사이의 통신은 주로 무선을 통해 이루어진다. • 이러한 무선 프로토콜의 특성(취약점) 또는 Jamming을 통해 사물인터넷 게이트웨이와 사물인터넷 기기 사이의 통신을 불가능하게 하거나, 사물인터넷 게이트웨이의 취약점을 통해 게이트웨이의 동작을 정지시키거나 서비스를 불가능하게 하는 위협
악성코드 감염	• 악성코드 감염으로 사물인터넷 게이트웨이가 좀비화되어 DDos 등 공격에 악용될 수 있고, 감염된 게이트웨이를 통해 사용자의 데이터가 유출될 수 있다. • 또한 사물인터넷 게이트웨이에 연결된 기기를 감염시킴으로써 2차 피해를 유발할 수 있음
데이터 유출	• 도청, 중간자 공격, 메시지 위·변조를 통해 공격자가 사용자의 민감한 정보(개인정보 등)를 습득할 수 있음
메시지 불법 동작 제어	• 재전송 공격, 메시지 위·변조를 통해 특정한 동작을 수행하는 메시지를 주입하여 악의적인 공격자가 사물인터넷 게이트웨이의 동작을 제어할 수 있음
웹 인터페이스 취약점	• 사물인터넷 게이트웨이 접근을 위한 웹 인터페이스의 취약점을 활용한 공격(CSRF 등)으로, 관리자가 권한 탈취 등의 피해를 입을 수 있음
물리적 탈취	• 물리적인 접근을 통해 악의적인 공격자는, 사물인터넷 게이트웨이의 펌웨어를 임의로 교체하거나 하드웨어 인터페이스(예: JTAG) 또는 플래쉬 메모리의 물리적인 탈취를 통해 데이터를 획득할 수 있음

출처: 행정안전부, [정부사물인터넷 도입 가이드라인], (2019)

③ **플랫폼/서비스 보안(서비스 운영 및 관리에 대한 보안 위협)** : 사물인터넷 서비스 플랫폼은 제공 서비스 및 사용자, 기기 등을 관리하고, 서비스 시스템과 각 기기 간의 연결기능을 제공한다. 사물인터넷 환경의 특성상 각 장치들은 사용자의 민감 정보를 수집할 가능성이 높으므로 이러한 데이터는 처리 과정에서의 보안이 필수적이다.

표 2-8 IoT 서비스 관련 보안 위협

보안 위협	위협내용
Worm 및 Virus	시스템을 파괴하거나 작업을 지연 또는 방해할 수 있음
비인가된 접근	비인가자가 불법적으로 시스템에 로그인(Login)하여 디스크 자료 불법 열람, 삭제 및 변조 등 시스템에 물리적인 피해를 유발할 수 있음
패치되지 않은 시스템 OS 보안 취약성	운영체제, 데이터베이스, 응용 프로그램, 시스템 프로그램 등 모든 정보 자산에 존재하는 허점(버그)에 의해 주로 발생되며, 사용자의 민감정보 유출, 바이러스, 악성코드에 의한 시스템의 비정상적인 동작이 발생할 수 있음
설정 오류 및 실수	패드워드 공유, 데이터 백업의 부재 등 운영자의 부주의와 태만으로 시스템의 불법접근 및 데이터 손실 등의 문제 발생 가능
기밀성/무결성 공격	네트워크 도·감청을 통해 데이터 위·변조, 악성코드 삽입, 암호키 유출 등을 통한 보안 위협 발생 가능
개인정보 유출 및 프라이버시 침해	다양한 디바이스로부터 수집된 단편적인 정보의 조합으로 새로운 개인식별 정보 생성

출처: 행정안전부, [정부사물인터넷 도입 가이드라인], (2019)

(2) 스마트홈 보안 위협 및 대응 방안

위협	공격		대응방안	관련기술
물리적 위험	스마트기기의 하드웨어 해킹을 통한 정보 유출	인증	센서 및 사용자에 대한 인증 제공	기기인증, 사용자 인증
	센서 및 게이트웨이 간 통신 도청	암호화	통신 데이터에 대한 암호화 제공	AES, DES, IDEA
	CCTV 전송 데이터 도청 및 복원	암호화	CCTV 통신 구간 암호화	무선통신 암호화
개인정보 침해	스마트홈 기기에 저장된 개인 성향, 성격 등의 정보 노출	암호화	사용자 정보에 데이터 암호화 제공	공개기 기반 암호화
	CCTV 정보 유출 (무단 접근 등)	인증	CCTV접근 사용자에 대한 인증 제공	IP 접근통제 ID 기반 접근통제
		암호화	CCTV통신 구간 암호화	AES, DES, IDEA
데이터 위/변조	센서 및 게이트웨이 통신 제어 데이터 변조	무결성	각 센서 및 게이트웨이 장비 통신 시 무결성 제공	AES, MDS
위장공격	위조된 사용자 식별 정보를 통한 인증	인증	사용자 식별 시 위조 확인 및 무결성 검증 절차 제공	기기인증 사용자 인증

위협	공격	대응방안		관련기술
서비스 거부	센서와 게이트웨이 통신방해	인증	센서 및 게이트웨이 통신 시 인증된 기기 및 사용자만이 사용할 수 있는 인증 제공	기기인증 사용자 인증
물리적 위협	스마트 기기의 히드웨어 해킹을 통한 정보 유출	암호화	데이터 암호화를 통한 메모리 추출에 의한 데이터 노출 방지	공개기 기반의 암호화
기능 제거		기능 제거	하드웨어에 존재하는 JTAG, UART 등의 인터페이스 제거	JTAG, UART, 펌웨어 해킹

출처: 사물인터넷 환경에서의 스마트홈 서비스 침해위협 분석 및 보안 대책 연구 발췌, 저) 이명렬, 박재표 JIIBC 2016-5-5

스마트홈 보안 예상문제

01 스마트홈의 보안에 대한 설명으로 올바르지 않은 것은 무엇인가?

① 스마트홈의 데이터는 사생활에 대한 정보가 포함하고 있어 유출시 프라이버시 침해 위험성이 높다.

② 스마트홈은 물리적, 논리적 환경으로 기기 자체에 대한 보안 기능을 제공해야 한다.

③ 스마트홈은 일반적인 사이버 보안 시스템으로 통제 및 보안이 가능하다.

④ 스마트홈의 보안 주체는 제조업체, 서비스 업체, 그리고 이용자가 모두 결합된 상태이다.

> 스마트홈은 이기종 스마트 기기에 IoT 센서를 이용하여 인터넷, 무선, 이동 통신 등 물리적 환경과 네트워크 환경에서 다양한 종류의 데이터를 수집하거나 센싱하기 때문에 보호해야 할 대상, 특성, 주체, 보호 방법의 측면에서 일반적인 사이버 보안 시스템으로는 통제 및 보안이 어렵다.

02 정보보안의 3대 원칙과 그에 대한 설명이 올바르지 않은 것은 무엇인가?

① 기밀성 – 허락되지 않는 사용자 또는 객체가 정보의 내용을 알 수 없도록 하는 것

② 무결성 – 허락되지 않은 사용자 또는 객체가 정보를 함부로 수정할 수 없도록 하는 것

③ 가용성 – 허락된 사용자 또는 객체가 정보에 접근하고자 할 때 방해받지 않도록 하는 것

④ 연결성 – 허락된 사용자 또는 객체 간에 연결 상태가 유지되도록 하는 것

> 연결성은 정보보안의 3대 원칙에 포함되지 않는다.

03 다음은 정보보안의 3대 원칙 중에 하나에 대한 설명이다. (A)에 들어갈 알맞은 것은 무엇인가?

> (A)은 허락되지 않는 사용자 또는 객체가 정보의 내용을 알 수 없도록 하는 것이다.

① 기밀성　　　　　② 무결성
③ 가용성　　　　　④ 연결성

> • 무결성은 허락되지 않은 사용자 또는 객체가 정보를 함부로 수정할 수 없도록 하는 것이다.
> • 가용성은 허락된 사용자 또는 객체가 정보에 접근하고자 할 때 방해받지 않도록 하는 것이다.
> • 연결성은 정보보안의 3대 원칙에 포함되지 않는다.

04 다음은 정보보안의 3대 원칙 중에 하나에 대한 설명이다. (A)에 들어갈 알맞은 것은 무엇인가?

> (A)은 허락되지 않은 사용자 또는 객체가 정보를 함부로 수정할 수 없도록 하는 것이다.

① 기밀성　　　　　② 무결성
③ 가용성　　　　　④ 연결성

> • 기밀성은 허락되지 않는 사용자 또는 객체가 정보의 내용을 알 수 없도록 하는 것이다.
> • 가용성은 허락된 사용자 또는 객체가 정보에 접근하고자 할 때 방해받지 않도록 하는 것이다.
> • 연결성은 정보보안의 3대 원칙에 포함되지 않는다.

05 다음은 정보 보안의 원칙에 대한 설명이다. (A), (B), 그리고 (C)가 올바르게 짝지어진 것은 무엇인가?

(A)은 정보가 고의적이거나 비인가된 방법으로 변경되는 것으로부터 보호되어야 한다는 원칙이다.
(B)은 정보, 정보 시스템, 정보 보안 시스템 등에 사용자가 필요로 하는 시점에 접근할 수 있어야 한다는 원칙이다.
(C)는 상호 신뢰할 수 있는 합법적인 통신 상대끼리만 시스템에 접근할 수 있어야 한다는 원칙이다.

① (A) 기밀성, (B) 무결성, (C) 가용성
② (A) 무결성, (B) 가용성, (C) 기밀성
③ (A) 가용성, (B) 기밀성, (C) 무결성
④ (A) 무결성, (B) 기밀성, (C) 가용성

06 IoT의 보안 7대 원칙에 해당하지 않는 것은 무엇인가?

① 안전한 소프트웨어 및 하드웨어 개발 기술 적용 및 검증
② 보안 프로토콜 준수 및 안전한 파라미터 설정
③ IoT 제품, 서비스의 취약점 보안 패치 및 업데이트 지속 이행
④ 안전한 운영, 관리를 위한 사용자 정보 수집

안전한 운영, 관리를 위한 사용자 정보 수집은 IoT의 보안 7대 원칙에 포함되지 않는다.

07 대칭키 암호화 방식에 대한 설명이 올바르지 않은 것은 무엇인가?

① 암호화키와 복호화키가 동일하다.
② 연산 속도가 빠르고 구현이 용이하다.
③ 평문의 길이의 제한이 없다.
④ 키 관리가 쉽다.

대칭키 암호화 방식은 키 관리가 어렵다.

08 대칭키 암호 방식에 대한 설명으로 올바르지 않은 것은 무엇인가?

① 암호화에 사용되는 암호화키와 복호화에 사용되는 복호화키가 동일하다.
② 암호화와 복호화의 속도가 빠르다
③ 대칭키 암호 방식은 블록 암호 알고리즘과 스트림 암호 알고리즘으로 나뉜다.
④ 스트림 암호 알고리즘에는 DES, AES, SEED 등이 있다.

DES, AES, SEED 등은 블록 암호 알고리즘이다.

09 다음은 암호 공격 기법 중에 하나에 대한 설명이다. (A)에 알맞은 것은 무엇인가?

(A)은 1990년 비함과 샤미르에 의하여 개발된 선택된 평문공격법으로, 두 개의 평문 블록들의 비트의 차이에 대하여 대응되는 암호문 블록들의 비트의 차이를 이용하여 사용된 암호키를 찾아내는 방법이다.

① 선형 공격법
② 차분 공격법
③ 전수 공격법
④ 통계적 분석 공격법

• 선형 공격법은 1993년 미쓰이 미쓰루에 의해 개발되어 알려진 평문 공격법으로, 알고리즘 내부의 비선형 구조를 적당히 선형화시켜 암호키를 찾는 방법이다.
• 전수 공격법은 1977년 디피와 헬만이 제안한 방법으로 암호화할 때 일어날 수 있는 모든 가능한 경우에 대하여 조사하는 방법으로 경우의 수가 적을 때는 가장 정확한 방법이지만, 일반적으로 경우의 수가 많은 경우에는 구현 불가능한 방법이다.
• 통계적 분석 공격법은 암호문에 대한 평문의 각 단어의 빈도에 관한 자료를 포함하는 지금까지 알려진 모든 통계적인 자료를 이용하여 해독하는 방법이다.

10 다음은 블록 암호 공격 기법 중에 하나에 대한 설명이다. (A)에 알맞은 것은 무엇인가?

> (A)은 1977년 디피와 헬만이 제안한 방법으로 암호화할 때 일어날 수 있는 모든 가능한 경우에 대하여 조사하는 방법으로 경우의 수가 적을 때는 가장 정확한 방법이지만, 일반적으로 경우의 수가 많은 경우에는 구현 불가능한 방법이다.

① 차분 공격법 　② 선형 공격법
③ 전수 공격법 　④ 통계적 분석 공격법

- 차분 공격법은 1990년 비함과 샤미르에 의하여 개발된 선택된 평문공격법으로, 두 개의 평문 블록들의 비트의 차이에 대하여 대응되는 암호문 블록들의 비트의 차이를 이용하여 사용된 암호키를 찾아내는 방법이다.
- 선형 공격법은 1993년 미쓰이 미쓰루에 의해 개발되어 알려진 평문 공격법으로, 알고리즘 내부의 비선형 구조를 적당히 선형화시켜 암호키를 찾는 방법이다.
- 통계적 분석 공격법은 암호문에 대한 평문의 각 단어의 빈도에 관한 자료를 포함하는 지금까지 알려진 모든 통계적인 자료를 이용하여 해독하는 방법이다.

11 공개키 암호 방식에 대한 설명으로 올바르지 않은 것은 무엇인가?

① 암호화키와 복호화키가 동일하지 않다.
② 암호화키는 비밀키를 사용하고 복호화키는 공개키를 사용한다.
③ 대표적인 알고리즘은 RSA이다.
④ 키의 길이가 상대적으로 길다.

공개키 암호 방식은 암호화키는 공개키를 사용하고 복호화키는 비밀키를 사용한다.

12 다음 중 비대칭키(공개키) 암호화 방식이 아닌 것은 무엇인가?

① RSA 　② AES
③ ECC 　④ ElGamal

AES는 대칭키 암호화 방식 중에 하나이다.

13 다음은 전자 서명의 조건 중에 하나에 대한 설명이다. (A)에 들어갈 알맞은 용어는 무엇인가?

> (A)는 서명자가 자신이 서명한 사실을 부인할 수 없어야 한다는 것이다.

① 위조 불가 　② 서명자 인증
③ 부인 방지 　④ 재사용 불가

- 위조 불가는 전자 서명이 서명자 이외의 다른 사람이 생성할 수 없어야 한다는 것이다.
- 서명자 인증은 전자 서명이 서명자의 의도에 따라 서명된 것임을 확인할 수 있어야 한다는 것이다.
- 재사용 불가는 하나의 문서의 서명을 다른 문서의 서명으로 사용할 수 없어야 한다는 것이다.

14 다음은 전자 서명의 조건 중에 하나에 대한 설명이다. (A)에 들어갈 알맞은 용어는 무엇인가?

> (A)은 전자 서명이 서명자의 의도에 따라 서명된 것임을 확인할 수 있어야 한다는 것이다.

① 위조 불가 　② 서명자 인증
③ 부인 방지 　④ 재사용 불가

- 위조 불가는 전자 서명이 서명자 이외의 다른 사람이 생성할 수 없어야 한다는 것이다.
- 부인 방지는 서명자가 자신이 서명한 사실을 부인할 수 없어야 한다는 것이다.
- 재사용 불가는 하나의 문서의 서명을 다른 문서의 서명으로 사용할 수 없어야 한다는 것이다.

15 (A)에 들어갈 용어로 알맞은 것은 무엇인가?

> (A)는 무작위 번호약속 알고리즘에 따라 매 시간마다 변경되는 추정 할 수 없는 비밀번호 생성을 이용하는 보안 시스템이다.

① NAC(Network Access Control)
② MAC(Message Authentication Code)
③ OTP(One Time Password)
④ SSO(Single Sign On)

- NAC는 규정 미준수 디바이스의 네트워크 액세스를 거부하거나, 이러한 디바이스를 특정 영역에 격리하거나, 컴퓨팅 리소스에 대한 제한적 액세스 권한만 제공함으로써 안전하지 않은 노드로 인한 네트워크 감염을 방지한다.
- MAC는 메시지의 인증에 쓰이는 작은 크기의 정보이다. MAC 알고리즘은 비밀 키를 입력받고, 임의-길이의 메시지를 인증한다.
- SSO는 가장 기본적인 인증 시스템으로 '모든 인증을 하나의 시스템에서'라는 목적을 기반으로 개발된 것으로서, 시스템이 몇 대라도 한 시스템의 인증에 성공하면 다른 시스템의 접근 권한을 얻을 수 있도록 한다.

16 다음은 하나의 인증 기술에 대한 설명이다. (A)에 알맞은 용어는 무엇인가?

(A) 인증은 가장 잘 알려진 HTTP 인증 규약으로, 거의 모든 주요 클라이언트와 서버에 기본 인증이 사용되고 있다.
이 인증 방식은 서버에서 클라이언트로의 인증요구와 클라이언트에서 서버로의 응답으로 동작한다.

① Basic   ② 비밀번호
③ Digest   ④ 토큰

- 비밀번호 인증은 사용자와 인증 시스템 간에 미리 비밀번호를 공유해놓고 인증 기반으로서 비밀번호를 사용하는 방식이다.
- Digest 인증은 사용자 이름이나 패스워드를 직접 송수신하지 않고 인증을 구현하였다.
- 토큰 인증은 사용자가 자신의 ID를 확인하고 고유한 액세스 토큰을 받아서 인증을 하는 방식이다.

17 다음은 인증 시스템 중에 하나에 대한 설명이다. (A)에 들어갈 알맞은 용어는 무엇인가?

(A) 시스템은 지문, 홍채, 얼굴 등 개인이 가지고 있는 신체적 특징이나 서명, 음성과 같은 행동 특징에 관한 정보를 이용하여 개인을 식별하여 인증하는 정보시스템이다.

① 생체 인식
② SSO(Single Sign On)
③ 일회용 비밀번호
    (OTP, One-Time Password)
④ 공인인증서

- SSO는 하나의 ID로 여러 사이트를 이용할 수 있는 시스템이다.
- 일회용 비밀번호는 한번 생성되면 그 인증값이 임시적으로 한 번에 한해서만 유효하게 하는 방식이다.
- 공인인증서는 인터넷 상에서 안전한 거래를 보장받을 수 있도록 하는 사이버 거래용 디지털신분증 겸 인감증명서이다.

18 다음 중에 생체 인식 인증 시스템의 특징에 대한 설명으로 올바르지 않은 것은 무엇인가?

① 생체 인식 인증 시스템은 생체 정보를 이용하여 개인을 식별한다.
② 생체 정보는 지문, 홍채, 얼굴 등 개인이 가지고 있는 신체적 특징만을 이용한다.
③ 생체 정보는 만인 부동의 원칙과 평생 불변의 원칙을 지녀야 한다.
④ 생체 인식 인증 시스템의 성능 평가 지표 중의 하나로 FAR(False Acceptance Rate)가 있다.

생체 정보에는 서명, 음성과 같은 행동적 특징을 이용하는 것도 있다.

19 다음 중 생체 인증에 사용되는 생체 정보로 신체적 특성에 해당하지 않는 것은 무엇인가?

① 지문   ② 홍채
③ 음성   ④ 정맥

음성은 행동적 특성에 해당한다.

20 다음은 인증 기술 중에 하나에 대한 설명이다. (A)에 알맞은 용어는 무엇인가?

> (A)은 시스템에 대한 인증을 요청하는 사용자의 프로파일을 고려하여 해당 트랜잭션과 연관된 위험 프로파일을 결정하는 비정적 인증 기술이다. 이 기술은 사용자의 액세스 위험도에 따라 가장 적합한 인증 수단을 동적으로 적용한다.

① 리스크(Risk) 기반 인증
② 생체 인증
③ 비밀번호 인증
④ 토큰 인증

- 생체 인증은 하나 이상의 고유한 신체적, 행동적 형질에 기반한 생체 정보를 이용하여 사용자를 인증하는 방식을 두루 가리킨다.
- 비밀번호 인증은 사용자와 인증 시스템 간에 미리 비밀번호를 공유해놓고 인증 기반으로서 비밀번호를 사용하는 방식이다.
- 토큰 인증은 사용자가 자신의 ID를 확인하고 고유한 액세스 토큰을 받아서 인증을 하는 방식이다.

21 (A)에 들어갈 용어로 알맞은 것은 무엇인가?

> (A)는 가장 기본적인 인증 시스템으로 '모든 인증을 하나의 시스템에서'라는 목적을 기반으로 개발된 것으로서, 시스템이 몇 대라도 한 시스템의 인증에 성공하면 다른 시스템의 접근 권한을 얻을 수 있도록 한다.

① MAC(Message Authentication Code)
② OTP(One Time Password)
③ SSO(Single Sign On)
④ NAC(Network Access Control)

- MAC는 메시지의 인증에 쓰이는 작은 크기의 정보이다. MAC 알고리즘은 비밀 키를 입력받고, 임의−길이의 메시지를 인증한다.
- OTP는 무작위 번호약속 알고리즘에 따라 매 시간마다 변경되는 추정 할 수 없는 비밀번호 생성을 이용하는 보안 시스템이다.
- NAC는 규정 미준수 디바이스의 네트워크 액세스를 거부하거나, 이러한 디바이스를 특정 영역에 격리하거나, 컴퓨팅 리소스에 대한 제한적 액세스 권한만 제공함으로써 안전하지 않은 노드로 인한 네트워크 감염을 방지한다.

22 다음 중 보안 공격에 대한 설명이 올바르지 않게 짝지어진 것은 무엇인가?

① 서비스 거부 공격(Denial of Service Attack) −시스템을 악의적으로 공격해 해당 시스템의 리소스를 부족하게 하여 원래 의도된 용도로 사용하지 못하게 하는 공격이다.
② 스니핑 공격(Sniffing Attack)−다른 사람의 컴퓨터 시스템에 접근할 목적으로 IP주소를 변조한 후 합법적인 사용자인 것처럼 위장하여 시스템에 접근함으로써 나중에 IP주소에 대한 추적을 피하는 보안 위협의 일종이다
③ 시빌 공격(Sybil Attack)−한 개인이 다수의 계정이나 노드, 컴퓨터를 구성해 네트워크를 장악하려는 온라인 시스템 보안 위협 공격이다.
④ 트래픽 분석 공격(Traffic Analysis Attack) −데이터가 암호화 되어있을시 데이터 자체는 확인이 불가능하지만 트래픽 분석하여 송신자의 메일 주소라든지 기타 트래픽 정보를 습득하는 공격이다.

- 스니핑 공격(Sniffing Attack)은 네트워크 트래픽을 도청하여 네트워크 상의 데이터 전송자의 정보를 해킹하려는 보안 위협 공격이다.
- 다른 사람의 컴퓨터 시스템에 접근할 목적으로 IP주소를 변조한 후 합법적인 사용자인 것처럼 위장하여 시스템에 접근함으로써 나중에 IP주소에 대한 추적을 피하는 보안 위협은 수푸핑 공격(Spoofing Attack)이다.

23 다음은 보안 공격 중의 하나에 대한 설명이다. (A)에 들어갈 알맞은 용어는 무엇인가?

> (A)은 네트워크 트래픽을 도청하여 네트워크 상의 데이터 전송자의 정보를 해킹하려는 보안 위협 공격이다.

① 서비스 거부 공격(Denial of Service Attack)
② 스푸핑 공격(Spoofing Attack)
③ 시빌 공격(Sybil Attack)
④ 스니핑 공격(Sniffing Attack)

- 서비스 거부 공격(Denial of Service Attack)은 시스템을 악의적으로 공격해 해당 시스템의 리소스를 부족하게 하여 원래 의도된 용도로 사용하지 못하게 하는 공격이다.
- 스푸핑 공격(Spoofing Attack)은 다른 사람의 컴퓨터 시스템에 접근할 목적으로 IP주소를 변조한 후 합법적인 사용자인 것처럼 위장하여 시스템에 접근함으로써 나중에 IP주소에 대한 추적을 피하는 보안 위협의 일종이다
- 시빌 공격(Sybil Attack)이란 한 개인이 다수의 계정이나 노드, 컴퓨터를 구성해 네트워크를 장악하려는 온라인 시스템 보안 위협 공격이다.

24 다음은 보안 공격 중의 하나에 대한 설명이다. (A)에 들어갈 알맞은 용어는 무엇인가?

> (A)은 시스템을 악의적으로 공격해 해당 시스템의 리소스를 부족하게 하여 원래 의도된 용도로 사용하지 못하게 하는 공격이다. 대량의 데이터 패킷을 통신망으로 보내고 특정 서버에 수많은 접속 시도를 하는 등 다른 이용자가 정상적으로 서비스 이용을 하지 못하게 하거나, 서버의 TCP 연결을 바닥내는 등의 공격이 이 범위에 포함된다.

① 서비스 거부 공격(Denial of Service Attack)
② 스푸핑 공격(Spoofing Attack)
③ 시빌 공격(Sybil Attack)
④ 스니핑 공격(Sniffing Attack)

- 스푸핑 공격(Spoofing Attack)은 다른 사람의 컴퓨터 시스템에 접근할 목적으로 IP주소를 변조한 후 합법적인 사용자인 것처럼 위장하여 시스템에 접근함으로써 나중에 IP주소에 대한 추적을 피하는 보안 위협의 일종이다.
- 시빌 공격(Sybil Attack)이란 한 개인이 다수의 계정이나 노드, 컴퓨터를 구성해 네트워크를 장악하려는 온라인 시스템 보안 위협 공격이다.
- 스니핑 공격(Sniffing Attack)은 네트워크 트래픽을 도청하여 네트워크 상의 데이터 전송자의 정보를 해킹하려는 보안 위협 공격이다.

25 다음은 보안 공격 중의 하나에 대한 설명이다. (A)에 들어갈 알맞은 용어는 무엇인가?

> (A)은 다른 사람의 컴퓨터 시스템에 접근할 목적으로 IP주소를 변조한 후 합법적인 사용자인 것처럼 위장하여 시스템에 접근함으로써 나중에 IP주소에 대한 추적을 피하는 보안 위협의 일종이다.

① 스니핑 공격(Sniffing Attack)
② 서비스 거부 공격(Denial of Service Attack)
③ 스푸핑 공격(Spoofing Attack)
④ 트래픽 분석 공격(Traffic Analysis Attack)

- 스니핑 공격(Sniffing Attack)은 네트워크 트래픽을 도청하여 네트워크 상의 데이터 전송자의 정보를 해킹하려는 보안 위협 공격이다.
- 서비스 거부 공격(Denial of Service Attack)은 시스템을 악의적으로 공격해 해당 시스템의 리소스를 부족하게 하여 원래 의도된 용도로 사용하지 못하게 하는 공격이다.
- 트래픽 분석 공격(Traffic Analysis Attack)은 데이터가 암호화 되어있을시 데이터 자체는 확인이 불가능하지만 트래픽 분석하여 송신자의 메일 주소라든지 기타 트래픽 정보를 습득하는 공격이다.

26 다음은 사물인터넷 보안 공격 유형 중에 하나에 대한 설명이다. (A)에 들어갈 알맞은 용어는 무엇인가?

> (A)은 사물인터넷 서비스 사용을 위해 제공한 사용자의 이름, 전화번호, 신용카드와 같은 개인 정보가 유출되는 것을 의미한다.

① 비인가 접근 공격
② 시빌 공격
③ 서비스 거부 공격
④ 프라이버시 침해 공격

- 비인가 접근 공격은 사물인터넷의 특정 장치나 자원, 서비스에 허가되지 않은 접근 시도 후 내용을 조작하거나 물리적 손상을 입힌다.
- 시빌 공격이란 한 개인이 다수의 계정이나 노드, 컴퓨터를 구성해 네트워크를 장악하려는 온라인 시스템 보안 위협 공격이다.

- 서비스 거부 공격은 사람이나 사물에 부착된 센서나 소형 장치들이 사물인터넷 서비스 제공을 위해 연결 요청 시 대량의 접속 신호를 한꺼번에 발생시켜 요청 처리 자원 소모, 서비스 연결 시간을 지연 및 마비시키는 것을 의미한다.

27 다음은 사물인터넷 보안 위협 중의 하나에 대한 설명이다. (A)에 들어갈 알맞은 용어는 무엇인가?

사물인터넷의 특정 장치나 자원, 서비스에 (A) 시도 후 내용을 조작하거나 물리적 손상을 입힌다. 특별히, 원격으로 제어되는 기기들은 (A) 공격에 더 취약하다.

① 비인가 접근　　② 정보 유출
③ 프라이버시 침해　　④ 서비스 거부

- 프라이버시 침해는 사물인터넷 서비스 사용을 위해 제공한 사용자의 이름, 전화번호, 신용카드와 같은 개인 정보가 유출되는 것을 의미한다.
- 정보 유출은 사물인터넷 환경에서 정보 유출은 기존 정보통신 서비스의 정보 유출과 거의 동일한 형태이다.
- 서비스 거부는 사람이나 사물에 부착된 센서나 소형 장치들이 사물인터넷 서비스 제공을 위해 연결 요청 시 대량의 접속 신호를 한꺼번에 발생시켜 요청 처리 자원 소모, 서비스 연결 시간을 지연 및 마비시키는 것을 의미한다.

28 다음 중 스니핑 공격(Sniffing Attack)의 종류인 것은 무엇인가?

① SYN 플러딩 공격
② 스위치 재밍 공격
③ ICMP 리다이렉트 공격
④ 랜드 공격

- SYN 플러딩 공격은 서비스 거부 공격의 종류 중에 하나이다.
- ICMP 리다이렉트 공격은 스푸핑 공격의 종류 중에 하나이다.
- 랜드 공격은 서비스 거부 공격의 종류 중에 하나이다.

29 다음 중 스니핑 공격(Sniffing Attack)의 탐지 방법이 아닌 것은 무엇인가?

① Ping을 이용한 탐지
② ARP를 이용한 탐지
③ ARP table을 이용한 탐지
④ DNS를 이용한 탐지

ARP table을 이용한 탐지는 ARP spoofing 공격을 탐지하기 위해서 사용되는 방법이다.

30 다음 중 스푸핑 공격 (Spoofing Attack)의 종류인 것은 무엇인가?

① SYN 플러딩 공격
② 스위치 재밍 공격
③ ICMP 리다이렉트 공격
④ 랜드 공격

- SYN 플러딩 공격은 서비스 거부 공격의 종류 중에 하나이다.
- 스위치 재밍 공격은 스니핑 공격의 종류 중에 하나이다.
- 랜드 공격은 서비스 거부 공격의 종류 중에 하나이다.

31 다음은 사물인터넷 디바이스 관련 보안 위협에 대한 설명이다. (A)에 알맞은 용어는 무엇인가?

(A)는 네트워크에 공유된 Network-Key를 취득하여 허가되지 않은 Fake 디바이스(센서)를 네트워크에 접속시켜 악의적인 행위를 하도록 하는 보안 위협이다.

① 도청(Eavesdropping)
② 트래픽 분석(Traffic Analysis)
③ 스푸핑(Spoofing)
④ 서비스 거부(DoS)

- 도청은 암호화되지 않은 디바이스(센서)와 게이트웨이 구간 정보를 도청하는 보안 위협이다.
- 트래픽 분석은 암호화되지 않는 NPDU(패킷), DLPDU(프레임) 페이로드를 분석하여 정보를 취하는 보안 위협이다.

- 서비스 거부는 주변 노드에 지속적인 광고 패킷을 송신, DLPDU 반복 수정, CRC 반복 체크로 시스템에 무리를 주거나 주파수 Jamming 등을 통해 신호 송수신을 방해하는 보안 위협이다.

32 다음은 사물인터넷 게이트웨이 관련 보안 위협에 대한 설명이다. (A)에 알맞은 용어는 무엇인가?

사물인터넷 게이트웨이와 사물인터넷 기기 사이의 통신은 주로 무선을 통해 이루어진다.
(A)는 이러한 무선 프로토콜의 특성(취약점) 또는 Jamming을 통해 사물인터넷 게이트웨이와 사물인터넷 기기 사이의 통신을 불가능하게 하거나, 사물인터넷 게이트웨이의 취약점을 통해 게이트웨이의 동작을 정지시키거나 서비스를 불가능하게 하는 보안 위협이다.

① 서비스 마비　　② 데이터 유출
③ 물리적 탈취　　④ 사물봇

- 데이터 유출은 도청, 중간자 공격, 메시지 위변조를 통해 공격자가 사용자의 민감한 정보(개인정보 등)를 습득하는 보안 위협이다.
- 물리적 탈취는 물리적인 접근을 통해 악의적인 공격자는, 사물인터넷 게이트웨이의 펌웨어를 임의로 교체하거나 하드웨어 인터페이스(예: JTAG) 또는 플래쉬 메모리의 물리적인 탈취를 통해 데이터를 획득하는 보안 위협이다.
- 사물봇은 광범위한 사물로 구성된 사물봇에 의한 트래픽 폭증을 시키는 보안 위협이다.

33 다음 중 스마트홈 보안 위협과 대응 방안이 올바르게 짝지어지지 않은 것은 무엇인가?

① 센서 및 게이트웨이 간 통신 도청－통신 데이터에 대한 암호화 제공
② 센서와 게이트웨이 통신방해－센서 및 게이트웨이 통신 시 인증된 기기 및 사용자만이 사용할 수 있는 인증 제공

③ 스마트홈 기기에 저장된 개인 성향, 성격 등의 정보 노출－사용자 정보에 데이터 무결성 제공
④ 스마트기기의 하드웨어 해킹을 통한 정보 유출－센서 및 사용자에 대한 인증 제공

저장된 개인 성향, 성격 등의 정보 노출에 대한 대응은 사용자 정보에 데이터 암호화 제공하는 것이다.

3

스마트홈 기기

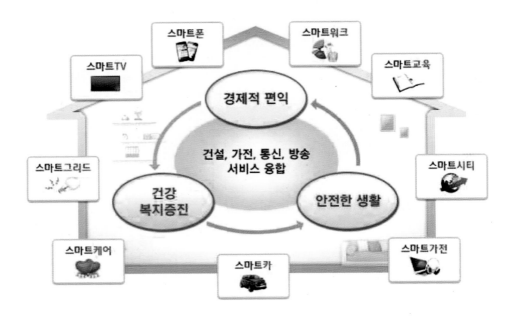

그림 1-1 스마트홈 개념도
출처: 한국스마트홈산업협회 홈페이지

- 스마트홈(smart home)이란 가전제품(TV, 에어컨, 냉장고 등)을 비롯해 에너지 소비장치(수도, 전기, 냉난방 등), 보안기기(도어록, 감시카메라 등) 등 다양한 분야에서 모든 것을 통신망으로 연결해 모니터링, 제어할 수 있는 기술

- 스마트홈은 가정 내 가전제품을 물리적으로 연결하고 관리하는 홈 네트워크 단계를 넘어 소비자의 니즈와 새로운 사용자경험을 제공할 수 있는 혁신적이고 개인화된 서비스를 제공하는 방향으로 진화

- 성공적인 스마트홈을 구축하기 위해서는 개방화된 생태계 안에서 다양한 사업자가 협력하고 상생하는 비즈니스 모델 마련이 우선

- 스마트폰이나 인공지능(AI) 스피커가 사용자의 음성을 인식해 집 안의 모든 사물인터넷(IoT) 기기를 연결하고 사용자의 특성에 따라 자동으로 작동하거나 원격으로 조종할 수 있으며, 스마트홈은 원격제어에서 발전해 AI가 상황과 사용자의 취향을 학습하고, 이에 맞는 결과를 스스로 제공하는 방향으로 발전

- 스마트폰을 넘어 가정 안의 모든 가전제품들이 인터넷과 연결되는 인프라가 구축되면서, 스마트홈이 새로운 스마트 생태계의 키워드
- 개인 미디어 기기였던 스마트폰을 통해 이미 축적된 이용자들의 경험과 가치가 다른 디바이스로 확장되기 시작하면서 혁신의 주체가 스마트폰에서 스마트홈으로 옮겨 가는 양상
- 스마트홈은 "집안에 있는 가전제품들이 인터넷을 통해 상호 연결되고 지능화되어 이를 통해 다양한 서비스가 제공되는 첨단 인텔리전트 서비스 시스템"
- 과거에도 가전제품을 자동으로 관리하는 홈오토메이션(home automation) 기반의 홈네트워크(home network)가 있었으나, 이 당시 홈 네트워크의 개념은 집 안의 유선 네트워크에 연결되어 주로 가정용 기기의 관리와 제어에 초점
- 최근 유·무선 통합 네트워크 환경의 진화, 사물인터넷(IoT)과 클라우드, 그리고 빅데이터의 부상으로 과거와 비교해 더욱 지능화되고 개인화된 서비스와 콘텐츠 제공
- 스마트 생태계의 변화 양상이 가정 내의 정보가전에서 생활가전으로 확장되면서 과거 홈 네트워크의 서비스 범위도 확장
- 현재 추진되고 있는 스마트홈은 가스 원격제어, 냉난방 제어, 방범, 방재 등 스마트 기기를 연동하여 가정 내의 가전제품을 관리 통제하는 서비스 이외에도 가정 모니터링, 습도 및 온도 조절, 건강관리, 유아 관리, 가전제품 실행 등 다양한 서비스 영역으로 확대
- 향후 가전이 미치지 않은 수많은 생활기기까지 그 서비스 영역으로 확장해 간다면 스마트홈의 범위는 가늠하기 어려울 전망

1 스마트홈 산업 특징

(1) 스마트홈 산업 구조적 특징

① 스마트홈 서비스는 여타 플랫폼 대비 건강, 의료, 쇼핑 등 다양한 분야로의 확장이 가능하며, 특히 건설산업 관련 주체들의 새로운 비즈니스 모델로 확장할 가능성이 있는 산업 구조

② 스마트홈 서비스 플랫폼은 크게 스마트홈 정보가전기기 분야와 스마트홈 서비스 분야로 구분되며, 스마트홈 정보가전기기 산업은 홈IoT 기술에 기반하여 다양한 종류의 기기를 출시하여 스마트TV, 홈IoT 센서 등의 제품군을 보유

③ 또한, 스마트홈 서비스 산업은 전통적인 홈 오토메이션 서비스에서 홈에너지 관리, 홈시큐리티 등 다양한 서비스 사업으로 확장되고 있으며, 특히 스마트홈 O2O 서비스에 대한 주목되고 있음

표 1-1 스마트홈 서비스 플랫폼 분야 산업구조

스마트홈 정보가전기기 분야	스마트홈 플랫폼 분야	스마트홈 서비스 분야
스마트TV	스마트홈 제어플랫폼	홈오토메이션 서비스
홈IoT센서	스마트홈 사용자 인터랙션 플랫폼	홈에너지 관리 서비스
홈IoT가전기기	홈상황인지 프레임워크	홈시큐리티 서비스
홈로봇	개방형 홈서비스 프레임워크	스마트홈 O2O 서비스

출처: 중소벤처기업부, '스마트홈 서비스 플랫폼'

④ 스마트홈 서비스 플랫폼 산업은 통신사업자, 모바일 기기 제조사, ICT 기업이 시장을 주도하고 있으나, 보안서비스, 전자상거래, 유틸리티 업체 등 다양한 신규 플레이어가 진입하여 새로운 형태의 생태계로 변화

⑤ 산업통상자원백서에 따르면, 스마트시티 등과 연계되어 제조사를 포함한 통신사, ICT, 건설등 타 산업 분야와 융합이 필수적인 산업으로 분류

표 1-2 스마트홈 발전추세

구분	스마트홈 1.0	스마트홈 2.0	스마트홈 3.0	스마트홈 4.0
개념	홈오토메이션	홈네트워크	IoT홈	커넥티드홈
통신방식	유선	유선	무선	무선
제어기기	스마트TV	월패드	IoT가전	AI가전, 로봇 등
주요기능	VOD서비스	가정 내 제어	외부 원격 제어, 모니터링	자율동작, 개인 맞춤, 플랫폼 간 연동
관련업종	가전사	가전사, 건설사, 홈넷사	가전사, 건설사, 통신사	SW, 센서, 자동차, 의료, 에너지 등

출처: 산업통상자원부, '2017-2018 산업통상자원백서'

(2) 스마트홈 산업의 전망

① 스마트홈을 구현하고자 하는 글로벌 기업들의 행보도 빨라짐. 이 기업들은 우선 다양한 관련 스타트업(start-up, 신생벤처기업)들을 인수하는 데 열을 올리고 있으며, 구글이나 애플 같은 플랫폼사업자, 삼성과 LG 등 가전사, 전통적인 네트워크사업자인 통신사들

② 최근 구글은 사물인터넷 기반의 스마트홈 벤처기업인 네스트랩(Nest Lab)을 32억 달러라는 엄청난 금액을 들여 인수. 구글은 네스트를 스마트홈의 허브로 이용하여 수많은 이용자 행태 정보를 수집하고 분석해서 다양한 스마트홈 관련 수익 모델을 개발할 것으로 예상

③ 애플도 개발자 회의인 '세계개발자회의 2014(WWDC, Worldwide Developers Conference 2014)'에서 스마트홈 플랫폼인 '홈키트(HomeKit)'를 공개했다. 홈키트는 이용자가 애플의 다양한 디바이스를 통해 가정 내 조명, 냉장고, 온도계, 가스밸브, TV 등 가전제품을 제어할 수 있게 지원하는 통합 플랫폼

④ 애플은 특히 2013년에도 프라임센스(PrimeSense)라는 3D 증강현실과 가상현실을 구축하는 원천 기술을 보유한 기업을 인수했는데 애플은 이 기술을 활용해 향후 스마트홈 TV에 적용

⑤ 이외에도 최근 신체의 움직임을 감지해 반응하는 '눈동자 응시 추적 시스템'을 특허 등록했다고 한다. 이는 원래 스마트폰을 제어하는 기술이지만 향후 애플의 스마트홈 기반 스마트 TV의 사용자경험을 혁신하는 데 기여할 것으로 전망

⑥ 국내 기업의 경우 삼성도 가전제품을 스마트폰, 웨어러블 단말, 스마트 TV 등으로 관리할 수 있는 스마트홈 플랫폼 '삼성 스마트홈'을 11개국에 공식 출시

⑦ 이러한 스마트홈 시장을 두고 가전사나 플랫폼사업자들뿐만 아니라 통신사 · 케이블방송사들도 적극적으로 경쟁. 예를 들어 미국 통신사인 AT&T도 2012년 스마트홈 서비스 '디지털 라이프(Digital Life)'를 내놓은 바 있으며, 미국 최대 케이블방송사인 컴캐스트(Comcast)도 2012년에 '엑스피니티 홈(Xfinity Home)'을 출시

표 1-3 응용 분야에 따른 스마트홈 플랫폼 구분

구분	세부 내용
홈오토메이션	홈오토 기기, 홈게이트웨이/월패드, 공용부 관리 서비스 등
홈에너지	홈에너지 관리, 에너지 저장, 전력공급 시스템 등
홈시큐리티	가정 물리 재난, 가정 정보 재난, 가정 재난 대응 서비스 등
지능형홈서비스	홈클라우드, 상황인지, 홈로봇 서비스 등

출처: 중소벤처기업부, '스마트홈 서비스 플랫폼'

표 1-4   스마트홈 산업 발전 방향

구분	가전/비가전 디바이스 분리	가전/비가전 디바이스 통합	차세대 기술/디바이스 및 AI컨트롤 도입	스마트홈 디바이스 및 AI컨트롤 최적기
	도입기	성장기	성숙초기	성숙후기
네트워크속도	100Mbps / 4G	100Mbps / 4G	유무선 GiGA	GiGA / 5G
스마트 디바이스	가전/비가전 (일상기기)	가전/비가전 (일상기기)	일상기기/ 차세대기술	일상기기/ 차세대기술
IoT 표준화	개별사업자별 표준화	컨소시엄별 표준화	다표준 지원	지배적 사업자 표준화
플랫폼	개별 사업자 단말/OS	단말/OS 통합화	지배적 사업자 통합화	지배사업자 통제력강화
컨트롤 디스플레이	스마트폰/TV	스마트폰/TV	웨어러블	웨어러블/음성/ 모션인식
콘텐츠	가전/비가전 분리	가전/비가전 통합	차세대 콘텐츠/세분화	응용 콘텐츠/세분화

출처: 디지에코, '스마트홈(홈IoT) 생태계 6대 구성요소'

3   스마트홈의 플랫폼

(1) 스마트홈 서비스 플랫폼

스마트홈 서비스 플랫폼에는 스마트홈 허브, 스마트홈 미들웨어, 스마트홈 클라우드 시스템 등의 기술이 포함

표 1-5   스마트홈 서비스 플랫폼 요소기술

분류	요소기술	설명
스마트홈 허브	스마트홈 제어 플랫폼	가정에 연결된 기기 제어 및 정보 전달/관리를 위한 기술
	실감 홈미디어 플랫폼	이용자의 감성을 분석/파악하여 맞춤형 서비스를 제공하기 위한 기술
	스마트홈 사용자 인터랙션 플랫폼	행동, 음성 등을 통해 편의성이 높은 서비스를 제공하기 위한 기술

분류	요소기술	설명
스마트홈 미들웨어	홈자원 관리 프레임워크	기기들과의 서비스 제어 및 콘텐츠 상호 전달 체계 지원하고 안전을 보장하는 기술
	홈 상황인지 프레임워크	댁내 주변 환경/상황 인지하여 가전기기 제어 및 관리를 위한 기술
	감정인지 미들웨어	공간/환경 정보 분석하여 서비스를 제공하기 위한 기술
	개방형 홈서비스 프레임워크	서로 다른 주체가 개발한 서비스를 설치하여 실행할 수 있는 환경을 제공하는 기술
	스마트홈 지식화 프레임워크	데이터에 대한 의미 부여 및 새로운 데이터 창출을 위한 기술
스마트홈 클라우드 시스템	클라우드 서비스 플랫폼	가정에서 생성된 데이터를 통해 클라우드를 통해 연계하는 기술
	연동 홈게이트웨이	다양한 미디어를 받아 기기들과의 상호 연계를 위한 홈게이트웨어 기술
	단지 서비스 클라우드 프레임워크	아파트 단지 내에서 다양한 연계 서비스를 제공하기 위한 기술
	스마트홈 클라우드 유지보수 시스템	댁내 홈서버와 관련된 원격 제어 및 관리를 위한 기술

출처: 중소벤처기업부, '스마트홈 서비스 플랫폼', NICE평가정보(주) 재구성

① 스마트홈 제어 플랫폼 기술은 가정 내에 홈네트워크를 구성하여 연결된 스마트 기기, 센서 등을 연계하여 통합관리, 원격/자동제어 등을 제공하는 기술이다. 해당 기술은 아파트/공동주택에 빌트인으로 설치되어 공동으로 운영되는 경우가 많으며, 원격에서 가전의 상태를 파악하고 제어하는 것이 주요한 기능으로 포함된다. 스마트홈 서비스를 제어함에 있어 가장 대표적인 서비스로 모바일 앱 서비스

② 현재 이용되고 있는 모바일 앱 서비스로 홈 디바이스 제어 및 모니터링, 원터치 환경 설정이 있다. 홈 디바이스의 제어하기 위해서 사용자는 모바일 앱을 통해 서버에 사용자를 등록한 후, 게이트웨이와 디바이스를 페어링하여 사용자는 모바일 앱을 통해 시간과 장소에 상관없이 홈 디바이스를 제어 및 모니터링

(2) 스마트홈 서비스 플랫폼 예시

① 개방형 스마트홈 플랫폼은 올해 공급되는 공공분양주택에 우선적으로 적용되며, 입주자가 계약 시 선택한 이동통신사의 서비스를 3년간 무료(기본사양에 한함)로 제공

② 앞으로 LH는 더 많은 스마트홈 플랫폼과의 연계를 위해 국제 표준 기반 플랫폼 도입을 추진하고, 한국인터넷진흥원과 함께 스마트홈 보안을 강화하는 등 홈즈(Home Z)를 통해 보다 안전하고 개방적인 스마트홈 서비스를 제공할 계획

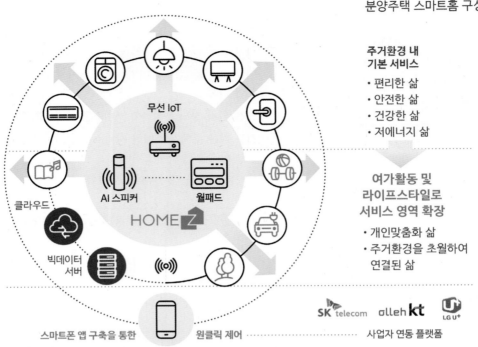

그림 1-2 LH 개방형 스마트홈 플랫폼 구성도
출처: LH보도자료(2020.11.5.)

01 스마트홈(smart home) 가전제품이라 볼 수 없는 것은?

① TV
② 에어컨
③ 냉장고
④ 신호등

신호등은 가전제품에 속하지 않는다.

02 스마트홈(smart home) 에너지 소비장치라 볼 수 없는 것은?

① 수도
② 전기
③ 가스
④ 원자력

원자력은 에너지 공급 장치이다.

03 스마트홈(smart home) 보안기기에 속하는 것은?

① 도어록
② 에어컨
③ 가스렌지
④ 스마트 TV

도어록은 보안이 되어야 하는 보안기기에 속한다.

04 다음 내용 중 (   )에 해당하는 것은?

> 스마트홈은 "집안에 있는 가전제품들이 인터넷을 통해 상호 연결되고 지능화되어 이를 통해 다양한 서비스가 제공되는 첨단 (   ) 서비스 시스템"

① 인텔리전트
② 자동화
③ 이미지
④ 센서

스마트홈은 집안에 있는 가전제품들이 인터넷을 통해 상호 연결되고 지능화되어 이를 통해 다양한 서비스가 제공되는 첨단 인텔리전트(지능) 서비스 시스템이다.

05 스마트홈 정보가전기기 분야가 아닌 것은?

① 홈로봇
② 홈 IoT센서
③ 홈 IoT 가전기기
④ 사무자동화 기기

사무자동화 기기는 일반적인 스마트홈 서비스로 보기는 어렵다.

06 스마트홈 플랫폼 분야가 아닌 것은?

① 스마트홈 제어플랫 플랫폼
② 스마트홈 사용자 인터랙션 플랫폼
③ 스마트 펙토리 플랫폼
④ 개방형 홈서비스 프레임워크

스마트홈 플랫폼 분야는 스마트홈 제어플랫폼, 스마트홈 사용자 인터랙션 플랫폼, 홈 상황인지 프레임워크, 개방형 홈서비스 프레임워크로 나눌 수 있다.

07 스마트홈 서비스 분야가 아닌 것은?

① 홈오토메이션 서비스
② 홈정원 관리 서비스
③ 홈시큐리티 서비스
④ 홈에너지 관리 서비스

스마트홈 서비스 분야 홈오토메이션 서비스, 홈에너지 관리 서비스, 홈시큐리티 서비스, 스마트홈 O2O 서비스로 나눌 수 있다.

08 스마트홈 4.0의 주요 차별화 기능으로 볼 수 없는 것은?

① 자율동작   ② 개인 맞춤
③ 모니터링   ④ 플랫폼 간 연동

> 마트홈 4.0의 주요 기능은 자율동작, 개인 맞춤, 플랫폼 간 연동 이다.

09 스마트홈에 기술에 가장 기본이 되는 버전은 것은?

① 스마트홈 1.0   ② 스마트홈 2.0
③ 스마트홈 3.0   ④ 스마트홈 4.0

> 스마트홈 구분은 스마트홈 1.0을 시작으로 스마트홈 4.0까지 나눈다.

10 지능형홈서비스가 아닌 것은?

① 홈클라우드 서비스
② 상황인지 서비스
③ 공용부 관리 서비스
④ 홈로봇 서비스

> 지능형홈서비스는 홈클라우드, 상황인지, 홈로봇 서비스 등이다.

11 홈오토메이션 서비스가 아닌 것은?

① 홈오토 기기 서비스
② 홈클라우드 서비스
③ 공용부 관리 서비스
④ 홈게이트웨이/월패드 서비스

> 홈오토메이션 서비스는 홈오토 기기, 홈게이트웨이/월패드, 공용부 관리 서비스 등이다.

12 홈에너지 세부기술이 아닌 것은?

① 상황인지 기술
② 전력공급 시스템
③ 홈에너지 관리
④ 에너지 저장

> 홈에너지는 홈에너지 관리, 에너지 저장, 전력공급 시스템 등이다.

13 홈시큐리티 서비스가 아닌 것은?

① 가정 물리 재난 서비스
② 가정 재난 대응 서비스
③ 가정 재정관리 서비스
④ 가정 정보 재난 서비스

> 홈시큐리티 서비스는 가정 물리 재난, 가정 정보 재난, 가정 재난 대응 서비스 등이다.

14 스마트홈(홈IoT) 생태계 6대 구성요소에 속하지 않는 것은?

① 자동화 사양   ② 콘텐츠
③ 네트워크속도   ④ 플랫폼

> 스마트홈(홈IoT) 생태계 6대 구성요소는 네트워크속도, 스마트 디바이스, IoT 표준화, 플랫폼, 컨트롤 디스플레이, 콘텐츠이다.

15 스마트홈(홈IoT) 생태계 6대 구성요소에 속하지 않는 것은?

① 스마트 디바이스
② IoT 표준화
③ 홈인테리어
④ 컨트롤 디스플레이

> 스마트홈(홈IoT) 생태계 6대 구성요소는 네트워크속도, 스마트 디바이스, IoT 표준화, 플랫폼, 컨트롤 디스플레이, 콘텐츠이다.

정답 08 ③ 09 ① 10 ③ 11 ② 12 ① 13 ③ 14 ① 15 ③

16 스마트홈(홈IoT) 생태계 6대 구성요소의 콘텐츠 최근 기술동향은?

① 가전/비가전 분리
② 가전/비가전 통합
③ 차세대 콘텐츠/세분화
④ 응용 콘텐츠/세분화

스마트홈(홈IoT) 생태계 6대 구성요소의 콘텐츠는 스마트홈 디바이스 및 AI컨트롤 최적기에서 "응용 콘텐츠/세분화"이다.

17 차세대 기술/디바이스 및 AI컨트롤 도입인 성숙초기의 플랫폼은?

① 개별 사업자 단말/OS
② 단말/OS 통합화
③ 지배적 사업자 통합화
④ 지배사업자 통제력강화

차세대 기술/디바이스 및 AI컨트롤 도입인 성숙초기의 플랫폼은 "지배적 사업자 통합화"이다.

18 차세대 기술/디바이스 및 AI컨트롤 도입인 성숙초기의 네트워크속도?

① 10Mbps/4G   ② 유무선 GiGA
③ 100Mbps/4G   ④ GiGA/5G

차세대 기술/디바이스 및 AI컨트롤 도입기(성숙초기)의 네트워크속도 100Mbps/4G 이다.

19 스마트홈 디바이스 및 AI컨트롤 최적기인 성숙후기의 네트워크속도?

① 10Mbps/4G   ② 유무선 GiGA
③ 100Mbps/4G   ④ GiGA/5G

스마트홈 디바이스 및 AI컨트롤 최적기(성숙후기)의 네트워크속도 GiGA/5G이다.

20 스마트홈 서비스 플랫폼 기술에 속하지 않는 것은?

① 스마트홈 허브
② 스마트홈 미들웨어
③ 스마트홈 클라우드 시스템
④ 스마트홈 디스플레이

스마트홈 서비스 플랫폼 기술은 스마트홈 허브, 스마트홈 미들웨어, 스마트홈 클라우드 시스템이다.

21 스마트홈 허브 요소기술에 속하지 않는 것은?

① 스마트홈 제어 플랫폼
② 실감 홈미디어 플랫폼
③ 스마트홈 사용자 인터랙션 플랫폼
④ 연동 홈게이트웨이

스마트홈 허브 요소기술은 스마트홈 제어 플랫폼, 실감 홈미디어 플랫폼, 스마트홈 사용자 인터랙션 플랫폼이다.

22 스마트홈 미들웨어 요소기술에 속하지 않는 것은?

① 홈자원 관리 프레임워크
② 개방형 홈서비스 프레임워크
③ 단지 서비스 클라우드 프레임워크
④ 스마트홈 지식화 프레임워크

스마트홈 미들웨어 요소기술은 홈자원 관리 프레임워크, 홈 상황인지 프레임워크, 감정인지 미들웨어, 개방형 홈서비스 프레임워크, 스마트홈 지식화 프레임워크 기술이다.

23 스마트홈 클라우드 시스템 요소기술에 속하지 않는 것은?

① 단지 서비스 클라우드 프레임워크
② 연동 홈게이트웨이
③ 개방형 홈서비스 프레임워크
④ 클라우드 서비스 플랫폼

스마트홈 클라우드 시스템 요소기술 클라우드 서비스 플랫폼, 연동 홈게이트웨이 그리고 단지 서비스 클라우드 프레임워크 기술이다.

24 스마트홈 허브에 있어서, 가정에 연결된 기기 제어 및 정보 전달/관리를 위한 요소기술은?

① 스마트홈 사용자 인터랙션 플랫폼
② 실감 홈미디어 플랫폼
③ 스마트홈 제어 플랫폼
④ 클라우드 서비스 플랫폼

스마트홈 제어 플랫폼은 가정에 연결된 기기 제어 및 정보 전달/관리를 위한 기술이다.

25 스마트홈 미들웨어에 있어서, 공간/환경 정보 분석하여 서비스를 제공하기 위한 요소기술은?

① 감정인지 미들웨어
② 홈자원 관리 프레임워크
③ 개방형 홈서비스 프레임워크
④ 홈 상황인지 프레임워크

감정인지 미들웨어는 공간/환경 정보 분석하여 서비스를 제공하기 위한 기술이다.

26 스마트홈 클라우드 시스템에 있어서, 다양한 미디어를 받아 기기들과의 상호 연계를 위한 홈게이트웨어 요소기술은?

① 연동 홈게이트웨이
② 클라우드 서비스 플랫폼
③ 스마트홈 클라우드 유지보수 시스템
④ 단지 서비스 클라우드 프레임워크

27 스마트홈 클라우드 시스템에 있어서, 가정에서 생성된 데이터를 통해 클라우드를 통해 연계를 위한 요소기술은?

① 연동 홈게이트웨이

② 클라우드 서비스 플랫폼
③ 스마트홈 클라우드 유지보수 시스템
④ 단지 서비스 클라우드 프레임워크

연동 홈게이트웨이는 다양한 미디어를 받아 기기들과의 상호 연계를 위한 홈게이트웨어 기술이다.

28 스마트홈 클라우드 시스템에 있어서, 아파트 단지 내에서 다양한 연계 서비스를 제공하기 위한 요소기술은?

① 연동 홈게이트웨이
② 클라우드 서비스 플랫폼
③ 스마트홈 클라우드 유지보수 시스템
④ 단지 서비스 클라우드 프레임워크

단지 서비스 클라우드 프레임워크는 아파트 단지 내에서 다양한 연계 서비스를 제공하기를 위한 요소기술이다.

29 스마트홈 클라우드 시스템에 있어서, 집안 홈서버와 관련된 원격 제어 및 관리를 위한 요소기술은?

① 연동 홈게이트웨이
② 클라우드 서비스 플랫폼
③ 스마트홈 클라우드 유지보수 시스템
④ 단지 서비스 클라우드 프레임워크

스마트홈 클라우드 유지보수 시스템 집안 홈서버와 관련된 원격 제어 및 관리를 위한 요소기술이다.

30 홈 모바일 앱 서비스가 아닌 것은?

① 홈 디바이스 제어
② 홈 디바이스 모니터링
③ 원터치 환경 설정
④ 홈 재택근무 서비스

모바일 앱 서비스로 홈 디바이스 제어 및 모니터링, 원터치 환경 설정이 있다.

02 스마트홈 기기 활용

1 한국토지주택공사(LH) 홈즈(Home Z) 스마트홈 시스템

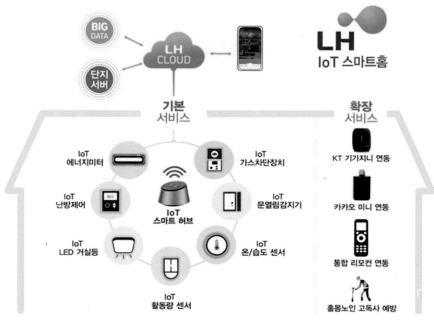

그림 2-1 LH형 스마트홈 시스템 개념도

출처: 한국토지주택공사(LH)

① 한국토지주택공사(LH) 홈즈(Home Z)의 스마트홈은 가전 조명 냉·난방 등 집안의 각 장치를 네트워크로 연결해 제어하는 기술

② 한국토지주택공사(LH) 스마트홈은 미세먼지·이산화탄소센서가 내장된 무선통신 IoT (사물인터넷) 기기로 실내환경을 조절할 수 있고, 빅데이터 분석으로 자동 냉난방 조절도 가능하며, 스마트홈 업체인 코맥스 컨소시엄과 계약을 체결하고 국민임대 행복주택 등에 스마트홈 시스템을 구축할 계획

③ 에너지 절감 서비스와 음성인식(AI) 스피커를 연동한 서비스도 제공

④ 스마트폰을 사용하기 어려운 고령 입주자를 위해 스마트홈 기능을 쉽게 이용할 수 있는 IoT 리모콘 지원, 고령가구 단독거주 세대는 활동량 센서를 추가 설치해 고독사 방지

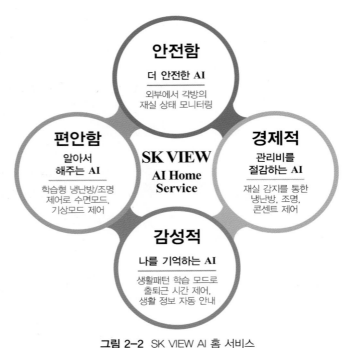

그림 2-2 SK VIEW AI 홈 서비스

출처: 소비자가 만드는 신문(http://www.consumernews.co.kr)

① SK건설은 스마트홈 솔루션 기업 다산지앤지와 인공지능 스마트홈 기술인 'SK VIEW AI Home Service(SKAI, 이하 스카이)'를 개발(스카이는 재실감지 · 자동제어 · 음성인식 기술 등을 딥러닝 서버에 결합시킨 스마트홈 기술).

② 스카이의 인공지능은 사용자 생활패턴을 학습해 자동으로 입주자의 선호 온도를 설정하고 외기 온도 예보를 반영해 실별 최적온도를 자동으로 제어. 재실 유무 · 수면 상태를 판단해 자동 조명 소등, 콘센트 차단, 자동환기시스템 제어 등 맞춤형 주거환경을 제공

③ 현관의 AI 생활정보기는 사용자의 음성 명령을 인식하고 생활 패턴에 맞춰 각종 정보를 제공. 출근시간에는 오늘의 날씨와 주차위치 정보를 음성으로 안내하고 퇴근시간에는 사용자의 귀가 시간을 예측해 사전에 난방을 적정 온도로 조절

④ 스카이는 기존 IoT형 스마트홈과 달리 스마트폰 또는 세대 내 월패드에서 조작하지 않아도 인공지능과 음성만으로 제어

3 현대건설 하이오티(Hi-oT) 스마트홈 시스템

그림 2-3 현대건설의 하이오티 시스템
출처: 현대건설

① 현대건설은 2016년부터 건설사 최초로 스마트홈 시스템인 하이오티(Hi-oT)를 개발
② 2018년에는 현대오토 에버와 함께 자체 플랫폼을 구축해 조명, 냉·난방과 같은 에너지 소비 시스템부터 냉장고, 세탁기, 공기 청정기 등 가전제품까지 네트워크로 제어할 수 있는 사물인터넷(Internet of Things, IoT)을 도입
③ IoT는 명칭대로 온갖 사물이 온라인으로 연결되는 것을 뜻하며 하이오티는 현대(Hyundai), 하이엔드(High-End), 하이(Hi)를 의미하는 H와 IoT의 합성어
④ 하이오티 시스템은 가전제품과 홈네트워크를 연결해 냉장고, 세탁기, 에어컨, 조명, 가스, 난방 기기 등은 물론 엘리베이터와 공동현관문까지 제어
⑤ 음성인식 기능인 보이스홈과 모바일기기에 전용 애플리케이션 설치
⑥ 현대건설의 하이오티는 자동차나 통신사 같은 다른 영역의 플랫폼과 연동해 다양한 서비스를 제공

⑦ 자동차에서 집 안을 제어하는 카투홈(car-to-home)을 비롯해 자동차 점검 및 정비 예약, 각종 배달 서비스 등 우리가 보다 편리한 생활을 영위할 수 있게 지원

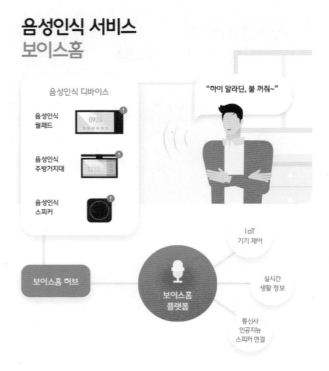

그림 2-4 현대건설의 음성인식 서비스 보이스홈
출처: 현대건설

⑧ 보이스홈(Vioce-Home)은 인공지능 클라우드 기반의 음성인식 서비스로, 거실과 주방에 각각 설치된 월패드(wall pad)와 음성인식 거치대, 각 침실의 빌트인 스피커를 통해 이용

⑨ 음성인식 기기에 "하이, 알라딘"이라는 호출 명령어(wake-up word)를 자연스럽게 건네면 가전기기들이 작동

⑩ 보이스홈은 모바일 기기 사용이 어려운 상황에서 매우 유용하며, 외출 준비로 한창인 때 몇 마디 말로 오늘의 날씨나 단지 주변의 미세먼지 농도와 같은 생활정보를 확인할 수 있으며, TV 셋톱박스를 켜서 실시간 뉴스를 확인

4 LG ThinQ 스마트홈 시스템

가전의 완성 LG ThinQ
컨트롤하고, 케어하고, 쇼핑까지
ThinQ 앱으로 가전생활 완성

그림 2-5 LG ThinQ 스마트홈 시스템

① LG전자만의 독자적인 인공지능 기술로 전자기기 사용 시 쌓이는 생활 데이터를 기반으로 사용자의 사용패턴과 생활습관을 스스로 학습하여 그에 맞게 시스템을 구축
② 스마트폰의 앱을 설치하여 집 밖에서 전원을 제어할 수 있으며, 집안 곳곳에 있는 가전들은 직접 만지지 않고도 작동시킬 수 있음

5 SKT NUGU 스마트홈 시스템

그림 2-6 NUGU 스마트홈 아파트 구상도
출처: www.sktsmarthome.com

스마트홈 기기 활용 예상문제

01 다음 내용 중 (   )에 해당하는 것은?

> 한국토지주택공사(LH)는 더 많은 스마트홈 플랫폼과의 연계를 위해 국제 표준 기반 플랫폼 도입을 추진하고, 한국인터넷진흥원과 함께 스마트홈 보안을 강화하는 등 (   )를 통해 보다 안전하고 개방적인 스마트홈 서비스를 제공할 계획

① 홈즈(Home Z) ② 스카이(SKAI)
③ 씽큐(ThinQ) ④ 하이오티(Hi-oT)

> 홈즈(Home Z)는 한국토지주택공사(LH)의 스마트홈 서비스이다.

02 다음 내용 중 (   )에 해당하는 것은?

> SK건설은 스마트홈 솔루션 기업 다산지앤지와 인공지능 스마트홈 기술인 'SK VIEW AI Home Service' (   )를 개발

① 홈즈(Home Z) ② 스카이뷰(SKAI)
③ 씽큐(ThinQ) ④ 하이오티(Hi-oT)

> 스카이뷰(SKAI)는 SK건설의 스마트홈 서비스이다.

03 다음 내용 중 (   )에 해당하는 것은?

> 현대건설은 2016년부터 건설사 최초로 스마트홈 시스템인 (   )를 개발하였고, 현대 오토에버와 함께 자체 플랫폼을 구축해 조명, 냉·난방과 같은 에너지 소비 시스템부터 냉장고, 세탁기, 공기청정기 등 가전제품까지 네트워크로 제어할 수 있는 사물인터넷(Internet of Things, IoT)을 도입

① 홈즈(Home Z) ② 스카이뷰(SKAI)
③ 씽큐(ThinQ) ④ 하이오티(Hi-oT)

> 하이오티(Hi-oT)는 현대건설의 스마트홈 서비스이다.

04 다음 내용 중 (   )에 해당하는 것은?

> LG전자만의 독자적인 인공지능 기술인 (   )는 전자기기 사용 시 쌓이는 생활 데이터를 기반으로 사용자의 사용패턴과 생활습관을 스스로 학습하여 그에 맞게 시스템을 구축합니다. 스마트폰의 앱을 설치하여 집 밖에서 전원을 끄고 킬 수 있으며, 집안 곳곳에 있는 가전들은 직접 만지지 않고도 작동

① 홈즈(Home Z) ② 스카이뷰(SKAI)
③ 씽큐(ThinQ) ④ 하이오티(Hi-oT)

> 씽큐(ThinQ)는 LG전자의 스마트홈 서비스이다.

05 다음 내용 중 (   )에 해당하는 것은?

> SK텔레콤에서 개발한 인공지능 서비스인 (   )는 2017년 8월 출시된 (   ) mini 스피커(NU200) 출시. 부르는 이름은 아리아, 팅커벨이다. 최근에 T전화와 ZEM이 업데이트되면서 (   )기능이 새로 추가

① 홈즈(Home Z) ② 스카이뷰(SKAI)
③ Think Q ④ 누구(NUGU)

> 누구(NUGU))는 SK텔레콤의 스마트홈 서비스이다.

정답 01 ① 02 ② 03 ④ 04 ③ 05 ④

1   전기전자 기초

(1) 직류와 교류 개념

① 직류(DC, Dirct Current) : 시간에 따른 전하의 변화에 의해 전류의 방향과 크기가 주기적으로 변화하는 전류(예 : 건전지, 직류 발전기, 축전지, 정류기 등)

그림 3-1 직류 파형

② 교류(AC, Alternating Current) : 시간에 따른 전하의 변화에 의해 전류의 방향과 크기가 주기적으로 변화하는 전류(예 : 전동기, 발전소, 변전소 및 일반 가정용 전기 등)

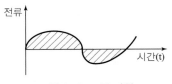

그림 3-2 교류 파형

• 순시값 : 시시각각으로 변하는 교류의 순간 크기를 v를 순시값이라고 함

$$v = \mathrm{Vm}\sin\omega t[\mathrm{V}]$$

단, Vm : 최댓값, ω : 각속도($2\pi[\mathrm{rad/sec}]$), t : 시간

• 최대값 : 교류의 순시값 중 가장 큰 값($\mathrm{Vm} = \sqrt{2} \times V$)

• 실효값 : 동일한 일을 한 직류 V로 나타낸 교류 v의 기준 크기

$$V \frac{\mathrm{Vm}}{\sqrt{2}} \fallingdotseq 0.707\mathrm{Vm}$$

• 평균값 : 교류의 순시값 1주기 동안의 평균값(Vm)

$$\mathrm{Vm} = \frac{2}{\pi}\mathrm{Vm} \fallingdotseq 0.637\mathrm{Vm}$$

③ 맥류(PC, Pulsating Current) : 전류가 흐르는 방향은 일정한데 크기가 일정하지 못한 전류를 말하며, 와전류라고도 함(예 : 전화 송수화기의 음성 전류, 직류 전신 부호의 전류 등)

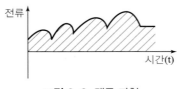

그림 3-3 맥류 파형

(2) 전압과 전류

■ 전압(Electric Voltage, 기전력)

① 전위(Electric Potential)와 전위차(Electric Potential Difference)
  • 도체 간 지속적인 전자 이동이 발생하도록 하는 각각의 전기적 크기를 전위라고 하며, 양쪽을 비교할 때 나타나는 차이값을 전위차 또는 전압이라고 함
  • 어떤 도체에 $Q[C]$의 전기량이 이동하여 $W[J]$의 일을 한 경우의 전압

  $$E = \frac{W}{Q}[V] \ \text{또는} \ W = E^* Q[J]$$

  • 1[V](볼트 ; Volt) : 1[C]의 전기량이 이동하여 1[J]의 일을 했을 때, 두 점 간의 전위차

② 기전력(EMF, Electro Motive Force)
  • 두 지점 사이에 일정한 전위차가 생기게 하는 힘을 기전력이라고 하며, 단위는 전압과 같은 [V]를 사용

  $$V = \frac{W}{Q} \left[\frac{J}{C} = V \right]$$

  • 발전기나 전지와 같이 전위차를 만들어, 전류를 흐르게 하는 원동력

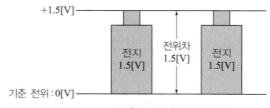

그림 3-4 전지의 기전력

③ 전류(Electric Current)
  • 건전지와 같이 전위차가 있는 두 전위를 도체로 연결하면 전자가 이동하게 되는데, 이때 도체의 단면을 1초간 통과한 전기량(전하량)을 전류(I)라고 함

  $$I = \frac{Q}{t}[A] \left(\frac{C}{\sec} = [A] \right)$$

- 전류(I)는 양전기를 기준으로 하여 [+]에서 [−]로 흐르는 것으로 하며, 시간에 따른 전류의 방향과 크기 변화에 따라 직류, 교류, 그리고 맥류로 구분함
- 1 [A](암페어 ; Ampere) : 1초 동안 1[C]의 전기량이 통과했을 때의 전류를 가리킴

(3) 주파수와 파형

① 일반적으로 전기는 도체의 선을 통하여 이동하게 되는데, 이러한 도선이 없이 공간을 빛의 속도로 퍼져 나가는 전자기파를 전파(Radio Wave)라고 함
② 주파수란 진동 전류나 전파, 음파 등이 도선 또는 공간을 통해 전달되는 과정에서 일정한 진폭으로 운동하는 펄스(Pulse), 또는 물리량의 시간적 변화인 파(Wave)와 같은 주기 현상이 1초 사이에 몇 번 반복되는가를 나타내는 파형의 수를 말함
③ 전파는 1888년 독일의 헬즈(Hertz)가 전자기파의 방출 실험을 통해 그 존재를 밝혀내어, 주파수의 단위로 헤르츠(Hz)를 사용
④ 주기 T[s]와 주파수 f[Hz] 사이의 관계

$$T = \frac{1}{f}[s] , f = \frac{1}{T}[Hz]$$

⑤ 전파의 용도 및 특성
- 전파는 무선전신, 무선전화, 라디오, TV 등의 무선총신을 비롯하여 방향 탐지, 레이더, 무선조정, 고주파 가열 등에 이용
- 전파는 주파수의 파장 또는 공간에서 전파가 퍼져 나가는 특성에 따라 장파, 중파, 단파, 초단파, 극초단파 등으로 구분됨

주파수대		주파수 범위/파장	특성	용도
번호	호칭			
4	초장파(VLF) 데카킬로미터파	3~30[kHz] 10~100[km]	• 파장이 길어 안테나를 수평적으로 설치함	• 해상 무선 항행 업무
5	장파(LF) 킬로미터파	30~300[kHz] 1~10[km]	• 선박 간의 원거리 통신에 주로 사용되었음 • 대형 안테나가 요구되어 이용률이 낮아짐	• 무선 항행 업무 • 선박 및 항공 무선
6	중파(MF) 헥토미터파	300~3,000[kHz] 100~1,000[m]	• 지구의 지표면을 따라 전파됨 • 멀리까지 안정적으로 보낼 수 있음	• 일반 라디오(AM) 방송 • 중거리의 선박 통신
7	단파(HF) 데카미터파	3~30[MHz] 10~100[m]	• 파장이 짧아 지표파는 감쇠가 심함 • 전리층에 반사돼 지구 뒤쪽까지 전파됨 • 위성 통신의 발달에 따라 사용이 점점 줄어듦	• 국제 라디오 방송 • 원거리의 국제 통신 • 선박과 항공기의 통신

주파수대		주파수 범위/파장	특성	용도
번호	호칭			
8	초단파(VHF) 미터파	30~300[MHz] 1~10[m]	• 전리층에서 반사되지 않고 통과해 버림 • 보통 가시거리 통신에 사용 • 차폐물(산악, 고층 건물 등)에 크게 감쇠	• 텔레비전 방송 (채널 2~13) • FM 라디오 방송 • 육상·해상·항공 단거리 통신 • 레이더
9	극초단파(UHF) 데시미터파	30~3,000[MHz] 10~100[cm]	• 직진성이 강해 통달 거리는 가시거리에 한정됨 • 470~890[MHz]대는 TV(채널 14~83)에 사용	• 육상·해상·항공 이동 통신 • 무선 호출, 항공 무선 항행 • 위성 통신, 지구 탐사, 전파 천문
10	초고주파(SHF) 센티미터파	3~30[GHz] 1~10[cm]	• 작은 안테나로 첨예한 빔을 얻을 수 있음 • 다른 전파로부터의 방해 및 다른 전파에 대한 방해가 적음 • 광대역 변조로 S/N비를 크게 개선할 수 있음	• 고정 장거리 통신, 이동 통신 • 텔레비전 중계 및 위성 통신 • 무선 항행, 각종 레이더 • 산업·과학·의료 분야의 고주파 이용 설비
11	EHF 밀리미터파	30~300[GHz] 1~10[mm]	• 통신 주파수 대역의 획기적 확장 • 초광대역 전송 가능 • 안테나와 송수신 장치의 소형화 가능 • 빛에 가까운 강한 직진성 • 강수나 수증기 입자에 흡수 또는 산란됨	• 고정·이동·위성 통신 • 무선 항행 • 지구 탐사 • 전파 천문

• 전파는 빛의 속도와 같은 초당 30만[km]($≒3×10^8$m$=3×10^{10}$cm)로 진행함
• 빛과 전파, 그리고 전기는 진공상태에서 속도가 모두 같으나, 진공상태가 아닌 환경에서는 금속이나 대기, 물과 같은 매체를 통과할 때의 저항에 의해 속도가 약간 느려짐

$$전파의 파장 = \frac{전파속도(m)}{주파수(Hz)}$$

• 주파수가 높아지면 파장이 작아져 안테나의 길이도 따라서 작아지는데, 보통 전파의 파장 또는 1/2 파장 길이로 함

⑥ 주파수의 분류
  • 전파 주파수 : 국제적인 조약에서는 일반적으로 전파의 주파수 범위를 3000[GHz] 이하로 규정하고 있으며, 그 안에서 용도에 따라 주파수대를 나누어 사용

- 상용 주파수 : 발전소에서 송전선을 통하여 전기 사용자에 공급되는 전력의 주파수로서 50[Hz] 또는 60[Hz]가 사용
- 음성 주파수 : 가청 주파수라고도 하는데, 보통 20~20,000[Hz] 범위에 해당되며, 통화의 질을 해치지 않는 가청 범위는 300~3,400[Hz]임
- 스퓨리어스(Spurious) : 통신 시스템에서 목적으로 하는 주파수 이외의 주파수성분(불요파)을 통칭하는 것으로 크게 고조파(Harmonic)에 의한 것, 저조파(Sub-Harmonic)에 의한 것, 그리고 기타 상호 변조신호의 영향에 의한 것으로 구분됨
- 고조파(Harmonic) : 기본 상용 주파수(50[Hz] 또는 60[Hz])에 대해 2배(제2고조파), 3배(제3고조파), 4배(제4고조파)와 같이 정수의 배에 해당하는 물리적 전기량으로 잡음이나 오류가 아니므로, 고조파에 따른 통신의 영향은 없음
- 저조파(Sub-Harmonic) : 기본 주파수의 1/2, 1/3, …, 1/n인 전파로 정상적인 상태에서는 거의 발생하지 않지만, 주파수를 배수 증가(체배 ; Doubling ; Multiply)하는 경우 고조파 뿐 아니라 저조파까지 발생하며, 이 때문에 스퓨어리스 특성이 더 복잡해짐
- 반송파(Carrier) : 주파수가 낮은(baseband ; 기저대역) 신호는 잡음에 약하고 전달거리도 짧기 때문에, 변조(높은 주파수에 보내려는 신호를 싣는 과정)를 거치게 되는데, 이때 원래의 신호를 실어나르는 케리어(Carry) 역할을 하는 특정주파수를 반송파라 함
- 중간주파수(Intermediate Frequency) : 수신신호의 반송파를 기저대역으로 변환하기 전의 중간에 있는 주파수를 말하며, 주파수를 2회 이상 변환하는 경우는 제1, 제2, … 중간주파수라고 함
- 정재파(Standing Wave) : 선로상의 경계면에서 반사되어 돌아온 전파가 진행파와 합쳐지면서 생겨난 진행하지 않는 파동으로 정상파(Stationary Wave)라고 하며, 정재파가 크다는 것은 반사량이 많다는 의미임

2 전기전자 부품(소자)의 기초와 활용

(1) 저항(R, Resistance)

모든 물질은 전자의 이동을 방해하려는 작용이 있어 전류 흐름을 방해하는데, 이처럼 전기의 이동을 방해하는 성질을 저항이라고 하며, 단위로는 [Ω](옴 ; Ohm) 사용

① 저항의 직렬 연결(Series Connection)
- 저항의 직렬 연결

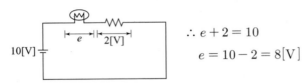

$E = E_1 + E_2 + E_3 = I \cdot (R_1 + R_2 + R_3)$에서

저항$(R) = \dfrac{E}{I} = R_1 + R_2 + R_3$가 됨

- 전압 강하(Voltage Drop)
  - 저항에 전류가 흐를 때 저항에 생기는 전위차를 말하는 것으로, 저항이 커지거나 전류가 커질수록 전압 강하도 커짐
  - 부하(전구)회로에 직렬로 저항이 들어가면 저항의 양 끝에 걸리는 전압의 크기만큼 부하(전구)에 걸리는 전압은 강하(낮아짐)됨

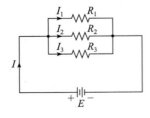

$\therefore e + 2 = 10$
$\quad e = 10 - 2 = 8[\mathrm{V}]$

- 고유 저항으로 본 도체와 부도체
  - 도체 : $10^{-4}[\Omega \cdot \mathrm{m}]$ 이하의 고유 저항을 가지는 물질(수은 > 백금 > 알루미늄 > 구리 > 은 등)로, 온도가 올라가면 저항값도 직선적으로 상승함
  - 반도체 : $10^{-4} \sim 10^{-6}[\Omega \cdot \mathrm{m}]$ 사이의 고유 저항을 가지는 물질(탄소 > 게르마늄 > 실리콘 등)로, 온도가 올라가면, 전도율이 커져서 저항이 급격히 감소함
  - 부도체 : $10^{-6}[\Omega \cdot \mathrm{m}]$ 이상의 고유 저항을 가지는 물질(유리 > 고무 > 수정 등)로, 온도 변화에 매우 다르게 변화하지만 일반적으로는 고유 저항이 작아짐

② 저항의 병렬 연결(Parallel Connection)
- 저항의 병렬 연결

$R = \dfrac{1}{\dfrac{1}{R_1} + \dfrac{1}{R_2} + \dfrac{1}{R_3}}$

$\quad = \dfrac{R_1 R_2 R_3}{R_2 R_3 + R_1 R_3 + R_1 R_2}[\Omega]$

- 전위의 평형과 휘트스톤 브리지(Wheatstone Bridge)
  - 전기 회로에 전압을 가하여도 전기 회로에 전위차가 일어나지 않아 전류의 흐름이 발생하지 않는 경우에는 전위 평형이 이루어졌다고 함
  - 휘트스톤 브리지는 $0.5 \sim 10^5[\Omega]$ 정도의 중저항 측정에 널리 사용되는 회로로, 4개의 저항을 그림과 같이 연결하고 X의 저항값을 모른다고 가정할 경우 전위 평형을 위한 (검류계 G에 전류가 흐르지 아니할)조건은 다음과 같음

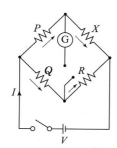

$$PR = QX\text{에서 } X = \frac{PR}{Q}$$

③ 저항의 직병렬 연결(Series-Parallel Connection)

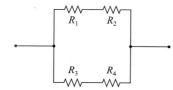

$$R = \frac{(R_1 + R_2) \cdot (R_3 + R_4)}{(R_1 + R_2) \cdot (R_3 + R_4)}[\Omega]$$

$$R = R_1 + \cfrac{1}{\cfrac{1}{R_2} + \cfrac{1}{R_3}}$$

$$= R_1 + \left(\frac{R_2 \cdot R_3}{R_2 + R_3}\right)[\Omega]$$

(2) 콘덴서(Condenser ; Capacitor)

① 전기를 저축할 수 있는 능력을 정전 용량(Electrostatic Capacity)이라고 하는데, 전기 회로에 연결하였을 때 정전 용량이 발생하도록 만든 장치가 콘덴서(축전기)임
② 콘덴서는 회로상에서 교류 전류는 흐르게 하지만, 직류 전류는 콘덴서의 정전 용량이 충족되면 더 이상 흐르지 못하게 함
③ 콘덴서의 정전 용량은 기호 C, 단위는 F(패럿 : Farad)를 사용

④ 콘덴서의 직렬 접속

- 콘덴서의 직렬 연결에서 각 콘덴서에 걸린 전압의 합은 반드시 전체에 가한 전압과 같음

$$V = V_1 + V_2 = \frac{Q}{C_1} + \frac{Q}{C_2}[\text{V}]$$

- 합성 용량(C)은 $Q = CV$에서 식을 변형하면 다음과 같이 식이 구해짐

$$C = \frac{Q}{V} = \frac{Q}{\dfrac{Q}{C_1} + \dfrac{Q}{C_2}} = \frac{Q}{Q\left(\dfrac{1}{C_1} + \dfrac{1}{C_2}\right)} = \frac{1}{\dfrac{1}{C_1} + \dfrac{1}{C_2}} = \frac{C_1 C_2}{C_1 + C_2}[\text{F}]$$

⑤ 콘덴서의 병렬 접속

- 2개의 콘덴서에 축적된 전체 전하를 계산하면 다음과 같음

$$Q = C_1 V + C_2 V = V(C_1 + C_2)[\text{C}]$$

- 위에서와 같이 $Q = CV$ 식을 변형하면 다음과 같은 식이 성립함

$$C = \frac{Q}{V} = \frac{V(C_1 + C_2)}{V} = C_1 + C_2[\text{F}]$$

전기전자 소자 및 센서일반(1) 예상문제

01 다음 중 전자가 이동되는 방향은?

① 방향 없음
② 양전기(+)에서 음전기(−)쪽으로 이동
③ 음전기(−)에서 양전기(+)쪽으로 이동
④ 양전기(+)와 음전기(−)서로 양방향으로 이동

전기는 양전기(+)에서 음전기(−)쪽으로 이동하고, 반대로 전자는 음전기(−)에서 양전기(+)쪽으로 이동한다.

02 시간이 변함에 따라 크기와 방향이 주기적으로 변하는 전압, 전류를 무엇이라 하는가?

① 직류   ② 변류
③ 맥류   ④ 교류

교류는 시간이 변함에 따라 크기와 방향이 주기적으로 변하며, 직류는 그 값이 일정하다.

03 다음 중 직류(DC)에 대한 설명으로 가장 적합한 것은?

① 시간에 따라 기전력의 방향이 불변하고 크기가 일정한 것
② 맥류와 교류가 중첩하는 것
③ 시간에 따라 기전력의 방향과 크기가 변하는 것
④ 시간에 따라 기전력의 방향이 불변하고 크기가 변하는 것

직류(DC)는 시간에 따라 기전력의 방향이 불변하고 크기가 일정하다.

04 다음 중 1[J]과 같은 것은?

① 1[W · sec]   ② 1[kg · m]
③ 1[cal]   ④ 1[N · sec]

주울(1J)은 에너지가 변환되는 속도 또는 작업이 완료되는 속도를 나타내는 단위. 1와트는 초당 1주울로 정의된다.

05 1[eV]는 몇 [J]인가?

① 1.6×10^{19} ② 1.6×10^{-19}
③ 6.1×10^{-31} ④ 1

1[eV]는 1.6×10^{-19}[J]이다.

06 다음 중 값이 최고 큰 값은?

① 최대값   ② 실효값
③ 평균값   ④ 최소값

최대값>실효값>평균값>최소값

07 다음 중 최대값이 1일 때 실효값은?

① 1   ② $1/\sqrt{2}$
③ $2/\sqrt{2}$ ④ $2/\sqrt{3}$

Vm(최대값) = $\sqrt{2}$ · V(실효값)

08 최대값이 100[V]일 때 실효값은?

① 50.0[V]　　　　② 60.3 [V]
③ 70.7[V]　　　　④ 100.0[V]

Vm(최대값) = $\sqrt{2}$ · V(실효값)

09 다음 중 최대값이 1일 때 평균값은?

① 1　　　　　　② 1/$\sqrt{2}$
③ 2/π　　　　④ 2/$\sqrt{3}$

Vm(평균값) = $\dfrac{2}{\pi}$ Vm(최대값)

10 최대값이 100[V] 일 때 평균값은?

① 50.0[V]　　　　② 60.3 [V]
③ 70.7[V]　　　　④ 100.0[V]

Vm(평균값) = $\dfrac{2}{\pi}$ Vm(최대값)

11 20[Ω], 30[Ω], 40[Ω]의 3개의 저항을 직렬로 접속했을 때 합성 저항은 몇 [Ω]인가?

① 70　　　　　　② 80
③ 90　　　　　　④ 100

직렬 합성저항 RT = R1 + R2 + R3

12 90[Ω], 90[Ω], 90[Ω]의 3개의 저항을 병렬로 접속했을 때 합성 저항은 몇 [Ω]인가?

① 20　　　　　　② 30
③ 40　　　　　　④ 50

병렬 합성저항 RT = R1 + R2 + R3

13 회로의 접속점에서 "유입되는 전류의 합과 유출되는 전류의 합이 같다."를 나타내는 법칙은?

① 키르히호프의 제1법칙
② 키르히호프의 제2법칙
③ 노튼의 법칙
④ 데브날의 법칙

키르히호프의 제1법칙(전류법칙)은 유입되는 전류의 합과 유출되는 전류의 합이 같다. 그리고, 키르히호프의 제2법칙(전압법칙)은 공급되는 전압의 합은 각 부하에 걸리는 전압의 합과 같다.

14 2[V]의 건전지 10개를 병렬로 연결하면 합성 전압은 얼마인가?

① 2[V]　　　　　② 5[V]
③ 10[V]　　　　④ 20[V]

병렬 합성전압 V1 = V1 + V1 + V1···Vn

15 2[V]의 건전지 10개를 직렬로 연결하면 합성 전압은 얼마인가?

① 2[V]　　　　　② 5[V]
③ 10[V]　　　　④ 20[V]

직렬 합성전압 V1 = V1 + V1 + V1···Vn

16 다음 중 콘덴서를 병렬로 0.4[μF]와 0.6[μF]를 연결하였을 때 합성 정전 용량은?

① 0.2[μF]　　　　② 0.4[μF]
③ 0.8[μF]　　　　④ 1.0[μF]

병렬 합성용량 CT = C1 + C2 + Cn

17 다음 중 콘덴서를 직렬로 10[μF]와 10[μF]를 연결하였을 때 합성 정전 용량은?

① 1.0[μF] ② 5.0[μF]
③ 10.0[μF] ④ 20.0[μF]

직렬 합성용량 CT = $\dfrac{C_1 C_2}{C_1 + C_2}$[F]

18 다음 중 1차 전지와 2차 전지를 구분하는 가장 큰 특징은?

① 전지의 충전가능 여부
② 축전지의 저장 용량 크기
③ 전지의 연결 방법
④ 전지의 모양

전지의 크게 충전 가능에 의해 구분된다.

19 어떤 가전제품의 사용전압이 200[V]라 한다. 이 때 흐르는 전류가 100[mA]라고 할 때 소비전력은?

① 5[W] ② 10[W]
③ 20[W] ④ 30[W]

P=V×I[W]

20 100W의 전등 10개를 1시간 동안 점등하였을 때 전력량은?

① 1[kWh] ② 2[kWh]
③ 3[kWh] ④ 4[kWh]

W=P×h=V×I×h[Wh]

21 전력값이 일정할 때 전류에 대한 설명으로 옳은 것은?

① 전압에 비례한다.
② 전압의 자승에 비례한다.
③ 전압에 반비례한다.
④ 전압의 자승에 반비례한다.

P=V×I , I=P / V

22 진동 전류나 전파, 음파 등이 도선 또는 공간을 통해 전달되는 과정에서 일정한 진폭으로 운동하는 펄스를 무엇이라 하는가?

① 전력 ② 파장
③ 주파수 ④ 주기

주파수는 일정한 크기의 전류나 전압 또는 전계와 자계의 진동(oscillation)과 같은 주기적 현상이 단위 시간(1초) 동안에 반복되는 횟수. 소리나 전파 등에 적용된다.

23 주파수(f)와 주기(T)와의 관계는?

① f = 1/T
② f = 2/T
③ f = 3/T
④ f = 4/T

f = 1/T

24 사인파의 주기가 0.5[msec]일 때 이 파형의 주파수는 몇[kHz]인가?

① 1 ② 2
③ 3 ④ 4

f = 1/T = 1/0.5[msec]
   = 1/(0.5×10^{-3})[sec] = 1,000[Hz]

25 주파수가 100[KHz]인 신호의 주기는 몇[ms]인가?

① 1　　　　　　② 2
③ 3　　　　　　④ 4

$f = 1/T$

26 주파수가 100[KHz]인 신호의 주기는 몇[μs]인가?

① 1　　　　　　② 10
③ 100　　　　　④ 1000

$f = 1/T$

27 교류 전압 $v = 100\sin 120\pi t$에서 주파수 f는 몇 [Hz]인가?

① 6　　　　　　② 60
③ 10　　　　　④ 100

각주파수 $\omega = 2\pi f t = 120\pi f t$

28 다음 회로에서 저항 10[Ω], 20[Ω], 30[Ω]이 직렬로 연결된 양단에 60[V]의 전압이 인가되었다. 이 때 회로의 흐르는 전체 전류[I]는?

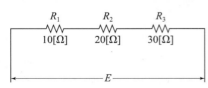

① 0.5[A]　　　　② 1[A]
③ 5[A]　　　　　④ 10[A]

직렬회로에서 전체전류는 전체 전압/전체 저항

29 다음 회로에서 20[Ω]의 저항에 100[V]의 전압을 가하면 몇 [A]의 전류가 흐르겠는가?

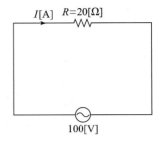

① 0.5[A]　　　　② 1[A]
③ 5[A]　　　　　④ 10[A]

직렬회로에서 전체전류는 전체 전압/전체 저항

30 다음 중 교류전원의 기호는?

① ──┤├──　　　② Ⓥ
③ 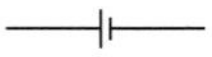 ──┤├──　　　④ ◯∿

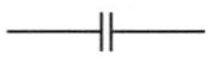

31 다음 중 콘덴서의 기호는?

① ──┤├──　　　② Ⓥ
③ ──�₩�₩──　　④ ◯∿

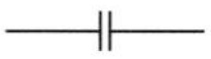

32 다음 중 직류 전원의 기호는?

① ──┤├──　　　② Ⓥ
③ ──◗◗◗──　　④ ◯∿

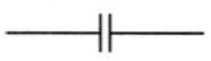

03 전기전자 소자 및 센서일반(2)

3 센서의 개념 및 정의

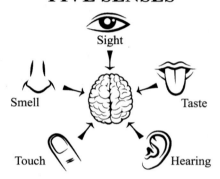

FIVE SENSES

그림 3-5 인간의 오감

① 센서란 측정 대상물로부터 물리량을 검출하고 검출된 물리량을 전기적인 신호로 변환시켜 주는 소자를 의미하며, 센서공학(-工學, sensor engineering)은 이러한 센서의 원리, 특성, 응용에 대하여 연구하는 학문 분야

② 센서라는 단어는 라틴어의 "sens (-us)"에서 유래된 것인데, 1965년경까지도 문헌상에 나타나지 않았으나 「sensor」라는 낱말은 1967년 미국의 McGraw-Hill 출판사가 펴낸 "English-German Technical Engineering Dictionary"에 정의 없이 최초로 출현

③ 1974년, 역시 McGraw-Hill 출판사가 "Dictionary of Scientific and Technical Terms" (1st ed.)에 처음으로 정의를 넣어서 「sensor」라는 단어를 수록하였는데, 그 정의는 "온도, 압력, 유량, 또는 그들의 변화, 혹은 빛, 소리, 전파 등의 강도를 감지하여 그 정보 수집시스템의 입력신호로 변환하는 디바이스(device)"

④ 센서는 첨단산업 현장에서의 자동화 시스템을 비롯하여 자동차 관련 산업, 우주 항공산업, 의료 분야, 환경 측정 분야, 산업 전반에 걸친 다양한 분야 및 일상생활에 이르기까지 폭넓게 사용되고 있음

⑤ 따라서 센서기술은 모든 산업 분야에서 핵심적인 기술로 자리 잡고 있으며, 각국에서 기술 경쟁력을 선점하기 위해 노력하고 있으며, 센서는 반도체의 집적화 기술과 MEMS(Micro Electro-Mechanical System)의 소형화 기술들과 결합하여 더욱 소형화, 지능화, 고성능화될 것이며, 대량생산됨에 따라 가격도 저렴해질 것으로 예측

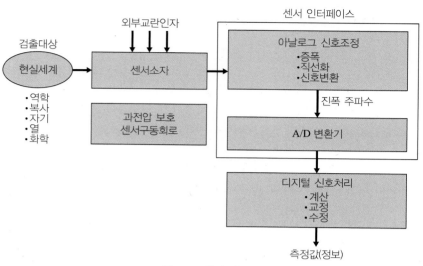

그림 3-6 센서 시스템

⑥ 이렇듯 산업의 전 분야에 널리 활용되고 있는 센서공학에서는 산업체 또는 실생활에서 사용하는 다양한 센서의 동작원리와 특성 및 응용 회로 등을 다룸

4 트랜스듀서와 액추에이터

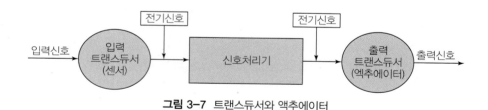

그림 3-7 트랜스듀서와 액추에이터

① 센서가 원초적 정보를 채취하는 것으로서 감지기 또는 감지장치인데 비하여 트랜스듀서(transducer)는 채취된 정보를 이에 대응하는 유용한 신호로 변환하는 것으로서 변환기 또는 변환장치

② 트랜스듀서란 "어떤 종류의 신호 또는 에너지를 다른 종류의 신호 또는 에너지로 변환하는 장치" 또는 "물리·화학량을 전기신호로 변환하거나 역으로 전기신호를 다른 물리·화학량으로 변환하는 장치"

③ 생체는 외계로부터의 자극을 오감(시각, 청각, 촉각, 후각, 미각)으로 받아서 그 신호를 신경에 의하여 뇌로 전달하고, 뇌는 이 신호를 처리하여 근육 또는 수족 등으로 명령신호를 전달함으로써 동작을 수행

④ 이때 컴퓨터는 그 신호를 처리하여 액추에이터(actuator)에 전송함으로써 액추에이터를 구동. 액추에이터라 입력된 신호에 대응하여 작동을 수행하는 장치

⑤ 생체의 감각기관과 공학적 센서시스템을 대비하여 나타낸 것으로 센서 시스템에서 협의의 센서와 트랜스듀서가 결합되어서 생체의 수용체(receptor)에 대응

⑥ 따라서 일반적으로 원초적 정보가 센서에 의하여 채취되고 입력 트랜스듀서(input transducer)에 의하여 전기적 신호로 변환·출력하는 장치를 센서라고 하는 것

5　센서의 기능과 구비조건

① 센서는 외부로부터의 자극이나 신호를 선택적으로 감지해야 하는 본질적 기능과 이 감지된 원초적 신호를 유용한 전기적 신호를 변환하는 기능을 갖추고 있어야 하며, 기본적으로 우수한 감도(sensitivity), 선택도(selectivity), 안정도(stability) 및 복귀도(reversibility)를 갖추어야 함

② 센서는 이 기본적인 요건 외에도 높은 기능성, 적용성, 규격성, 생산성, 보존성 등·다양한 부대요건 (subsidiary requirements)을 구비해야 함

③ 이러한 기본요건 및 부대요건을 유수하게 많이 구비할수록 센서는 높은 신뢰성(reliability)을 갖는 좋고, 경우에 따라서는 비교적 단순한 요건만을 충족해도 환영받는 센서가 있는가 하면 대단히 까다롭고 복잡한 요건을 구비해야 실용될 수 있는 것. 일반적으로 화학센서나 바이오센서들이 물리센서들에 비하여 더 까다로운 구비요건을 충족해야 하며, 높은 수준의 센서 일수록 그 구비요건은 더욱 엄격해짐

표 **3-1** 검출대상에 따른 센서의 종류

검출 대상	센서의 종류	접촉/비접촉	특징
물체의 유무	마이크로 스위치	접촉	스프링에 의해 구동되는 핀에 따라 접점의 개폐가 이루어지는 스위치. 물체의 유무에 따라 핀을 동작시키는 것에 의해 검출
	홀 소자	비접촉	전류가 흐르고 있는 반도체 칩에 전류에 수직인 자기장을 걸면 전류와 자기장에 직각인 방향으로 기전력이 생기고(홀 효과), 그 기전력에 따른 전위차를 측정하여 자기장을 검출. 자기력을 가진 물체의 유무 검출이 가능
	광전 센서	비접촉	광전 센서는 빛을 내는 투광부와 빛을 받는 수광부로 구성. 투광된 빛이 검출 물체에 의해 가려지거나 반사하거나 하면 수광부에 도달하는 빛의 양이 변화하므로 수광부는 그러한 변화를 검출한 후 전기 신호로 변환해서 출력. 사용되는 빛은 가시광(주로 빨강, 색 판별용으로 초록, 파랑)과 적외광
	유도형 근접 스위치	비접촉	검출 코일에 교류 전류를 흘려 교류 자기장을 발생시켜서, 그 자기장에 의해 생기는 피검출 물체의 과전류에 따른 자기 손실을 임피던스로 측정하여 피검출 물체의 유무를 검출. 피검출 물체는 과전류를 발생시키는 물체
	정전 용량형 근접 스위치	비접촉	피검출 물체와 센서 사이에 생기는 정전 용량은 거리에 따라 변화. 그 변화하는 정전 용량을 측정하여 피검출 물체의 유무를 검출. 피검출 물체는 금속과 같은 도체뿐 아니라 수지나 물과 같은 물질도 검출
	리드 스위치 (자기형 근접 스위치)	비접촉	강자성체 금속이 불활성 가스와 함께 용기 안에 봉지된 구조. 일반적인 상태에서는 접점은 열려 있지만, 외부 자기장이 가해지면 내부의 자성체가 자석이 되어 서로 당김으로 인해 접점이 닫히는 것을 이용하여 자기나 자기를 띤 물질을 검출
위치, 변위, 치수	퍼텐쇼미터	접촉	구조는 가변 저항기와 같고 각도와 저항값 사이에 상관관계가 있는 것을 이용하여 저항값을 측정하는 것으로 회전각을 검출
	차동 변압기	접촉	1차 코일과 2차 코일, 가동식 코어(철심)로 구성. 이 가동 코어가 가동 코어가 피측정 물체와 연동하여 움직였을 때 변화하는 유도 기전력을 측정하는 것으로 피측정 물체의 변위를 검출
	리니어 인코더	접촉	인코더란 변위량을 펄스 형태로 출력하여 그것을 카운트하는 것으로 검출하는 센서. 리니어 인코더는 직동형 인코더라고도 하고 직선 변위량을 검출

검출 대상	센서의 종류	접촉/비접촉	특징
압력, 응력, 변형, 토크, 중량	스트레인 게이지	접촉	금속선이나 호일을 변형시키면 단면적이 변화하여 전기 저항이 커짐. 이러한 특성을 활용하여 피측정 재료에 스트레인 게이지를 접착시키고 저항을 측정하는 것으로 재료의 변형이나 신축을 검출
	감압 다이오드	접촉	pn 접합이나 금속-반도체 접촉(쇼트키) 다이오드의 접합부에 집중 압력을 가하면 순방향과 역방향 모두 전류가 증가하는 것을 이용하여 압력을 검출. 이러한 현상은 반도체 결정에 압력을 가하면 전기 저항이 변화하는 피에조 효과
	로드 셀	접촉	스트레인 게이지를 이용한 힘 검출기. 검출하는 힘의 방향에 따라 압축형 로드 셀, 인장형 로드 셀, 압축 인장 겸용형 로드 셀이 있음
	다이어프램	접촉	다이어프램은 얇은 평면 모양의 막. 압력을 받으면 중앙부에 변위와 변형이 생기고 그것을 측정하여 압력을 검출
	부르동관	접촉	부르동관은 C 모양을 띤 관 형태의 밀폐용기. 용기가 압력에 의해 변형되는 것을 이용하여 압력을 검출
	벨로즈	접촉	벨로즈는 바깥 둘레에 뱀 비늘 모양의 깊은 주름이 있는 얇은 원통. 이러한 원통에 압력을 가하면 신축하는 것을 이용하여 압력을 검출
각도	리졸버	접촉	유도 교류 서보 모터와 비슷한 구조로 되어 있으며, 회전자와 고정자 양쪽으로 권선 방향이 직교하는 2상 코일이 감겨 있음. 고정자 2상 코일에는 교류를 흘려 회전자의 회전에 따라 2상 코일로부터 출력되는 전압의 위상 변화를 측정하여 각도를 검출
	퍼텐쇼미터	접촉	구조는 가변 저항기와 같고 각도와 저항값 사이에 상관관계가 있는 것을 이용하여 저항값을 측정하는 것으로 회전각을 검출
	로터리 인코더	접촉	인코더란 변위량을 펄스 형태로 출력하여 그것을 카운트하는 것으로 검출하는 센서. 로터리 인코더는 회전형 인코더라고도 하고 회전 변위량을 검출
속도, 회전수	초음파 센서	비접촉	검출 물체에서 초음파가 차단된 경우나 검출 물체의 표면에서 반사되어 나오기까지의 시간을 측정하여 출력 신호를 얻음
	레이저 도플러속도계	비접촉	피측정 물체에 레이저 빛을 쬐었을 때의 산란광이 도플러 효과에 의해 속도에 따라 주파수가 변화하는 것을 이용하여 그 변화를 입사광과 산란광의 광비트 신호로 측정하여 속도를 측정
	속도계용 발전기	접촉	속도에 비례하는 회전을 발전기에 접속하여 속도에 따른 발전을 한 후, 그 발전량을 측정하여 속도를 검출
	로터리 인코더	접촉	로터리 인코더의 특징을 참조
가속도, 진동	압전 소자	접촉	압전체에 압력을 가하면 전압이 발생하는 피에조 효과를 이용해서 진동 등을 전압으로 변환한 후, 그 전압을 측정하는 것으로 진동을 검출

검출 대상	센서의 종류	접촉/비접촉	특징
가속도, 진동	MEMS 가속도 센서	비접촉	반도체 프로세스 기술을 활용하여 미세 구조체를 만드는 기술인 MEMS(Micro Eletro Mechanical Systems)을 이용해서 제조한 가속도 센서. 감지 기구의 차이에 따라 피에조 저항형, 정전 용량형, 열 감지형이 있음
온도	바이메탈	–	선팽창 계수가 다른 두 개의 금속을 포개어 붙인 구조를 하고 있으며, 그 구조가 온도에 따라 변형되는(휘는) 것을 이용하여 온도를 검출
	열전대	–	서로 다른 금속을 접합할 때 어떤 접합점과 다른 쪽 접합점에 온도차가 있는 경우에 생기는 열기전력(제벡 효과)를 측정하여 온도를 검출
	저항 측온체	–	금속선이 온도에 따라 저항이 변화하는 것을 이용하여 저항을 측정하여 온도를 검출. 금속으로는 백금이 이용되는 경우가 많음
	서미스터	–	코발트, 니켈, 망간 등의 금속 화합물 분말과 2개의 도선을 소결하여 제작. 화합물의 혼합비에 따라 특성이 변화. NTC 서미스터는 온도의 상승에 따라 저항이 감소하고 PTC 서미스터는 반대로 저항이 증가. 저항 측온체보다 감도가 높은 특징이 있음
	광고온계	비접촉	물체의 열방사를 이용하여 비접촉으로 온도를 측정하는 센서. 구체적으로는 측정기 안의 측정 필라멘트 휘도를 피측온체 휘도와 일치시켜 필라멘트에 흐르는 전류로부터 필라멘트 온도를 측정하고, 그것이 피측온체의 온도와 같음
자기	리드 스위치 (자기형 근접 스위치)	비접촉	리드 스위치의 특징을 참조
	자침	비접촉	자석을 자유롭게 회전시킬 수 있는 구조를 가진 센서. 외부 자기장의 영향으로 자석이 움직이는 것에 의해 자기를 검출. 가장 간단한 예로는 방위 자침(나침반)이 있음
	홀 소자	비접촉	홀 소자의 특징을 참조
	자기 저항 소자 (MR센서)	비접촉	자기에 의해 저항값이 변화하는 자기 저항 효과를 이용한 소자. 자기 저항 효과는 보통의 금속에서도 볼 수 있는 성질이지만, 물질과 구조를 연구함에 따라 초거대 자기 저항 효과라고 하는 저항 변화율의 증가가 발생
빛	포토다이오드 포토트랜지스터 포토사이리스터	비접촉	충분한 에너지를 가진 광자가 pn 접합이나 pin 접합에 들어가면 전자를 들뜬상태로 만들어 자유 전자와 자유 정공 쌍을 생성. 이러한 캐리어는 광전류가 되고, 생성된 광전류로 다이오드 특성을 변화시키거나 트랜지스터나 사이리스터를 동작시키는 소자
	광전자 증배관	비접촉	광전 효과를 이용하여 빛 에너지를 전기 에너지로 변환하는 광전관을 기본으로 하여 전류 증폭 기능을 추가한 고감도 빛 검출기. 윗부분으로부터 빛이 입사하는 '헤드 온'형과 측면에서 빛이 입사하는 '사이드 온'형이 있음

검출 대상	센서의 종류	접촉/비접촉	특징
빛	CCD 이미지 센서	비접촉	수광 소자에 빛이 닿으면 전하가 발생하고, 그 전하를 전하 결합 소자(CCD, Charge Coupled Device)라고 하는 회로 소자를 이용하여 전송하여 빛을 검출하는 촬상 소자
	CMOS 이미지 센서	비접촉	수광 소자인 포토다이오드에 축적된 전하를 각각의 화소에서 전압으로 변환, 증폭하여 읽기, 빛을 검출하는 촬상 소자. 잡음이 크므로 용도가 한정되어 있지만, 소형이고 저소비 전력의 장점이 재조명을 받아 빈번하게 사용

7 센서의 활용

(1) 가전제품

가전제품에서의 센서의 활용을 살펴보면 냉장고와 에어컨에 달린 온도센서, 가습기에 부착된 습도센서 등을 들 수 있으며, 에어컨에 달린 온도센서는 실제 대기온도를 감지하여 설정한 온도를 유지하기 위해 에어컨의 운전 강도를 조절하는 용도로 사용

(2) 공공시설물

건물과 같은 공공시설물의 에스컬레이터 입구에 부착된 광센서는 사람이 진입하는 것을 감지하여 에스컬레이터를 작동시키고, 사람이 없을 때는 에스컬레이터의 작동을 멈추게 하여 에너지의 낭비를 없애기 위한 용도로 사용

(3) 제조업의 자동화 설비

① 제조업의 모든 설비들을 자동화시키려면 필수적으로 센서를 사용하여야 하며, 생산 공정에서 컨베이어 벨트 위에 놓인 제품들의 무게가 정해진 기준 값을 넘어가는 경우에 불량품으로 판정하기 위한 용도로 무게센서를 사용

② 또한 거리를 측정할 수 있는 광센서를 이용하여 자동차 생산 라인에서 자동차의 외관을 측정하여, 측정한 제품의 모양이 비정상적인 값이면 불량으로 판정하는 시스템도 있음

(4) 정보화 기기

① 정보화 기기에서 가장 우리가 쉽게 접할 수 있는 센서의 활용 분야는 교통카드, 하이패스카드, 스마트폰의 터치센서 등

② 교통카드나 하이패스카드는 카드 내에 초소형 IC(Integrated Circuit) 칩을 내장하여 이를 무선 주파수로 추적할 수 있는 기술인 RFID(Radio Frequency IDentification) 기술을 사용하는 것으로 일종의 무선 안테나를 센서로 사용

(5) 스마트폰

① 스마트 폰의 터치패널은 터치패널에 손이 닿는 위치를 감지하여 작동하는 센서이며 이를 응용하여 스마트 폰을 동작. 터치패널 센서기술은 스마트 폰이 개발되기 전부터 있었으나, 이러한 센서를 응용한 새로운 제품으로 스마트 폰을 개발한 것이라 볼 수 있음

② 스마트 폰에는 지자기 센서를 이용한 나침반 기능, 중력센서를 이용한 화면의 회전 기능 등이 있는데, 이러한 기능들은 센서의 새로운 응용 분야를 발굴한 것이며, 스마트 폰에 부착된 디지털 카메라도 이미지 센서의 일종

③ 카메라 등에 사용하는 CCD(Charge Coupled Device) 소자 등은 빛의 광량에 따라 출력신호의 크기가 변화하는 소자들의 2차원 배열로 구성되어 있는 센서

④ 이렇듯 다양한 분야에서 센서가 활용되고 있으며, 센서의 활용 분야에 대한 연구와 이를 통한 새로운 제품의 개발 등이 실제 산업체에서는 주요한 연구 분야 중의 하나

⑤ 한편 센서도 마이크로프로세서를 내장한 형태인 디지털 방식의 센서로 발전하고 있으며, 센서의 신호를 아날로그 신호로 멀리 전송할 경우 전기적 잡음에 약하다는 단점이 있으나 디지털 신호로 변환하여 전송하면 전기적 잡음에 영향을 적게 받기 때문에 센서의 디지털화를 통한 신뢰성, 정밀도 향상에 대한 부분도 주요 연구 분야 중 하나

---

8 센서 주요 용어

(1) 주요 용어

① 센서 : 측정 대상물로부터 감지 또는 측정하여 그 측정량을 전기적 신호 또는 광학적인 신호로 변환하는 장치

② IC : 'Integrated Circuit'의 약자로 반도체 물질을 사용한 기판 위에 수많은 전자회로를 집적해 놓은 전자부품

③ 광센서 : 빛을 감지하여 전기적인 신호로 변환하는 센서. 실생활에서 광센서의 응용을 찾아보면 자동문에 부착되어 사람의 유무를 감지하는 용도의 센서

④ **초음파센서** : 사람의 가청주파수(~16Khz)를 넘어서는 주파수의 음파를 발생하여 음파가 반사되어 돌아오는 시간을 측정하여 거리를 계산하는 원리의 센서. 음파의 속도를 알면 시간을 측정하여 거리를 계산할 수 있는 메아리와 같은 원리를 이용한 센서

⑤ **CCD(Charge Coupled Device) 센서** : 전하결합소자라고도 하는 반도체 소자로, 신호를 축적(기억)하고 전송하는 2가지 기능을 동시에 갖추고 있으며, 사람의 눈 역할을 하는 전자 눈으로도 각광을 받고 있으며 대규모 용량의 메모리와 카메라에 사용

⑥ **디지털 신호** : 정보를 표현하는 방식으로 아날로그와 달리 이진수 값의 '0'과 '1'을 표시하는 신호로 구성되어 있으며 컴퓨터와 같은 제품에서 사용되고 있으며, 헤드폰을 통해서 우리가 듣게 되는 소리는 아날로그 신호이지만 MP3 플레이어에서 재생하려는 음악 파일은 디지털 코드로 구성. 따라서 MP3 플레이어 내에는 이러한 디지털 코드를 아날로그 신호로 변환시켜주는 장치가 들어 있음. 반대로 우리가 듣고 있는 음악을 녹음할 때는 이러한 음악신호를 디지털 코드로 변환시켜주는 장치가 들어 있음

⑦ **마이크로프로세서** : 컴퓨터에 사용하고 있는 주 연산장치를 의미. 마이크로프로세서는 프로그램에 따라서 연산처리를 하여 제어기를 구성하는 용도로 널리 사용되고 있으며 모든 전자제품의 두뇌 역할을 하고 있는 전자부품

⑧ **스마트 센서** : 인텔리전트 센서와 거의 같은 뜻으로 쓰이며, 「스마트」란 영어의 「현명하다」라는 뜻으로 쓰이고 있는데 「현명한 센서」 즉, 지능화된 센서. 스마트 센서는 미국의 우주개발 과정에서 탄생한 센서. 비행 중의 인공위성에서는 인공위성의 제어에 필요한 데이터나 관측 데이터 등 방대한 양의 데이터를 시시각각 지상으로 보내와서 실시간에 처리하여 필요한 제어신호를 인공위성으로 보내기 위해서는 초대형의 컴퓨터가 필요하여 시스템 전체의 가격이 상승됨. 그 때문에 센서와 CPU를 일체화하고 위성 내에서 정보처리 판단능력을 갖추게 하여 지상국에는 최소한도의 데이터만을 송신하게 한 센서의 지능화가 진전되어 스마트 센서라는 개념이 요구된 결과 다음과 같은 특징을 가짐

- 틀린 데이터를 수정
- 해석적 · 통계적 계산 처리
- 다른 스마트 센서와 교신이 가능
- 환경의 변화에 순응
- 판단기능 등 스마트 센서의 개념은 센서소자와 전자회로를 하나의 칩으로 만든 IC나 다른 센서를 포함할 정도로 확대되었음

(1) 센서 네트워크의 개요 및 개념

① 최근 몇 년간 유비쿼터스 서비스를 구현하기 위한 핵심 기술 중 하나인 무선 센서 네트워크에 대한 관심이 높음

② 무선 센서 네트워크 기술은 물류, 유통, 환경 감시, 홈 오토메이션, 군사 분야 등 다양한 분야에 적용될 수 있기 때문에 앞으로 관련 분야의 시장 또한 커질 것으로 예상

그림 3-8 무선 센서 네트워크 응용분야

출처: tscsystems.com

③ 극도로 제한된 시스템 자원만을 가질 수 있으며, 열악한 환경 속에서 무선 매체를 통해 유기적으로 동작하여야 하는 특징

④ 적게는 수십 개에서 많게는 수백, 수천 개의 자율적인 하드웨어 노드로 구성되는 무선 센서 네트워크에서 제한된 자원을 효과적으로 활용하기 위해서는 센서 노드에 적합한 운영체제가 필수적으로 요구

⑤ 센서 노드 하드웨어의 발달과 더불어 많은 센서 네트워크용 초소형 운영체제가 개발

⑥ 센서 기술에서는 센싱 기술, 실내 환경 기술, 저소비전력 기술, 소형화 기술이 요구

⑦ 네트워크 기술에서는 무선 및 네트워크 제어 기술, 그리고 시스템 기술에서는 애플리케이션 기술이 요구

(2) 센서 노드의 기본 구조와 플랫폼

무선 센서 네트워크의 기본 구조에 있어서 대부분의 센서 네트워크는 센싱한 정보를 센싱하는 센서 노드, 데이터의 전달을 담당하는 라우팅 노드, 그리고 게이트웨이로의 전달을 담당하는 싱크 노드로 구분할 수 있다.

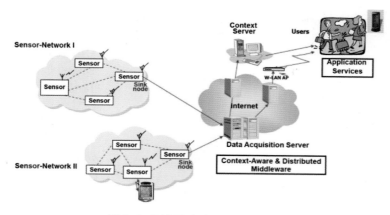

그림 3-9 무선 센서 네트워크의 기본 구조
출처: 생활 속의 임베디드 소프트웨어(도서) 2007. 11. 10.

센서네트워크 플랫폼용 MCU

① Microcontroller의 경우 8bit MCU인 Atmega128부터 16bit인 TI사의 MSP430을 비롯해 ARM 7이나 Intel PXA271까지 용도에 따라 다양한 칩이 사용되는 것을 확인할 수 있음

② 센서 네트워크 플랫폼에 사용되는 MCU에 대해 간단히 살펴보면 Atmega128은 센서 네트워크 초창기부터 많이 사용되었던 하드웨어로 RISC 및 하버드 구조를 가지고 있는 고성능 8bit 마이크로 컨트롤러

③ 프로그램용 코드 메모리와 플래시 메모리를 내장하고 있어 쉽고 반복적 프로그래밍이 가능하기 때문에 널리 사용

④ Texas Instruments에서 개발된 MSP430의 경우 빠른 Wakeup이 가능하며 다양한 전력 관리 모드를 제공하는 16bit MCU로 뛰어난 전력 관리 기능 때문에 저전력 센서 노드에 적합하여 최근에 와서 그 인기가 높음

(3) 센서 네트워크 OS비교 및 요구사항

표 3-2 센서 네트워크 OS 비교

구분	동적모듈 로드	실행모델	지원 플랫폼	실시간	네트워크 지원	관련 도구/툴
TinyOS	미지원	컴퍼넌트 베이스 이벤트 드리븐	ATmeag128, ARM7, MSP430 PXA271 등	×	B-MAC Flooding	TOSSIM, TOSVIS, TinyDB, TinySEC
SOS	지원	모듈 베이스 이벤트 드리븐	ARM7 ATmega128 MSP430	×	UBMAC, Tree Routing	-

구분	동적모듈 로드	실행모델	지원 플랫폼	실시간	네트워크 지원	관련 도구/툴
MANTIS OS	미지원	멀티 쓰레드	ATmega128	△	CC1000, CC2430기반 MAC, X-MAC	-
Contiki	지원	Protothread 기반 이벤트 드리븐	MSP430 AT91SAM7s	×	uIP, Rime	COOJA
T-Kerne		Natin Base 멀티 쓰레드	ATmega128	△		-
Nano -RK	미지원	Reservation 베이스 멀티 쓰레드		○	Flooding, DSR RT-Link, WiDom B-MAC	-
Nano Qplus	미지원	멀티 쓰레드	MSP430 ATmega128 CC2430	△	Zigbee, EAMR	NanoESTO, NanoMon
RETOS	지원	멀티 쓰레드	MSP430 ATmega128 CC2430	△	MLL, NSL, DNL Architecture	RMTool
uT -Kernel	미지원	멀티 쓰레드	ARM7, H8S	○	-	-

표 3-3 센서 네트워크 OS 요구 사항

특성	요구사항
제한된 자원	• 센서 노드의 저전력 통신 • 프로세서 메모리의 효율적 관리 • 커널 코드, 데이터 크기 제한
에너지 효율 극대화	• 센서 노드들 간의 시각 동기화 • 절전 모드 등 저전력 고려
하드웨어적 제약사항 극복	• 제한된 처리 능력 • 작은 하드웨어 구조 고려 • 원시적 I/O 접근 방식의 설계
통신 거리의 제약 극복	• 멀티 홉, 메쉬 네트워크 지원

(4) 센서 네트워크 통신 프로토콜

① 무선 센서 네트워크 통신에서 가장 크게 고려해야 할 사항은 바로 한정된 에너지를 가지고 원하는 일련의 작업을 해야 한다는 것

② 다시 말해, 센서 네트워크의 주된 작업은 센싱한 정보를 수집하여 가공하고 전달하는 것인데 이러한 작업을 한정된 에너지를 가지고 가능한 한 오랜 시간 작업을 할 수 있어야 한다는 것

③ 센서 노드가 지정된 어떤 작업을 하기 위해서는 틀림없이 다른 노드와 데이터를 교환해야만 함

④ 데이터를 교환한다는 것은 노드 간의 통신이 이루어져야 한다는 것을 의미

⑤ 한정된 에너지를 효율적으로 사용할 수 있는 통신 프로토콜이 필요

01 다음 내용 중 (   )에 해당하는 것은?

> (   )란 측정 대상물로부터 물리량을 검출하고 검출된 물리량을 전기적인 신호로 변환시켜주는 소자를 의미

① 트랜스　　　　② 트랜스듀서
③ 센서　　　　　④ 액추에이터

센서는 측정 대상물로부터 물리량을 검출하고 검출된 물리량을 전기적인 신호로 변환시켜주는 소자이다.

02 다음 내용 중 (   )에 해당하는 것은?

> (   )란 "어떤 종류의 신호 또는 에너지를 다른 종류의 신호 또는 에너지로 변환하는 장치" 또는 "물리·화학량을 전기신호로 변환하거나 역으로 전기신호를 다른 물리·화학량으로 변환하는 장치"

① 트랜스　　　　② 트랜스듀서
③ 센서　　　　　④ 액추에이터

트랜듀서는 어떤 종류의 신호 또는 에너지를 다른 종류의 신호 또는 에너지로 변환하는 장치이다.

03 신호를 처리하기 위하여 신호에 대응하여 작동을 수행하는 장치를 무엇이라 하는가?

① 트랜스　　　　② 트랜스듀서
③ 센서　　　　　④ 액추에이터

액추에이터는 신호를 처리하기 위하여 신호에 대응하여 작동을 수행하는 장치이다.

04 다음 내용 중 (   )에 가장 적절한 용어는?

> 센서기술은 모든 산업 분야에서 핵심적인 기술로 자리 잡고 있으며, 센서는 반도체의 집적화 기술과 (   )의 소형화 기술들과 결합하여 더욱 소형화, 지능화, 고성능화될 것이다.

① Deposition(증착)
② MEMS(Micro Electro-Mechanical System)
③ Heat treatment(열처리)
④ Sintering(소결)

MEMS(Micro Electro-Mechanical System) 반도체 공정을 활용한 소형화 기술이다.

05 센서의 기본 구비조건이 아닌 것은?

① 감도(sensitivity)
② 안정도(stability)
③ 선택도(selectivity)
④ 강도(intensity)

센서는 기본적으로 우수한 감도(sensitivity), 선택도(selectivity), 안정도(stability) 및 복귀도(reversibility)를 갖추어야 한다.

06 센서의 기본 구비조건이 아닌 것은?

① 감도(sensitivity)
② 만족도(Satisfaction)
③ 선택도(selectivity)
④ 안정도(stability)

센서는 기본적으로 우수한 감도(sensitivity), 선택도 (selectivity), 안정도(stability) 및 복귀도(reversibility)를 갖추어야 한다.

07 센서의 기본 구비조건 중 다음 정의는 무엇에 관한 것인가?

측정기기 · 수신기 등이 외부의 자극 · 작용에 대해 반응하는 예민성의 정도

① 감도(sensitivity)
② 안정도(stability)
③ 선택도(selectivity)
④ 복귀도(reversibility)

감도(sensitivity) 센서의 측정대상에 대한 예민성의 정도를 의미한다.

08 센서의 기본 구비조건 중 다음 정의는 무엇에 관한 것인가?

소자나 기기가 얼마만큼의 시간, 안정하게 동작을 계속할 수 있는가를 나타내는 것으로

① 감도(sensitivity)
② 안정도(stability)
③ 선택도(selectivity)
④ 복귀도(reversibility)

안정도(stability)는 센서의 측정 대상에 대한 장시간 동안 측정신호를 안정하게 동작하느냐를 의미한다.

09 센서의 기본 구비조건 중 다음 정의는 무엇에 관한 것인가?

원하는 신호를 다른 신호와 구별해서 다룰 수 있는 정도

① 감도(sensitivity)
② 안정도(stability)

③ 선택도(selectivity)
④ 복귀도(reversibility)

선택도(selectivity) 측정하고자 하는 신호 이외의 다른 간섭신호에 대한 민감성을 의미한다.

10 센서의 기본 구비조건 중 다음 정의는 무엇에 관한 것인가?

제조한 원래의 센서(소자) 성능 상태로 되돌아갈 수 있는 성능의 정도

① 감도(sensitivity)
② 안정도(stability)
③ 선택도(selectivity)
④ 복귀도(reversibility)

복귀도(reversibility)는 감지 후 측정 대상이 사라졌을 때까지 원래 상태(신호)로 복귀하는 정도(시간)를 의미한다.

11 다음 설명은 어떤 센서에 대한 특징을 설명한 것인가?

스프링에 의해 구동되는 핀에 따라 접점의 개폐가 이루어지는 스위치. 물체의 유무에 따라 핀을 동작시키는 것에 의해 검출 함

① 마이크로 스위치
② 홀 소자
③ 광전센서
④ 스트레인게이지

마이크로 스위치는 물체의 유무에 따라 핀을 동작시키는 것에 의해 검출된다.

12 다음 설명은 어떤 센서에 대한 특징을 설명한 것인가?

> 전류가 흐르고 있는 반도체 칩에 전류에 수직인 자기장을 걸면 전류와 자기장에 직각인 방향으로 기전력이 생기고(홀 효과), 그 기전력에 따른 전위차를 측정하여 자기장을 검출. 자기력을 가진 물체의 유무 검출이 가능 함

① 마이크로 스위치
② 홀 소자
③ 광전센서
④ 스트레인게이지

> 홀 소자는 자기력을 가진 물체의 유무 검출이 가능하다.

13 다음 설명은 어떤 센서에 대한 특징을 설명한 것인가?

> 빛을 내는 투광부와 빛을 받는 수광부로 구성. 투광된 빛이 검출 물체에 의해 가려지거나 반사하거나 하면 수광부에 도달하는 빛의 양이 변화하므로 수광부는 그러한 변화를 검출한 후 전기 신호로 변환해서 출력 함.

① 마이크로 스위치
② 홀 소자
③ 광전센서
④ 스트레인게이지

> 광전센서 투광된 빛이 검출 물체에 의해 가려지거나 반사하거나 하면 수광부에 도달하는 빛 양의 변화에 따른 검출을 한다.

14 다음 설명은 어떤 센서에 대한 특징을 설명한 것인가?

> 피검출 물체와 센서 사이에 생기는 정전 용량은 거리에 따라 변화. 그 변화하는 정전 용량을 측정하여 피검출 물체의 유무를 검출. 피검출 물체는 금속과 같은 도체뿐 아니라 수지나 물과 같은 물질도 검출 함

① 마이크로 스위치
② 홀 소자
③ 광전센서
④ 정전용량형 근접 스위치

> 정전용량형 근접 스위치는 정전 용량을 측정하여 피검출 물체의 유무를 결정한다.

15 다음 설명은 어떤 센서에 대한 특징을 설명한 것인가?

> 금속선이나 호일을 변형시키면 단면적이 변화하여 전기 저항이 커짐. 이러한 특성을 활용하여 피측정 재료에 접착시키고 저항을 측정하는 것으로 재료의 변형이나 신축을 검출 함

① 마이크로 스위치
② 홀 소자
③ 광전센서
④ 스트레인게이지

> 스트레인게이지는 피측정 재료에 접착시키고 저항을 측정하는 것으로 재료의 변형이나 신축을 검출 할 수 있다.

16 다음 설명은 어떤 센서에 대한 특징을 설명한 것인가?

> 스트레인 게이지를 이용한 힘 검출기. 검출하는 힘의 방향에 따라 압축형 로드 셀, 인장형 로드 셀, 압축 인장 겸용형 로드 셀이 있음

① 마이크로 스위치　② 홀 소자
③ 광전센서　　　　④ 로드 셀

> 로드 셀은 검출하는 힘의 방향에 따라 압축형 로드 셀, 인장형 로드 셀, 압축 인장 겸용형 로드 셀로 나뉜다.

17 다음 설명은 어떤 센서에 대한 특징을 설명한 것인가?

> 검출 물체의 표면에서 반사되어 나오기까지의 시간을 측정하여 출력 신호를 얻음

① 초음파 센서　　　　② 홀 소자
③ 광전센서　　　　　④ 로드 셀

초음파 센서는 검출 물체의 표면에서 반사되어 나오기까지의 시간을 측정하여 검출한다.

18 다음 설명은 어떤 센서에 대한 특징을 설명한 것인가?

> 압전체에 압력을 가하면 전압이 발생하는 피에조 효과를 이용해서 진동 등을 전압으로 변환한 후, 그 전압을 측정하는 것으로 진동을 검출 함

① 초음파 센서　　　　② 압전 소자
③ 광전센서　　　　　④ 로드 셀

압전 소자는 압전체에 압력을 가하면 전압이 발생하는 피에조 효과를 이용한다.

19 다음 설명은 어떤 센서에 대한 특징을 설명한 것인가?

> 서로 다른 금속을 접합할 때 어떤 접합점과 다른 쪽 접합점에 온도차가 있는 경우에 생기는 열기전력(제벡 효과)를 측정하여 온도를 검출

① 초음파 센서　　　　② 압전 소자
③ 열전대　　　　　　④ 로드 셀

열전대는 서로 다른 금속을 접합할 때 어떤 접합점과 다른 쪽 접합점에 온도차가 있는 경우에 생기는 열기전력(제벡 효과)를 측정하여 온도를 검출한다.

20 다음 설명은 어떤 센서에 대한 특징을 설명한 것인가?

> 코발트, 니켈, 망간 등의 금속 화합물 분말과 2개의 도선을 소결하여 제작. 화합물의 혼합비에 따라 특성이 변화. NTC 서미스터는 온도의 상승에 따라 저항이 감소하고, PTC 서미스터는 반대로 저항이 증가 함

① 초음파 센서　　　　② 압전 소자
③ 서미스터　　　　　④ 로드 셀

서미스터는 NTC와 PTC가 있으며, NTC 서미스터는 온도의 상승에 따라 저항이 감소하고, PTC 서미스터는 반대로 저항이 증가한다.

21 다음 설명은 어떤 센서에 대한 특징을 설명한 것인가?

> 수광 소자에 빛이 닿으면 전하가 발생하고, 그 전하를 전하 결합 소자(CCD: Charge Coupled Device)라고 하는 회로 소자를 이용하여 전송하여 빛을 검출하는 촬상 소자.

① 초음파 센서　　　　② CCD 이미지 센서
③ 서미스터　　　　　④ 로드 셀

CCD 이미지 센서는 전하 결합 소자(CCD: Charge Coupled Device)라고 하는 회로 소자를 이용하여 전송하여 빛을 검출하는 소자이다.

22 다음 설명은 어떤 센서에 대한 특징을 설명한 것인가?

> 수광 소자인 포토다이오드에 축적된 전하를 각각의 화소에서 전압으로 변환, 증폭하여 읽기, 빛을 검출하는 촬상 소자. 잡음이 크므로 용도가 한정되어 있지만, 소형이고 저소비 전력의 장점이 재조명을 받아 빈번하게 사용

① 초음파 센서　　　　② 압전 소자
③ CMOS 이미지 센서　④ 로드 셀

CMOS 이미지 센서는 수광 소자인 포토다이오드에 축적된 전하를 각각의 화소에서 전압으로 변환, 증폭하여 읽기, 빛을 검출하는 소자이다.

23 위치, 변위, 치수를 위한 센서가 아닌 것은?

① 퍼텐쇼미터
② 차동변압기
③ 스트레인게이지
④ 리니어 인코더

스트레인게이지는 금속선이나 호일을 변형되면 단면적이 변화하여 전기 저항이 변화하는 것을 이용한 센서이다.

24 다음 중 감지 신호대상이 틀린 센서는?

① 감압 다이오드
② 로드셀
③ 스트레인게이지
④ 초음파 센서

감압 다이오드, 로드셀, 스트레인게이지는 압력 측정 센서이다. 초음파 센서는 주로 거리 측정 센서이다.

25 다음 중 감지 신호대상이 틀린 센서는?

① 바이메탈
② 열전대
③ 서미스터
④ 압전소자

압전소자는 압력 감지이며, 나머지는 온도 측정이다.

26 다음 중 감지 신호대상이 틀린 센서는?

① CMOS 이미지 센서
② 열전대
③ 포토다이오드
④ CCD 이미지 센서

열전대온도이며, 나머지는 광측정 센서이다.

27 다음 중 온도센서를 가장 많이 활용하는 가전 제품은?

① TV
② 에어컨
③ 시계
④ 도어록

에어컨은 온도 측정인 온도센서가 필수인 가전제품이다.

28 다음 중 습도센서를 가장 많이 활용하는 가전 제품은?

① TV
② 카메라
③ 가습기
④ 도어록

가습기는 습도 측정이 필수인 가전제품이다.

29 다음 중 터치센서를 가장 많이 활용하는 가전 제품은?

① 에어컨
② 제습기
③ 가습기
④ 도어록

도어록 기본적으로 터치를 이용한다.

30 다음 중 가스센서를 가장 많이 활용하는 가전 제품은?

① 보일러
② 카메라
③ 가습기
④ 도어록

보일러에는 안전을 위해 온도나 가스를 측정하는 것이 필수이다.

31 다음 중 이미지 센서를 가장 많이 활용하는 가전제품은?

① TV
② 카메라
③ 가습기
④ 도어록

카메라는 기본적으로 이미지센서를 이용한다.

정답 23 ③ 24 ④ 25 ④ 26 ② 27 ② 28 ③ 29 ④ 30 ① 31 ②

32 스마트홈 센서에 요구되는 기술과 거리가 먼 것은?

① 실내 환경 기술　　② 대형화 기술
③ 저소비전력 기술　　④ 소형화 기술

스마트홈 센서는 실내 환경, 저소비전력, 소형화 기술이 요구된다.

33 스마트홈 센서 네트워크에 요구되는 기술은?

① 유선 제어 기술
② 무선 및 네트워크 제어 기술
③ 실내 환경 기술
④ 소형화 기술

네트워크 기술에서는 무선 및 네트워크 제어 기술, 그리고 시스템 기술에서는 애플리케이션 기술이 요구된다.

34 센서 네트워크에 기본 구조인 노드(node)에 속하지 않는 것은?

① 센서 노드　　② 라우팅 노드
③ 싱크 노드　　④ 전원 노드

센서 네트워크는 센싱한 정보를 센싱하는 센서 노드, 데이터의 전달을 담당하는 라우팅 노드, 그리고 게이트웨이로의 전달을 담당하는 싱크 노드로 구분할 수 있다.

35 센서 네트워크에 센서 네트워크 OS 요구 사항의 특성과 거리가 먼 것은?

① 에너지 효율 극대화
② 하드웨어적 제약사항 극복
③ 통신 거리의 제약 극복
④ 소프트웨어적 제약사항 극복

센서 네트워크는 제한된 자원, 에너지 효율 극대화, 하드웨어적 제약사항 극복, 통신 거리의 제약 극복의 특성을 가진다.

1 **멀티스크린 서비스**

(1) 멀티스크린 서비스란?

그림 4-1 클라우드 컴퓨팅의 개념도
출처: 훤히 보이는 스마트TV 2012. 12. 31.

① 멀티스크린 서비스란 "인터넷을 이용하여 하나의 콘텐츠를 PC · TV · 스마트폰 · 태블릿 등 상이한 사양의 다양한 단말기 간에 끊김 없이 제공함으로써 보다 편리하게 즐길 수 있는 서비스"

② 위키피디어는 "클라우드 컴퓨팅이란 인터넷 기반(cloud)의 컴퓨팅(computing) 기술을 의미하며, 인터넷상의 서버에 프로그램을 두고 그때그때 컴퓨터나 휴대폰 등에 불러와서 사용하는 웹에 기반한 소프트웨어 서비스"로 정의

③ 클라우드 컴퓨팅의 개념은 1965년 미국의 컴퓨터 학자인 존 맥카시에 의해 "컴퓨팅 환경은 공공시설을 쓰는 것과도 같을 것"이라는 표현으로 처음 소개

④ 구글의 CEO인 에릭 슈미트는 구글 검색 등 웹 기반 서비스를 "구름 저편"이라고 표현했고, 애플의 스티브 잡스는 클라우드 컴퓨팅이 "디지털 혁명의 허브 역할을 한다."

⑤ 사용자가 원하는 콘텐츠를 정지 없이 공유가 가능토록 해주는 멀티스크린 서비스가 주목을 받고 있는 배경에는 다음과 같은 요인들이 깔려 있음. 인터넷을 통해 방송 서비스를 제공하는 IPTV의 확산, 가장 영향력 있는 글로벌 IT 기업들의 스마트TV 개발 경쟁, 클라우드 컴퓨팅의 보편화, 스마트폰·태블릿 등 다양한 개인휴대용 스마트 기기의 보급 등

그림 4-2 멀티스크린 서비스의 개념도
출처: 훤히 보이는 스마트TV 2012. 12. 31.

(2) 멀티스크린 서비스의 핵심 기술

① **가용성 기술** : 24시간 중단 없이 항상 서비스가 가능하다는 것을 의미

② **보안성 기술** : 클라우드 컴퓨팅 서비스를 제공받은 사용자의 데이터에 대한 철저한 보안이 보장되어야 함을 의미. 클라우드 컴퓨팅은 많은 사용자의 데이터를 관리하며, 사용자는 이를 통제하거나 관리할 수 없기 때문에 경쟁하는 다른 사용자에게 노출되는 경우 그 피해를 회복하기 힘듦

③ **가상화 기술** : 클라우드 컴퓨팅에서 필수적이며 핵심적인 기술. 물리적인 컴퓨팅 자원을 보다 효율적으로 사용 가능하도록 하나의 물리적인 자원을 여러 개로 분리하거나, 여러 개의 물리적인 자원을 하나로 통합하는 기술

(3) 멀티스크린 서비스의 요소 기술

그림 4-3 멀티스크린 서비스의 요소 기술
출처: 훤히 보이는 스마트TV 2012. 12. 31.

① 콘텐츠 분야의 핵심 기술 : 콘텐츠 생성 · 가공 · 저장 기술. 콘텐츠 제작 시점부터 이종 네트워크를 사용하고, 각 네트워크의 가변적인 대역을 고려. 개인이 보유하고 있는 스마트 기기는 다양하므로, 이들 간에 콘텐츠를 공유하거나 협업할 수 있도록 콘텐츠가 생성되고 가공되어야 함

② 플랫폼 분야의 핵심 기술 : 개방화 및 확장 가능한 구조를 지원. 멀티스크린 서비스를 위해 요구되는 공통 API를 보유하고, 새로운 서비스 도입 시 일부 API를 추가하거나 공통 API를 재사용할 수 있도록 해야 함

③ 단말기 분야의 핵심 기술 : 다양한 콘텐츠를 편리하게 사용할 수 있도록 사용자의 스크린 터치, 동작인식, 시선추적, 음성인식 등을 통해 편익성을 증진시키는 이용자 환경 기술

④ 네트워크 분야의 핵심 기술 : 저비용으로 최적 품질의 서비스를 제공하는 기술이다. P2P(Peer-to-Peer) 스트리밍 기술은 경제적인 네트워크 기술의 한 예로서 모든 콘텐츠를 서버에서 제공하는 방식이 아니라, 콘텐츠가 저장된 사용자의 기기로부터 제공. 이는 사용자의 기기 및 네트워크를 사용하는 측면에서 콘텐츠 서버의 부하와 네트워크 비용을 절감할 수 있는 장점을 가짐

(4) 서비스의 제공 사업자 현황

① 콘텐츠 사업자
- OTT(Over The Top), 포털, 지상파 사업자들로 이루어진 콘텐츠 사업자는 서비스를 차별화해 콘텐츠 유통 확대를 추진 전략으로 삼아 멀티스크린 서비스를 전개
- KBS는 앱 및 웹 형태로 뉴스, VoD, 실시간 방송 콘텐츠, 부가정보 등을 스마트폰 · 태블릿 · PC 등 다양한 스마트 기기를 통해 멀티스크린 서비스를 제공
- KBS는 10개 채널을 스마트 기기에서 볼 수 있는 'K플레이어' 서비스를 제공
- SBS는 실시간으로 SBS에서 제공하는 콘텐츠를 볼 수 있는 '고릴라' 서비스를 제공
- MBC는 SBS와 콘텐츠를 공유하는 '푹(POOK)' 서비스를 제공
- KTH는 같이 영화 · 음악 등의 영상 콘텐츠, 만화 · 소설 등의 북 콘텐츠, 키즈용 인기 교육 콘텐츠 등 다양한 장르의 콘텐츠를 스마트폰 · PC · 태블릿 · 스마트TV 등을 통해 스마트 디바이스 콘텐츠 플랫폼 기반의 '플레이(Play)' 서비스를 제공. 이용자가 보유한 멀티스크린 기기별로 별도의 인코딩이 필요 없으며, 앱을 다운로드받아 웹사이트에 접속하여 스트리밍 및 다운로드 감상이 가능

② 플랫폼 사업자
- 구글은 클라우드 컴퓨팅을 통해서 TV, 핸드폰, 모바일 단말기 등 멀티스크린 기기에서 웹 콘텐츠를 공유하는 멀티스크린 서비스 환경을 구축
- 클라우드 기반 음원 저장 및 실행 서비스를 운영하고, 가전제품을 포함한 구글 생태계를 확장. 구글폰과 마찬가지로 개방형 운영체제인 안드로이드를 구글TV에 탑재시켜 구글 플랫폼 활용을 확대하고, 웹에서의 콘텐츠 유통을 TV로 확대시키는 전략을 추진

- 마이크로소프트는 게임용 콘솔인 Xbox를 가정용 미디어 허브로 사용하여 멀티스크린 서비스를 제공. 음악 콘텐츠 서비스인 '준(Zune)'을 음성인식 UI로 지원하고, 제스처를 통해 영상 콘텐츠의 화면을 전환하거나 음성으로 영상을 재생 및 정지시키며, 콘텐츠 검색 및 추천 기능을 제공
- 마이크로소프트는 단일 서비스 플랫폼을 사용하여 다양한 스마트 기기에 동시에 서비스를 제공하기 위해 개방형 미디어 플랫폼인 미디어룸(Mediaroom)을 운용. 이것은 TV, 게임기, 윈도 10 기반의 PC, 실버 라이트(Silver Light) 기반의 웹, 윈도 모바일 7 기반의 모바일폰 등 다양한 기기에 서비스를 제공

③ 단말기 사업자
- 삼성전자의 올셰어 플레이(Allshare Play)는 그림과 같이 DLNA 규격을 이용한 멀티스크린 서비스다. 가용한 서비스의 자동 검색, 스마트폰에 있는 비디오 · 오디오 및 사진의 재생, 와이파이를 통해 스마트폰 · 태블릿 · PC 등 스마트 기기의 콘텐츠 재생 등의 기능을 제공
- 스마트폰에서 보던 콘텐츠를 스마트TV 또는 태블릿으로 이어보기 및 플레이 제어 기능, 로컬 및 네트워크 콘텐츠의 통합 검색, 원하는 콘텐츠만 골라서 재생하는 기능 등을 지원
- 또한 동일 IP상의 인터넷을 통해 연결된 미디어기기들 사이에 콘텐츠를 공유토록 하며, 클라우드 웹 서버 및 웹 스토리지를 이용한 멀티스크린 서비스를 제공
- 애플은 아이팟 · 아이폰 · 아이패드 · 매킨토시PC, 그리고 iTV까지 다양한 멀티스크린 라인업을 구 '모바일미(MobileMe)'라고 하는 클라우드 서비스를 활용하여 이용자의 모든 콘텐츠를 모든 스크린 위에서 동기화하는 기술인 멀티스크린 서비스를 개발
- 또한 에어플레이(AirPlay) 기능은 태블릿 · 스마트폰의 콘텐츠를 스마트TV로 스트리밍하며, HTTP 스트리밍 방식과 봉주르(Bonjour) 기술을 이용
- Bonjour는 호스트에 IP 주소 자동 할당, 스마트 기기의 IP 주소를 명칭으로 대체, 네트워크상의 서비스 발견 및 광고 등의 기능을 제공

2 인공지능(AI) 스피커

① 음악 감상이나 라디오 청취에 활용되던 스피커가 음성인식 기술과 만나 진화
② 스마트폰에서 쉽게 만나볼 수 있는 음성인식 기술과 클라우드, 인공지능(AI) 기술을 활용해 단순하게 소리를 전달하는 도구에서 생각하고 관리하는 AI 스피커로 변신 하는 중
③ 이미 아마존, 구글, 애플 등 글로벌 IT 기업이 이 시장에 뛰어들었고, 국내에서는 SK텔레콤, KT, 네이버, 삼성전자 등도 이 시장에 투자 중

그림 4-4 인공지능(AI) 스피커
출처: 아마존

(1) 스피커와 AI

① 사용자조작화면(UI)이 새롭게 만들어질 때 거대한 플랫폼이 동시에 만듦

② UI는 사용자가 기계와 쉽게 대화를 나눌 수 있게 도와주는 중개 역할

③ PC 시대에는 마우스와 그래픽 중심의 UI 플랫폼이 만들어 짐

④ 스마트폰이 등장하면서 화면을 클릭할 수 있는 터치 기반 UI 플랫폼이 등장. 그리고 이제 기업은 차세대 UI 플랫폼으로 텍스트 기반 입력이 아닌 '음성'에 주목

⑤ 음성 기반 플랫폼이 만들어지면 스마트홈으로 가는 사물인터넷(IoT) 시장을 손쉽게 선점할 수 있음

⑥ 스마트홈은 집 안 각종 가전제품, 수도, 전기사용량 등을 통신에 연결해 모니터링하고 제어할 수 있는 집에 현재 스피커가 자리 잡음

⑦ 음성 기반 플랫폼을 이용하면 손을 이용하지 않고도 편리하게 기기를 관리하거나 제어

⑧ AI 스피커는 인공지능 알고리즘을 이용해 사용자와 음성으로 의사소통을 함

⑨ AI 스피커를 이용하면 음성인식을 통해 집안의 기기를 목소리만으로 간편하게 제어하는 식으로 손쉽게 스마트홈 환경을 구축

⑩ 또한 터치 기반과 달리 음성 기반 조작은 쉽게 배우고 사용할 수 있음

⑪ 우리가 스마트폰에서 '시리'나 'S보이스' 등을 이용해 기기를 제어하는 게 낯설지 않듯, 음성 인식 기반 UI 플랫폼은 우리 생활 가까이에 숨어 있어서, 억지로 배우지 않아도 자연스럽게 배울 수 있는 UI

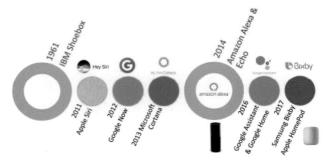

그림 4-5 미국 스마트 스피커 성장 및 진화 과정
출처: 자료원. Voicebot.ai 자료 편집(2019년 11월)

(2) AI 스피커 예시-아마존 에코

① AI 시장에 가장 먼저 뛰어든 건 아마존인데, 2년 전 스마트홈 스피커 '에코'(Echo)를 출시한 이후 '에코 닷'(Echo Dot), '아마존 탭'(Amazon Tap) 등을 선보이며 AI 스피커 시장을 이끌고 있음

② 아마존 에코는 음성비서 기능인 '알렉사'(Alexa)를 내장한 원통형 스피커. 원통에는 마이크 7개가 내장돼 있으며, 소음 제거 기능이 들어가 있음. 이용자는 명령어를 통해 아마존 프라임 뮤직이나 스포티파이 같은 스트리밍 음악 서비스를 즐길 수 있고. 에코는 날씨나 그날 뉴스를 알려주기도 하고, 간단한 질문에도 음성으로 답을 해줌

그림 4-6 아마존 에코
출처: 아마존

(3) AI 스피커 예시-SK텔레콤 '누구'

① '누구'(Nugu)는 전용기기에 대화하듯 말을 걸면 음성인식 기술과 인공지능 엔진을 통해 고객이 원하는 바를 파악해 수행하는 서비스

② 예를 들어 누구에게 "오늘 날씨를 알려줄래?", "노래를 불러줄래?" 등과 같은 질문을 던지면, 누구는 이를 이해해 날씨 정보를 사용자에게 음성으로 알려주거나 노래를 불러줌

③ 누구 역시 아마존 에코처럼 클라우드를 통해 사용자 대화를 이해하고 파악. SK텔레콤은 누구 음성인식 기술에 딥 러닝을 더해, 쌓이는 데이터가 늘어날수록 이를 바탕으로 학습할 수 있게 개발. 사용자가 자주 이용할수록 누구나 이해할 수 있는 단어와 문장도 함께 늘어나면서 인식도가 높아짐

④ 누구는 고객과의 대화 맥락을 이해하는 인공지능 플랫폼과 음성 입출력이 가능한 전용 스마트 기기로 이뤄져 있음. 누구를 사용하려면 전용 스마트 기기와 와이파이가 있어야 함. 그다음 스마트폰에 누구 앱을 내려받아 연결해 사용하면 됨

⑤ 누구나 팅커벨, 크리스탈, 아리아, 레베카란 이름 중 하나를 선택해 이름을 부르면 이용할 수 있음

그림 4-7 SK텔레콤이 선보인 AI 스피커 '누구'

(4) AI 스피커 예시- 구글 '구글 홈'

① 구글은 '메이드 바이 구글'(Made by Google)에서 '구글 홈'(Google Home)을 정식으로 발표

② 구글 홈은 스피커 모양의 거치형 AI 개인비서 기기로, 다른 AI 스피커와 마찬가지로 음성 인식 기반. '오케이, 구글'(OK, Google)로 인공지능 비서를 깨운 다음 자연스러운 구어체로 말을 걸면, 사용자 대화 내용을 이해하고 그에 따른 정보를 음성으로 알려줌. 기기 상단에 터치 센서를 탑재해 터치로 볼륨 및 재생을 제어

그림 4-8 인공지능 비서 '구글 홈'
출처: 구글

3 스마트홈 주방 · 세탁가전

(1) 주방 가전

① 대부분의 미국 가정에서는 부엌이 가족 소통의 공간으로 활용되는 경우가 많으며, 특히 어린 자녀를 둔 가정의 경우, 침실 외의 공부방은 따로 없는 경우가 일반적임. 자녀가 방과 후 집에 돌아오면, 침실에 있는 책상보다는 부모가 부엌에서 저녁식사를 준비하는 동안 식탁에 옹기종기 모여 앉아 그날의 과제 및 프로젝트 등을 해결함

② 자녀가 없는 젊은 부부 또는 노년층 가정에서도 부엌은 주부만의 공간이 아니라 가족 전체의 공간으로 인식됨. 식탁에서 가족 티타임을 갖거나 미처 끝내지 못한 회사 업무를 보기도 하며, 각종 고지서를 정리하는 등 집안의 다른 주거공간보다 활용도가 높은 것이 부엌 공간의 특징임

③ 스마트 폰 등장 이전, 대부분의 미국 가정에서는 가족 구성원 각자의 스케줄이나 서로에게 전달하고자 하는 메시지를 냉장고에 노트 또는 메모로 부착해 소통하는 경우가 일반적이었으나, 이제는 스마트 폰의 달력 어플리케이션이 널리 활용되고 있음

④ 소형 주방가전에서는 안전 기능이 추가된 조리 기기가 소비자들의 관심을 받고 있음

⑤ 조리시간 설정 기능, 전원 자동 차단 기능, 조리 완료시 알람 기능 등이 추가된 제품들이 주목받고 있음

⑥ 외출 시 집의 가스 불을 잘 잠갔는지 혹은 조리 후 불을 껐는지 기억이 잘 나지 않아 외출 중 화재 우려로 부랴부랴 집으로 향하지 않아도, 스마트(홈) 소형가전 및 조리기기를 통해 손쉽게 전원 확인 및 제어가 가능함

⑦ 스마트 폰이나 태블릿 컴퓨터를 통해 오븐을 켜서 미리 예열하거나, 아침에 오븐에 넣어놓은 식재료를 퇴근 시간에 맞추어 조리하도록 하는 등 원격으로 조리 온도와 시간을 조정하는 기능을 가진 제품들이 '스마트'한 제품으로 강조되며 소비자의 구매 욕구를 자극하고 있음

(2) 세탁 가전

① 기존 백색가전이 스마트 백색가전으로 진화하는 또 다른 사례로는 세탁기와 건조기(dryer)를 꼽을 수 있음

② 빨래는 가족생활에서 빼놓을 수 없는 가사노동 중 하나로 세탁기와 건조기는 빨래에 많은 힘과 시간을 소모하는 주부들의 편의를 돕는 큰 역할을 담당

③ 다양한 가전제품 전문 생산기업들은 새로 개발하는 세탁기 및 건조기 제품에 스마트 폰 연동 기능을 탑재하여, 원격으로 제품을 작동하거나 세탁 및 건조 과정 전체를 모니터링 할 수 있도록 구현함

④ 또한 세탁 및 건조가 끝나는 시간에 맞춰 자동 알람이 울리는 '스마트' 기능을 더해, 사용자가 옆에서 지켜보지 않아도 세탁이 완료되었음을 인식

⑤ 이를 통해 사용자는 세탁기나 건조기에 세탁물을 방치하지 않을 수 있으며, 가사시간을 효율적으로 활용할 수 있음. 뿐만 아니라, 남아있는 세제 양을 모니터링하고 필요에 따라 아마존 등 온라인 마켓플레이스에서 자동으로 세제를 주문하는 기능을 갖춘 스마트 세탁기 및 건조기 제품들도 속속 등장하고 있음

(3) 월풀 스마트 올인원 세탁기 및 건조기 사례

① 월풀(Whirlpool)은 태블릿 컴퓨터 및 스마트폰용 어플리케이션을 개발하여 자사의 스마트 오븐, 스마트 세탁기 등 가전제품의 연동이 가능하게끔 구현했으며, 특히 월풀의 스마트 올인원 세탁기 및 건조기(Smart All-in-One Washer & Dryer)는 애플의 스마트 워치(smart watch)인 애플 워치 (Apple Watch)와도 연동 가능한 것이 특징임

② 스마트 폰이나 태블릿이 근처에 없더라도, 손목의 애플 워치로 세탁 및 건조 과정을 모니터링 할 수 있으며 알람을 통해 세탁 및 건조가 완료되었음을 확인할 수 있음

그림 4-9 월풀 스마트 올인원 세탁기 및 건조기
출처: 월풀 웹사이트

4 스마트홈 조명 가전과 스마트 스위치

(1) 조명가전

① 음성 또는 원격으로 조절되는 집안 분위기
- 스마트 조명은 전기로 빛을 밝히는 역할 뿐 아니라 스마트 폰 어플리케이션 등을 통해 조명의 밝기와 색상을 자유롭게 조정할 수 있게 함
- 절전 효과는 물론, 집안 분위기를 연출하거나 홈 엔터테인먼트를 극대화 하는 역할도 같이 함
- 스마트 조명 품목에는 조명 기기뿐 아니라 스마트 전구 및 스마트 스위치(smart switch), 자동 조절 장치(automation device) 등이 포함됨

② 전구 하나만 바꿨는데! 효과 만점 스마트 전구
- 스마트 전구는 조명기기 전체를 바꾸지 않아도 저렴한 가격에 스마트 조명기기와 유사한 효과를 낼 수 있는 제품임
- 전문적인 설치 없이 전구만 교체해도 손쉽게 즉각적인 효과를 볼 수 있어, 인기 있는 스마트홈 제품으로 주목받고 있음

그림 4-10 스마트 조명 사례
출처: Pixabay

(2) 스마트 스위치

스마트 스위치를 통해 누리는 스마트홈의 자동화 효과
- 스마트 스위치는 기존 독립형 조명기기를 스마트 조명기기로 바꾸지 않은 상태에서, 기존 제품을 그대로 홈 네트워크에 연결하여 사용 가능하도록 하는 중간 단계 역할을 수행함
- 스마트 스위치는 스마트하지 않은 기기들을 순식간에 스마트하게 만들어주며 태블릿, 스마트 폰 등과 연결하여 조명기기의 점등, 소등, 색상, 밝기 등을 원격으로 조절 할 수 있게 함

- 타이머 기능을 통해 특정 시간대의 사용만을 허락하여 절전 효과를 높일 수 있으며, 연결된 다수의 기기를 스마트 스위치 하나로 동시에 제어 가능함
- 소비자들이 사용하고 있던 모든 가정용 기기들을 스마트 기기로 단번에 바꾸는 것은 비용 부분에서 효율적이지 못한 선택일 수 있음
- 스마트 스위치를 통해서는 일부분이나마 스마트홈 자동화 구축이 가능하다는 경제적인 이점이 있기 때문에, 스마트 스위치는 스마트홈을 본격적으로 구축하기 전에 저비용으로 스마트홈 효과를 바라는 소비자들의 인기를 얻고 있음

그림 4-11 대우건설, 'IoT 스마트 스위치'
출처: 금융경제신문(www.fetimes.co.kr)

스마트홈 가전기기 예상문제

01 다음 내용 중 (   )에 가정 적당한 용어는?

> (   )란 "인터넷을 이용하여 하나의 콘텐츠를 PC · TV · 스마트폰 · 태블릿 등 상이한 사양의 다양한 단말기 간에 끊김 없이 제공함으로써 보다 편리하게 즐길 수 있는 서비스"

① 멀티스크린 서비스
② 멀티테스킹 서비스
③ 멀티미디어 서비스
④ 멀티디스플레이 서비스

멀티스크린 서비스는 인터넷을 이용하여 하나의 콘텐츠를 PC · TV · 스마트폰 · 태블릿 등 상이한 사양의 다양한 단말기 간에 끊김 없이 제공한다.

02 다음 내용 중 (   )에 가정 적당한 용어는?

> (   )란 인터넷 기반의 컴퓨팅 기술을 의미하며, 인터넷상의 서버에 프로그램을 두고 그때그때 컴퓨터나 휴대폰 등에 불러와서 사용하는 웹에 기반한 소프트웨어 서비스

① 빅 컴퓨팅
② 클라우드 컴퓨팅
③ 빅 데이터
④ 글로벌 컴퓨팅

클라우드 컴퓨팅은 인터넷상의 서버에 프로그램을 두고 그때그때 컴퓨터나 휴대폰 등에 불러와서 사용하는 웹에 기반한 소프트웨어 서비스이다.

03 멀티스크린 서비스의 핵심 기술에 속하지 않는 것은?

① 가용성 기술
② 실시간 기술
③ 보안성 기술
④ 가상화 기술

멀티스크린 서비스의 핵심 기술은 가용성, 보안성, 가상화이다.

04 다음 내용 중 (   )에 가정 적당한 용어는?

> 멀티스크린 서비스의 핵심 기술 중 (   ) 기술은 24시간 중단 없이 항상 서비스가 가능하다는 것을 의미

① 가용성
② 실시간
③ 보안성
④ 가상화

가용성은 중단 없이 항상 서비스가 가능하다는 것을 의미한다.

05 다음 내용 중 (   )에 가정 적당한 용어는?

> 멀티스크린 서비스의 핵심 기술 중 (   )은 클라우드 컴퓨팅 서비스를 제공받은 사용자의 데이터에 대한 철저한 보안이 보장되어야 함을 의미. 클라우드 컴퓨팅은 많은 사용자의 데이터를 관리하며, 사용자는 이를 통제하거나 관리할 수 없기 때문에 경쟁하는 다른 사용자에게 노출되는 경우 그 피해를 회복하기 힘듬

① 가용성
② 실시간
③ 보안성
④ 가상화

보안성은 클라우드 컴퓨팅 서비스를 제공받은 사용자의 데이터에 대한 철저한 보안이 보장되어야 함을 의미한다.

정답 01 ① 02 ② 03 ② 04 ① 05 ③

06 다음 내용 중 ( )에 가정 적당한 용어는?

멀티스크린 서비스의 핵심 기술 중 ( )은 클라우드 컴퓨팅에서 필수적이며 핵심적인 기술. 물리적인 컴퓨팅 자원을 보다 효율적으로 사용 가능하도록 하나의 물리적인 자원을 여러 개로 분리하거나, 여러 개의 물리적인 자원을 하나로 통합하는 기술

① 가용성　　　② 실기간
③ 보안성　　　④ 가상화

가상화는 물리적인 컴퓨팅 자원을 보다 효율적으로 사용 가능하도록 하나의 물리적인 자원을 여러 개로 분리하거나, 여러 개의 물리적인 자원을 하나로 통합하는 기술이다.

07 멀티스크린 서비스의 4대 요소 기술에 속하지 않는 것은?

① 콘텐츠 및 서비스 기술
② 플랫폼 기술
③ 단말기 기술
④ 인터넷 기술

멀티스크린 서비스의 4대 요소 기술은 콘텐츠 및 서비스 기술, 플랫폼 기술, 네트워크이다.

08 다음 내용 중 ( )에 가정 적당한 용어는?

멀티스크린 서비스의 요소 기술에 있어서, ( ) 분야의 핵심 기술은 개방화 및 확장 가능한 구조를 지원. 멀티스크린 서비스를 위해 요구되는 공통 API를 보유하고, 새로운 서비스 도입 시 일부 API를 추가하거나 공통 API를 재사용할 수 있도록 해야 한다.

① 콘텐츠 및 서비스　　② 플랫폼
③ 단말기　　　　　　④ 인터넷

플랫폼 분야의 핵심 기술은 개방화 및 확장 가능한 구조를 지원한다.

09 다음 내용 중 ( )에 가정 적당한 용어는?

멀티스크린 서비스의 요소 기술에 있어서, ( ) 분야의 핵심 기술은 다양한 콘텐츠를 편리하게 사용할 수 있도록 사용자의 스크린 터치, 동작인식, 시선추적, 음성인식 등을 통해 편익성을 증진시키는 이용자 환경 기술이다.

① 콘텐츠 및 서비스　　② 플랫폼
③ 단말기　　　　　　④ 인터넷

단말기 분야의 핵심 기술은 다양한 콘텐츠를 편리하게 사용할 수 있도록 사용자의 스크린 터치, 동작인식, 시선추적, 음성인식 등을 통해 편익성을 증진시키는 이용자 환경 기술이다.

10 다음 내용 중 ( )에 가정 적당한 용어는?

멀티스크린 서비스의 요소 기술에 있어서, 네트워크 분야의 핵심 기술에서 ( )기술은 모든 콘텐츠를 서버에서 제공하는 방식이 아니라, 콘텐츠가 저장된 사용자의 기기로부터 제공. 이는 사용자의 기기 및 네트워크를 사용하는 측면에서 콘텐츠 서버의 부하와 네트워크 비용을 절감할 수 있는 장점을 가짐

① P2P(Peer-to-Peer) 스트리밍
② M2PM(Man-to-Man) 스트리밍
③ C2C(Computer-to-Computer) 스트리밍
④ H2H(Home-to-Home) 스트리밍

C2C(Computer-to-Computer) 스트리밍 기술은 콘텐츠가 저장된 사용자의 기기로부터 제공하고, 이는 사용자의 기기 및 네트워크를 사용하는 측면에서 콘텐츠 서버의 부하와 네트워크 비용을 절감할 수 있는 장점을 가진다.

11 다음 중 콘텐츠 사업자가 아닌 것은?

① KBS　　　　② SBS
③ MBC　　　　④ Google

Google은 플랫폼 사업자이다.

12 다음 중 플랫폼 사업자인 것은?

① KBS   ② 삼성
③ MBC   ④ Google

13 다음 중 단말기 사업자인 것은?

① KBS   ② 삼성
③ MBC   ④ Google

삼성은 단말기 사업자이다.

14 다음 중 인공지능(AI) 스피커 시장에서 회사와
모델 연결이 잘못된 것은?

① 아마존 – 에코
② 아마존 – 아마존 탭
③ SK텔레콤 – NUGU
④ Google – 구글 헬로우

Google – 구글 홈

15 다음 내용 중 (   )에 가정 적당한 용어는?

( )는 스마트하지 않은 기기들을 순식간에 스마
트하게 만들어주며 태블릿, 스마트 폰 등과 연결
하여 조명기기의 점등, 소등, 색상, 밝기 등을 원
격으로 조절 할 수 있게 함

① 스마트 스위치
② 스마트 폰
③ 스마트 디스플레이
④ 스마트 그린

스마트 스위치는 스마트하지 않은 기기들을 순식간에
스마트하게 만들어준다.

05 스마트홈 헬스케어 기기

- 스마트 헬스케어 (혹은 디지털 헬스케어)는 개인의 건강과 의료에 관한 정보, 기기, 시스템, 플랫폼을 다루는 산업분야로서 건강관련서비스와 의료 IT가 융합된 종합의료서비스
- 개인맞춤형 건강관리서비스를 제공, 개인이 소유한 휴대형, 착용형 기기나 클라우드 병원정보시스템 등에서 확보된 생활습관, 신체검진, 의료이용정보, 인공지능, 가상현실, 유전체정보 등의 분석을 바탕으로 제공되는 개인중심의 건강관리 생태계

1 종류와 형태

① 기기로 분류하면 하드웨어 중에서도 개인건강관리 기기와 웨어러블 기기로 나눔. 개인건강관리 기기 같은 경우는 건강관리를 위해 건강 생체신호를 측정하는(의료)기기, 식약처 승인이 필요한 기기가 있음

② 웨어러블 기기는 건강증진 개선을 위해 신체에 착용되어 생체신호 측정과 모니터링 하는 기기

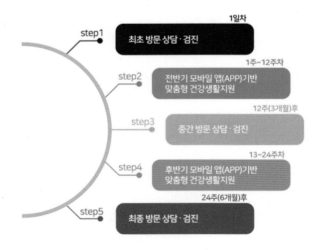

그림 5-1 모바일 헬스케어 서비스

(1) 모바일 헬스케어

① 환자와 의사가 시간 · 공간 · 장소 등에 구애 받지 않고 자유롭게 의료 서비스를 주고 받는 것으로 스마트폰과 의료 측정 액세서리 또는 의료 관련 앱 등을 이용해 개인이 스스로 운동량 심전도 · 심장 · 혈 · 현재 몸의 상태 등 건강 상태를 체크하여 관리

② 사물인터넷(IoT) · 인공지능(AI) · 빅데이터를 활용한 정보통신기술(ICT)과 헬스케어 융 · 복합으로 건강 위험인자를 예측하고 질병을 예방해 의료비용을 절감하는 헬스케어 패러다임

(2) 사물인터넷 헬스케어

① 유선통신 및 모바일 인터넷, 센싱 기술을 활용하여, 언제 어디서든 개인의 건강상태를 모니터링 하고 실시간으로 맞춤형 서비스를 제공

② 사물인터넷 기술은 평상시 개인의 가정에서도 개인의 생체데이터 수집을 통해 건강상태에 대한 지속적인 관찰 및 모니터링이 가능한 '원격 환자 모니터링(remote patient monitoring)' 시스템구축에 반드시 필요한 기술

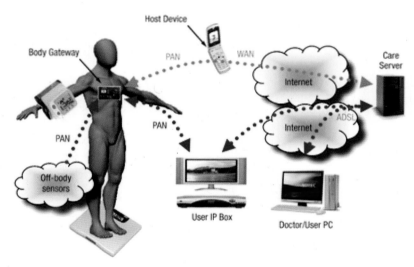

그림 5-2 사물인터넷 헬스케어 개념도
출처: 헬스케어 비전과 미래(네이버 블로그)

③ 원격 모니터링 시스템이 구축되면, 개인의 생체데이터를 수집, 분석하여 실시간으로 의료기관으로 전송하고, 이를 통해 확보한 생체정보를 토대로 사전 진단 및 예측, 능동적인 예방 조치, 맞춤형 질병치료, 그리고 퇴원 후 감염 · 재발 방지를 위한 홈케어가 가능해지고 이는 기존 의료시스템 내의 비효율성 진료 등을 제거하고, 예방적 건강관리 및 맞춤형 질병치료 실현을 통한 의료비 절감 및 환자만족도 제고에 기여

④ 웨어러블 디바이스들은 IoT 헬스에서 매우 중요한 역할을 담당. 실제 사용자들은 웨어러블 디바이스를 의료 기기보다는 신체에 붙이거나 입는 패션 액세서리로 간주하는 경향

⑤ IoT 헬스 디바이스는 독립적으로 작동할 수도 있지만 대부분 스마트폰을 게이트웨이로 서로 통신

⑥ 웨어러블 디바이스를 통해 서비스되는 헬스케어 영역은 크게 메디컬, 웰니스, 스포츠/피트니스 3가지로 구분

- 메디컬 영역 : 위급하지 않은 환자에 대한 중요한 생체 신호 모니터링, 당뇨와 같은 만성 질환 관리 모니터링 등. 모니터링 되는 생체 신호에는 EEG, ECG, EMG 등(*EEG : electroencephalography, 뇌파, 뇌전도 / ECG : electrocardiogram, 심전도 / EMG : electromyography, 근전도)

- 웰니스 영역(*Well-being + fitness) : 생리적 상태 트래킹에 활용. 대표적인 트래킹으로 수면, 감정, 스트레스, 체중, 비만도 측정 등

- 스포츠/피트니스 : 스포츠 능력 측정, 활동 로깅, 목표 관리 및 가상 코칭 등

2 IoT 헬스 플랫폼

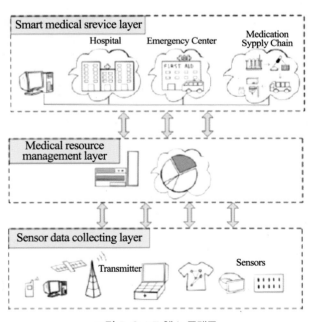

그림 5-3 IoT 헬스 플랫폼
출처: 헬스케어와 사물인터넷 융합기술 동향

① SW 플랫폼의 역할은 매우 중요하다. 헬스 SW 플랫폼은 크게 3개 레이어들로 구성

② 3가지는 센서 데이터 수집 레이어, 메디컬 자원 관리 레이어, 스마트 메디컬 서비스 레이어

- 센서 데이터 수집 레이어 : 센서, 로컬 컴퓨터 & 프로세싱, 데이터 저장 기기, 무선 전송 모듈 등으로 구성
- 측정된 데이터들은 로컬 게이트웨이에서 처리되어 저장. 저장된 데이터는 네트워크를 통해 메디컬 자원 관리 층에 전송
- 이때 네트워크의 대표적 종류는 RFID, Wi-Fi, Bluetooth, 3G/4G 등이 일반적으로 활용
- 메디컬 자원 관리 레이어 : 서비스 레이어와 센서 레이어를 연결하는 중간적인 레이어로서 다양한 의료 자원의 효과적인 관리와 분배를 담당함
- 스마트 메디컬 서비스 레이어 : 환자 또는 보호자에 직접 연결. 이때 보호자에는 병원, 응급센터, 의료 공급망 등

3 스마트 메디컬 홈 서비스

그림 5-4 스마트 메디컬 홈 서비스

출처: 훤히 보이는 정보보호(도서) 2008. 11. 25.

① 스마트 메디컬 홈 프로젝트 구성

- 스마트 의료 센서부
- 수집된 각종 바이오신호의 분석부
- 지속적인 건강상태 모니터링 및 데이터 축적부
- 응용 서비스를 위한 정보 교환 인터페이스 및 사설 방화벽 등으로 구성

② 프레임워크를 기반으로 댁내에서 피부암 등의 피부상태를 상시 체크할 수 있는 스마트 거울 (smart mirror), 상처의 감염 유무를 상시 감시하고 보고하는 스마트 밴드(smart bandage), 복용 약에 대한 정보와 복용 유무를 알려주는 스마트 약물(smart drug) 등의 서비스를 개발

③ EU, 미국, 일본 등에서도 u헬스케어 비즈니스 프로젝트가 활발히 진행

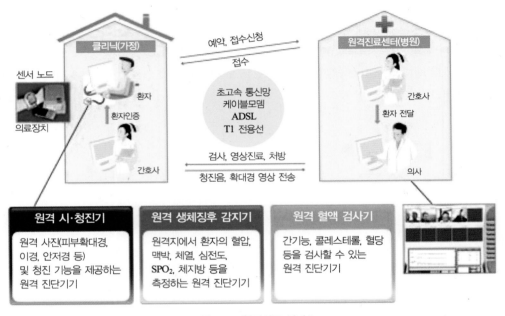

그림 5-5 원격의료 서비스
출처: 훤히 보이는 RFID/USN(도서) 2008.

④ 유비쿼터스 헬스케어 구성
  - 바이오 · 환경 정보를 센싱
  - 모니터링하기 위한 의료 센서나 기기
  - 센서 간 통신 및 데이터 송수신을 위한 유무선 네트워크
  - 바이오 데이터 분석과 건강 피드백을 담당하는 의료정보 서버
  - 생성된 의료정보를 소비하는 다양한 정보 소비자 집단(환자나 의료진 및 관련 응용 서비스 등으로 구성)

⑤ 환자 이식형 또는 이동형 센서는 환자 식별 정보를 포함하여 혈당, 당뇨, 심박 수, 동작 탐지 등에 관한 바이오 정보를 측정하고 필요에 따라 주변 환경 정보 등을 감지하여 동기식 혹은 비동기식으로 유무선 네트워크를 통해 건강정보 서버에 전송

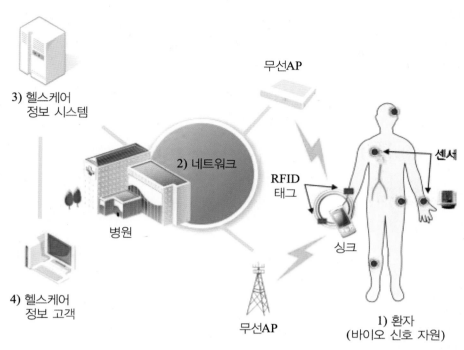

그림 5-6 유비쿼터스 헬스케어 서비스 구성 요소
출처: 훤히 보이는 정보보호(도서) 2008. 11. 25.

⑥ 무선 의료기기 및 센서 간에는 지그비나 UWB(Ultra-WideBand, 초광대역 통신) 방식의 센서 통신 프로토콜이 사용될 수 있으며, WLAN이나 3GPP(3rd Generation Partnership Project), 이더넷 등을 포함한 유·무선 인터넷을 통해 수집된 데이터들이 전송

⑦ 건강정보 시스템에 수집 및 축적된 데이터로부터 건강상태, 생활 패턴 등에 관한 건강 자료(wellness index)를 분석하고 이와 관련된 경고(alarm), 현장 진단처방(PoC), 단순 주지 등의 피드백(feedback)이 응용 서비스의 한 형태로 사용자에게 전송

⑧ 유비쿼터스 헬스케어는 개인의 바이오 정보 및 주변환경에 관한 모니터링 정보 등 개인정보를 주로 다루고 있고, 유무선 네트워크와 절대적으로 밀접한 연관을 맺고 있으며, 의료정보 권한과 관련된 다양한 이해 당사자가 존재할 수 있다는 점에서 보안 및 프라이버시 측면의 충분한 보안 이슈 검토와 합리적인 기술적 대안의 강구가 이루어져야 함

스마트홈 헬스케어 기기 예상문제

01 다음 내용 중 ( )에 가정 적당한 용어는?

> ( )는 개인의 건강과 의료에 관한 정보, 기기, 시스템, 플랫폼을 다루는 산업분야로서 건강관련 서비스와 의료 IT가 융합된 종합의료서비스

① 스마트 헬스케어
② 스마트 가전
③ 스마트 디스플레이
④ 스마트 그리드

스마트 헬스케어는 개인의 건강과 의료에 관한 정보, 기기, 시스템, 플랫폼을 다루는 산업분야이다.

02 다음 내용 중 ( )에 가정 적당한 용어는?

> ( )는 환자와 의사가 시간 · 공간 · 장소 등에 구애 받지 않고 자유롭게 의료 서비스를 주고받는 것으로 스마트폰과 의료 측정 액세서리나, 의료 관련 앱 등을 이용해 개인이 스스로 운동량 심전도 · 심장 · 혈 · 현재 몸의 상태 등 건강 상태를 체크하여 관리. 또한 사물인터넷(IoT) · 인공지능(AI) · 빅데이터를 활용한 정보통신기술(ICT)과 헬스케어 융 · 복합으로 건강 위험인자를 예측하고 질병을 예방해 의료비용을 절감하는 헬스케어 패러다임

① 모바일 헬스케어
② 모바일 스터디케어
③ 모바일 메디케어
④ 모바일 리모트케어

모바일 헬스케어는 환자와 의사가 시간 · 공간 · 장소 등에 구애 받지 않고 자유롭게 의료 서비스를 주고받는다.

03 다음 내용 중 ( )에 가정 적당한 용어는?

> ( )는 유선통신 및 모바일 인터넷, 센싱 기술을 활용하여, 언제 어디서든 개인의 건강상태를 모니터링 하고 실시간으로 맞춤형 서비스를 제공하고, 이 기술은 평상시 개인의 가정에서도 개인의 생체데이터 수집을 통해 건강상태에 대한 지속적인 관찰 및 모니터링이 가능한'원격 환자 모니터링(remote patient monitoring)' 시스템구축에 반드시 필요한 기술이다.

① 사물인터넷 헬스케어
② 사물인터넷 스터디케어
③ 사물인터넷 메디케어
④ 사물인터넷 리모트케어

사물인터넷 헬스케어는 언제 어디서든 개인의 건강상태를 모니터링 하고 실시간으로 맞춤형 서비스를 제공한다.

04 웨어러블 디바이스를 통해 서비스되는 헬스케어 영역이 아닌 것은?

① 메디컬 영역
② 웰니스(Well-being + fitness) 영역
③ 스포츠/피트니스 영역
④ 레시피 영역

웨어러블 디바이스를 통해 서비스되는 헬스케어 영역은 크게 메디컬, 웰니스, 스포츠/피트니스 3가지로 구분된다.

정답 01 ① 02 ① 03 ① 04 ④

05 메디컬 영역 영역에 속하지 않는 것은?

① EEG : electroencephalography(뇌전도)
② ECG : electrocardiogram, 심전도
③ EMG : electromyography(근전도)
④ EMI : electromagnetic interference 전자파영향

급하지 않은 환자에 대한 중요한 생체 신호 모니터링, 당뇨와 같은 만성질환 관리 모니터링 등 모니터링 되는 생체 신호에는 EEG, ECG, EMG 등이 있다.

06 헬스 SW 플랫폼의 레이어가 아닌 것은?

① 센서 데이터 수집 레이어
② 메디컬 자원 관리 레이어
③ 스마트 분석 서비스 레이어
④ 스마트 메디컬 서비스 레이어

헬스 SW 플랫폼 3가지는 센서 데이터 수집 레이어, 메디컬 자원 관리 레이어, 스마트 메디컬 서비스 레이어이다.

07 헬스 SW 플랫폼의 센서 데이터 수집 레이어에 속하지 않는 것은?

① 데이터 저장 기기
② 무선 전송 모듈
③ 유선 전송 모듈
④ 센서, 로컬 컴퓨터 & 프로세싱

센서 데이터 수집 레이어는 센서, 로컬 컴퓨터 & 프로세싱, 데이터 저장 기기, 무선 전송 모듈 등으로 구성된다.

08 스마트 메디컬 홈 프로젝트 구성에 속하지 않는 것은?

① 스마트 의료 센서부
② 수집된 각종 바이오신호의 분석부
③ 일시적인 건강상태 모니터링
④ 응용 서비스를 위한 정보 교환 인터페이스 및 사설 방화벽

스마트 메디컬 홈 프로젝트 구성은
• 스마트 의료 센서부
• 수집된 각종 바이오신호의 분석부
• 지속적인 건강상태 모니터링 및 데이터 축적부
• 응용 서비스를 위한 정보 교환 인터페이스 및 사설 방화벽
등으로 구성된다.

09 다음 내용 중 (   )에 가정 적당한 용어는?

(   )는 정보통신 기기를 이용해 실시간으로 건강관리를 해주는 서비스를 통틀어서 일컫는다.

① 유비쿼터스 헬스케어
② 유비쿼터스 스터디케어
③ 유비쿼터스 메디케어
④ 유비쿼터스 리모트케어

유비쿼터스 헬스케어는 정보통신 기기를 이용해 실시간으로 건강관리를 해주는 서비스이다.

06 스마트홈 에너지 기기

1 스마트홈 그리드

① 스마트그리드(smart grid)는 '똑똑한'을 뜻하는 'Smart'와 전기, 가스 등의 공급용 배급망, 전력망이란 뜻의 'Grid'가 합쳐진 단어. 차세대 전력망, 지능형 전력망

② 스마트 그리드는 전기의 생산, 운반, 소비 과정에 정보통신기술을 접목하여 공급자와 소비자가 서로 상호작용함으로써 효율성을 높인 지능형 전력망시스템

③ 이미 스마트폰 응용프로그램(앱)을 이용해 외부에서 원격으로 집에 설치한 보일러나 에어컨을 조작하고, 사물인터넷(IoT)을 이용해 어떤 가전제품이 언제 전기를 많이 쓰는지도 스마트폰 앱으로 파악하는 시대

④ 한국스마트그리드협회에서는 '스마트그리드를 기존 전력망에 정보통신기술(ICT)을 더해 전력 생산과 소비 정보를 양방향, 실시간으로 주고받음으로써 에너지 효율을 높이는 차세대 전략망'이라고 정의함

⑤ 스마트그리드란 전기 공급자와 생산자들에게 전기 사용자 정보를 제공함으로써 보다 효과적으로 전기 공급을 관리할 수 있게 해주는 서비스

⑥ 전기와 정보통신 기술을 활용해 전력망을 지능화·고도화해 고품질 전력서비스를 제공하고 에너지 이용 효율을 극대화

그림 6-1 스마트그리드를 적용한 모습
출처: 한국스마트그리드사업단

그림 6-2 스마트그리드가 바꾸는 거실 풍경
출처: 한국전력공사

⑦ 기존 전력망은 최대 수요량에 맞춰 예비율을 두고 일반적으로 예상 수요보다 15% 정도 많이 생산

⑧ 중앙집중형 발전 형태로, 공급자 중심으로 설비를 운영하고, 전기를 생산하기 위해 석탄, 석유, 가스와 같은 화석연료로 대규모 발전. 이렇게 생산한 전기가 동시에 버려지기도 하며, 효율성이 떨어지는 구조

전력망=Grid		정보통신=Smart		스마트 그리드
공급자 중심 일방향성	+	실시간 정보 교환	=	수요자 중심 양방향성

기존 전력망	지능형 전력망
아날로그/전기기계적	디지털/지능형
중앙 집중 체계	분산체계
방사상 구조	네트워크 구조
수동 복구	자동 복구
고정 요금	실시간 요금
단방향 정보 흐름	양방향 정보 교류
소비자 선택권 없음	다양한 소비자 선택권

그림 6-3 기존 전력망과 지능형 전력망 비교
출처: 한국스마트그리드사업단

⑨ 스마트그리드는 다양한 데이터로 사용하는 전기량을 예측하는 식으로 효율을 높여 에너지 낭비를 없앰

⑩ 신·재생에너지를 고려한 분산 발전 형태이고, 양방향으로 전력과 정보가 흘러 소비자 참여로 설비가 운영

⑪ 전력 수급 상황별 차등 요금제를 적용해 전기 사용자에게 전기 사용량과 요금 정보를 알려줌으로써 자발적인 에너지 절약을 유도할 수 있음

그림 6-4 스마트그리드 접목 미래도시 조경도
출처: 한국전력공사

2 스마트홈 그리드 구현의 핵심

① 스마트그리드를 구축하기 위해서는 건물 내 전력, 가스, 물 등을 제어할 수 있는 냉·난방 운영설비부터 에너지 저장 시스템(ESS), 스마트계량기(AMI), 에너지관리시스템(EMS), 전기차 및 충전소, 분산 전원, 신·재생에너지, 양방향 정보통신기술, 지능형 송·배전시스템 등이 필요. 이 중 핵심은 바로 ESS(Energy Storage System)

② 전에는 수요를 예측해 전력공급량을 조절해도 이미 생산된 뒤 사용하지 못한 전기는 그대로 버릴 수밖에 없었으나, ESS는 대용량 전기를 저장할 수 있음

③ 에너지를 컨테이너 모양의 대형 배터리에 저장하는 식이다. 스마트폰이나 노트북에 쓰이는 리튬이온 배터리나 납축전지, 나트륨-황 배터리 등이 대용량 전기를 저장하는 장치로 쓰임

④ ESS를 이용해 전기를 저장할 수 있게 되면 태양광, 풍력, 조력, 파력 등 신·재생에너지나 소규모 발전소에서 얻은 소량의 전기를 저장해 나중에 쓸 수 있음

⑤ ESS가 저장된 에너지로 수요과 공급을 적절히 조절해 버려지는 에너지를 최소화

⑥ 또한, ESS는 매년 여름과 겨울마다 반복되는 전력 부족에 대비할 수 있게 해줌

⑦ ESS에 전기를 저장해 수요가 최고치에 달하는 시점의 전력 부하를 조절해 발전 설비에 대한 과잉 투자를 막고 돌발적인 정전 시에도 안정적으로 전력을 공급

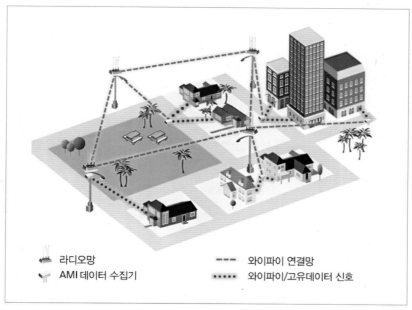

그림 6-5 AMI로 수집한 정보의 전송
출처: 한국에너지공단 상상에너지공작소

⑧ AMI(Advanced Metering Infrastructure)는 스마트미터에서 측정한 데이터를 원격 검침기를 통해 측정하여 전력 사용 현황을 자동 분석하는 기술

⑨ 스마트미터는 각 가정에서 사용하는 전력 사용량을 자동으로 검침하고, 그 정보를 통신망을 통해 전달하는 똑똑한 계량기

⑩ 전력회사는 스마트미터를 통해 얻은 전기 사용 데이터를 바탕으로 소비자의 전력 사용량에 맞춰 전기요금을 부과. 사용자별 전기 사용 패턴을 파악해 최적화된 전력을 공급할 수 있기에, 전기요금을 절약하고 전력 낭비를 막을 수 있음

⑪ AMI를 활용하면 지금처럼 사람이 직접 돌아다니며 검침하는 데 따라 발생하는 오차 등의 불편함을 해소하고 정확한 데이터를 통해 효율적으로 전력을 생산·관리

3 IoT 기반 스마트홈 에너지 서비스

① IoT 기반 스마트 에너지 관리 서비스는 초연결 사회에서의 에너지 문제 해결을 위한 IoT 기반 스마트 에너지 플랫폼 기술을 개발하여 에너지 정보 수집, 에너지 수요의 부하 관리 및 에너지 공유/거래를 통한 에너지 효율을 극대화하고자 하는 서비스

② 이러한 IoT 기반 스마트 에너지 관리 서비스는 사물인터넷을 활용한 에너지 공급–전달–활용의 전주기 에너지 시스템 간 상호 연계·통합을 통해 에너지 효율성 증대, 에너지 공유 및 거래 서비스를 제공

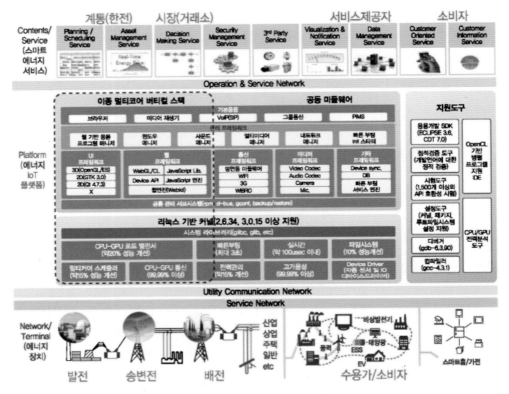

그림 6-6 T 기반 스마트 에너지 서비스

출처: 사물인터넷의 미래(도서) 2014

③ 에너지 수요의 지속적 증가, 전력 피크 회피, 미래 트렌드 대응 등 국가 사회의 문제 해결을 위한 에너지 신서비스 개발 및 확산이 가능

④ 이는 IoT 기반 에너지 수요 관리 서비스, 분산 에너지 패러다임 구축, 에너지 인터그리드 기반 에너지 거래 서비스 등을 위한 에너지 인터넷 플랫폼을 개발함으로 가능

⑤ 정부의 주요 정책으로는 에너지 수급 안정화 기반을 확충하고, 합리적 전기소비 유도가 목표이며, 특히 미래부의 15대 대표 서비스 중 I-My-Me 에너지 다이어트 서비스는 ICT(IoT) 기술을 이용하여 자급자족 에너지원 활용 및 에너지 사용 효율화를 추진

⑥ IoT 기반 스마트 에너지 서비스는 공공 인프라로 사회 · 경제적 파급 효과가 매우 크며, 공공 에너지 IoT 융복합 서비스라는 새로운 부가가치 창출이 가능

⑦ 이러한 서비스를 위해서는 스마트 그리드 상호 운용성과 다양한 부가 서비스 제공을 위한 웹 커넥티비티 서비스 구현 환경 개발이 필요

⑧ 또한 M2M 기반 에너지 정보 제공 서비스, 에너지 빅데이터 큐레이션 기술, 스마트 에너지 융 · 복합 센서 기술 등 'Energy as a Service(EaaS)' 에너지 서비스 기반 기술 개발이 필요. 이러한 에너지 IoT 프레임워크 및 기반 기술을 통해서 전력 시스템 및 컴포넌트의 통합을 지원

스마트홈 에너지 기기 예상문제

01 다음 내용 중 (   )에 가정 적당한 용어는?

> (   )는 전기의 생산, 운반, 소비 과정에 정보통신기술을 접목하여 공급자와 소비자가 서로 상호작용함으로써 효율성을 높인 지능형 전력망시스템

① 스마트 헬스케어
② 스마트 가전
③ 스마트 디스플레이
④ 스마트그리드(smart grid)

스마트그리드(smart grid)는 전기의 생산, 운반, 소비 과정에 정보통신기술을 접목하여 공급자와 소비자가 서로 상호작용함으로써 효율성을 높인 지능형 전력망 시스템이다.

02 지능형 전력망이 기존 전력망과 차별화 설명이 틀린 것은?

① 아날로그에서 디지털화 되었다.
② 수동복구에서 자동복구가 가능하다.
③ 방사상 구조에서 네트워크 구조로 바뀌었다.
④ 분산체계에서 중앙 집중체계로 바뀌었다.

지능형 전력망은 디지털/지능형, 분산체계, 네트워크 구조, 자동복구, 실시간 요금, 양방향 정보교류, 다양한 소비자 선택권을 가진다.

03 다음 내용 중 (   )에 가정 적당한 용어는?

> 신재생 에너지는 스마트 그리드에서 중요하게 쓰이는데, (   )를 이용하면 원하는 시간에 전력을 생산하기 어려운 태양광, 풍력 등의 신재생 에너지를 미리 저장했다가 필요한 시간대에 사용할 수 있기 때문이다.

① ESS
② EMS
③ AMI
④ EMI

ESS(Energy Storage System)는 에너지 저장 시스템이다.

04 신재생 에너지로 볼 수 없는 것은?

① 태양광
② 풍력
③ 조력
④ 화력

화력은 전통적인 에너지원이다.

05 다음 내용 중 (   )에 가정 적당한 용어는?

> (   )는 스마트미터에서 측정한 데이터를 원격 검침기를 통해 측정하여 전력 사용 현황을 자동 분석하는 기술이다.

① ESS
② EMS
③ AMI
④ EMI

AMI(Advanced Metering Infrastructure)는 스마트미터에서 측정한 데이터를 원격 검침기를 통해 측정하여 전력 사용 현황을 자동 분석하는 기술이다.

정답 01 ④ 02 ④ 03 ① 04 ④ 05 ③

06 IoT 기반 스마트 에너지 플랫폼 기술 개발의 목적으로 적절하지 않는 것은?

① 에너지 정보 수집
② 에너지 수요의 부하 관리 및 에너지 공유
③ 거래를 통한 에너지 효율을 극대화하고자 하는 서비스
④ 에너지 가격 책정을 위한 정보 수집

> IoT 기반 스마트 에너지 서비스는 에너지 관리 서비스는 초연결 사회에서의 에너지 문제 해결을 위한 IoT 기반 스마트 에너지 플랫폼 기술을 개발하여 에너지 정보 수집, 에너지 수요의 부하 관리 및 에너지 공유/거래를 통한 에너지 효율을 극대화하고자 하는 서비스이다.

4

스마트홈 관리사 실기

1. 스마트홈 설계실무
2. 스마트홈 구축 및 운용 실무

01 스마트홈 설계실무

1 스마트홈 생태계 6대 구성요소

스마트홈(홈IoT) 생태계는 '① 유무선 네트워크 인프라 구축 → ② 주거형 스마트 디바이스 → ③ 스마트 디바이스 간 커넥티비티를 위한 통신 표준화 → ④ 스마트 디바이스 운용 플랫폼 → ⑤ 이용자 관점 플랫폼 컨트롤 디바이스 → ⑥ 이용자 가치제공 스마트 콘텐츠'의 6대 요소로 구성된다고 할 수 있다.

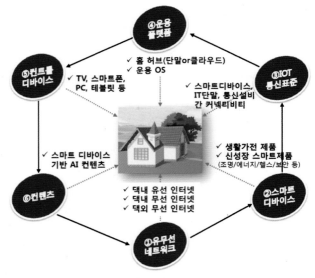

그림 1-1 스마트홈(홈IOT) 생태계의 6대 구성요소

스마트홈 시장 생태계 조성의 첫 단추는 가장 먼저 '통신' 즉 유무선 인터넷 인프라 확보이며, 그 다음으로 IoT 통신이 가능한 '스마트 디바이스' 및 수 없이 많은 스마트 디바이스 간의 커넥티비티 즉, '표준화'를 통한 스마트 디바이스간 원활한 통신 기반 확보가 필요하다. 유무선인터넷/스마트디바이스/IoT표준화가 인프라에 해당한다면, '플랫폼'은 이런 인프라 시설을 운용/컨트롤 할 수 있는 홈허브 역할을 하는 것이며, 홈허브를 이용자 편의성에 맞게 '컨트롤할 수 있는 디바이스'가 갖춰져야 한다. 마지막으로 가장 중요한, '이용자의 니즈에 맞는 킬러 콘텐츠'가 적절히 갖춰져야 비로소 스마트홈 시장의 생태계는 완성이 될 수 있을 것이다.

기출문제 1회차 : 스마트홈 생태계 6대 구성요소 이해

다음은 스마트홈 생태계 6대 구성요소에 대한 구성도이다. 해당사항에 맞는 제품을 드래그 하여 연결하시오.

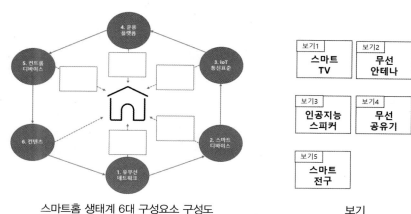

스마트홈 생태계 6대 구성요소 구성도　　　　　　보기

정답풀이

① 유무선 네트워크 : Wi-Fi 공유기, 지그비 허브, 지웨이브 허브, 리피터 등 네트워크를 이루는 장치를 말한다.

② 스마트 디바이스 : 크게 생활 가전 제품류와 CCTV/보안, 에너지/조명/난방, 헬스, 홈 IoT 커넥티드 카 등에 스마트 기능을 탑재한 제품군을 말한다.

③ IoT 통신표준 : Wi-Fi, 지그비, 지웨이브와 같은 IoT 통신 방식의 표준을 말한다.

④ 운영 플랫폼 : 홈 허브와 운영 OS로 구성되어지며, 대표적으로 구글홈, 홈킷, ThinQ, 스마트싱스, 알렉사 등이 있다.

⑤ 컨트롤 디바이스 : 쉽게 제어하고 모니터링 할 수 있는 장치를 말하며, 쉽게 스크린이 달린 장치인 3-Screen(PC, TV, 스마트폰)이 대표적이다.

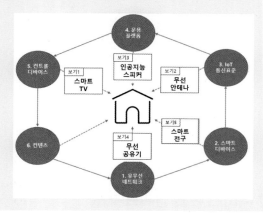

스마트홈 생태계 6대 구성요소 이해

다음은 스마트홈 생태계 6대 구성요소를 운용관점에 본 것이다. 해당 내용에 맞는 구성요소를 드래그하여 완성하시오.

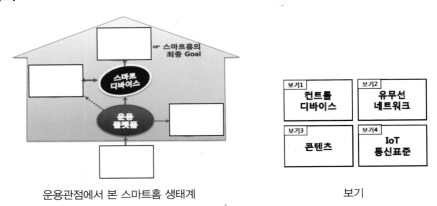

운용관점에서 본 스마트홈 생태계

보기

정답풀이

스마트홈 생태계 구성요소들을 운용 관점에서 살펴보면, 스마트홈의 모든 구성요소는 플랫폼을 통해 연결/컨트롤 되는 구조이다. 플랫폼은 운용 OS가 필요한 단말이며, 이 플랫폼 시장을 장악하면 '스마트 디바이스 구성, 디바이스 간 통신표준화, 디바이스 창출 콘텐츠 탑재' 등에 주도권을 가질 수 있게 된다. 이는 스마트홈 시장 생태계를 지배하는 것을 의미한다.

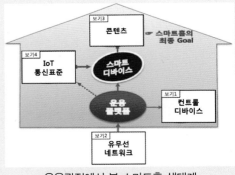

운용관점에서 본 스마트홈 생태계

---

2   스마트홈 서비스 프레임워크 기술

스마트홈 서비스 구현을 위한 사물인터넷 기술을 살펴보고, 홈 네트워크 내의 다양한 형태의 기기들을 이용한 스마트홈 서비스 모델을 소개한다. 또한 홈 네트워크 환경에서 다종의 IoT 기기간 협업 및 기기 자원 가상화를 통한 스마트홈 서비스 구성이 가능한 프레임워크 기술을 소개한다.

최근 스마트홈 서비스는 홈 네트워크 내의 스마트 기기 및 IoT 기기들의 상태를 조회하고 제어할 수 있는 서비스를 제공하고 있다. 이러한 서비스들 중 일부는 홈 내에서의 제어뿐 아니라, 사용자가 시간과 장소에 구애받지 않고 홈 네트워크 내의 기기들을 제어할 수 있는 기능을 제공하고 있다. 이를 위해, 특정 스마트 기기들의 제어를 위한 클라우드 환경을 통해 인터페이스를 제공하는 서비스들이 출시되고 있다. 하지만, 스마트 기기들의 제어 기능을 제공하는 클라우드 서비스들은 특정 스마트 기기 제품군에 대한 제어만을 제공하고 있으며, 홈 네트 2015년 7월 57 사물인터넷 기반 스마트홈 서비스 프레임워크 기술 내에서 사용 가능한 다양한 종류의 스마트 기기들에 대한 서비스를 제공하지 못하고 있는 실정이다. 또한, UPnP/DLNA 기능을 이용하여 홈 네트워크 내에서 기기간의 협업 서비스를 제공하지만, 클라우드를 통한 외부 제어 기능을 제공하지 못하는 기존 가전 기기들을 이용한 스마트홈 서비스 제공에는 한계가 있다. 본 장에서는 홈 네트워크 상의 다양한 기기들을 이용하여 외부 제어 기능을 제공할 수 있도록 구성이 가능한 스마트홈 서비스 모델을 제시한다.

스마트홈 서비스를 위한 사물인터넷 기술	사물인터넷은 인간, 사물, 서비스의 분산된 환경 요소에 대해 인간의 명시적 개입 없이 상호 협력적으로 센싱, 네트워킹, 정보처리 등 지능적 관계를 형성하는 사물 공간 연결망을 의미한다. 또한 주변 사물들이 유무선 네트워크로 연결되어 유기적으로 정보를 수집 및 공유하면서 상호작용하는 지능형 네트워킹 기술 및 환경을 의미한다. 사물인터넷은 다양한 분야에 적용되어 사용되고 있으며, 수많은 기술요소를 포함하고 있다. 사물인터넷의 핵심 요소 기술은 크게 네트워킹 기술, 센서/기기 기술, 인터페이스 기술로 구분할 수 있다

(1) Smart Gateway 모델

네트워크 내에 위치하는 스마트 게이트웨이는 홈 로컬 네트워크를 통해 스마트 가전, 센서, 상황 인지 모듈 등의 스마트 기기 정보와 기기 상태 정보를 수신하여 스마트홈 플랫폼으로 전송하고, 스마트홈 플랫폼으로부터 송신한 제어신호를 해당 기기로 재전송하는 기능을 수행한다. 스마트홈 플랫폼은 스마트 게이트웨이로부터 수신한 스마트 기기 정보와 기기 상태 정보를 저장하고, 스마트 기기들이 제공하는 기능별로 자원을 가상화하여 RESTful API 형태로 외부에 제공하게 된다. 이렇게 제공된 RESTful API를 이용하여 서비스 제공자는 다양한 종류의 스마트홈 서비스를 개발할 수 있다.

홈 네트워크 상에서 스마트 게이트웨이와 스마트 기기간의 통신 프로토콜과 외부 네트워크에서 사용되는 통신 프로토콜이 서로 상이하다. 일반적으로, 홈 네트워크 상에서 동작하는 기존 스마트 가전들은 UPnP/DLNA 프로토콜을 주로 사용하며, 스마트홈 플랫폼과 외부와의 연결은 RESTful 방식을 주로 사용한다.

이와 같이, 홈 내·외부의 상이한 통신 프로토콜 문제를 해결하기 위해 프로토콜 변환이 이루어져야 한다.

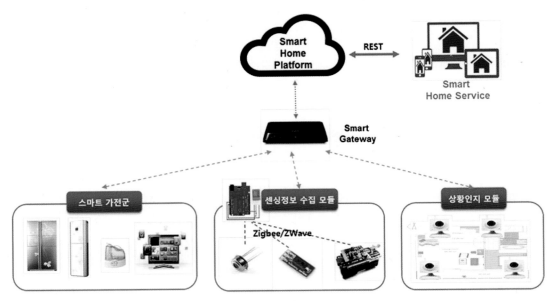

그림 1-2 스마트 게이트웨이 기반 스마트홈 서비스 모델

(2) IoT 클라우드 모델

홈 네트워크 내에는 스마트홈 서비스를 구성하기 위해 사용되는 다양한 종류의 스마트 기기 및 IoT기기들이 존재할 수 있다. 특정 스마트 기기들은 홈 내·외부에서 기기 상태 모니터링 및 제어가 가능하도록 별도의 IoT 클라우드를 통해 각각의 인터페이스를 제공하고 있다. 이러한 IoT 클라우드는 각각 지원하는 IoT기기의 상태 모니터링 및 제어만을 제공하고 있다. 따라서, 홈 네트워크 상의 서로 다른 IoT 클라우드에 종속된 스마트 기기 및 IoT 기기간의 협업 서비스에는 제한이 있다. 이러한 한계를 극복하기 위해, 각 IoT 클라우드에서 스마트 기기 상태 모니터링 및 제어를 위해 제공하는 인터페이스를 스마트홈 플랫폼을 이용하여 단일화된 인터페이스를 제공하도록 하여 스마트홈 서비스 구성이 가능하다.

홈 네트워크 내의 스마트 기기 및 IoT기기들은 각각 해당 IoT 클라우드에 기기 상태 정보를 제공한다. 스마트홈 플랫폼은 각 IoT 클라우드를 통해 홈 네트워크 내의 기기들의 상태 정보를 수신하고, 각 IoT 클라우드를 통해 해당 기기를 제어할 수 있다. 스마트홈 플랫폼은 각각의 IoT 클라우드에서 제공하는 인터페이스를 통해 제공된 기기의 정보를 저장하고, 기기가 제공하는 기능별 자원을 가상화하여 단일화된 RESTful API 형태로 외부에 제공하게 된다. 이렇게 제공되는 API를 이용하여 서비스 제공자는 스마트 기기의 종류에 관계없이 다종의 스마트홈 서비스 개발이 가능하다.

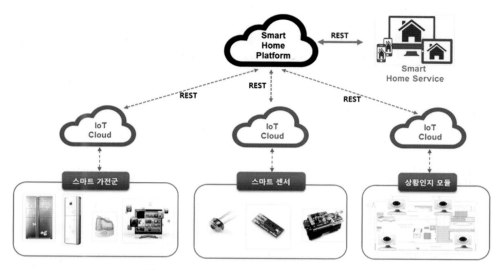

그림 1-3 IoT 클라우드 기반 스마트홈 서비스 모델

(3) 하이브리드 모델

하이브리드 스마트홈 서비스 모델은 앞서 기술한 스마트 게이트웨이 모델과 IoT 클라우드 기반 스마트홈 서비스 모델을 결합한 형태의 모델이다. 이 경우, 스마트 게이트웨이를 통해 상태 정보 모니터링과 제어가 가능한 기기들은 스마트 게이트웨이를 통해 이용하고, 각각의 IoT 클라우드를 통해 이용이 가능한 기기들은 해당 IoT 클라우드를 통해 제어할 수 있도록 구성된다.

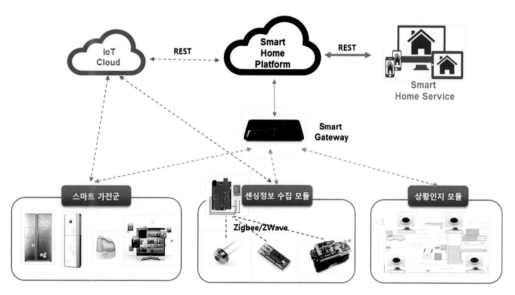

그림 1-4 하이브리드 기반 스마트홈 서비스 모델

이를 위해 스마트홈 플랫폼은 스마트 게이트웨이와 각 IoT 클라우드를 통해 전달되는 기기 정보들을 관리하고 있으며, 스마트홈 서 비스에게는 홈 내 기기의 상태정보 이용 및 제어를 위해 동일한 형태의 RESTful API를 제공한다. 하이브리드 스마트홈 서비스 모델은 스마트 게이트웨이를 통한 UPnP/DLNA를 지원하는 기존 스마트 기기와 IoT 클라우드를 통한 IoT 기기 제어를 위해 단일화된 RESTful API를 제공하기 때문에 상이한 제조사 및 프로토콜을 사용하는 기기간의 연동 및 제어가 가능하다.

(4) 스마트홈 서비스 프레임워크

스마트홈 서비스는 홈 내의 다종의 스마트 기기 및 IoT 기기들의 조합을 통해 다양한 형태의 서비스 구성이 가능하다. 홈 내의 다종 기기들을 이용한 구성 방법은 앞서 살펴본 바와 같이 여러가지 모델이 있다. 본 논문에서 제안하는 스마트홈 서비스 프레임워크는 UPnP/DLNA를 지원하는 스마트 가전과 클라우드 형태로 지원되는 IoT 기기를 조합하여 사용할 수 있는 하이브리드 스마트홈 서비스 모델을 이용하여 구성한다. 홈 외부에서 기존 UPnP/DLNA를 지원하는 스마트 가전의 상태 모니터링 및 제어를 위해 스마트 게이트웨이를 이용하여 스마트홈 플랫폼에 연동할 수 있도록 구성하며, 다종의 IoT 기기들의 연동을 위해 스마트홈 플랫폼 내부에 IoT Harmonizer를 이용하여 구성한다. 또한, 각 기기들이 보유한 다양한 자원(기능)들의 조합을 통해 스마트홈 서비스 구성이 가능하도록 기기 자원 가상화 모듈을 포함하여 구성한다.

기존 홈 내에서 주로 사용되고 있던 UPnP/DLNA 프로토콜을 지원하는 스마트홈 가전들은 외부에서 제어가 불가능한 문제점이 있다. 이러한 문제점을 해결하기 위해 스마트 게이트웨이와 다종의 IoT 클라우드를 이용하여 스마트홈 서비스 제공이 가능한 스마트홈 서비스 프레임워크를 제시하였다.

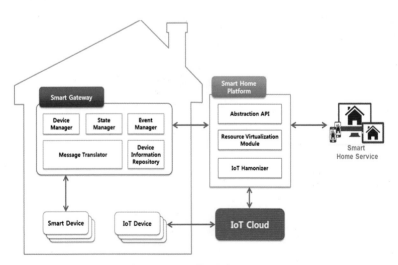

그림 1-5 스마트홈 서비스 프레임워크

예상문제 스마트홈 서비스 프레임 워크 – 드래그앤드롭형

다음은 스마트홈 서비스 모델 중 하이브리드 스마트홈 서비스 모델에 대한 구성도이다. 해당 구성도에 맞는 내용을 〈보기〉에서 드래그하여 완성하시오.

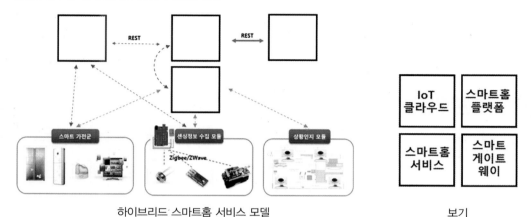

하이브리드 스마트홈 서비스 모델　　　　　　보기

정답풀이

하이브리드 스마트홈 서비스 모델은 스마트 게이트웨이를 통해 상태정보 모니터링과 제어가 가능한 기기들은 스마트 게이트웨이를 통해 이용하고, 각각의 IoT 클라우드를 통해 이용이 가능한 기기들은 해당 IoT 클라우드를 통해 제어할 수 있도록 구성되는 것을 말한다.

스마트홈 서비스 3가지 모델은 드래그앤드롭 문제뿐만 아니라 선택형 문제로도 나오기 쉬운 유형이므로 각 서비스 모델을 숙지하도록 한다.

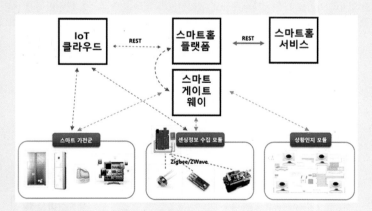

예상문제 스마트홈 서비스 프레임 워크 – 드래그앤드롭형

다음은 스마트홈 서비스 프레임워크에 대한 구조도이다. 해당 구조도에 맞는 내용을 〈보기〉에서 드래그하여 완성하시오.

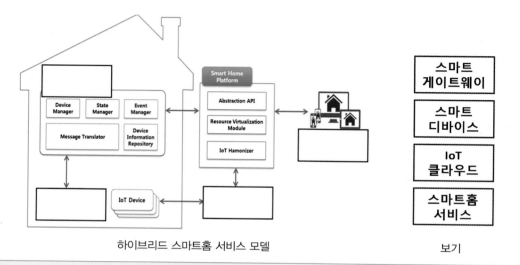

하이브리드 스마트홈 서비스 모델

보기

정답풀이

스마트홈 디바이스들은 기본적으로 인터넷에 연결되어야 한다는 것이다. 이에 다른 네트워크와 연결되기 위해서는 당연히 게이트웨이가 필요하기 때문에, 모든 스마트 디바이스들은 스마트 게이트웨이를 통해 사용자가 사용하고 선택한 스마트홈 플랫폼에 연결이 되어 스마트홈 서비스를 제공하게 된다.

또한 클라우드 기반의 IoT 기기들 또한 결국에는 IoT 클라우드를 통해 최종적으로 동일한 스마트홈 플랫폼이나 연동 가능한 스마트홈 플랫폼을 통해 하나의 서비스로 사용자에게 제공 되는 것이 가장 이상적인 스마트홈 서비스 프레임 워크이다.

해당 문제에서 잊지 말아야할 것은 스마트 디바이스들은 꼭 스마트 게이트웨이를 통과해야 한다는 것을 잊지 말자.

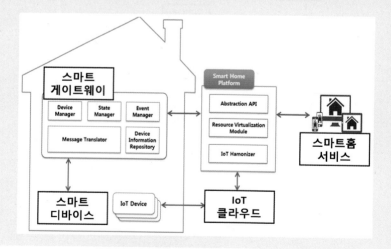

예상문제 스마트홈 서비스 프레임 워크 – 단답형

다음은 스마트홈 서비스 중 한 모델에 대한 설명과 구성도이다. 보기 내용의 (   ) 안에 들어갈 용어를 적으시오.

네트워크 내에 위치하는 (   )는(은) 홈 로컬 네트워크를 통해 스마트 가전, 센서, 상황 인지 모듈 등의 스마트 기기 정보와 기기 상태 정보를 수신하여 스마트홈 플랫폼으로 전송하고, 스마트홈 플랫폼으로부터 송신한 제어신호를 해당 기기로 재전송하는 기능을 수행하는 (   ) 스마트홈 서비스 모델을 말한다.

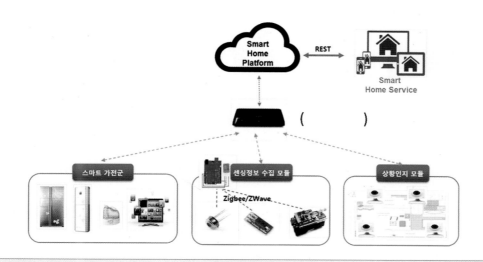

정답풀이

현재 가장 많이 사용되고 있는 스마트홈 서비스 모델이며, 모든 디바이스들은 스마트 게이트웨이를 통해 인터넷에 연결되고, 인터넷을 통해 스마트홈 플랫폼과 연결되어 스마트홈 서비스를 제공하는 모델을 말한다.

🅐 스마트 게이트웨이, Smart Gateway

(5) AllJoyn 아키텍처 및 프레임워크

Network Architecture

AllJoyn™ 프레임워크는 로컬 네트워크 상에서 동작한다. 디바이스들과 앱들이 서로를 광고(advertise)하고 발견(discover)하는 것을 가능하게 하며, 이 섹션은 네트워크 아키텍쳐와 다양한 AllJoyn 컴포넌트들 사이에서의 관계를 설명한다.

즉, AllJoyn 프레임워크는 AllJoyn Apps와 AllJoyn Routers, 짧게 얘기하면 Apps와 Routers로 구성된다. 앱들(Apps)은 라우터들(Routers)과 라우터들은 앱들과 통신하게 되며 앱들은 다른 앱들과 통신하기 위해서 오직 라우터를 통해서만 가능하다.

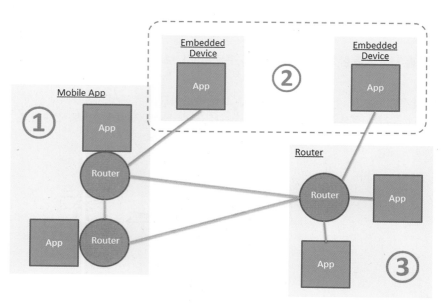

그림 1-6 AllJoyn 프레임워크 구성도

AllJoyn관점에서 위와 같이 일반적인 3가지의 토폴로지가 실제 존재한다.

① 앱이 라우터를 소유하고 있는 경우 : 이 경우, 라우터는 어플리케이션에 번들로 동봉된 개념으로 "Bundled Router"라고 하며, 안드로이드나 애플의 iOS 및 윈도우즈나 맥의 OS X와 같은 데스크탑 OS 상의 앱들이 일반적으로 이 그룹에 속한다.

② 앱이 다른 디바이스상의 라우터를 사용하는 경우 : 임베디드 디바이스에 해당되는 사항으로 통상 AllJoyn 라우터를 실행하기에 충분하지 않은 CPU와 메모리를 가진 디바이스 들이 해당 된다.(표준 AllJoyn 프레임워크에 비해 임베디드 디바이스에 필요한 최소한의 구성을 사용하는 의미로 이해)

③ 여러 앱들이 같은 디바이스 상에서 하나의 라우터를 사용하는 경우 : 이 경우, 라우터는 "Standalone Router"라고 하고 일반적으로 백그라운드로 동작하는 서비스 프로세스 형태로 동작한다. 이것은 리눅스 시스템 상에서 범용적인 데몬 프로세서처럼 AllJoyn 라우터가 실행되며 각각의 올조인 앱들은 이 공용 Standalone Router에 접속하게 되며 많은 앱들이 공용 라우터에 접속하게 됨으로써, 디바이스는 적은 리소스를 소비하게 되어 효율적이다.

AllJoyn 프레임워크는 로컬 네트워크 상에서 구동되며. 현재 Wi-Fi, Ethernet, Serial 그리고 Power Line(PLC)를 지원하고 있다. AllJoyn 소프트웨어는 전송계층에 종속되지 않는 형태로 개발되었고 오픈소스 형태로 계속 진화하면서 미래에는 더 많은 전송계층을 추가 지원하게 될 예정이다. 또한, 브리지 소프트웨어는 Zigbee, Z-wave 또는 클라우드와 같은 다른 시

스템에 AllJoyn 프레임워크를 연결해 만들 수 있으며 워킹그룹은 표준 AllJoyn 서비스로 Gateway Agent를 추가하는 작업을 진행하고 있다.

AllJoyn 프레임워크는 두 가지 종류가 제공된다.

① Standard. 안드로이드, iOS, 리눅스와 같은 임베디드 디바이스가 아닌 경우에 해당

② Thin. 아두이노, 쓰레드X, 메모리가 제한된 리눅스와 같은 자원이 제한된 임베디드 디바이스 들이 해당

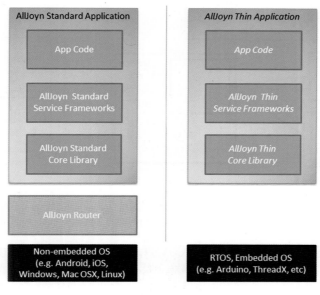

그림 1-7 올조이엔 프레임워크

다음은 AllJoyn 프레임워크 연결 구성도이다. AllJoyn 프레임워크는 Apps 와 Routers 로 구성되며 앱들(Apps)은 라우터들(Routers)과 라우터들은 앱들과 통신하게 되고 앱들은 다른 앱들과 통신하기 위해서 오직 라우터를 통해서만 가능한 것을 말한다. 다음 AllJoyn 프레임워크 연결 구성도에 맞는 라우터명을 보기에서 드래그하여 완성하시오.

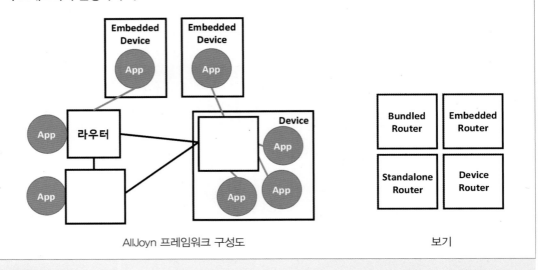

AllJoyn 프레임워크 구성도   보기

정답풀이

AllJoyn에서는 3가지 연결 토폴로지가 존재한다.

첫 번째는 어플리케이션에 번들로 동봉된 개념으로 "Bundled Router"를 앱이 소유하고 있는 경우를 말한다.

두 번째는 앱이 다른 다비이스 상의 라우터를 사용하는 경우가 있으며, 세 번째는 같은 디바이스 상에서 하나의 "Standalone Router"를 사용하며, 이는 일반적으로 백그라운드로 동작하는 서비스 프로세스 형태로 동작한다.

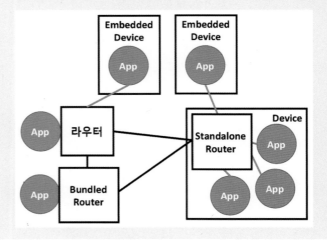

AllJoyn Architecture 개념 – 선택형

다음은 AllJoyn 프레임워크 연결 구성도에서 여러 앱들이 같은 디바이스 상에서 Standalone Router를 사용하고 백그라운드로 동작하는 서비스 프로세스 형태로 동작하는 토폴로지를 찾아 맞는 번호를 찾아 적으시오.

[보기]

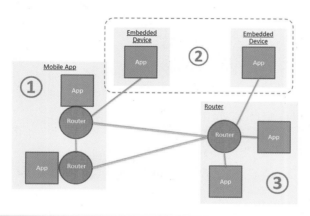

정답풀이

여러 앱들이 같은 디바이스 상에서 하나의 라우터를 사용하는 환경을 찾으면 된다.

답 ③

예상문제 AllJoyn Architecture 개념 – 단답형

다음은 보기에서 설명하는 스마트홈 아키텍처는 무엇인지 답안란에 적으시오.

(   )는(은) 로컬 네트워크 상에서 동작하며, 디바이스들과 앱들이 서로를 광고(advertise)하고 발견(discover)하는 것을 가능하게 한다.

즉, 짧게 얘기하면 Apps와 Routers로 구성된다. 앱들(Apps)은 라우터들(Routers)과 라우터들은 앱들과 통신하게 되며 앱들은 다른 앱들과 통신하기 위해서 오직 라우터를 통해서만 가능한 방식의 스마트홈 아키텍처를 말한다.

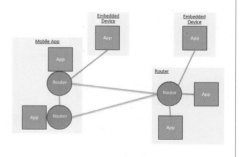

정답풀이

답 올조이앤, AllJoyn

(6) 스마트 전기 화재 예방 시스템

재난 안전 관리 측면에서도 도시에서 생성된 다양한 데이터를 활용하는 것이 중요하며 특히 다양한 환경에서 생성된 서로 다른 이종 데이터를 융합 활용할 수 있어야 데이터의 가치가 발휘될 수 있다. 이와 같은 필요성을 인지한 정부와 지자체에서는 다양한 환경, 서로 다른 장치를 통해 수집된 이종데이터를 효과적으로 융합하기 위한 기술 및 플랫폼을 개발하고 있다.

대전광역시는 "2030 대전도시기본계획" 추진의 일환으로 종합 방재관리 시스템을 구축 하고자 하며, 이에 따라 스마트시티 챌린지 사업의 일부로 "IoT 기반 스마트 전기화재 사전예방 관제 서비스"를 개발하고 있다. 이를 통해 200여 개의 상점에 설치되는 센서디바이스를 통해 다양한 재난안전 데이터를 수집 및 관리하며, 수집된 데이터는 재난 안전뿐 아니라 전력 등 타 분야까지 활용 분야를 넓힐 계획이다.

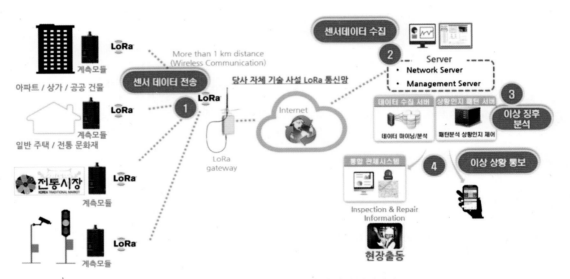

그림 1-8 IoT 기반 스마트 전기화재 사전 관제서비스
출처: 대전광역시 스마트시티 챌린지 사업계획서, 2019.5

상기와 같이 스마트 화재 관리시스템의 경우 단순 사용자에게만 알리는 것이 아닌 정부와 지자체 재난 시스템과의 연동이 중요하여 향후 스마트 시티로의 확대에도 염두에 두어야 한다. 특히 오작동이나 오인감지를 피하기 위해 기존 열 감지기, 연기 감지기, CO감지기 외에도 열화상 카메라와 CCTV를 통해 실질적인 확인을 통해 화재 발생 시 인근 소방서와 관리자, 사용자에게 알려 줄 수 있어야 한다.

다음은 LoRa기반의 지능적 통합 화재 관리 시스템 구성도이다.

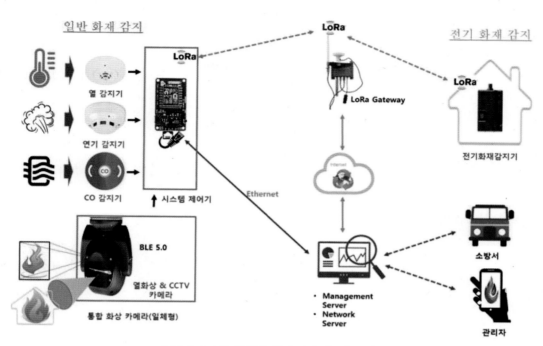

그림 1-9 지능적 통합 화재 관리 시스템 구성도

사진출처: 에프에스

예상문제 스마트홈 화재 예방 시스템

다음은 스마트홈관리사 김지능씨가 스마트홈에 LoRa 플랫폼을 이용하여 구축한 지능적 통합 화재 관리시스템 구성도이다. 각 구성도에 맞는 기기들을 〈보기〉에서 드래그하여 해당 구성도를 완성하시오.

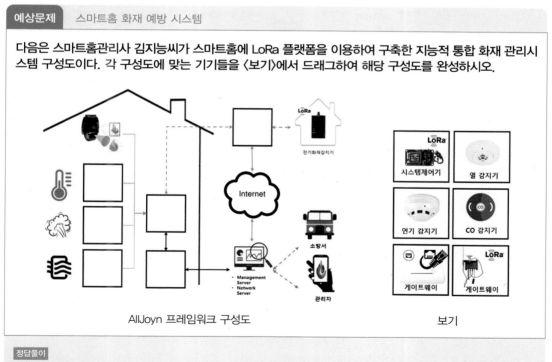

정답풀이

그림 1-9 참고

<table>
<tr><td>1</td><td>스마트홈 구축과 운용이란</td></tr>
</table>

스마트홈 시스템을 직접 구축하고 운용하는 것은 그리 어렵지 않다.

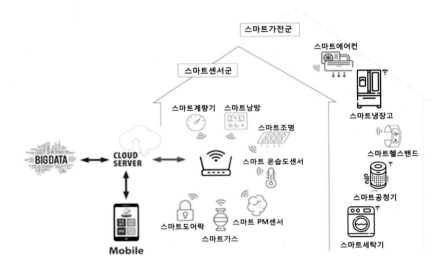

스마트홈을 구축하고 운용에 대하여 쉽게 개념적으로 설명하면, 집 안/밖의 기기들이 자동으로 또는 사용자가 동작 명령을 내리는 대로 동작하는데, 사용자의 위치가 어디에 있든지 무관하게 동작하는 것을 말한다.

① 집 안/밖의 기기들이란?

간단하게, 전등, TV, 에어컨, 카메라 등등 내가 손으로 조작할 수 있는 다양한 기기들을 말한다.

② 동작(조작)한다는 것은?

동작한다는 것은 On/Off를 의미하는 것이나 동작의 종류에는 단순 On/Off 만이 아니라 Control(조작)의 의미도 있다. 또한 이러한 동작(조작)은 사용자가 직접 명령을 내리는 경우도 있고, 시스템이 알아서 조작하는 경우도 있다. 후자의 경우를 군이 인공지능이라고 표현할 수도 있지만 단순하게 자동제어인 경우가 더 많다.

③ 사용자의 위치가 어디에 있든 무관?

　사용자가 어디에 있어도 상관이 없다는 것은, 사용자가 직접 관리하지 않아도 되는(자동 제어) 경우일 수도 있고, 위치와 무관하게 항상 On Line 되어 있다는 것을 의미한다. 즉, 스마트폰을 가지고 항상 우리집 시스템을 모니터링하고 제어할 수 있다는 것을 의미하는 것이다.

(1) 스마트홈으로 바꾸는 방법

어떻게 스마트홈으로 변화시킬까?

필요한 기기들을 설치하고 구성할 때의 계획 단계에서 고려해야 할 점들은 다음과 같다.

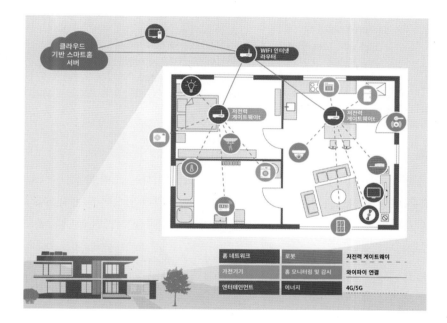

① 인터넷 연결과 와이파이가 필요함

② 스마트폰이나 태블릿이 디바이스 제어 및 모니터링에 가장 적합함

③ 무선 네트워크는 현대적이고 편리하지만, 케이블을 통한 전송이 더 안전함

④ 디바이스들은 중앙 제어 유닛에서 프로그래밍하고 상호운용 가능해야 하는지, 아니면 독립형 솔루션으로 충분한지?

⑤ 모든 디바이스를 동일한 무선 표준(예 : 와이파이)을 사용해서 연결할 것인가?

⑥ 스타터 세트는 초보자에게 적합하지만, 대체로 에너지 효율, 보안, 편의성 중 한 가지만 충족함

⑦ 중앙 제어 유닛은 모든 디바이스들이 그 반경 안에 들도록 배치해야 함

게이트웨이, 라우더, 와이파이	**게이트웨이** • 2개 이상의 다른 종류 또는 같은 종류의 통신망을 상호 접속하여 통신망 간 정보를 주고받을 수 있게 하는 기능 단위 또는 장치. • OSI 기본 참조 모델의 각 계층에서 프로토콜이 달라 호환성이 없는 복수의 통신망을 상호 접속하여 프로토콜의 변환을 행하는 기능 단위 또는 장치

라우터
서로 다른 네트워크들을 상호 연결하는 장치
• 네트워크 주소(IP 주소)를 통해 Nework-to-Network (망대망) 통신을 지원
• 90년대 초반에 라우터(Router)는 소프트웨어 기반의 멀티 프로토콜 라우터를 의미

와이파이(WiFi)
• IEEE 802.11은 무선랜을 위한 기술적 표준이며 와이파이는 이 표준을 바탕으로 개발된 무선 랜 제품들에 대한 와이파이 얼라이언스(Wi-Fi Alliance)라는 단체의 상표명
• Wireless Fidelity의 약자로 무선접속장치(AP: Access Point)가 설치된 곳에서 전파를 이용하여 일정 거리 안에서 무선인터넷을 할 수 있는 근거리 통신망을 칭하는 기술이다.

(2) 스마트홈 구축을 위한 고려사항

인보넷에 연결되는 장치들을 활용해(IoT) 연결하고 제어하는 스마트홈
스마트홈은 어떻게 만드는지, 전원 연결하고 인터넷만 깔려 있으면 되는지, 아직 많은 이들이 낯설지만 스마트홈관리사 자격증을 취득 후 스마트홈을 구축 하려면 무엇부터 고려해야 하는지 알아보자.

① 스마트홈 구상 : 사용자 및 구성원 사용씬에 맞춰라

스마트홈 구축에 있어 또한 중요한 부분은 가족 구성원 수나 성격에 대한 관찰이다. 사람의 일상은 여러 행위와 상황이 중첩되고 변화하기 때문에 관리하기 편한 스마트홈 구축이 아니라 사용하는 구성원이 사용함에 있어 삶을 더 편리하게 하고, 일을 줄이고, 시간을 절약할 수 있는 스마트홈을 구상해야 한다.

동작 인지 센서	• 물체의 움직임이나 위치를 인식하는 센서 • 대표적으로 많이 쓰이는 동작 인지 센서는 현관등에 쓰이는 적외선 인체감지 센서(PIR센서 Passive Infrared Sensor)가 있다.	

현관등의 PIR센서

표 1-1 오정태 씨의 안방 조명 자동화 사례

목표	방에 사람 있으면 조명 작동	방에 센서 음영지대 최소화	의자에 앉아있을 때 조명 켬
대책	동작 센서 1개	동작 센서 2개 추가	의자 압력 센서 추가
문제	센서 음영지대에 있으면 센서 작동 안함	의자에 앉아 독서(움직임 최소) 시 동작센서 작동 안함	취침 시 침대에 누웠을 때 조명 대응 없음
목표	침대에 누우면 조명 끔	침대에 앉아도 옷장 열리면 조명 켬	사람이 없으면 옷장 열려도 일정 시간 후 조명 끔
대책	침대 압력 센서 추가	옷장 개폐 센서 추가	시간대별 자동화
문제	침대에 걸터앉아 옷장 열면 조명 끔 상태 유지	가끔 옷장 문을 안 닫고 방을 나가서 켬 상태 유지	이후 상황에 맞춰 대응 중

② 스마트홈 기기 선정 : 스마트홈 구상에 맞춰 우선 순위를 정하라

간단하게는 계단 센서등부터 블라인드, 가전제품 ON/OFF, 냉난방 등 집 안에 전원이 들어가는 장치의 대부분은 '일단' 자동화가 가능하지만, 처음부터 한꺼번에 많은 요소를 스마트홈에 붙이는 것은 시간과 비용을 고려하여 필요 제품을 선정한다.

> 구축 시 체감이 큰 부분 → 가장 필요한 부분 → 공식적인 장치 선정

③ 스마트홈서비스 모델 선정 : 보수/유지/관리 효율성을 고려하라

• 스마트게이트 모델

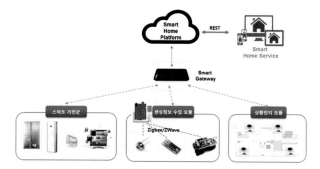

－건설사 아파트 유선 플랫폼
－상당히 안정적이고 타 플랫폼에서 할 수 없거나 어려운 일 가능(주차제어, 엘리베이터 호출 등)

– 스마트 게이트웨이와 스마트홈 플랫폼을 이용하여 홈 내·외부의 상이한 통신 프로토
콜을 변환하여 외부에서 홈 기기를 제어할 수 있는 방법을 제공

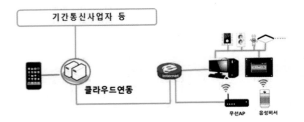

• IoT 클라우드 모델

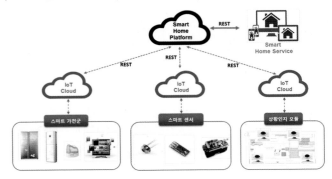

– 스마트싱스, 홈킷, 구글홈
– 서비스 제공자는 스마트 기기의 종류에 관계없이 다중의 스마트홈 서비스 개발이 가능
– 작동의 딜레이 발생 가능
– 플랫폼 서버 문제 발생 시 먹통
– 홈 네트워크 상의 서로 다른 IoT 클라우드에 종속된 스마트 기기 및 IoT 기기간의 협업
서비스에는 제한

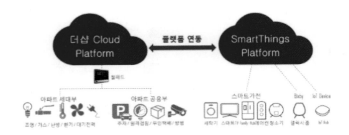

• 하이브리드 모델

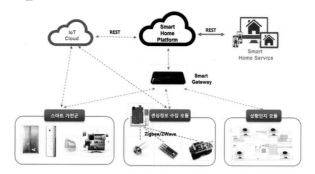

- 홈어시트턴트(HA)
- 확장성이 매우 뛰어나며 가장 많은 제품과 서비스 지원
- 개인 서버를 이용할 수 있어 반응이 빠름
- 개발 언어에 대한 지식이 없으면 스스로 구축하기 힘듦
- ZigBee, Z-Wave 등의 통신방식의 경우 직접적인 연결이 힘듦(허브와 같은 부가장치 필요)

④ 스마트홈 네트워크 구성 : 가옥구조에 맞는 연결 안정성을 확보하라

스마트홈 구상과 기기, 플랫폼이 정해졌다면 사용자 가옥에 맞는 네트워크 구축이 필요하다. 모든 IoT 기기들은 인터넷에 연결이 되므로 게이트웨이(공유기)를 중심으로 연결이 되어야 하며, 스마트홈 기기들의 통신방식에 따라 상시 연결이 가능한 스마트홈 네트워크를 구성해야 한다.

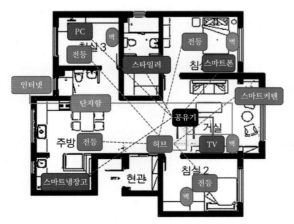

신혼부부인 나고객은 스마트홈관리사 김지능 씨에게 의뢰해 식탁에 다가가 앉았을 때 식탁등이 자동으로 점등되고 식탁에 사람이 없으면 식탁등은 꺼지고 설거지나 요리 시 싱크대등이 자동으로 켜지는 스마트 주방을 의뢰했다. 해당 상황에 맞는 센서를 드래그하여 해당 위치에 놓으시오. (단, 해당 모든 기기들은 스마트홈 네트워크 및 플랫폼에 모두 연결되어 정상적으로 작동한다. 모션 감지영역은 120°이며 각 공간 이름이 같은 제품만 연결 가능 [예 : 싱크대＝싱크대센서])

[보기]

식탁
모션센서

싱크대
모션센서

방석
압력센서

바닥 발판
압력센서

[답안입력]

정답풀이

해당 문제는 하기의 조건들을 동시에 충족시키는 센서와 설치 위치를 구상하는 문제

조건 1. 식탁에 다가가 앉을 때 식탁등이 자동 On 및 앉아있는 동안 유지
    사용자가 식탁 다리 쪽에 앉을 때 움직임을 감지하는 모션센서와 움직임이 없더라도 식탁의자 앉아 있는 동안 등이 켜져 있기 위해 의자에 이를 감지하는 압력센서 필요

조건 2. 식탁에 사람이 없거나 싱크대 통로를 지나갈 때는 식탁등 off 유지
    모션 감지영역이 120°이므로 통로를 지나갈 때 오작동(식탁등 On)이 일어나지 않게 하기 위해서 식탁모션센서 위치를 식탁 및 벽 쪽을 향해 설치해야 함

조건 3. 싱크대 쪽에 사람이 있거나 일할 때 싱크대등만 On 및 유지
    싱크대 설치 시 식탁 쪽을 향해서 설치하면 냉장고를 열 때도 싱크대 등이 켜지는 오작동이 일어날 수 있으므로 모션 감지영역 각도에 맞춰 아일랜드 상단 싱크대 천정에 싱크대모션센서 설치 필요

기출문제 1회차 : 스마트홈 구축 #2 – 다지선다형

다음은 PIR센서의 인체검출 동작원리이다. 보기 중 PIR센서가 오동작을 일으킬 수 있는 상황을 모두 고르시오.

[보기]

① 열원을 방출하는 장치가 주변에서 작동하는 경우
② 직사광선을 받을 경우
③ 주변에 바람이 불지 않을 경우
④ 열을 방출하는 동물 또는 식물이 주변에 존재할 경우

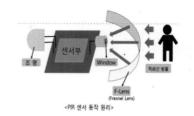

<PIR 센서 동작 원리>

정답풀이

모션감지센서 중 원적외선을 감지하는 PIR 센서에 대한 정의와 작동원리에 대한 이해가 필요

인체의 36.5℃에서 발산되는 원적외선을 감지하는 것

① 주변 온도에 따라 감지속도가 다름
② 5℃ 이상의 급격한 주변온도 변화에 동작함
③ 움직임이 없거나 미세한 경우 감지를 못함

PIR 센서
전면의 모션을 감지하는 데 사용되는 수동형 적외선 모션 센서입니다.

📝 [보기 ①] 열원을 방출하는 장치가 주변에서 작동하는 경우
[보기 ②] 직사광선을 받을 경우
[보기 ④] 열을 방출하는 동물 또는 식물이 주변에 존재할 경우

예상문제 스마트홈 구축 #3 관련 – 단답형

다음 〈제시 문제〉 내용에 맞는 스마트홈 서비스 모델을 답안란에 입력하시오.

• 건설사 아파트 유선 플랫폼에서 많이 사용됨
• 상당히 안정적이고 타 플랫폼에서 할 수 없거나 어려운 일 가능(주차제어, 엘리베이터 호출 등)
• 스마트 게이트웨이와 스마트홈 플랫폼을 이용하여 홈 내·외부의 상이한 통신 프로토콜을 변환하여 외부에서 홈기기를 제어할 수 있는 방법을 제공

정답풀이

① 스마트 게이트웨이 모델, 스마트 게이트웨이 기반 스마트홈 서비스 모델
② 제지문제에 설명된 모델은 스마트 게이트웨이 기반으로 홈서비스를 구성하는 모델에 대한 설명이다. 홈 네트워크 내에 위치하는 스마트 게이트웨이는 홈 로컬 네트워크를 통해 스마트 가전, 센서, 상황 인지 모듈 등의 스마트 기기 정보와 기기 상태 정보를 수신하여 스마트홈 플랫폼으로 전송하고, 스마트홈 플랫폼으로부터 송신한 제어 신호를 해당 기기로 재전송하는 기능을 수행

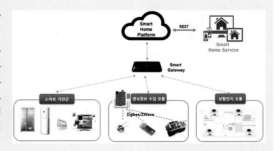

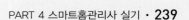

다음 김고객의 홈네트워크 구성은 통신사의 인터넷은 집 단자함에서 거실 랜포트에 연결되어 있는 통신사 유무선 공유기에 인터넷전화, IPTV 셋톱박스를 태블릿, 스마트폰, 노트북은 무선을 통해 사용 중이다. 하지만, 통신사 유무선 공유기에는 신규로 구입한 스마트홈 가전 기기들을 모두 연결할 수 없어 이를 해결하기 위한 홈네트워크 구성도에 보기의 무선 장비를 드래그앤드롭하여 구성도를 완성하시오. (단, IPTV와 인터넷전화는 제공된 통신사 유무선 공유기에서만 작동되고 유선포트 3개(WAN 포함 무선기기 5대만 연결 가능하다.)

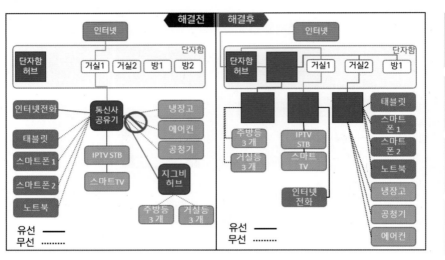

네트워크 구성 시 현장에서도 발생할 수 있는 상황임

상황 1. 통신사 설치기사가 통신사의 인터넷선(WAN)을 각 방에 연결된 단자함 허브를 거치지 않고 거실 1만 랜선 연결
- WAN을 단자함 허브에 연결한다.
- 각 방 WAN 연결을 위해 단자함 허브와 사설 유선 공유기 설치

상황 2. 통신사 공유기 랜 포트 부족 상황
- 사설유선공유기 남는 랜포트 또는 지그비 허브 설치할 장소의 랜 포트에 연결

상황 3. 통신사 공유기 무선 연결 제한되어 있는 상황
- 사설유선공유기 쪽에 무선브릿지 연결

상황 4. IPTV, 인터넷 전화 사용을 위해 통신사 공유기는 필수로 사용해야 하는 상황
- 단자함허브에 연결된 랜선과 통신사공유기를 연결

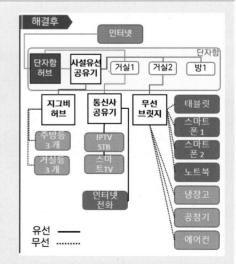

📝 답 좌측 상단에 사설유선공유기, 하단 좌측부터 지그비허브, 통신사공유기, 무선브릿지

2 신규 스마트홈 기기 선택 및 환경구축

스마트홈 기기를 선택함에 있어 가옥구조에 따라 필요 수량과 함께 어떤 네트워크 방식으로 구축할지에 따라서 달라지게 된다. 다음의 전체 구성도는 스마트홈 플랫폼이 없는 구 아파트 또는 일반 가정집에서 필요한 스마트 기기들을 가지고 스마트홈을 구축한 것이다.

위 구성도를 네트워크만을 나타낸 구성도를 보면 해당 스마트홈은 WiFi, 지그비(ZigBee, 직비), 지웨이브(Z-Wave), 전력선 통신(PLC) 4가지임을 알 수 있다.

스마트홈 기기들이 주로 선택하는 네트워크 방식 3가지	• 첫 번째 방식은 대부분의 스마트가전군이 사용하고 있으며, 이는 스마트가전 특성상 상시 전원 연결 상태이므로 저전력 WiFi가 탑재되고 ISM(Industrial, Scientific and Medical)대역 중 2.4Ghz 기반 제품으로 개발 및 판매하고 있다. • 두 번째 방식은 스마트가전제품을 제외한 스마트센서군과 상시전원 연결이 어려운 스마트 전자제품군에 적용되어 있는ep 2.4Ghz 대역의 Low Energy 기술이 탑재된 블루투스 4.0 (IEEE802.15.1) 기반의 BLE (Bluetooth Low Energy)무선 기술과 지그비(IEEE 802. 15.4)기술을 동시에 사용 가능하게 만든 제품들이다. • 세 번째 방식은 보안 시스템, 온도 조절 장치, 창문, 자물쇠, 수영장 및 차고문의 개폐와 같은 주거용 기기 및 기타 장치의 무선 제어가 가능하도록 저에너지 전파를 사용하는 메쉬 네트워크를 구성하는 Z-Wave(지-웨이브) 무선 통신 프로토콜을 적용한 제품들이 있다.

예시로 보여준 스마트홈 구성도에서 있는 기기들을 살펴보면 기능이 중복된 것이 있어 불필요한 지출이 일어나고 지웨이브 도어락으로 인해 지웨이브 게이트웨이가 더 추가되는 상황이 발생한다. 이는 스마트홈 네트워크 구축 시 불필요한 게이트웨이, 라우터, 브릿지, 허브, 리피터 등과 같은 장비들이 늘어나 정리가 복잡해진다.

기능이 중복되는 제품들	기기 네트워크 방식에 따른 필요 장비
• 온·습도 센서 −에어컨 온·습도센서 활용 −스마트 써모스탯 온도센서 활용 • 스마트 스위치와 스마트 조명 : 스마트 스위치 또는 스마트 조명만 선택	• Wi-Fi 방식의 경우 : 공유기, 리피터, 브릿지 • 지그비 방식의 경우 : 공유기, ZC, ZR • 지웨이브 방식의 경우 : 공유기, 지웨이브 게이트웨이, 아울렛

예상문제 스마트홈 구축 중 스마트홈 기기 선택 – 드래그드롭형

다음 〈제시문제〉는 스마트홈 기기에 네트워크 방식에 맞춰 연결된 구성도이다. 보기에서 구매 필요한 네트워크 기기와 스마트홈 기기를 드래그하여 구성도를 완성하시오. (단, 실선은 유선 연결을 점선은 무선 연결을 뜻한다).

제시문제

보기

정답풀이

제시문제를 살펴보면 엔드디바이스로 지그비 센서들과 블라인더를 설치가 되어 있다.
지그비 네트워크 구성 시 무조건 지그비 코디네이터(ZC)를 통해 인터넷과 연결되어야 하며 시중 판매하는 지그비 허브, 휴 브릿지와 같은 제품이 ZC 역할을 하고 있다. 이 ZC는 가정 유무선 공유기를 통해 인터넷과 연결되고 유무선공유기에는 WiFi가 탑재된 스마트가전을 연결한다.

답

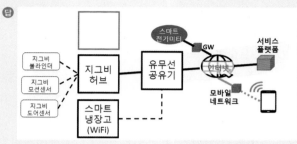

(1) 기존 구성된 스마트홈에서의 기기 추가 및 환경 구축

신규로 스마트홈을 구축하는 것은 그나마 매우 쉬운 일이다. 하지만, 사용자에 따라 기존 구매한 스마트 가전, 스마트 기기들이 존재할 경우 이를 무시하고 신규로 구축하기에는 금전적이나 사용의 불편을 초래하게 되므로 사례학습을 통해 기존 구성된 스마트홈에서의 기기 추가, 교체를 통한 환경 구축을 실습해 보도록 한다.

실습

건설사 월패드 중심의 유선 스마트홈 시스템에서의 스마트홈 환경 구축하기

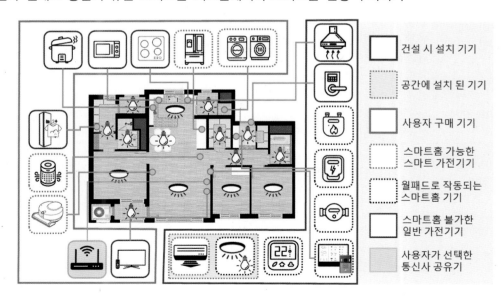

[상황 1] 스마트 가전기기는 WiFi를 통해 인터넷에 연결되어 스마트폰을 통해 외부 제어 가능
[상황 2] 건설 시 설치 되어 있는 스마트홈 기기들은 월패드에 연결되어 있으며 외부 제어 불가능
[상황 3] 사용자는 가능한 모든 제품을 외부에서 스마트폰으로 내부에서는 AI 스피커로 제어 원함
[상황 4] 문을 열거나 사람 움직임을 통해 조명이 자동 제어되고 상황에 맞춘 자동화를 원함
[상황 5] 필요한 스마트홈 기기는 교체할 의향이 있으며, 단 건설사가 설치한 기기는 교체 불가능

사용자 상황 파악 후 구축 전 고려사항

- 기존 스마트 가전기기 플랫폼과 AI 스피커 연동 플랫폼 호환 확인
- 교체할 신규 스마트홈 기기는 기존 스마트가전 기기 브랜드와 통일화 → 스마트폰에서 하나의 App으로 제어 및 관리의 편리성 고려
- 스마트 가전기기 외 스마트홈 기기들의 네트워크 방식 선정, AI스피커 플랫폼 연동 확인
- 현 네트워크 신호 및 감도를 파악
- 구축에 필요한 스마트홈 기기 및 장비에 정확한 수량 파악 및 예산 선정 후 상호 피드백

표 2-2 구축 전 고려사항에 의거한 스마트홈 기기 파악표

분류	교체 또는 신규 추가 스마트 기기 명	수량	네트워크	AI연동
스마트 가전기기	교체] 스마트 밥솥	1	WiFi	구글홈 스피커
	교체] 스마트 전기레인지	1		
	교체] 스마트 오븐 or 전자레인지	1		
	교체] 스마트 스타일러	1		
	신규] IPTV STB 또는 OTT STB	1		
스마트홈 일반기기	교체] 스마트 조명 스위치(리피터/ZR 내장)	15	지그비	구글홈 스피커
	교체] 스마트 콘센트	5		
	교체] 스마트 도어락	1		
	신규] 스마트 블라인드	3		
	신규] 스마트 커튼(거실)	1		
스마트 센서	신규] 스마트 모션 센서	12	지그비	구글홈 스피커
	신규] 스마트 도어 센서	5		
	신규] 스마트 압력 센서(4인 가족)	8		
네트워크 장비	신규] 월패드 RS485 – 스마트게이트웨이	1	WiFi	구글홈
	신규] 지그비 허브(ZC)	1	지그비	
	신규] WiFi 리피터	3	WiFi	

* 스위치나 콘센트의 경우 제어하고자 하는 선로에 따라서 구분하여야 한다.
* 스마트 블라인드, 커튼의 경우 해당 창문 사이즈에 맞춰야 한다.

기존 구축되어 있는 스마트홈에서 사용자의 원하는 상황에 맞는 스마트홈의 기기 추가나 환경 구축하기 위해서는 기존 기기들 및 추가된 기기들의 원활한 작동을 위해 다음과 같은 네트워크 구성을 고려해야 한다.(더 자세한 내용은 스마트홈 네트워크 구축하기 참조)

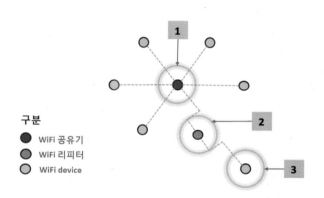

1. 네트워크 생성
   – 인터넷 연결된 WiFi 공유기에 의한 WiFi 네트워크 형성

2. 네트워크 확장
   – WiFi 리피터에 의한 WiFi 신호 세기 확장

3. 네트워크 참여
   – WiFi 기기에 대한 WiFi 네트워크 참여

그림 2-1 가정 내 WiFi 네트워크 구성

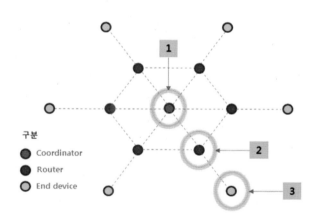

1. 네트워크 생성
   – 코디네이터(ZC)에 의한 지그비 네트워크 형성

2. 네트워크 확장 및 참여
   – 라우터(ZR)에 의한 지그비 네트워크 확장 및 참여

3. 네트워크 참여
   – 엔드 디바이스에 의한 네트워크 확장 및 참여

그림 2-2 가정 내 ZigBee 네트워크 구성

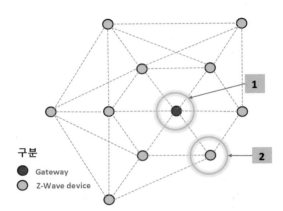

1. 네트워크 생성
– 게이트웨이에 의한 지웨이브 네트워크 형성

2. 네트워크 확장 및 참여
– 디바이스에 의한 지웨이브 네트워크 확장 및 참여

그림 2-3 가정 내 Z-Wave 네트워크 구성

표 2-3 각 통신 기술 기능 비교표

구분	와이파이	블루투스	지그비	Z-웨이브
주파수 대역	2.4GHz, 5GHz	2.4GHz	868MHz(유럽) 900~928MHz(미국) 2.4GHz(글로벌)	868~929MHz
전파 도달거리	실제 100m	1~100m	100m 이상(안정적)	100m 이상(안정적)
주요 응용분야	인터넷 연결	주변기기 (헤드셋, 오디오 등)	홈 네트워킹, 빌딩 자동화	홈 네트워킹, 빌딩 자동화
소비전력	평균 100mW	1~100mW	1~100mW(Low)	Low
특징	초소형, 초전력 장비 발굴 어려움	저전력 가능, AP 없이 접속 가능, 커버리지 확장 불가	저전력, 저렴한 네트워크 구성 유리, 타 통신과 간섭 및 파편화 우려	전파 효율성 및 호환성 좋음

출처: 전자신문

예상문제 스마트홈 구축 중 스마트홈 기기 선택-다지선다형

다음은 이사하는 김지능씨댁 스마트홈 설치도면과 구매하여 설치할 스마트홈 기기 목록이다. 해당 도면과 표를 보고 김지능씨댁 스마트홈에 맞는 네트워크 장비들을 모두 고르시오. (단, dBm의 값은 WiFi 신호세기이고, 지그비는 메쉬 네트워크로 구성되어야 한다.)

[보기]

① WiFi 리피터
② 지그비 코디네이터
③ 스위칭 허브
④ 지그비 라우터
⑤ 스마트 IR센서

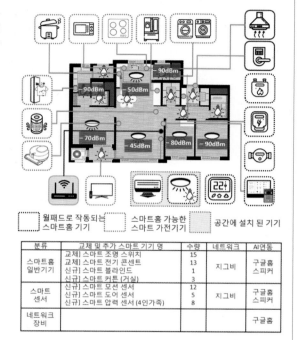

| | 월패드로 작동되는 스마트홈 기기 | | 스마트홈 가능한 스마트 가전기기 | | 공간에 설치 된 기기 | |

분류	교체 및 추가 스마트 기기 명	수량	네트워크	AI연동
스마트홈 일반기기	교체] 스마트 조명 스위치	15	지그비	구글홈 스피커
	교체] 스마트 전기 콘센트	13		
	신규] 스마트 블라인드	1		
	신규] 스마트 커튼 (거실)	3		
스마트 센서	신규] 스마트 모션 센서	12	지그비	구글홈 스피커
	신규] 스마트 도어 센서	5		
	신규] 스마트 압력 센서 (4인가족)	8		
네트워크 장비				구글홈

정답풀이

스마트홈 기기 구축 시 네트워크 방식에 따른 네트워크 토폴로지에 대한 숙지가 필요한 문제임

• 네트워크 생성 : 인터넷 연결된 WiFi 공유기에 의한 WiFi 네트워크 형성
• 네트워크 확장 : WiFi 리피터에 의한 WiFi 신호 세기 확장
• 네트워크 참여 : WiFi 기기에 대한 WiFi 네트워크 참여

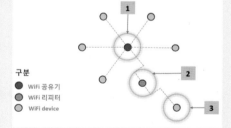

구분
● WiFi 공유기
● WiFi 리피터
○ WiFi device

가정 내 WiFi 네트워크 구성 방법

• 네트워크 생성 : 코디네이터(ZC)에 의한 지그비 네트워크 형성
• 네트워크 확장 및 참여 : 라우터(ZR)에 의한 지그비 네트워크 확장 및 참여
• 네트워크 참여 : 엔드 디바이스에 의한 지그비 네트워크 확장 및 참여

구분
● Coordinator
● Router
○ End device

가정 내 SigBee 네트워크 구성 방법

답 보기 ①, ②, ④

다음은 이사하는 김지능씨댁 스마트홈 스마트 디바이스들을 연결하기 위한 각각의 네트워크 구성이다. 보기에서 해당 네트워크구성에 맞는 명칭을 드래그하여 각 단계 맞는 디바이스들을 가져다 놓으시오. (단, 구성도의 색상은 서로 다른 기기들을 말하며, 노란색은 앤드디바이스를 말한다.)

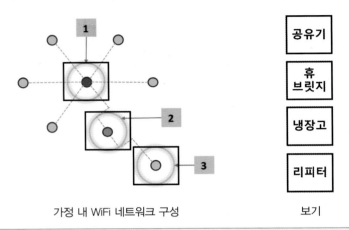

가정 내 WiFi 네트워크 구성

보기

정답풀이

문제에서 Wi-Fi 네트워크 구성이라고 명시하고 있으며 해당 구성은 다음과 같다.

- 네트워크 생성 : 인터넷 연결된 WiFi 공유기에 의한 WiFi 네트워크 형성
- 네트워크 확장 : WiFi 리피터에 의한 WiFi 신호 세기 확장
- 네트워크 참여 : WiFi 기기에 대한 WiFi 네트워크 참여

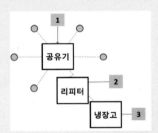

가정 내 WiFi 네트워크 구성 방법

이를 응용하여 스마트홈 네트워크에 가장 많이 사용되는 Z-Wave, ZigBee 네트워크 구성도 문제도 나올 수 있으므로 꼭 숙지할 필요가 있으며, 구성도는 다음과 같다.

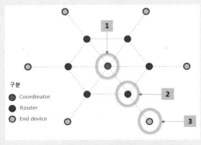

가정 내 SigBee 네트워크 구성

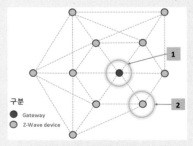

가정 내 Z-Wave 네트워크 구성

답 1 : 공유기, 2 : 리피터, 3 : 냉장고

(2) 일반 가전제품의 스마트 가전화 및 환경 구축

여건상 스마트홈 IoT 기기를 사용하지 못하고 기존 기기들을 IoT 기기와 혼합하여 구축해야하는 환경이 존재한다. 이는 스마트 기능이 없이 미리 구축된 매립형 시스템 에어컨, 각 방 난방이 지원하지 않는 보일러 시스템, 주방 후드 등 신규 설치 또는 재설치로 인한 들어가는 비용과 시간들로 인해 기존 아날로그 시스템을 이용하여 구축해야 하는 현장 상황도 있으니 실습사례를 통해 해결해 보자.

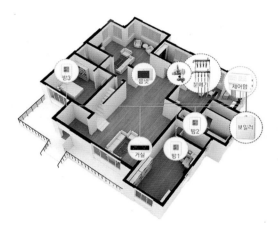

그림 2-4 각 방 유선 난방 시스템 구성도

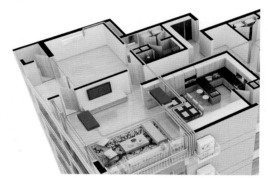

그림 2-5 시스템 에어컨 구성도

실습 1

일반 TV를 스마트 TV로 만들기

일반 TV를 스마트TV로 만드는 방법은 총 3가지가 있다.
① 통신사 IPTV 셋톱박스
② 미라캐스트와 같은 동글(dongle) 장치
③ 안드로이드 TV 스틱, 애플 TV와 같은 스마트 TV스틱

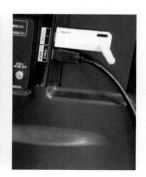

최근 통신사 IPTV의 셋톱박스 특징을 보면 다음과 같은데, 대부분 셋톱박스는 유선랜을 통해 TV HDMI 포트에 연결하여 시청 및 제어하게 되어 있다.

그림 2-6 주요 셋톱박스 특징

출처: 한국경제 https://www.hankyung.com/it/article/2020070543951

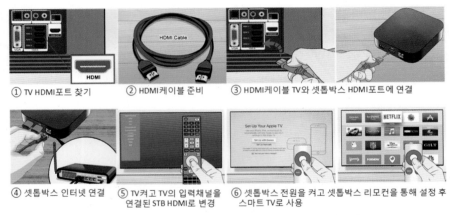

① TV HDMI포트 찾기 ② HDMI케이블 준비 ③ HDMI케이블 TV와 셋톱박스 HDMI포트에 연결

④ 셋톱박스 인터넷 연결 ⑤ TV켜고 TV의 입력채널을 연결된 STB HDMI로 변경 ⑥ 셋톱박스 전원을 켜고 셋톱박스 리모컨을 통해 설정 후 스마트 TV로 사용

그림 2-7 통신사 IPTV 셋톱박스, 애플TV의 경우 설치방법

① TV HDMI포트 찾기 ② 스틱을 TV HDMI에 연결 ③ USB전원 연결 ④ TV 전원을 켠다

⑤ TV켜고 TV의 입력채널을 연결된 STB HDMI로 변경 ⑥ 연결한 안드로이드 TV, 무선 동글 설정 화면에 따라 무선 WiFi 연결 및 계정 연결 또는 스마트폰과 연동하여 스마트 TV로 사용

그림 2-8 안드로이드 TV스틱, 크롬캐스트 등 스틱의 경우 설치방법

실습 2

리모컨으로 작동하는 일반 가전제품을 스마트 가전으로 바꾸기

집 안에서 손을 사용하지 않고 가전제품들을 작동하는 방식으로 가장 보편화된 것이 바로 리모컨이다. 리모컨으로 작동하는 기기들은 다음과 같이 구성되어 있으며, 많은 전자기파 중 적외선(IR)을 이용하여 리모컨은 송신만을 기기는 수신부만을 갖고 있는 것이 특징이다.

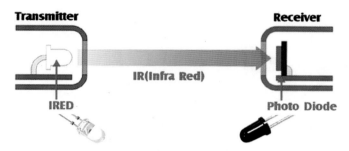

그림 2-9 적외선 통신을 이용한 리모컨 원리

① 적외선 리모컨의 작동 및 송수신 원리
- 리모컨에서 "전원" 버튼을 눌러 명령을 보낸다.
- 리모컨 발광 다이오드에서 전원에 할당된 고유 주파수 적외선 방출
- 제품(기기)에 있는 수광 다이오드에서 적외선 수신
- "전원"이 켜져 있으면 제품은 Off, 꺼져 있으면 "전원" On

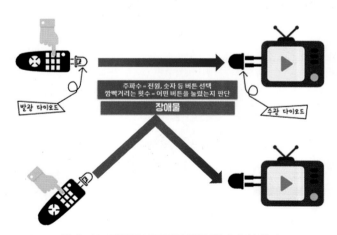

그림 2-10 적외선 리모컨의 작동 및 송수신 원리

이런 적외선 리모컨으로 작동하는 일반 가전제품들을 스마트홈 가전으로 만들기 위해 나온 제품이 바로 스마트 IR 리모컨 또는 스마트 리모컨 허브로 불리는 제품이다.

② 스마트 IR 리모컨 선택 시 고려 사항
- 네트워크 방식(WiFi, ZigBee)
- 타 플랫폼과의 연동 여부
- 360° 적외선 신호 송출 여부
- 리모컨 학습 기능 지원 여부
- 온·습도 센서 내장 또는 연결 가능 여부

그림 2-11 스마트 IR 리모컨

③ 설치 시 주의사항

주파수가 같은 제품을 개별 제어 시 같은 공간 또는 다른 공간에 있더라도 주파수 수신이 가능하다면 동시 작동할 수 있어 설치 위치를 고려해야 한다.

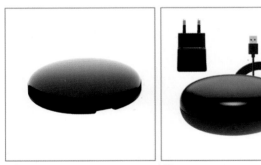

① 스마트 IR 리모컨 준비

② 스마트 IR 전원 연결

③ 해당 App 설치 후 인터넷 설정

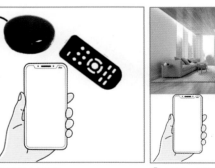

④ App에서 제어할 제품 리모컨 등록 또는 리모컨 학습 시키기

⑤ 스마트 IR 리모컨 제품 작동 여부 확인

그림 2-12 스마트 IR 리모컨 WiFi방식 설치방법

④ 스마트 IR 리모컨으로 기기 원격 제어 시 발생하는 문제점
   • 적외선 통신의 단점은 송신된 명령어의 수신을 확인 어려움
   • 동일한 적외선 신호를 사용하는 같은 장소의 같은 방식의 다른 기기 오작동 가능
     이 문제 해결을 위한 방법 중 하나는 스마트 콘센트(플러그)를 이용하는 방법이 있다.

⑤ 구축 시 고려사항
   • 구매 전 기기 소비전력과 스마트 콘센트의 허용 전력량 확인
   • 구매 전 네트워크 방식 확인
   • 타 플랫폼 연동 여부 확인
   • 기기당 스마트 콘센트 연결
   • 스마트 콘센트는 상시 On

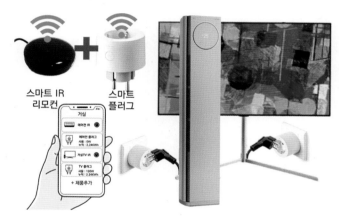

그림 2-13 스마트 IR 리모컨과 스마트 플러그 조합

스마트 IR리모컨 제어를 통한 기기 작동여부를 확인하는 동작 원리는 다음과 같다.

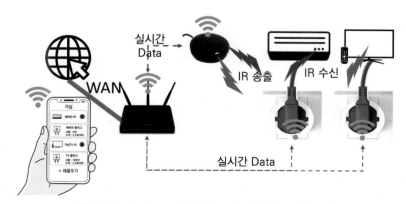

그림 2-14 스마트 IR 리모컨과 스마트 플러그 조합 구성도

스마트 IR 리모컨 + 스마트 콘센트(플러그) 동작원리

① 외부에서 앱을 통해 스마트 IR로 제품 전원 On 신호를 보낸다.

② 인터넷을 통해 게이트웨이로 들어온 신호는 집안 스마트 IR 리모트로 명령 전달

③ 스마트 IR 리모컨은 해당 기기에 전원 On적외선 신호 송출

④ 해당 기기는 IR신호 수신 여부에 따라 전원 On

⑤ 해당 기기가 정상적으로 작동하면 스마트 콘센트에서 소비전력 DATA 송출

⑥ 게이트웨이 → 인터넷 → IoT클라우드 → 인터넷 → 스마트폰 App으로 DATA 전달

⑦ 스마트폰 App 사용 전력량 확인으로 원격 제어 제품 정상 작동여부 확인 가능

실습 3

콘센트에 연결하여 스위치로 동작하는 일반 가전제품을 스마트 가전으로 바꾸기

스위치의 종류를 살펴보면 다음과 같은 형태의 스위치를 많이 사용하고 있다.

로커 스위치   리미트 스위치   토글 스위치   모멘터리(푸쉬)   락킹 스위치

그림 2-15 스위치 종류

로커 스위치의 경우에는 전등 스위치나 멀티콘센트 전원차단 스위치에서 많이 볼 수 있으며 모멘터리(푸쉬)나 락킹스위치는 대다수의 가전제품 스위치에 많이 사용되어지고 있다. 요즘은 디자인을 위해 터치 스위치를 사용하기도 한다.

이와 같은 스위치로 동작하는 일반 가전제품을 스마트스위치로 개조하지 않고 스마트 가전으로 바꾸기 위해서는 다음의 3가지 조건을 만족시켜야 한다.

첫째, 스마트 가전으로 바꾸고자 하는 제품에 전원 콘센트가 있어야 한다.

둘째, 콘센트 연결 시 제품 단독으로 작동 및 상시전원이 연결되어야 한다.

셋째, 제품 전원 동작 스위치가 로커, 토글, 락킹스위치처럼 고정되거나 제품에 정전보상기능
      이 있어야 한다.

위의 조건이 충족시킨다면 스마트 콘센트(플러그)를 이용하여 앱으로 외부에서 해당 제품의 전원을 On/Off 제어하거나 집안에서 AI스피커를 통해 음성으로 제어할 수 있다. 그럼 설치방법과 스마트 콘센트 선택 시 고려할 사항을 알아보자.

① 제품 플러그를 콘센트에서 분리 ② 벽 콘센트에 스마트 콘센트 연결 ③ 네트워크설정및 앱 제품 등록 ④ 스마트콘센트에 제품 연결 후 제품 스위치 On ⑤ 제품 작동확인 ⑥ AI스피커 플랫폼 연동

그림 2-16 스마트 콘센트 WiFi 방식 설치방법

스마트 콘센트 선택 시 고려사항

① 구매 전 기기 소비전력과 스마트 콘센트의 허용 전력량 확인

② 구축할 장소의 네트워크 방식과 호환 여부 확인

③ 타 플랫폼 연동 여부 확인

실습 4

스위치 봇을 이용 스위치로 동작하는 일반 가전제품을 스마트 가전으로 바꾸기

① 스위치 봇 작동 방식

- 통신 프로토콜 : 블루투스 4.2, 매쉬 네트워크
- 동작모드 : Press(누름), Switch(스위치)
- 배터리 또는 충전식
- 원격 및 다수 스위치 봇 제어 필요시 블루투스 게이트웨이 필요

스위치 방식(좌)   암 방식(우)

그림 2-17 시중 판매되는 스위치 봇 종류

현 시중에 판매되는 스위치 봇을 활용하여 스마트화하기 위한 조건은 다음과 같다.

첫째, 적용하고자 하는 스위치 방식을 고려해야 한다.(로커, 토글, 푸쉬, 락킹)

셋째, 스위치 봇의 부착 공간이 나와야 한다.

셋째, 제어하고자 하는 스위치 개수만큼 스위치 봇이 필요하다.

＊ 정전식 터치 스위치의 경우 설치 및 제어 불가

② 스위치 방식의 스위치 봇 설치 및 동작 방법

  • 로커 스위치의 경우   • 푸쉬, 락킹 스위치의 경우

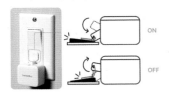

③ 암 방식의 스위치 봇 설치 및 동작 방법

  • 푸쉬/락킹 스위치의 경우   • 로커 스위치의 경우   • 토글 스위치의 경우

④ 스위치 봇으로 가전 기기 제어 시 발생하는 문제점

  • 사용자 시야에 없는 제품의 경우 스위치 정상 작동 여부에 대한 확인 불가능
  • 외부에서 원격 제어 시 통신 프로토콜로 인한 게이트웨이 필요
    이 문제 해결을 위한 방법 역시 스마트 플러그를 이용하는 방법이 있다.

⑤ 구축 시 고려사항

  • 구매 전 기기 소비전력과 스마트 콘센트의 허용 전력량 확인
  • 구매 전 네트워크 방식 확인
  • 타 플랫폼 연동 여부 확인
  • 기기당 스위치봇, 스마트 콘센트 연결
  • 스마트 콘센트는 상시 On

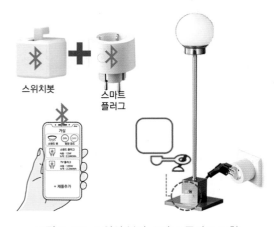

그림 2-18 스위치 봇과 스마트 플러그 조합

스위치 봇을 통한 외부 제어 및 기기 작동여부를 확인하는 동작 원리는 다음과 같다.

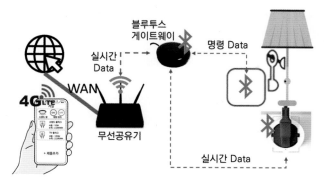

그림 2-19 스위치 봇과 스마트 플러그 조합 구성도

스위치 봇 + 스마트 플러그 동작원리 구성도

① App명령 → 인터넷 → IoT클라우드 → 인터넷 → 공유기 → 블루투스GW → 스위치봇

② 스위치 봇은 해당 스위치를 켜는 동작을 함

③ 해당 기기가 정상적으로 작동하면 스마트 플러그에서 소비전력 DATA 송출

④ 블루투스 GW → 공유기 → 인터넷 → IoT클라우드 → 인터넷 → 스마트폰 App으로 스위치 봇 On 상태와 스마트플러그 전력 소비량에 대한 실시간 DATA 전달

⑤ 스마트폰 App 사용 전력량 확인으로 원격 제어 제품 정상 작동여부 확인 가능

예상문제 스마트홈 가가 선택 및 환경 구축 – 다지선다형

다음 구성도는 기존 리모컨으로 작동되는 에어컨을 내부 온도가 30도가 되면 자동으로 켜지고 26°를 유지할 수 있을 뿐 아니라 집안 습도가 60% 이상이 되면 제습으로 작동 가능한 스마트 에어컨으로 만든 것이다. 해당 구성도에 필요한 스마트홈 디바이스들을 모두 선택하시오. (모든 스마트 기기는 WiFi로 연결이 되며, 에어컨 작동 여부도 확인이 되어야 한다.)

[보기]

① 유무선 공유기
② 지그비 허브
③ WiFi 스마트 플러그
④ 온/습도 센서
⑤ 스마트 IR 리모컨

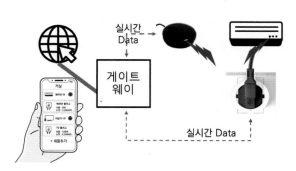

예상문제   스마트홈 가가 선택 및 환경 구축 – 드래그앤드롭형

다음 구성도는 기존 리모컨으로 작동되는 에어컨을 내부 온도, 습도를 측정해 집안 온도를 26도로 유지하기 위한 스마트 에어컨처럼 작동하기 위한 구성도이다. 해당 구성도에 맞는 디바이스들을 보기에서 드래그하여 완성하시오. (단, 센서는 지그비 방식이며, 다른 스마트 기기들은 WiFi이다. 또한 에어컨이 작동이 되는지 모니터링이 가능해야 한다.)

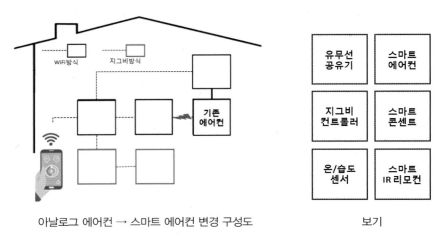

아날로그 에어컨 → 스마트 에어컨 변경 구성도   보기

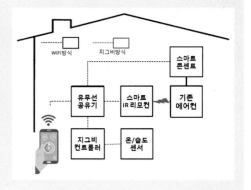

3 스마트홈 IoT 기기 설치 및 문제 해결 실무

스마트홈 구축 시 가장 많이 사용하는 다음의 IoT 디바이스들 중 직접 설치 가능한 전구, 스위치, 센서, 네트워크 장비들에 대한 설치 방법과 사례를 통한 설치 시 발생 할 수 있는 문제에 대하여 살펴보자.

그림 2-20 스마트홈 구축 시 가장 많이 사용되는 IoT 디바이스들

(1) 스마트 스위치 설치(전구, 스위치, 릴레이)

스마트 스위치는 전등 같은 Load(활성선, 핫라인)에 전기를 on-off하는 스위치 릴레이부와 통신, 터치감지, 제어를 담당하는 MCU(microcontroller unit)회로부, 그리고 이들 부분에 전원을 공급하는 SMPS(Switching Mode Power Supply : 스위칭 동작에 의한 전원 공급장치)부로 나눌 수 있다.

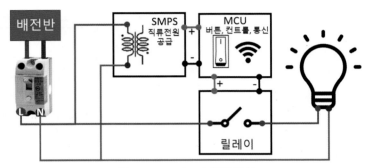

그림 2-21 스마트 스위치 구성도

스마트 스위치의 경우 스위치 동작을 위해서 Load선 쪽의 전원 on-off여부와 상관없이 계속 전원이 공급되어야 함으로 스위치에는 필수적으로 활성선과 중성선이 연결되어야 한다. 하지만, 기존 기계식 스위치는 전원 공급이 필요 없으므로 대부분 전등 스위치 함에는 배전반에서 오는 활성선과 전등에 연결되는 활성선만 존재한다.

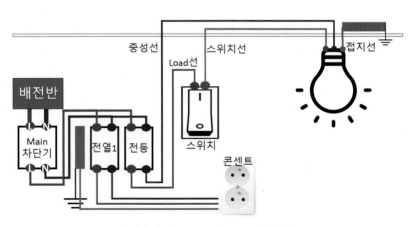

그림 2-22 일반적인 가정집의 배선도

집의 배선 상황에 따라 중성선을 끌어오면 되지만, 큰 공사가 필요할 수도 있다. 만약 중성선 배선 작업이 어려울 경우 다음과 같이 중성선이 없는 스마트 스위치 구성을 생각해야 한다.

1) 스마트 전구 또는 라이트로 구성하는 방법

전구 자체에 IoT기능이 탑재된 스마트 전구를 사용하여 중성선 없이 설치가 가능하다.

스마트 전구 또는 라이트 선택 시 고려사항

- 기존 전등의 전구 소켓을 사용해야 한다.
- 기존 스위치는 항상 켜두고 사용해야 한다.
- 스위치로 제어가 필요시 무선스위치 리모컨을 옵션으로 사용해야 한다.
- 스마트홈네트워크 지원 방식을 고려한다.
- 타 플랫폼과의 호환성을 살펴봐야 한다.

스마트 전구를 사용하는 부분은 비용이 적게 들 수 있으나, 전등 자체를 스마트 전등으로 교체하는 것은 비용이 상승하므로 권장하지는 않는다.

실습 1

필립스 휴 블루투스 방식 설치 방법

① 블루투스 기능지원 확인
② 애플 앱 스토어, 구글 스토어에서 휴 블루투스 앱 설치
③ 전구를 소켓에 키우고 전원 On

④ 스마트폰에서 블루투스 On

⑤ 휴 블루투스 앱 실행

⑥ 설정 > 조명으로 이동 후 +아이콘 실행

⑦ 자동으로 검색된 조명 선택 연결

⑧ 앱의 홈 탭에 연결된 조명 확인

⑨ 연결된 조명 앱에서 제어

1. 블루투스켜기   2. App 실행 및 추가   3. 검색된 전구 설치

블루투스 방식의 스마트 조명 연결의 경우 다음과 같은 단점이 발생한다.

① LTE나 인터넷을 통한 외부 제어 불가

② 연결할 수 있는 기기의 수가 적다.(필립스 휴 전구의 경우 최대 10개)

③ 신호 간섭 및 제어거리가 10m로 짧다.

실습 2

필립스 휴 브릿지를 통한 전구/램프 설치 방법

그림 2-23 지그비 방식의 필립스 휴 브릿지와 스마트전구 구성도

필립스 휴 전구의 경우 블루투스 연결 외 지그비 네트워크를 지원하며 휴 브릿지(지그비 코디네이터)를 통해 최대 50개의 전구/램프뿐만 아니라 디머 스위치, 동작센서, Play HDMI 싱크 박스등, 최대 12가지 액세서리를 연결할 수 있다.

휴 브릿지 설치방법

① 필립스 휴 지원 조명을 설치하고, 조명 스위치를 켭니다.

　㉠ 필립스 휴 브릿지를 콘센트에 연결합니다.

　㉡ 이더넷 케이블을 사용하여 휴 브릿지를 Wi-Fi 유무선 공유기에 연결합니다.

　㉢ 휴 브릿지 표시등 3개에 모두 불이 들어올 때까지 기다립니다.

② 애플 앱스토어, 구글 플레이 스토어에서 필립스 휴 앱을 다운로드 합니다.

③ 스마트폰을 휴 브릿지와 연결된 유, 무선 공유기의 2.4Ghz Wi-Fi에 연결합니다.

④ 필립스 휴 앱을 열고 휴 브릿지를 찾습니다.

⑤ 휴 브릿지를 찾으면 화면에 표시되는 설명에 따라 휴 브릿지 본체의 가운데 버튼을 눌러 연결합니다.

⑥ 휴 브릿지 연결이 끝나면 추후 설치되는 제품을 제어하는 방/구역을 만들거나 선택할 수 있습니다.

휴 앱 실행 후　　　찾은 휴 브릿지 연결
휴 브릿지 찾기

휴 브릿지에 전구/램프 설치 및 연결방법

① 휴 앱을 열고 홈 탭으로 이동한 후 세 점(…) 아이콘을 누릅니다.

② 조명 추가를 누릅니다.

③ 검색을 누릅니다.

④ 만약 휴 앱이 조명을 찾지 못하면 제품의 일련번호를 입력합니다.

⑤ 새 조명이 표시되면 구성 시작을 누르고 조명 이름과 유형을 지정합니다.

⑥ 새 조명을 기존 방으로 이동하거나 있는 위치의 방을 새로 만들어 이동합니다.

⑦ 다른 방법으로 조명을 추가하려면 앱 설정 탭으로 이동 조명을 누른 후 (+) 아이콘을 눌러 해당 내용에 따릅니다.

2) 버튼 없는 스마트 스위치(스마트 릴레이 스위치)로 구성하는 방법

스마트 릴레이 스위치는 등기구로 들어오는 Load선, 중성선을 입력부에 연결하고 출력부를 등기구 안정기 쪽으로 연결하는 스위치를 말한다.

스마트 릴레이 스위치 선택 시 고려사항

① 기존 스위치를 사용할 수 있는지 살펴본다.(이 경우 약간의 딜레이 발생)

② 기존 스위치 사용 불가 시 RF수신 제품 고려한다.

③ 스마트홈 네트워크 방식을 고려한다.

④ 설치 기기의 허용 전류량보다 작아야 한다.

스마트 릴레이 스위치(컨트롤러)의 네트워크 방식은 Wi-Fi와 ZigBee방식이 많이 나오고 있다. 만약 ZigBee방식을 선택하게 된다면, 지그비 라우터(리피터)도 되는 제품을 선택하면 메시 네트워크 구성을 통해 지그비 신호(LQI)가 낮은 곳 없이 원활한 통신을 할 수 있다.

🎧 실습 3

스마트 릴레이 스위치 설치 및 연결 방법

스마트 릴레이 제품 스펙표

통신방식	ZigBee IEEE 802.15.4
In/Out	AC 85~265V 50/60Hz
MaxLoad	250V/10A
통신지원	ZigBee Repeater 내장

상기의 스마트 릴레이 스위치를 240W 안방등을 제어하기 위해 설치해보자.

① 네트워크 방식

- 지그비 방식이므로 지그비 코디네이터(제품명 : 지그비 허브) 필요
- 2.4Ghz를 지원하는 유무선 공유기(게이트 역할) 필요

② 제품의 허용 전류량은 250V × 10A = 2500W이나 한국은 220V이므로 220V × 10A, 즉 최대 2200W를 지원하므로 240W 전등을 충분히 제어 가능

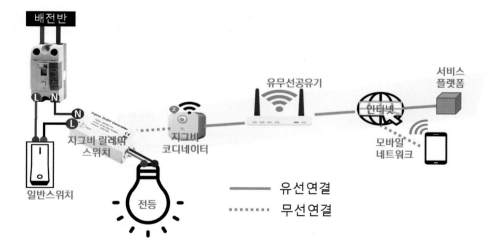

지그비 방식의 스마트 릴레이 스위치 네트워크 및 배선 구성도

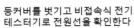
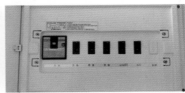

등커버를 벗기고 비접속식 전기
테스터기로 전원선을 확인한다

안전을 위해 차단기를 내린다
1. 전등 차단기를 내린다.
2. 메인 차단기를 내린다.

제어할 등의 커버를 벗기고 안에
스마트 릴레이 스위치를 연결 한다.

① 등커버를 벗기고 비접촉식 전기테스터기로 전원선을 확인한다.

　　(2020년까지 한국전기설비규정 내선 기준으로 중성선은 백색 or 회색선 사용)

② 안전을 위해 가정 배전반의 전등 차단기를 내린 후 메인 차단기를 내린다.

③ 천정에서 오는 전원선과 중성선을 스마트릴레이 스위치 IN방향에 연결한다.

④ 스마트릴레이 스위치의 OUT쪽에 등으로 가는 전원선, 중성선에 맞춰 연결한다.

⑤ 배전반의 차단기를 올려 전원을 공급한다.

⑥ 스마트폰에 설치된 스마트 릴레이 스위치 연동할 플랫폼 앱을 연다.

⑦ 설명서에 따라 앱을 통해 지그비 허브에 스마트 릴레이 스위치를 연동한다.

⑧ 제어 및 지그비 라우터(리피터)로 작동하는지 확인한다.

⑨ 기존 스위치로 전등이 On, Off되는 지 확인한다.

3) 중성선 없는 스마트 스위치로 구성하는 방법

　　몇 년 전부터 중성선이 필요 없는 스마트 스위치가 다수 출시되고 있는데, 이 방식의 스위치를
구매하면 벽에 매립되어 있는 기존 스위치와 중성선 없는 스마트 스위치로 교체하기만 하면
된다.

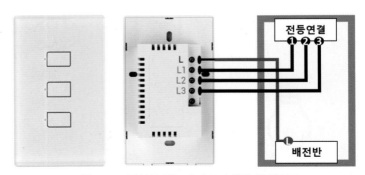

그림 2-24 중성선 없는 스마트 스위치 선 결선도

　　중성선이 없는 경우 스위치가 Off상태에서는 전류가 흐르지 않기 때문에 Load선에서 누설전
류처럼 전류를 흘러가게 하여 스마트 스위치에 전력을 공급하여 작동하는 방식이다.

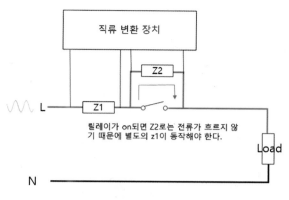

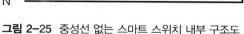

릴레이가 on되면 Z2로는 전류가 흐르지 않기 때문에 별도의 z1이 동작해야 한다.

그림 2-25 중성선 없는 스마트 스위치 내부 구조도

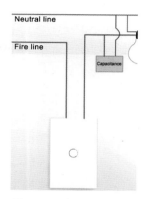

그림 2-26 잔광 콘덴서가 필요

여기서 Load가 얼마나 될지 특정할 수 없기 때문에 넓은 범위의 교류 전압을 커버할 수 있어야 되고, 가장 큰 문제는 Z2로 전류를 흘리게 되면, LED전구가 약간의 전류에도 작동하게 되기 때문에(잔광 현상) 극소의 전류만을 흘려야 한다. 그 작은 허용 가능 전류에 교류 직류 변환 손실이 발생하기 때문에 초고효율 바이어스 회로가 필요하다. 덤으로 relay on시 사용되는 별도 전원회로가 필요하다.

off시 얻을 수 있는 전원은 워낙 미량이라 스위치는 RF시그널 송수신 정도만 하고 별도의 허브로 통신한다. 이런 이유로 전등 쪽에 잔광제거용 콘덴서를 병렬연결하고 전류를 필요한 만큼 충분히 흘리고 전류가 콘덴서 쪽으로 빠지도록 되어 있다.

실습 4

증성선 없는 스마트 스위치(2선식/Zigbee) 설치 및 연결방법

① 기본 구성품
  - 스위치 상/하판
  - 나사 2개
  - 노이즈 필터(잔광 콘덴서)
  - 전선 표시 스티커
  - 사용 설명서
② 필수 사항
  - Wi-Fi 유무선 공유기
  - 지그비 허브(ZC)

중성선 없는 스마트 스위치(2선식/ 지그비) 설치 구성도는 옆과 같다.

스위치 (상)
*예시 이미지 입니다.
주문 시 선택하신 '옵션'에 따라 발송됩니다.

스위치 (하)

사용 설명서

나사 (2개)

노이즈 필터

전선 표시 스티커

| 1구 |
| 2구 |
| 3구 |
| 전원 |

그림 2-27 헤이홈 2선식/지그비 스위치

③ 설치 시 주의 사항
- 지그비 허브(ZC)거 필요하다.
- 중성선을 필요로 하지 않지만 잔광이 남을 수 있어 노이즈 필터 나 잔광제거 콘덴서가 필요하다.
- 연결할 등과 스위치의 정격부하를 꼭 체크하여 연결해야 한다.

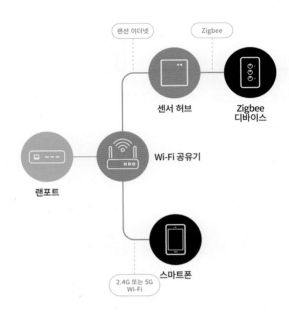

④ 스마트 스위치의 최대 부하
- 1구 100W/2구 250W/3구 250W

설치방법

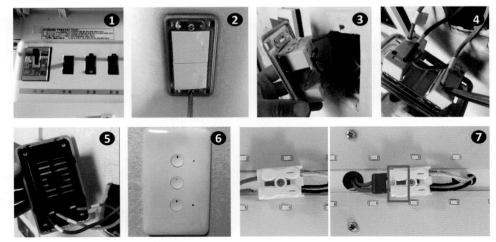

① 가정 내 배전반에서 전등 차단기를 내린 후 메인 차단기를 내린다.

② 교체할 기존 스위치를 드라이버를 통해 분해한다.

③ 기존 스위치를 탈거한다.

④ 탈거한 스위치의 배선 확인 후 전선에 표시한다.(L : 활성, L1 : 전등 1, L2 : 전등 2 등)

⑤ 장착할 스마트 스위치 배선에 맞게 표시한 전선을 연결한다.

⑥ 스위치 단자함에 맞춰 스마트 스위치를 조립한다.

⑦ 스마트 스위치와 연결된 전등의 전원선에 노이즈필터나 잔광 콘덴서를 연결한다.

⑧ 배전반에서 차단기를 올린 후 스위치가 정상적으로 사용 가능한지 확인한다.

⑨ 스마트폰에서 해당 제품 App을 설치한다.(애플 앱스토어, 구글 플레이스토어)

⑩ Wi-Fi 공유기와 지그비 허브를 연결한다.

⑪ 스마트폰을 지그비 허브와 연결된 Wi-Fi와 연결한 후 앱을 실행하여 지그비 허브를 네트워크에 연결한다.

⑫ 스마트 스위치와 지그비 허브에 연동시킨다.

⑭ 앱에서 스마트 스위치가 정상적으로 작동되는 확인한다.

⑮ 타 플랫폼(AI스피커)과 연동을 시켜 정상적으로 작동되는지 확인한다.

[참조 1] 2선식 스위치와 3선식 스위치 배선도

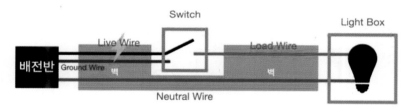

일반적인 스위치 배선도(2선식)

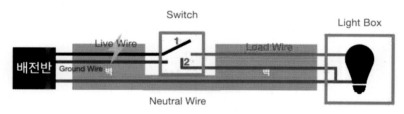

중성선 매립 배선도(3선식)

[참조 2] 2021년부터 적용되는 한국전기설비규정(KEC)의 전선색상식별규정 변경사항

	한국전기설비규정				전선색상시별규정 변경	
표준 또는 규정	A(R)	B(S)	C(T)	N	보호도체	비고
기술기준(판단기준)	–	–	–	–	■ / ■ 녹/청색, 녹색	의료 장소
내선규정	■ 흑	■ 적	■ 청	□ or ■ 백색 or 회색	–	–
KEMC-2101-0609 (한국전기공업협동조합) ES-6110-0008 (한국전력공사)	■ 적	□ 백	■ 청	■ 흑		분, 배전반
KS C IEC 60445 KS C IEC 60445	L1	L2	L3	■ 청색	■ – ■ 녹색 – 노랑	–
	■ or ■ or ■ ※L1, L2, L3 : (갈색 or 흑색 or 회색) 중 선택					
한국전기설비규정 (2021년 1월 1일)	■ L1	■ L2	■ L3	■ 청색	■ – ■ 녹색 – 노랑	
	색상 식별이 종단 및 연결 지점에서만 이루어지는 나도체 등은 전선 종단부에 색상이 반영구적으로 유지될 수 있는 도색, 밴드, 색 테이프 등의 방법으로 표시해야 된다.					

예상문제 스마트홈 기기 중 스마트 스위치 설치 – 드래그앤드롭형

다음은 스마트 스위치 내부 구성도이다. 구성도에 맞는 릴레이부, 제어부, 직류전원공급부를 드래그하여 완성하시오. (단, 배선은 2021년 1월 1일부터 적용되는 한국전기설비규정(KEC)을 따르고 있다.)

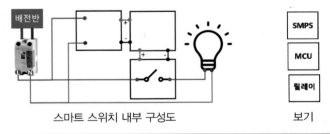

스마트 스위치 내부 구성도   보기

정답풀이

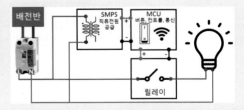

21년 1월부터 시행된 한국전기설비규정에 따르면 로드선 즉 활성선은 갈색, 흑색, 회색을 사용하게 되어 있으며, 중성선은 청색을, 접지선은 녹색과 노랑색이 섞인 선을 사용하게 되어 있다. 스마트 스위치의 경우 상시전원 인가를 위해 중성선이 필요하므로 교류를 직류로 바꿔주는 직류전원공급부를 통해 버튼, 컨트롤, 통신을 담당하는 제어부에서 신호를 받아 릴레이 스위치가 켜지면 전등이 켜지는 구조로 되어 있다.

예상문제 스마트홈 기기 중 스마트 스위치 설치－드래그앤드롭형

다음은 일반 가정집 전기 배선도이다. 해당 집의 기존 스위치는 그대로 사용하면서 스마트 릴레이 스위치(스펙표)를 가지고 원격 제어 및 자동화를 하고자 한다. 릴레이 스위치를 설치하는 위치에 맞게 드래그 하여 설치하시오. (단, 배선은 2021년부터 적용되는 한국전기설비규정(KEC)를 따르고 있으며, 네트워크는 구축된 상태이다.)

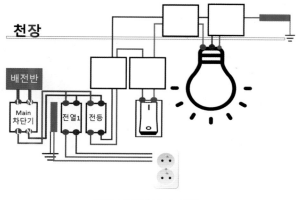

일반 가정집 전기 배선도   보기

정답풀이

스마트릴레이 스위치 또한 상시 전원이 필요하므로 중성선이 있는 곳과 전등을 직접 제어해야 하는 위치에 설치해야 한다. 상단 우측은 접지선과 중선선이 있는 곳이므로 제어가 불가능하며, 하단의 첫 번째는 기존 스위치로 인해 스위치가 상시 켜져 있지 않으면 제어가 안된다.

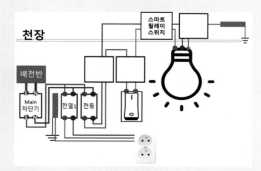

등커버를 벗기고 비접속식 전기 테스터기로 전원선을 확인한다

안전을 위해 차단기를 내린다
1. 전등 차단기를 내린다.
2. 메인 차단기를 내린다.

제어할 등의 커버를 벗기고 안에 스마트 릴레이 스위치를 연결 한다.

다음은 2선식 스마트 스위치를 설치한 설치도와 설치 부품 사진이다. 설치 부품 중 노이즈 필터를 설치하는 위치에 맞게 드래그하여 설치도를 완성하시오. (단, 배선은 2021년부터 적용되는 한국전기설비규정(KEC)를 따르고 있다.)

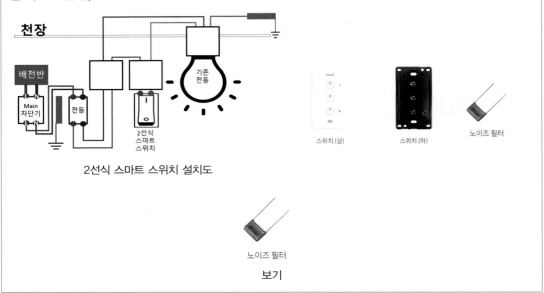

2선식 스마트 스위치 설치도

스위치 (상)　　스위치 (하)　　노이즈 필터

노이즈 필터

보기

정답풀이

전등 내부선에 연결한다.

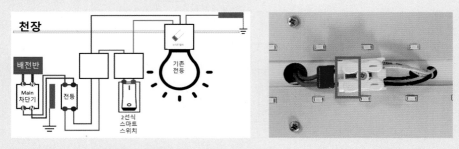

LED등에서 많이 발생하는 잔광현상, 잔불현상은 깜깜한 밤에 전등 스위치를 껐을 때 등기구에 미세하게 켜져 있는 현상을 말한다. 이는 2선식 스마트 스위치뿐만 아니라 전자식, 디지털 스위치에서도 발생하는데 이유는 스마트 스위치의 경우 통신을 위해 상시로 전원이 있어야 하고 전자식, 디지털 스위치의 경우에는 스위치 램프에 불이 들어오기 위해 미세 전류를 흐르게 했기 때문이다. 이를 제거하기 위한 부품은 노이즈 필터, 잔광 콘덴서가 있는데 이를 등기구의 컨버터(안정기)선이나 천장 전원선에 연결하면 해결할 수 있다.

예상문제 스마트홈 기기 중 스마트 스위치 설치 – 단답형

다음은 (　　)에 들어갈 용어를 넣으시오.

2선식 스마트 조명 스위치 설치 후, 조명 스위치와 연결된 등기구에서 다음 사진과 같은 현상이 발생하였다. 이를 해결하기 위하여 연결된 등기구에 (　　　　　)를 설치하였더니, 노이즈 현상까지 해결되었다.

정답풀이

LED를 사용하시는 분들에게 잔광현상은 큰 문제이며 전원을 껐는데도 희미한 불이 계속 켜져 있거나 아니면 번쩍거리는 현상까지도 있다. 이러한 점을 해결해주는 제품은 잔광콘덴서이며 전등 부하에는 저항 성분이 많아서 잔광콘덴서를 연결하게 되면 전구의 발광효율을 좋게 하고 미세한 누설 전류를 흡수해서 깨끗한 전기가 흐르는 원리를 가지고 있다. 일명 진상용 콘덴서라고 하는데 이것은 전하를 방전, 충전하는 역할도 하지만 제일 큰 역률(효율)을 개선하는 역할을 한다.

답 노이즈필터, 잔광 콘덴서, 진상 콘덴서

예상문제 스마트홈 기기 중 스마트 스위치 설치 – 선택형

다음 사진은 한국 규격의 스마트 스위치에 대한 설치하는 사진이다. 사진에 맞는 규격을 보기에서 선택하시오. (단, 흰색선 – N, 적색선 – Load, 노란색선 – L1, L2와 연결되어 있다.)

[보기]

① 2선식 – EU
② 2선식 – US
③ 2선식 – KS
④ 3선식 – EU
⑤ 3선식 – US
⑥ 3선식 – KS

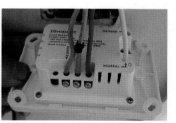

정답풀이

해당 배선도를 보면 중성선–N, 전력선(활성선)–Load, 스위치선–L1/L2인 3선식 스위치임을 알 수 있다. 그리고 국내 규격은 한국산업표준(Korean Industrial Standards, KS)을 따르게 되어 있고, 판매를 위해서는 KC인증도 받아야 한다.

답 ⑥

(2) 스마트 플러그, 멀티탭 & 콘센트(매립형)

기존 벽에 매립되어 있는 콘센트에 간단히 연결하여 해당 콘센트를 외부에서 제어, 모니터링 및 자동화를 할 수 있는 제품이 바로 스마트 플러그와 스마트 멀티탭이 있다.

통신 방식에 따라 Wi-Fi, 지그비, 블루투스를 통해 연결되며 지그비 방식의 경우 상시 전원이 연결될 수 있기 때문에 지그비 라우터 역할도 같이 가지고 있는 제품을 선택하는 것이 좋기 때문에 구매 전 하기와 같은 내용을 고려하여 구매해야 한다.

① 스마트 플러그와 스마트 멀티탭 선택 시 고려사항

ㄱ 구축하려는 또는 구축된 스마트홈 플랫폼 연동여부를 확인한다.

ㄴ 네트워크 방식을 고려하여 확장성 있는 제품을 선택한다.

　　지그비 방식의 경우 지그비 라우터 기능 있는 제품을 선택

ㄷ 집 콘센트 용량보다 작은 제품을 선택한다.(가정집 콘센트 전력량 15A~16A임)

ㄹ 연결할 제품의 용량과 스마트 플러그와 멀티탭의 최대 허용 용량을 확인한다.

　　스마트 멀티탭의 경우 각 소켓 제어 가능한 제품을 선택한다.

ㅁ 대기전력양이 작은 제품을 선택한다.

제품명	스마트 플러그
통신방식	Wi-Fi (2.4GHz) / BLE 4.2
정격 전압	250V~, 60Hz
최대 허용 용량	10A, 2200W
크기(W*H*T)	71×48×87mm
사용 온도	-10~70℃

제품명	스마트 멀티탭	USB 2채널	DC 5V, 1A / 2채널 사용시 최대 2A
기자재 명칭	WiFi SMART POWER STRIP	사용 전력(관장)	2,800W(최대 허용 전력 3,520W)
모델명	GKW-PS031	동작 온도/동작 습도	-10~45℃ / 80%
통신 방식	Wi-Fi(2.4GHz)	크기/무게	291X59X42mm 케이블 1.4m/565g
콘센트 정격	250V~, 16A	제조국	중국
전자식 스위치	250V~, 60Hz, 16A	적합 인증 번호	R-R-GQL-GKW-PS031
직류 전원 장치	250V~, 60Hz, 0.5A	전기 안전 인증	JU04089-21001

그림 2-28 헤이홈 스마트 플러그와 스매트 멀티탭

② 매립형 스마트 콘센트 설치

　　아래의 일반 가정집 전기 배선도에서 보는 것처럼 매립형 스마트 콘센트의 경우에는 Load(활성)선, 접지, 중성선을 사용하고 있기 때문에 중선선이 없는 전등 스위치와 달리 해당 선들만 연결해 주면 되기 때문에 설치 난이도는 쉬운 편이다.

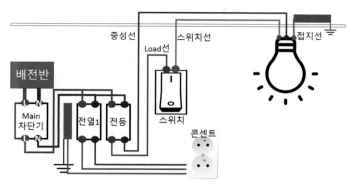

그림 2-29 일반적인 가정집의 배선도

③ 매립형 스마트 콘센트 설치방법

㉠ 안전을 위해 가정 배전반의 전등 차단기를 내린 후 메인 차단기를 내린다.

㉡ 교체할 벽 콘센트를 분리한다.

㉢ 콘센트에 연결된 선에 Load선, 중성선, 접지선을 확인 후 탈거한다. (해당 사진은 2021년 1월 1일 변경 전의 한국전기설비규정에 따르고 있으므로 Load – 적색, 중성선 – 백색, 접지 – 녹색임)

한국전기설비규정					전선색상시별규정 변경	
표준 또는 규정	A(R)	B(S)	C(T)	N	보호도체	비고
기술기준(판단기준)	–	–	–	–	■ / ▨ 녹/청색, 녹색	의료 장소
내선규정	■ 흑	■ 적	■ 청	□ or ▨ 백색 or 회색	–	–
한국전기설비규정 (2021년 1월 1일)	■ L1	■ L2	■ L3	■ 청색	■ – ▨ 녹색 – 노랑	
	색상 식별이 종단 및 연결 지점에서만 이루어지는 나도체 등은 전선 종단부에 색상이 반영구적으로 유지될 수 있는 도색, 밴드, 색 테이프 등의 방법으로 표시해야 된다.					

㉣ 매립형 스마트 콘센트 뒷면에 있는 선을 연결한다.

㉤ 벽에 스마트 콘센트를 고정한다.

㉥ 메인 차단기와 콘센트 차단기를 올려 설치된 스마트 콘센트 작동여부를 확인한다.

④ 스마트 플러그와 스마트 멀티탭 선택 시 고려사항

㉠ 구축하려는 또는 구축된 스마트홈 플랫폼 연동여부를 확인한다.

㉡ 네트워크 방식을 고려하여 확장성 있는 제품을 선택한다.

　　지그비 방식의 경우 지그비 라우터 기능 있는 제품을 선택

㉢ 집 콘센트 용량과 같은 제품을 선택한다.(가정집 콘센트 전력량 15A~16A임)

㉣ 연결할 제품의 용량과 스마트 콘센트의 최대 허용 용량을 확인한다.

㉤ 대기전력양이 작은 제품을 선택한다.

예상문제　스마트홈 기기 중 스마트 플러그 설치 – 다지선다형

다음 사진은 스마트 플러그의 규격이다. 이 제품은 Wi-Fi 2.4Ghz를 통해 연결 및 제어를 할 수 있는데, 해당 스마트 플러그에 연결하여 사용할 수 있는 제품을 보기에서 모두 선택하시오.

[보기]

① 전기레인지 (최대 소비전력 3600W)
② 히트펌프 건조기 (최대 소비전력 1400W)
③ 스마트 TV (최대 소비전력 540W)
④ 에어컨 (최대 소비전력 3400W)
⑤ 드럼 세탁기 (최대 소비전력 3300W)

정격 입력 전압	220V, 60Hz
입력전압 범위	185V ~ 245V, 60Hz
최대 허용 용량(A)	16A(암페어)
통신방식	Wi-Fi (IEEE802, 11b/g/n)

정답풀이

최대 소비전력의 단위인 와트는 일률 또는 동력이라고도 하며 안전을 위해 차단기나 플러그, 콘센트의 최대 허용 용량보다 작은 제품을 사용해야 한다. 쉽게 스마트 플러그에 연결 가능한 제품은 스마트 플러그의 전압과 Hz는 같아야 하고 최대 허용 용량 보다는 작아야 한다. 우리나라의 가전제품의 전압은 220V 60Hz로 규정하고 있으므로 제품의 최대 소비전력이 스마트 플러그의 최대 허용 전력보다 낮으면 된다.

계산식은 W=V(전압)×A(용량)이므로 스마트 플러그의 최대 허용 전력은 220V×16A=3520W가 된다.

[주의] 벽 콘센트 또한 최대 허용 용량이 있으니 스마트 플러그 역시 이를 맞춰야 한다.

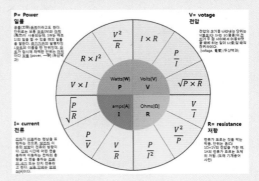

답 보기 ②, ③, ④, ⑤

예상문제 | 스마트홈 기기 중 스마트 콘센트 설치 – 드래그앤드롭형

다음은 매립형 스마트 콘센트로 교체하고자 한다. 보기에 맞는 배선을 스마트 콘센트에 드래그하여 연결을 완성하시오. (단, 배선은 2021년부터 적용되는 한국전기설비규정(KEC)를 따르고 있다)

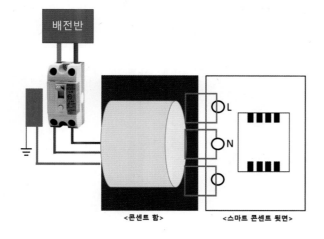

<콘센트 함>   <스마트 콘센트 뒷면>

보기

정답풀이

2021년부터 적용되는 한국전기설비규정에서 활성선은 L1 = 갈색, L2 = 흑색, L3 = 회색을 사용하게 되어 있으며, 중성선은 청색, 접지전은 녹색을 사용하게 되어 있다. 매립형 콘센트의 경우 규정에 따라 접지를 하게 규정되어 있으므로, 옆의 그림처럼 L = 갈색, N = 청색을 아무 표시 없는 곳은 접지선인 녹색선을 연결해야 한다.

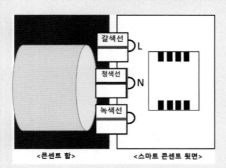

<콘센트 함>   <스마트 콘센트 뒷면>

한국전기설비규정				전선색상시별규정 변경		
표준 또는 규정	A(R)	B(S)	C(T)	N	보호도체	비고
기술기준 (판단기준)	–	–	–	–	■ / ■ 녹/청색, 녹색	의료 장소
내선규정	■ 흑	■ 적	■ 청	□ or ■ 백색 or 회색	–	–
한국전기설비규정 (2021년 1월 1일)	■ L1	■ L2	■ L3	■ 청색	■ – ■ 녹색 – 노랑	
	색상 식별이 종단 및 연결 지점에서만 이루어지는 나도체 등은 전선 종단부에 색상이 반영구적으로 유지될 수 있는 도색, 밴드, 색 테이프 등의 방법으로 표시해야 된다.					

(3) 스마트 커튼, 블라인드 설치

스마트 커튼과 블라인드 또한 다음 사진과 같이 기존 아날로그식의 커튼과 블라인드에 사용할 수 있는 스마트모터로만 제작되어 제어하는 제품과 스마트 모터와 결합되어 일체형으로 제작된 스마트 커튼, 블라인드가 있다.

<기존 블라인드와 커튼 활용 가능한 스마트모터>
(좌) 브런트제품 (우)스위치봇 전동커튼

<일체형인 스마트 블라인드와 스마트 커텐>
(좌) 아카라 블라인드+허브 (우) 아카라 스마커튼

① 기존 블라인드＋블라인드 엔진(스마트모터) 설치

이 조합의 장점은 금액이 저렴하고, 기존 블라인드를 분해하거나 철거하지 않아도 된다는 장점이 있다. 하지만, 일체형보다는 속도가 느리고 제품 제어가 블라인드를 올리고 내리는 것만 가능하다는 단점도 가지고 있다.

블라인드 엔진(스마트모터)을 설치하는 방법은 다음과 같다.

① 커버를 열고 블라인드 줄 타입에 맞는 기어 장착

② 기어에 줄을 걸고 팽팽해지는 위치를 선정

③ 가이드 플레이트 부착 후 블라인드 엔진 결합

④ 세부 높이 조절 후 엔진에 전원선 연결

⑤ 스마트폰에 앱 설치 후 블라인드 엔진 연결

⑥ WiFi 방식의 경우 2.4Ghz의 집 공유기 연결

⑦ 줄 타입 선택

⑧ 블라인드 길이에 맞춰 내림 올림 위치 설정

② 기존 블라인드+스마트 전동 블라인드 모터 설치

이 경우 기존의 블라인드를 분해 후 스마트 전동 블라인드 모터를 블라인드 봉 내부에 설치하여 사용할 수 있는데, 소음이 적고 동작 제어를 세세하게 할 수 있다. 하지만, 기존 블라인드의 봉 내부 구조와 스마트 전동 블라인드 모터가 맞아야 가능하고 비용이 비싸다는 단점이 존재한다.

① 블라인드 사이드 분해 후 수동 기어 박스 분리

② 스마트 전동 블라인드모터를 블라인드 홈과 방향에 맞춰 조립

③ 사이드를 스마트 전동블라인드모터와 맞춰 고정 후 전원 연결

④ 스마트폰에 앱 설치 후 블라인드 엔진 연결

⑤ WiFi 방식의 경우 2.4Ghz의 집 공유기 연결 지그비의 경우 허브와 페어링으로 연결

⑥ 블라인드 길이에 맞춰 내림 올림 위치 설정

스마트 블라인드 엔진 및 스마트 전동 블라인드 모터 선택 시 고려사항

㉠ 기존 블라인드에서 사용 가능한지 확인한다.

㉡ 자신에 맞는 소음, 작동 속도, 블라인드에 따른 제어방법을 고려하여 선택한다.

㉢ 구축하려는 또는 구축된 스마트홈 플랫폼 연동여부를 확인한다.

㉣ 네트워크 방식을 고려하여 확장성 있는 제품을 선택한다.
- 지그비 방식의 경우 지그비 라우터 기능 있는 제품을 선택

㉤ 블라인드 위치에 따른 전원 연결 방식을 고려해야 한다.
- 상시 전원 제품의 경우 콘센트와 블라인드와의 전원 연결거리를 고려
- 충전식 배터리의 경우 배터리 용량과 사용기간을 고려

③ 기존 커튼+스마트 커튼 모터(봇) 설치

기존 레일방식이나 봉방식의 커튼에도 모두 적용 가능하다는 것과 설치가 아주 쉽고 가격이 가장 저렴하다는 장점이 있다. 하지만, 모터작동의 소음이 가장 크며 충전식 배터리 장착으로 배터리 용량에 따라 사용기간이 짧고 충전하는 동안 사용이 불가능한 단점이 있다. 네트워크 방식은 저전력 블루투스 방식과 지그비 방식이며, 저전력 블루투스 방식의 경우 외부에서 제어하기 위해 WiFi모듈이 내장된 블루투스 리모컨을 활용하고 있다.

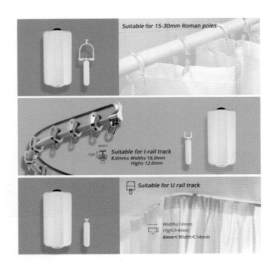

① 충전된 스마트 커튼 봇을 기존 커튼의 레일,봉에 설치 한다.
(WiFi의 경우 WiFi 송신기 모듈 전원 연결)

② 스마트폰에 앱 설치 후 스마트 커튼 봇 연결
 - WiFi 의 경우 2.4Ghz 공유기 연결
 - 지그비의 경우 허브와 페어링으로 연결

③ 커튼 길이에 맞춰 앱에서 열림, 닫힘을 설정

스마트 커튼 모터(봇) 선택 시 고려사항

㉠ 자신에 맞는 소음, 작동 속도, 배터리 용량을 고려한다.

㉡ 구축하려는 또는 구축된 스마트홈 플랫폼 연동여부를 확인한다.

㉢ 네트워크 방식을 고려하여 확장성 있는 제품을 선택한다.

 • 지그비 방식의 경우 기존 허브(지그비 컨트롤러)와 호환이 되는지 확인

 • WiFi 방식의 경우 스위치 모듈로 2개를 동시 제어 가능한지 확인

㉣ 동작 및 커튼 수에 맞춰 구입 수량을 정한다.

④ 스마트 커튼 설치

스마트 커튼의 경우 스마트 전동 모터만 필요한 것이 아니라 위의 사진처럼 전동레일과 같이 구성해야 한다. 장점은 레일 롤러를 벨트가 구동하는 방식이므로 조용하다는 것과 우리 집에 딱 맞춰 제작할 수 있고 2종의 커튼을 사용하는 경우에도 설치 및 제어를 별도로 할 수 있는 장점이 있다. 하지만, 모든 부품을 전동화해야 하기 때문에 가장 많은 비용이 들어가며, 이사 시 같은 사이즈가 아니면 스스로 재설치하기 어려운 단점이 있다.

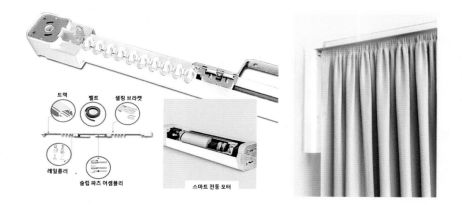

스마트 커튼 선택 시 고려사항

㉠ 전동레일 설치 공간 실측 시 스마트 전동모터 설치 공간을 제외됨을 필히 고려
  • 스마트 전동모터 및 설치를 위한 여유공간 포함 약 10cm를 제외해야 한다.
㉡ 이중 커튼이라면 스마트전동모터와 전동레일의 설치 공간이 확보되는지 파악
㉢ 구축하려는 또는 구축된 스마트홈 플랫폼 연동여부를 확인한다.
㉣ 네트워크 방식을 고려하여 확장성 있는 제품을 선택한다.
  • 지그비 방식의 경우 지그비 라우터 기능 있는 제품을 선택
㉤ 스마트 전동모터 위치에 따른 전원 연결 방식을 고려해야 한다.
  • 상시 전원 제품의 경우 콘센트와 블라인드와의 전원 연결거리를 고려
  • 충전식 배터리의 경우 배터리 용량과 사용기간을 고려

(4) 스마트 난방시스템 설치

스마트 난방 시스템 중 한국의 난방 시스템인 온돌방식의 구성은 다음과 같다.

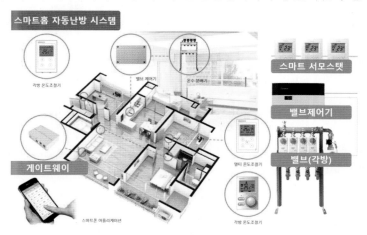

그림 2-30 스마트 난방제어 시스템 구성도

위의 스마트 난방 제어 시스템 구성도를 보면 각 방 제어를 위해서 스마트 온도조절기(서모스탯)에서의 신호가 밸브제어기로 가게 되어 있고, 밸브 제어기에서 온수분배기의 각방 밸브를 열거나 닫아 설정한 온도로 조절할 수 있게 되어 있다. 이를 외부에서 제어하기 위해서 홈 게이트웨이를 통해 스마트폰 앱으로 제어할 수 있는 구조이다.

스마트 난방 시스템의 장점
㉠ 통합 제어 및 각방 비례제어오로 효율적인 난방 가능
㉡ 난방비 절감 및 사용자의 취향에 맞춰 온도조절/외출/목욕/예약 기능 설정 가능
㉢ 소음 방지 및 최적의 실내온도 유지 가능
㉣ 외부에서 제어 가능한 관리의 편리성

① 각 방 온도조절기가 있는 기존 난방 시스템의 경우

가장 쉬운 방법은 기존 보일러의 또는 온수 분배기를 제어하는 밸브제어기의 유선 통신이 지원하는 스마트 서모스탯만으로도 구현이 가능하기 때문에 쉽게 구현이 가능하다. 하지만, 개별 난방의 경우 보일러 제조사의 온도조절기가 아닌 지원 가능한 타사 제품의 온도조절기를 이용할 경우 보일러 고장 시 에러코드를 확인 못하는 단점이 있으므로 스마트 온도조절기 선택 시 고려사항이기도 하다.

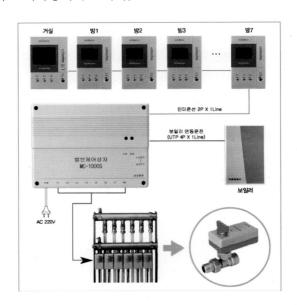

각 방 온도조절기가 있는 난방시스템을 스마트 난방 시스템 구축 시 고려사항
㉠ 메인컨트롤러로 각 방 제어를 원하는가?
　• 이 경우 밸브 제어기를 변경해야 하는 경우도 발생할 수 있다.
㉡ 스마트 서모스탯 네트워크 방식을 고려한다.
　• 온도조절기의 경우 WiFi와 지그비 방식이 주를 이루고 있다.

ⓒ 기존 스마트홈 플랫폼에 지원 또는 연동이 되는지 확인한다.
- 지그비 방식의 경우 기존 허브(ZC)와 호환되는 것을 선택

ⓔ 기존 통신선(컨트롤러선)과 연동이 되는지를 확인한다.

ⓜ 별도의 룸콘이 없어도 온수 사용 시 보일러가 작동되는지 확인한다.

② 각 방 온도 조절기가 없는 기존 난방 시스템을 각 방 온도 조절 가능한 스마트 난방 시스템으로 구축하는 경우

기존 각 방제어가 안되는 난방 시스템을 가진 구축의 경우에는 우측의 구성도처럼 각 방은 무선온도 조절기를 사용하고 거실에 메인 온도 조절기를 통해 보일러와 무선 밸브 제어기를 제어하는 방법을 통해 해결할 수 있다.

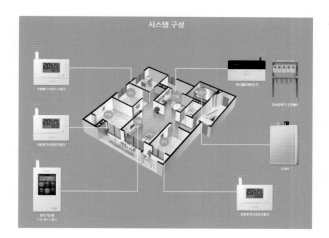

③ 기존 난방 시스템에서 밸브 조절만을 이용한 스마트 난방 시스템 구축

비용이 가장 적게 드는 방식 중 하나로 난방밸브와 스마트 밸브 제어기를 통해 난방이 잘되는 방은 밸브를 조금만 열고 약한 방은 많이 열게 함으로서 각 방에 온수를 균형 있게 보내는 방법이다.

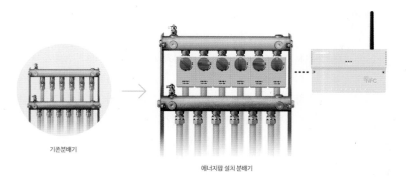

기존분배기

에너지팝 설치 분배기

스마트홈 기기 중 스마트 난방 시스템 설치 – 다지선다형

IoT관심이 많은 김지능씨는 스마트홈을 구축 후 사용하려는 자동화 시나리오는 다음과 같다. 자동화 시나리오를 구현하기 위해 필요한 제품을 보기에서 모두 고르시오.

[자동화 시나리오]

- 각 방의 자동 난방 제어
- 움직임에 따른 다양한 색상 조명 연출
- 가스 누출 경보 알람
- 화재 경보 알람

[보기]

① 스마트 연기 센서
② 스마트 서모스탯
③ 스마트 WW조명
④ 스마트 누수 센서
⑤ 스마트 동작감지 센서

정답풀이

각 방 난방 제어를 위해서는 각 방에 스마트 온도조절기(써모스탯)가 필요하고, 움직임에 따른 조명 제어를 위해서는 동작감지 센서와 RGB 조명이 필요하다. 화재 경보 알람을 위해서는 보기에 있는 센서는 스마트 연기 센서가 필요하며, 스마트 누수 센서는 자동화 시나리오에 해당되지 않는다.

답 보기 ①, ②, ⑤

(5) 스마트 미터(에너지미터, 전기미터) 설치

스마트 전기미터는 기본적으로 한국전력에서 운영하는 지능형 전력계량 시스템(AMI)이 있고, 가정용 배전반의 메인 차단기에 연결하여 사용하는 일명 스마트 에너지미터가 있다. 한국전력 2021년 전기, 가스 사용량 동시 점검하는 AMI 시범사업을 운영 중에 있으며, 가스검침기는 무선으로 스마트 전기미터는 전력선통신(PLC)을 통해 Data를 전송하고 이를 실시간으로 사용자에게 에너지 사용량을 제공하여 자발적 에너지 절감을 가능하게 하고 있다.

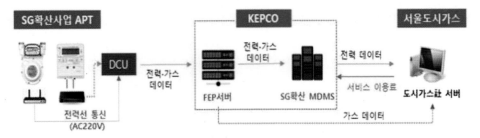

그림 2-31 한국전력의 "전기/가스 사용량 동시 점검 AMI" 구성도

한국전력의 AMI를 이용하기 위해서는 한국전력에 신청을 하고 기존 전기미터기를 AMI(지능형검침기)로 교체 및 설비 공사를 해야 하는 불편함을 가지고 있다.
만약 전기 에너지 사용 모니터링만 필요하다면 집 내부 전기 배전반에 연결하는 다음 사진과 같은 스마트 전기미터(에너지미터)를 설치하면 된다.

그림 2-32 집안 내부 배전반용 스마트 에너지미터 종류

집안 내부 배전반용 스마트 에너지미터 선택 시 고려사항

㉠ 가정집 메인 전력 차단기의 전력 허용량과 같거나 큰 것을 선택한다.

㉡ 기존 구성된 또는 구성하고자 하는 스마트홈 플랫폼과 연동되는지 확인한다.

㉢ 차단기 역할을 하는 스마트 에너지미터의 경우 누전 차단기로 대체 불가하다.

㉣ 네트워크 신호가 배전반까지 잘 잡히는지 확인한다.

집안 내부에 배전반에 설치하는 스마트 에너지미터 설치방법은 다음과 같다.

① 가정 내 배전반 커버를 분리한다.

② 메인 차단기를 내리고 서브 차단기 중 화장실과 같은 습기가 많아 누전차단기가 필요한 장소의 차단기를 제외하고 스마트미터와 교체할 차단기를 선택한다.

③ 스마트 미터와 교체할 차단기를 분리한다.

④ 탈거한 기존 차단기 자리의 부스바에 스마트 미터를 연결한다.

ㄱ 스마트 미터 기능만 있는 제품의 경우 기존 배선을 다른 차단기에 결선한다.

ㄴ 차단기 역할이 있는 스마트 미터의 경우 해당 배선을 결선 한다.

ㄷ 메인 차단기를 올려 스마트 미터에 전원이 들어오는지 확인한다.

⑤ 스마트미터의 CT(변류기)결합 방향에 맞춰 메인 차단기의 활성선에 결합한다.

⑥ 배전반 커버를 조립하고, 해당 앱을 통해 스마트미터를 등록한다.

예상문제 스마트홈 기기 중 스마트 미터 설치 – 단답형

다음 ( )안에 들어갈 용어를 답안란에 입력하시오.

ThinQ는 앱 안에서 우리 집 전기요금을 한국전력공사 데이터와 연계하여 간편하게 스마트가전에 대한 전기 요금뿐만 아니라 예상 전기 요금을 체크할 수 서비스를 런칭했다.

이 서비스를 이용하기 위해서는 한국전력공사의 (   )를 사용하는 고객은 수납 정보를 입력하여 쉽게 연동하여 사용할 수 있다.

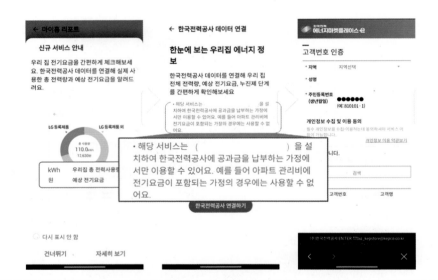

정답풀이

AMI(Advanced Metering Infrastructure)는 양방향 통신망을 이용해 전력사용량, 시간대별 요금정보 등의 전기 사용 정보를 고객에게 제공해 자발적인 전기절약과 수요반응을 유도하는 지능형 전력계량 시스템을 말한다. 스마트 미터는 이러한 AMI 시스템 구축에 동반되는 전자식 계량기와 검침 모뎀이 합쳐진 하드웨어를 의미한다.

📌 지능형 전력계량 시스템 or AMI

예상문제　스마트홈 기기 중 스마트 미터 설치 – 단답형

다음 (　　) 안에 들어갈 용어를 답안란에 입력하시오. (단, 답안 입력은 'A–OOO, B–OOO'로 구분하여 적는다. 각 문항당 부분점수 인정)

통신 기능을 가진 가정의 전기미터인 (　A　)은 공동 주택 등에 설치한 전력량계 값을 검침해 전력 공급자와 소비자 모두에게 알려준다. 가정 내 전자제품의 전력 사용을 자동으로 최적화하는 기능까지 갖춰 (　B　)을 높이는데 쓰인다. 검침 결과를 전력 공급자와 소비자에게 얼마나 빨리 알리는지가 핵심 기술이다.

정답풀이

단답형의 경우 신문기사, 용어사전, 백과사전의 지문을 채용하는 경우가 많다. 해당 지문은 ICT 시사용어에서 발췌한 내용이다.

ICT 시사용어 300

스마트 미터

[Smart Meter]

요약　원격 전력 검침 · 관리장치

공동 주택 등에 설치한 전력량계 값을 검침해 전력 공급자와 소비자 모두에게 알려 준다. 가정 내 전자제품의 전력 사용을 자동으로 최적화하는 기능까지 갖춰 에너지 이용 효율을 높이는 데 쓰인다. 검침 결과를 전력 공급자와 소비자에게 얼마나 빨리 알리는지가 핵심 기술이다. 국제전기기술위원회(IEC : International Electro-technical Commission) 는 유럽형 2세대 이동통신과 공중전화망(PSTN : Public Switched Telephone Network) 따위를 국제적으로 통용할 스마트 미터 통신 표준으로 제시했다. 2012년 9월 한국이 제안한 '전력선 통신(PLC : Power Line Communication)' 도 국제 표준으로 채택됐다. 전력을 공급하는 선(망)을 그대로 양방향 통신에 이용하는 체계다. 따로 통신망을 구축할 필요가 없어 비용이 적게 든다.

우선 지문에서 "전기미터"란 말과 "전력량계 값을 검침"이라는 단어에서 스마트 미터임을 알 수 있으며, 스마트 미터의 목적은 사용자 주택의 "에너지 이용 효율"을 높이는데 있다.

주의 할 점은 "스마트 그리드 : 전력 공급자와 소비자가 실시간 정보를 교환함으로써 에너지 효율을 최적화하는 차세대 지능형 전력망"과 헷갈리지 않도록 해야 한다. 스마트 그리드는 검침뿐만 아니라 효과적인 전기공급 관리도 할 수 있게 해주는 서비스를 말한다.

답 A : 스마트 미터, B : 에너지 이용 효율

(6) 스마트 센서 설치

스마트홈 디바이스들은 크게 스마트 센서 제품군과 스마트 가전 제품군으로 아래의 그림1처럼 나눌 수 있다. 그리고, 해당 제품들을 연결하는 방식은 크게 2.4Ghz대역의 Low Power Wi-Fi와 BLE, 지그비를 가장 많이 사용하고 있다. 이유는 ISM(Industrial, Scientific and Medical) 애플리케이션을 위한 ISM 대역은 비면허 대역으로 국가마다 약간 씩 차이가 있기 때문이기도 하다. 최근 많이 이용되는 ISM 대역은 433MHz, 868MHz, 915MHz 및 2.4GHz 이며, 이들 대역은 각각 원격 제어, 코드리스 전화, Wi-Fi와 같은 무선 통신 시스템에 이용되고 있다. 2.4GHz 대역은 어디에서나 이용할 수 있기 때문에 전세계적으로 보다 쉽게 2.4GHz

기반 제품을 개발하고 배포할 수 있다. 2.4GHz 대역은 모든 지역에서 라이선스를 받지 않고 사용할 수 있기 때문이다.

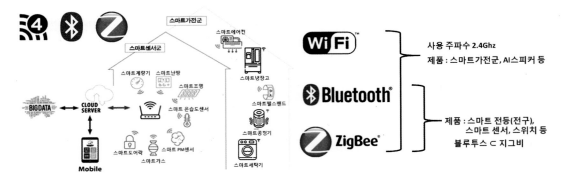

그림 2-33 스마트홈 디바이스 분류   그림 2-34 스마트홈 네트워크 분류

스마트홈 네트워크 구성 시 하나의 방식으로 구성하는 것이 유지/보수에 유리하지만, 다음의 각 방식의 비교표를 보면 연결 가능한 노드가 정해져 있기 때문에 혼합하여 구성할 수 밖에 없다. 이에 상시 전원이 들어가고 이동이 적으며 개수가 적은 스마트 가전의 경우 대부분 Wi-Fi 방식으로 제조가 되고 있으며, 제품군수가 많은 전등, 센서, 스위치들은 지그비나 블루투스 브릿지를 활용한 BLE방식을 채택하여 부족한 Node를 해결하고 있는 것이다. 특히 스마트 센서의 정보를 통해 자동화에 사용되고 있기에 활용도 많은 센서 설치 방법에 대해 알아보자.

표 1-4 BLE(Bluetooth Low Energy), Low Power Wi-Fi, ZigBee 비교

Feature(s)	IEEE 802.11b	Bluetooth	ZigBee
Power Profile	Hours	Days	Years
Complexity	Very Complex	Complex	Simple
Nodes/Master	32	7	64000
Latency	Enumeration up to 3 seconds	Enumeration up to 10 seconds	Enumeration 30ms
Range	100m	10m	10m~300m
Extendibility	Roaming Possible	NO	YES
Data Rate	11Mb/s	1Mb/s	250kb/s
Stack size	100+kbyte	100+kbyte	8~60kbyte
Topology	Star	Star	Star, cluster, mesh
Security	Authentication Service Set ID(SSID), WEP	64bit, 128bit	128bit AES and Application Layer user defined

• ZigBee(WPAN) 802.15.4 IEEE Standard   • Bluetooth(WPAN) 802.15.1 IEEE Standard
• Wi-Fi(WPAN) 802.11 IEEE Standard

① 스마트 문열림 센서 설치를 이용한 다른 스마트 디바이스 작동

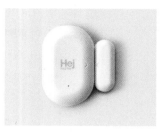

스마트 도어 센서의 경우 대부분 보안을 생각하는 경우가 많다. 이는 센서 알림 자체로 닫힌 문이 열리면 외부에 있는 사용자에게 알림을 주면서 사이렌과 연동하여 내부에 경보음을 알리는 것과 같다. 하지만, 도어 센서의 활용도는 보안 외에도 자동화를 통해 다음과 같이 다양하게 사용할 수 있으며, 도어 센서 구성도는 다음과 같다.

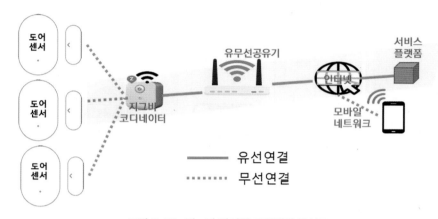

그림 2-35 지그비 방식의 도어센서 구성도

도어 센서와 스마트 디바이스 자동화 예

㉠ 밤에 퇴근 시 문을 열면 원하는 곳의 스마트 스위치나 스마트 조명을 On

㉡ 밤에 침실에 들어갈 때 밝기 50의 등이 켜지고 문을 닫으면 조명 Off

㉢ 외출 모드 시 도어가 열리면 전등이 붉은 색으로 깜박거리며 사이렌이 울리고 알림 발송

문열림(도어) 센서 설치 방법과 고려 사항은 다음과 같다.

㉠ 구축되어 있거나 또는 구축하고자 하는 다른 지그비 제품과의 호환성 및 구성 하고자 하는 플랫홈과의 연동을 고려한다.

㉡ 하나의 지그비 코디네이터로 사용 가능한 것으로 선택한다.

㉢ 센서 설치하는 곳의 네트워크 신호를 체크하고 약할 경우 지그비 라우터를 설치한다.

도어 센서의 배터리 커버를 탈착한 후 배터리 절연 필름을 제거해 주세요.

배터리 커버를 본체에 부착해 주세요.

상태 표시등이 켜지며, 연동 준비 모드에 진입합니다.

스마트 허브의 화면 하단에 있는 "제품 추가" 버튼을 눌러주세요.

도어 센서를 선택한 후 제품 연결을 순서대로 진행해 주세요.

제품 등록이 완료되었습니다!

② 스마트 모션 센서 실치를 이용한 다른 디바이스 작동

모션 센서란?

동작 센서는 근접 동작을 감지하기 위해 감지기 또는 센서를 사용하는 전기기구의 한 유형을 말한다. 모션 센서 장치는 센서 및 사용자에게 모션에 대해 경고하는 구성 요소와 통합되며 이러한 유형의 센서는 자동 조명 제어 장치, 보안 시스템, 비디오 카메라, 게임 장치 및 기타 수많은 자동화 장치에 통합될 수 있다.

모션 센서에는 능동(액티브) 및 수동(패시브) 모션 센서가 있는데 스마트홈에 사용되는 모션센서는 패시브 적외선 센서(PIR센서)를 사용하고 있다.

인체의 36.5℃에서 발산되는 원적외선을 감지하는 것

㉠ 주변 온도에 따라 감지속도가 다름

㉡ 5℃ 이상의 급격한 주변온도 변화에 동작함

㉢ 움직임이 없거나 미세한 경우 감지를 못함

PIR 센서
전면의 모션을 감지하는 데 사용되는 수동형 적외선 모션 센서입니다.

모션 센서 설치 방법은 다음과 같으며 고려 사항은 문열림(도어) 센서와 같다.

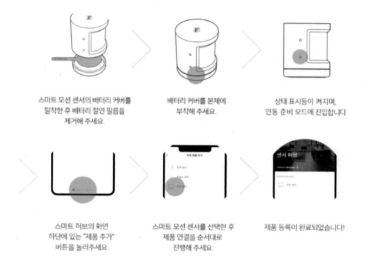

스마트 모션 센서의 배터리 커버를
탈착한 후 배터리 절연 필름을
제거해 주세요.

배터리 커버를 본체에
부착해 주세요.

상태 표시등이 켜지며,
연동 준비 모드에 진입합니다.

스마트 허브의 화면
하단에 있는 "제품 추가"
버튼을 눌러주세요.

스마트 모션 센서를 선택한 후
제품 연결을 순서대로
진행해 주세요.

제품 등록이 완료되었습니다!

도어 센서와 스마트 디바이스 자동화 예

㉠ 거실 소파에서 잠이 들어 움직임이 없을 때 TV와 조명 Off

㉡ 밤에 화장실에 가기 위해 일어나 움직이면 무드등과 화장실 조명 On

㉢ 외출 시 외부에서 누군가 들어 왔을 때 또는 특정 장소에 움직임이 있을 때 알림

③ 스마트 온/습도 센서 설치를 이용한 다른 디바이스 작동

스마트 온/습도 센서의 경우 다른 디바이스와 연동하여 제어하기 위해서는 설치 위치가 중
요한데, 이는 설치 위치에 따라 측정값의 오류로 인한 오작동이 일어날 수 있기 때문이다.
쉽게 설치 위치는 백엽상을 생각하면 스마트 온/습도 센서 설치 위치를 쉽게 알 수 있다.

| 백엽상(shelter) | • 백엽상은 태양열이 직접 전달되지 않도록 잔디나 풀밭 위에 온도계 눈금이 1.5m 높이에 오도록 세운다.
• 공기의 온도는 지표에 가까울수록 높고, 지표에서 떨어질수록 낮아지게 된다. 그래서 기온을 측정할 때는 일정하게 1.5m 높이에서 재도록 약속이 되어 있다. |  |

온/습도 센서 설치 방법은 다음과 같으며 고려 사항은 문열림(도어) 센서와 같다.

스마트 온습도 센서의 배터리 커버를 탈착한 후 배터리 절연 필름을

배터리 커버를 본체에 부착해 주세요.

상태 표시등이 켜지며, 연동 준비 모드에 진입합니다.

스마트 허브의 화면 하단에 있는 "제품 추가" 버튼을 눌러주세요

스마트 온습도 센서를 선택한 후 제품 연결을 순서대로 진행해 주세요

제품 등록이 완료되었습니다!

온/습도 센서와 스마트 디바이스 자동화 예

㉠ 온도가 높으면 스마트 IR 리모컨을 통해 에어컨 On 및 적정온도 설정

㉡ 습도가 높으면 연동되는 제습기 전원 On 및 적정 습도가 되면 제습기 Off

각 스마트 센서들의 정보를 이용하여 다른 디바이스나 스마트홈을 디바이스들을 제어하기 위해서는 플랫폼과의 호환 및 지원이 가장 중요하다.

하여 다시 한 번 스마트 센서 선택 및 설치 전 고려해야 3가지 사항을 꼭 기억해야 한다.

스마트 센서 설치 시 3가지 고려사항

㉠ 구축 되어 있거나 또는 구축 하고자 하는 다른 지그비 제품과의 호환성 및 구성 하고자 하는 플랫폼과의 연동을 고려한다.

㉡ 하나의 지그비 코디네이터로 사용 가능한 것으로 선택한다.

㉢ 센서 설치하는 곳의 네트워크 신호를 체크하고 약할 경우 지그비 라우터를 설치한다.

그림 2-36 스마트홈 디바이스들의 네트워크 연결 구성도

예상문제 스마트홈 센서 설치 – 드래그앤드롭

스마트홈관리사 김지능씨는 나고객이 욕실에 들어가면 전등이 자동으로 켜지고 욕실에서 나오면 꺼지게 해 달라는 의뢰에 다음 원형의 위치에 120° 동작감지가 되는 모션센서를 연결하여 자동화를 하였다. 그런데, 샤워부스의 유리로 인하여 모션감지가 안 되어 나고객이 샤워 중 욕실등이 꺼지는 문제가 발생하여 이를 해결하는 센서를 보기에서 선택하여 추가 설치 위치에 드래그 하시오. (보기를 클릭하면 큰 사진을 볼 수 있다.)

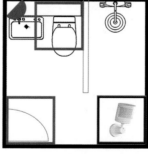

보기

정답풀이

설치된 모션센서의 동작감지 범위가 120°이며 세면대 위에 설차가 되어 있는 것을 알 수 있다. 문제의 원인은 샤워부스의 유리로 인해 일정시간이 지나 샤워 중인 동작을 감지 못하는데 있다. 보기의 1번은 모션센서, 2번은 온도센서, 3번은 도어센서이므로 보기 1번 모션센서를 우측 하단의 위치에 샤워기 쪽으로 설치하여 해결할 수 있다. 만약 변기 쪽이나 입구 쪽에 설치하면 기존과 마찬가지로 샤워부스 유리로 인한 동작 미감지가 발생 한다.

예상문제　스마트홈 센서 설치 – 드래그앤드롭

스마트홈관리사 김지능씨에게 의뢰해 식탁에 다가가 앉았을 때 식탁등이 자동으로 점등되고 의자에 앉아 있으면 움직임이 없더라도 등이 계속 켜져 있어야 한다. 또한 식탁 주변에 사람이 없으면 식탁등은 꺼지고 설거지나 요리 시 싱크대등이 자동으로 켜지는 스마트 주방을 의뢰했다. 해당 상황에 맞는 센서를 드래그하여 해당 위치에 놓으시오. (단, 해당 모든 기기들은 스마트홈 네트워크 및 플랫폼에 모두 연결되어 정상 작동되며 모션 감지영역은 120°이며 각 공간 이름이 같은 제품만 연결 가능. [예 : 싱크대＝싱크대센서])

보기	식탁 모션센서	싱크대 모션센서	방석 압력센서	바닥 발판 압력센서

정답풀이

위의 지문에 보면 다음과 5가지의 조건을 만족해야 하는 것을 알 수 있다.
① 식탁에 다가가 앉았을 때 식탁등 On
② 의자에 앉아 있을 때 유지
③ 사람이 식탁에 없으면 식탁등 Off
④ 싱크대 통로 지나갈 때는 식탁등 Off로 유지되어야 함
⑤ 싱크대에 사람이 있으면 싱크대등 On.
그리고, 모션센서의 각도가 120°임을 고려하여 설치위치를 선택해야 한다.

예상문제 스마트홈 센서 설치 – 다지선다

다음은 PIR센서의 인체검출 동작원리이다. 보기 중 PIR센서에 대한 설명으로 옳은 것을 모두 고르시오.

[보기]

① 인체의 36.5℃에서 발산되는 원적외선을 감지
② 주변 온도에 따라 감지속도가 다름
③ 5℃ 이상의 급격한 주변온도 변화에 동작함
④ 움직임이 없거나 미세한 경우 감지를 못함

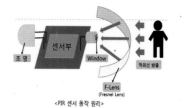

<PIR 센서 동작 원리>

정답풀이

해당 센서는 패시브 적외선 센서에 대한 동작원리를 나타내고 있다. 이 센서의 경우 감지 영역이 좁고, 센서가 민감하지 않기 때문에 사람의 이동 같은 큰 동작을 감지하는데 적합하게 설계 되고 있다.

답 보기 ①, ②, ④

예상문제 스마트홈 센서 설치 – 다지선다

실내의 온도 및 습도를 측정하여 이를 활용한 다른 스마트디바이스를 동작시키는 자동화 시나리오를 구성하고자 한다. 온도 및 습도 측정값의 오차를 최소하기 위한 온/습도 센서의 적절한 설치 조건을 모두 선택하시오.

[보기]

① 바람에 직접적인 영향을 받지 않는 곳
② 눈에 안보이는 구석에 전원 공급이 되는 곳
③ 설치할 장소의 가장 높은 곳
④ 직사광선에 직접적으로 노출되지 않는 곳
⑤ 창문 바로 옆에 위치하는 곳

정답풀이

온습도 센서는 실내 평균 온도를 감지하는 중간 높이에 설치해야 하며 바람, 열원에 영향을 받지 않는 곳에 설치해야 한다.

답 보기 ①, ④

(7) 스마트 가전제품 연결 및 타 플랫폼 연동 방법

스마트 가전제품의 경우 220V콘센트에 직접 연결하고 상시전원을 연결하는 제품들이 많으므로 대다수가 2.4Ghz대역폭의 저전력 Wi-Fi 통신 모듈을 내장하고 있다. 또한 설치의 경우 해당 제조사에서 무상으로 설치하는 경우가 많으므로 사용자들은 설치 후 해당 제조사 앱을 다운로드 받아 스마트폰으로 집 공유기와 네트워크 연결 및 해당 플랫폼에 다음 그림처럼 등록만하면 사용 가능하다. 아래의 그림은 스마트 가전제품 가상 구성도이다.

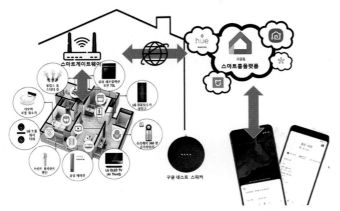

제조사	제품	플랫폼
LG	냉장고	ThinQ
	공기청정기	
	올레드TV	
	워시타워	
삼성	에어컨	스마트싱스
	전기오븐	
샤오미	로봇청소기	미홈
구글	AI스피커	구글홈

그림 2-37 가상의 사용자가 구성한 스마트홈 구성도

사용자가 표에 있는 스마트 가전들을 구매하여 스마트홈을 구축하려면 아직까지는 4개 제조사의 앱을 스마트폰에 모두 설치 후 각각의 앱에서 해당 제품들을 제어해야 한다.

즉, 티비와 에어컨을 제어하고 싶다면 우선 ThinQ앱을 실행하여 TV를 켠 뒤, 스마트폰 홈으로 가 스마트싱스 앱을 실행하여 에어컨을 제어해야 하는 것이다. 만약 같은 제조사라면 "앱실행 → 제어제품선택 → 실행"인 3단계에서 "제어 할 앱 실행 → 제어제품선택 → 제어 → 스마트폰 홈화면 가기 → 다른 제품 앱 실행 → 제어제품선택 → 제어"인 7단계로 늘어나게 된다는 것이다. 이런 부분 때문에 하나의 플랫폼을 고려하거나 호환되는 플랫폼인지 살펴야 한다는 이유이다.

위 상황에서 스마트 가전들을 하나의 플랫폼으로 제어하기 위해서는 호환되는 플랫폼에 연동하면 되는데 샤오미 플랫폼인 미홈의 경우 자체 플랫폼만 지원하기 때문에 불가능하다.

하여 로봇청소기를 제외한 다른 제품들은 구글의 플랫폼인 "구글홈"에 연동을 할 수 있으므로 구글홈으로 제어와 구글 어시스턴트를 통해 음성으로도 제어와 모니터링이 가능하게 구현할 수 있다. 이 장에서는 스마트 가전제품 연결하는 방법과 타 플랫폼을 연동 및 구현하는 방법을 알아보자.

① LG 전자 스마트 가전제품 연결 방법

　LG전자는 LG ThinQ는 호환성을 높이고자 오픈 파트너십, 오픈 플랫폼, 오픈 커넥티비티라는 3대전략을 표방하고 있으며 씽큐라는 개방형 플랫폼을 기반으로 타사의 가전제품까지도 자사의 스마트홈 시스템에 포함하는 정책을 내세우고 있다.

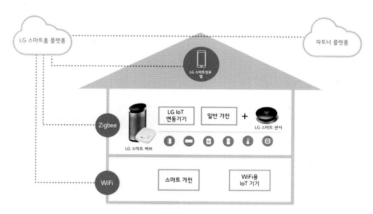

그림 2-38 LG전자의 스마트홈

LG전자의 LG ThinQ앱에 가전제품 연결하는 방법은 다음과 같다.

㉠ 구글 플레이 스토어, 애플 앱 스토어에서 ThinQ 검색 후 설치

㉡ LG계정 또는 사진의 있는 소셜 계정으로 로그인 선택

㉢ 가입이 되어 있지 않다면 이용약관 동의 후 가입 진행(LG 계정으로 가입하는 경우 하단의 신규 가입을 통해 이용약관 동의 후 가입 진행)

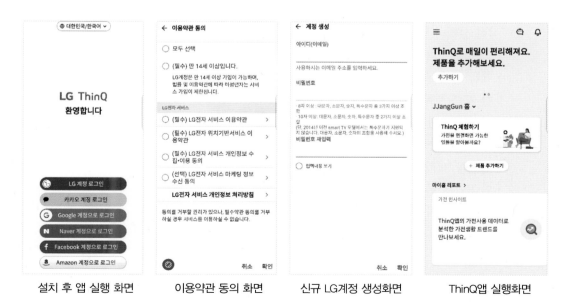

| 설치 후 앱 실행 화면 | 이용약관 동의 화면 | 신규 LG계정 생성화면 | ThinQ앱 실행화면 |

ⓔ 가입 완료 후 실행 된 LG ThinQ앱에서 LG 가전 제품 연결
ⓜ 스마트폰 WiFi 활성화 후 연결한 장소의 무선공유기 2.4Ghz대역폭에 연결
ⓗ 메인 화면에서 "+ 제품 등록하기" 누르기
- "QR코드"로 제품 등록하기
- QR스캔하기 선택
- 연결할 제품의 QR코드 위치를 모르면 "QR위치 안내"클릭 후 해당 제품 검색
- QR코드 촬영 후 안내되는 화면에 따라 진행

등록 및 메인화면

제품등록방법선택

QR 코드촬영

QR 위치안내화면

ⓞ "직접 선택하기"로 제품 등록하기
- 안내되는 화면에 따라 확인하기
- 제품 선택하는 화면에서 "연결 가능한 제품 항목"에서 제품 선택하기
- 연결 가능한 제품 항목에 연결할 제품이 없다면 "직접 선택하기"에서 연결할 제품을 선택
- 안내되는 화면에 따라 계속 진행
ⓩ 등록할 제품의 Wi-Fi 활성화
ⓒ 제품과 연결될 2.4Ghz무선 공유기 비밀번호 입력
ⓚ 등록 완료 후 제품 모니터링 및 제어 사용하기

직접선택하기   등록완료 후 화면

② 삼성전자 스마트 가전 연결 방법

삼성전자는 스마트싱스(SmartThins)라는 스마트홈, 컨슈머 사물인터넷을 위한 오픈플랫
폼을 개발하는 기업을 인수(2014년 8월)하여 자사의 모든 가전제품에 IoT를 도입함으로써
자체적인 스마트홈을 구축한다는 전략으로 가고 있다. 또한 자체적인 음성인식 기술인 빅
스비를 사용하고 클라우드 기반의 스마트홈 서버를 통해 각종 가전제품들을 조정한다.
2021년부터는 국내에도 스마트싱스 허브를 도입하여 지그비, 지웨이브 등을 지원하여 다
양한 센서 및 스마트 장치를 연결가능한 생태계를 만들어 가고 있다.

그림 2-39 삼성전자의 스마트홈

삼성 전자의 SmartThings앱에 가전제품 연결하는 방법은 다음과 같다.
㉠ 구글 플레이 스토어, 애플 앱 스토어에서 SmartThings 검색 후 설치
㉡ 삼성 계정 또는 구글 계정 중 선택하여 로그인 선택
㉢ 가입이 되어 있지 않다면 이용약관 동의 후 안내에 따라 삼성계정 가입 진행

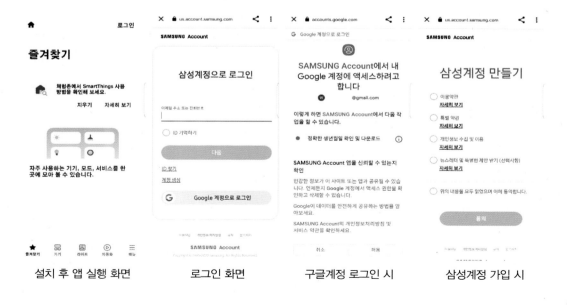

| 설치 후 앱 실행 화면 | 로그인 화면 | 구글계정 로그인 시 | 삼성계정 가입 시 |

ㄹ 가입 완료 후 실행 된 SmartThings앱에서 삼성 가전 제품 연결

ㅁ 스마트폰 WiFi 활성화 후 연결한 장소의 무선공유기 2.4Ghz 대역폭에 연결

ㅂ 메인 화면에서 "+" 탭하고, "디바이스" 클릭하기

- "QR코드"로 제품 등록하기
- QR코드 스캔하기 선택
- QR코드 촬영 후 안내되는 내용에 따라 진행

ㅅ • "주변검색"으로 제품 등록하기

- 주변검색 선택
- 검색된 제품을 선택하여 안내되는 내용에 따라 진행

| 등록 및 메인화면 | 제품등록방법 선택 | QR 코드 촬영 | 주변 검색된 화면 |

ㅇ • 직접 제품 등록하기

- 디바이스 추가 가전제품 제품군 선택
- 제조사 선택
- 등록할 디바이스 선택
- 안내되는 내용에 따라 등록 진행

ㅈ 등록할 제품의 Wi-Fi 활성화

ㅊ 제품과 연결될 2.4Ghz무선 공유기 비밀번호 입력

ㅋ 등록 완료 후 제품 모니터링 및 제어

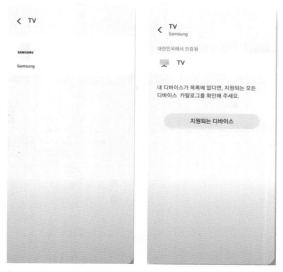

<table>
<tr><td>제조사 선택화면</td><td>디바이스 선택화면</td></tr>
</table>

③ 타 플랫폼(타 스마트홈 서비스)과의 연동 방법

스마트홈 구축 시 고려사항을 다시 살펴보면 처음 배웠던 4가지가 떠오를 것이다.

#1. 스마트홈 구상 : 사용자 및 구성원 사용용도에 맞춰라

#2. 스마트홈 기기 선정 : 스마트홈 구상에 맞춰 우선 순위를 정하라

#3. 스마트홈서비스 모델 선정 : 보수/유지/관리 효율성을 고려하라

#4. 스마트홈 네트워크 구성 : 가옥구조에 맞는 연결 안정성을 확보하라

제일 좋은 방법은 하나의 플랫폼과 하나의 서비스로 모든 스마트 디바이스들을 운용할 수 있는 것이 최적이겠지만, 현재는 전 디바이스가 지원되는 경우는 극히 드물고, 대부분 직접 IoT서버를 구축하거나 개발 프로그램을 통해 하나로 만드는 방법밖에 없다.

이에 여기서는 이 단원 처음에 있던 가상의 사용자가 구성한 스마트홈 구성도를 통한 예시 문제를 가지고 서로 지원 및 연동이 되는 플랫폼을 가지고 연동하는 방법을 알아보자.

다음 그림은 이고객댁의 스마트기기들이다. 이를 구글 AI스피커로 제어하고 싶어 스마트홈관리사인 김지능 씨에게 의뢰가 들어 왔다. 구글 AI스피커로 제어하기 위해 필요한 것들을 [보기]에서 모두 고르시오. (단, 사용자는 아이폰을 사용하고 있으며, 구글 계정 연결을 통한 가입을 하고 싶어한다.)

[보기]

① Smart Things 앱 및 구글 계정
② 구글 홈 앱 및 구글 계정
③ LG ThinQ 앱 및 구글 계정
④ Mi Home 앱 및 구글 계정
⑤ BRUNT 앱 및 구글 계정
⑥ 별도의 안드로이드 폰
⑦ 구글 어시스턴트 앱

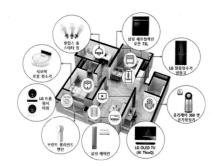

정답풀이

우측에 있는 제품들을 가지고 구성도를 꾸며보면 다음과 같다.

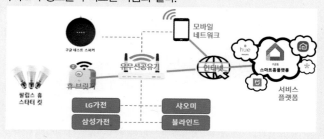

해당 구성도를 가지고 필요한 제품들을 표로 나타내면 다음과 같다.

분류	제조사	제품	네트워크	플랫폼
스마트 가전	LG	냉장고	Wi-Fi	ThinQ
		공기청정기	Wi-Fi	
		올레드TV	Wi-Fi	
		워시타워	Wi-Fi	
	삼성	에어컨	Wi-Fi	스마트싱스
		전기오븐	Wi-Fi	
	샤오미	로봇청소기	Wi-Fi	미홈
스마트 일반기기	브런트	블라인드엔진	Wi-Fi	브런트
	필립스	전구	BT	필립스 휴
AI 스피커	구글	구글 네스트	Wi-Fi	구글 홈
네트워크 장비	유무선 공유기 휴브릿지			

스마트홈 디바이스에 대한 구성 및 설치가 다 되었다면 이제는 스마트폰에 각각의 디바이스 제조사들의 앱을 설치 후 가입 또는 로그인을 통하여 앱의 안내에 따라 디바이스들을 연결해야 한다. 그리고, 문제의 조건에 가장 중요한 것이 "※ 사용자는 아이폰을 사용하고 있으며, 구글 계정으로만 가입 및 연결하고 싶어한다."로 되어 있다. 즉, 현 스마트홈 디바이스들의 제조사가 제공하는 앱의 로그인 방식에 구글계정으로 로그인이 있어야만 가능한 것이다.

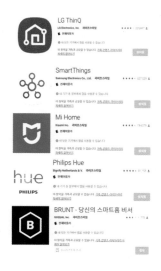

각각의 스마트 디바이스 제조사들의 앱의 로그인 화면을 보면LG전자, 삼성전자, 필립스 휴(전구)는 구글계정 로그인을 지원하나, 미홈, 브런트 앱은 자체적 계정으로 로그인해야 함을 알 수 있다.

물론 현실에서는 스마트홈 디바이스 제조사의 플랫폼이 구글 홈에서 지원이 된다면 각각의 계정으로 다음과 같이 구글 홈 플랫폼에 연결해도 된다.
그리고, 구글 AI스피커인 구글 네스트로 음성 제어하고 싶다고 했으니, 구글홈에서 구글 스피커를 등록하면 된다.

<구글홈메인>   <추가및관리>   <기기설정>   <호환되는 타 서비스>

㉠ 스마트폰 설치된 "구글홈"을 실행한 뒤 상단의 "+"를 실행한다.

㉡ 추가 및 관리 항목에서 "+기기설정"를 탭한다.

㉢ 기기설정 화면에서 "구글 호환 가능"항목을 탭한다.

㉣ 홈컨트롤에서 "돋보기"를 탭하여 구글홈과 연동할 타 플랫폼 서비스를 찾는다.

㉤ 해당 스마트홈서비스에 가입한 계정으로 로그인하여 연동한다.

㉥ 구글 홈 메인에서 연동되는 서비스 제품들이 연결되었는지 확인한다.

㉦ 기기설정 화면으로 가 "새 기기"를 탭 한 뒤 안내되는 화면에 따라 구글 스피커 연결

위와 같이 연결이 되었다면 스마트폰에서 구글 어시스턴트를 통해서도 음성으로 해당 제품들을 제어할 수 있다. 그럼 예시문제로 돌아가 풀어보도록 하자.

예상문제

다음 그림은 이고객댁의 스마트기기들이다. 이를 구글 AI스피커로 제어하고 싶어 스마트홈관리사인 김지능 씨에게 의뢰가 들어 왔다. 구글 AI스피커로 제어하기 위해 필요한 것들을 〈보기〉에서 모두 고르시오. (단, 사용자는 아이폰을 사용하고 있으며, 구글 계정 연결을 통한 가입을 하고 싶어한다.)

[보기]

① Smart Things 앱 및 구글 계정
② 구글 홈 앱 및 구글 계정
③ LG ThinQ 앱 및 구글 계정
④ Mi Home 앱 및 구글 계정
⑤ BRUNT 앱 및 구글 계정
⑥ 별도의 안드로이드 폰
⑦ 구글 어시스턴트 앱

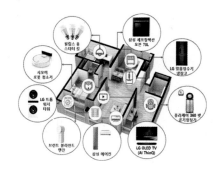

정답풀이

샤오미의 미홈 스마트홈서비스 앱은 구글홈과 호환이 되지 않는다.
브런트앱은 계정 가입을 해야 하므로 구글 계정이 아닌 이메일로 가입이 된다.

답 보기 ①, ②, ③, ⑦

(8) 스마트홈 서비스 자동화

스마트홈의 꽃은 제대로 된 모드와 자동화라 할 수 있다.

모드란? 한 번에 클릭하여 내가 원할 때 여러 제품을 한 번에 작동(제어)할 수 있는 것을 말한다. 자동화란? 내가 설정한 상황과 일치하면 제품이 자동으로 작동(제어)할 수 있는 것을 말한다. 이 둘의 차이는 다음 이미지에서 보면 모드는 동작에 포커스가 되어 있고, 자동화는 "~라면~해라."처럼 조건과 실행을 지정 해줘야 한다.

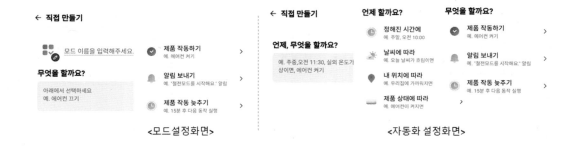

<모드설정화면>   <자동화 설정화면>

즉, 자동화의 기본적인 워크 플로우는, 트리거가 발생하면 → 조건을 검사하고 → 동작을 실행하는 것이다. 이에 이번 챕터에서는 하나의 스마트홈서비스 플랫폼에서 자동화하는 방법과 구

글홈 플랫폼에서 연동 된 타 서비스의 스마트홈 디바이스를 작동하는 방법 2개로 나누어 실습해 보도록 하자.

① 단일 스마트홈 서비스 플랫폼의 자동화 알아보기

HomeAssistant로 스마트홈 플랫폼을 자체적으로 구축을 한다면 다중조건 3가지(And, Not, or)를 조합 활용하여 다양한 조건을 활용할 수 있지만 일반적인 스마트홈 디바이스 제조사의 앱에서는 "모두 조건이 충족되었을 경우(And)"나 "어떤 조건이든 충족 되었을 경우(Or)"의 단일 조건에 제품 상태, 시간, 위치, 날씨의 여러 조건들을 조합하여 조건을 만들게 된다.

[예시 1] 조건이 하나라도 충족(좌측 이미지)
온도 28° 이하지만 도어가 닫혀 있다면 실행할 항목이 모두 동작하게 된다.

[예시 2] 모든 조건이 충족(우측 이미지)
온도 28° 이상 올라가고 도어가 닫혀 있을 때만 실행할 항목이 모두 동작하게 된다.
만약 열대야(28° 이상)가 발생할 때 잠을 자려고 문을 닫았을 때 쾌적하게 만드는 자동화를 하려면 예시 2의 "모든 조건이 충족"의 조건이 있어야 나의 상황에 맞게 자동으로 작동할 것이다.

<자동화 예시화면>

[자동화 상황 1] 어두울 때 모션센서가 감지되면, 불을 켜고, 일정시간 후에 끄자.
위의 자동화 동작은 밤에 물 마시러 갈 때나 화장실 오갈 때 어둠을 밝히는 용도에 적합하다. 이를 위해서는 트리거가 될 모션센서와 동작을 할 전등(or 스위치)이 필요하다.

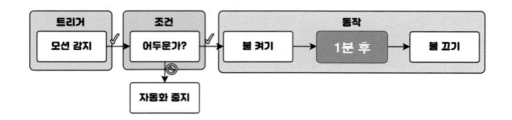

여기서 조건 즉 어두울 때를 만족시키기 위해서는 스마트 조도센서 필요하나 시간을 일몰 시로 하면 조도센서가 없이도 충족시킬 수 있다.

위 자동화에서의 1차원적인 자동화는 "감지 → 일몰이면(어두우면) → 불 켜기 → 일정시간 → 불 *끄기*"가 될 것이다.

하지만, 1분 이상 거실에서 서성일 때 위의 자동화 상황에서는 불이 꺼지기에 계속 유지하고 싶을 때가 있을 것이다. 대기 시간을 3분 후로 바꾸는 방법도 있지만, 빨리 들어 갈 때면 너무 길게 켜져 있는 불편함이 생긴다. 또한 코드가 정해져 있는 앱에서의 같은 디바이스를 동작에서 타이머를 이용한 명령은 에러로 인해 실행이 불가하다는 오류 메시지를 볼 수 있다.

이를 해결하는 방법은 하나의 자동화에 트리거가 2개가 되어야 하고, 트리거에 따른 동작을 별도로 해야 하니 일반적인 상황에서는 자동화를 다음과 같이 2개로 만들어 해결할 수 있다.

물론 아래의 조건은 모션센서의 감지 인터벌이 30초 이내일 때이며 인터벌이 1분짜리면 1분이 켜져 있게 될 것이다.

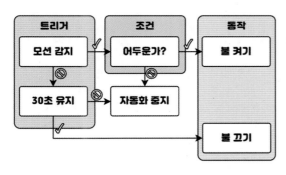

<모션감지가 지속적으로>

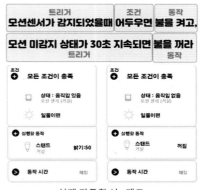

<실제 자동화 시 2개로>

[자동화 상황 2] 집에 사람이 없으면 미사용 장비를 *끄고* 사람이 있으면 켜자.

"재실 → 외출로 변경 시, 스위치와 전등, 플러그등 지정된 기기 끔"의 조건으로 한번 만들어 보자. 트리거는 재실/외출을 감지할 수 있는 디바이스 트랙커(예 : 모션센서, 도어센서, 사용자 스마트폰 GPS 등)가 있어야 하고 동작을 수행할 스마트 스위치나 전등, 플러그 등이 필요하다.

"재실에서 외출로 변경되면 → 지정된 기기를 꺼라"

여기서 좀 더 나아가면, "외출에서 재실로 변경 시 → 지정된 기기를 켜라"로 할 수 있을 것이다. 그런데, 재실감지라는 것이 오류가 있을 가능성이 있기 때문에 재실이 감지되지 않은 상태로 5분 정도 유지되면 기기가 꺼지게 하여 해결 할 수도 있다.

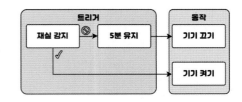

그렇다면 디바이스트 트랙커를 도어센서와 모션센서를 트리거로 활용하여 외출과 귀가를 확인 하는 방법으로 자동화를 해보자. 그러면 이렇게 표현할 수 있다.

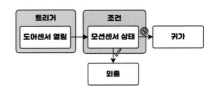

- 모션 감지 + 도어센서 열림 = 외출 시 문을 열 때
- 모션 미감지 + 도어센서 열림 = 집에 들어올 때

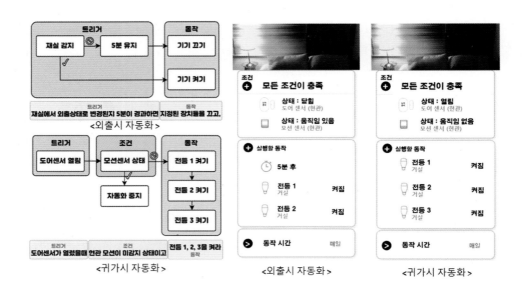

<외출시 자동화>

<귀가시 자동화>

<외출시 자동화>

<귀가시 자동화>

물론 외출 시 출입문 앞에서 모션이 미감지 되었을 때 문을 열어버리면 애매한 상황이 발생한다. 아마 센서등 아래서 꼼지락거리다 불 꺼져서 휘적휘적 해 본적 있을 것이다. 모션센서의 원리도 같기 때문에 그 타이밍에 문이 열리면 오류가 날 수 있고, 집에 이미 사람이 있을 때 사람이 들어오면서 켜기 동작을 수행하면서 디바이스에서 작동 소리가 날 수도 있기 때문에 재실일 때 자동화중지도 생각을 해야 할 것이다.

② 구글홈 플랫폼에서 연동 된 타 서비스의 스마트홈 디바이스 루틴 설정하기

여기서는 스마트홈 디바이스 제조사의 플랫폼이 구글 홈에서 지원이 된다면 각각의 계정으로 다음과 같이 구글 홈 플랫폼에 연동까지 된 상황에서 구글 홈의 "루틴"을 통한 자동화 연결을 해 보도록 하겠다. 현재 구글의 루틴은 여러 작업을 동시에 자동으로 실행하는 것만 되기 때문에 타 서비스에서 말하는 "모드" 기능에 가깝다고 보면 된다. 또한 구글홈에 연동된 타 서비스의 디바이스 동작 명령어는 대부분 On, Off만 가능하기 때문에 이를 기억하여 모드(구글홈에서는 루틴)를 잘 고려해야 한다.

필자의 구글홈에 연동된 타 플랫폼은 LG ThinQ, 필립스 휴, SmartLife가 보이고, 메인화면에 각 플랫폼에 연결되어 작동중인 스마트 디바이스들이 각 집안의 위치에 맞게 배치까지 끝나 있는 것이다.

<구글홈에 연동된 타 서비스>

여기서 중요한 것은 연동된 디바이스들이 구글 홈 앱에서 자동으로 기기 유형이 설정되지만, 만약 기기가 스위치인지, 전등인지, 선풍기인지, 히터인지 구글 홈에 인식이 되어 있지 않은 상태라면 아무리 음성 명령을 내려도 제대로 알아듣지를 못하고 '기기가 설정되어 있지 않습니다.'라며 튕기는 모습만을 보여주니 기기를 탭하여 들어가 작동 유무를 확인하고, 작동이 되지 않는다면 설정으로 들어간 후, 기기 유형을 눌러 설정을 해 주면 된다.

자 그럼 본격적으로 구글 홈에서 루틴(자동화/모드)을 만들어 보자.

ⓐ 메인화면에서 "루틴" 탭하여 실행

ⓑ 하단의 "+"버튼을 눌러 새 루틴 만들기

ⓒ "+ 시작 조건 추가"에 들어가 4가지 항목 중 한 가지 선택하여 조건 추가

　　→ 조건추가를 하게 되면 모든 조건이 충족되어야만 작업(동작) 시작

ⓓ "+ 작업 추가"로 들어가 루틴에서 실행할 작업 실행

ⓔ 스마트홈 기기 조정에서 각 항목에 맞는 기기 작업 선택

이렇게 루틴을 하고 나면 조건에 구글 어시스턴트에 말할 때의 조건 명령어를 AI 스피커나 스마트폰에서 말하면 등록된 작업이 실행된다. 하지만, 구글 홈 앱에서 스마트홈 기기에서

만 작업을 하면 연동된 모든 디바이스를 작동 시킬 수 없기 때문에 하단의 "맞춤 명령어 추가해 보기"를 통해 타 서비스와 연동된 디바이스 예를 들면 집 도착 시 전등을 모두 켜기 위해서 "전등 켜줘"란 명령어를 입력해놓으면 등록된 전등이 모두 켜지게 된다. 아직까지는 한국어 명령어가 오류가 발생하는 경우가 간혹 있지만 연동된 타 서비스의 디바이스를 제어하기 위해서는 "맞춤 명령어 추가해 보기"를 활용하는 것이 좋다.

예상문제 스마트홈 홈 자동화 – 드래그앤드롭

다음의 자동화 동작 구성도는 "어두울 때 모션센서가 감지되면 불을 켜고, 동작이 감지되지 않으면 30초 뒤 불을 꺼라"를 실행하기 위한 것이다. 보기에서 영역에 맞는 명령어를 드래그 하여 완성하시오. (단, 모션감지기 작동 인터벌은 30초 단위로 조정할 수 있다.)

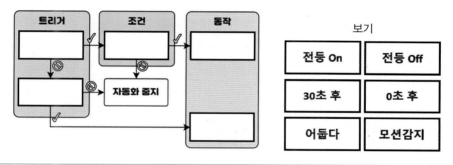

정답풀이

자동화 시작이 되는 트리거에는 "모션센서의 감지" 여부일 것이고, 조건은 "어두울 때"가 될 것이다. 동작은 디바이스의 작동이므로 "전등 On,Off"일 것이다. 여기에 30초가 감지되지 않으면 불을 꺼야 하므로 트리거인 모션감지에 30초 후가 되면 불이 꺼지는 동작으로 바로 움직이면 된다.

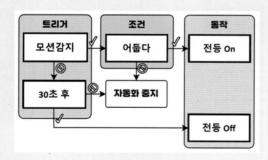

스마트홈관리사 김지능씨에게 도어센서와 함께 저녁 귀가 후 매일 해가 지면 취침시간인 오후 10시 이후에 침실의 도어를 열고 닫으면 침실 무드등이 20% 밝기로 되고, 공기청정팬은 취침모드로 변경되고 거실등은 꺼지는 수면모드 자동화까지 해야하는 설치 의뢰가 들어와 모든 스마트홈 디바이스들 설치 완료 후 고객 스마트폰에 수면모드 자동화만 남겨 둔 상태이다. 보기에 항목을 스마트폰에 드래그하여 자동화를 완성하시오. (단, 실행할 동작은 지문의 순서대로 가져다 놓아야 한다.)

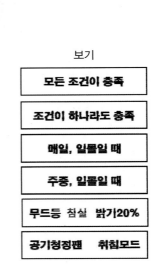

위에서 차례대로

지문 분석을 하면 자동화 조건은 다음과 같다
① 조건은 2가지 조건이 모두 충족이 되어야 한다.
② [조건 1] 매일 해가 지면 → 매일 일몰
　 [조건 2] 침실 도어 센서가 닫힘
③ 지문 순서상 동시 실행 될 동작
　 • 침실 무드등이 밝기가 20% 상태 만들기
　 • 공기청정팬이 취침모드
　 • 거실 스탠드 조명 Off

5 스마트홈 관리사 필기 기출문제

수검일 2021.06.05

종목	구분	수검번호		제한시간	코 드	형별
스마트홈관리사	필기	성명		40분	J23702	A

- 4지 택일형 문제이므로, 문제별로 제시된 4개 항목 중 가장 적합한, 한 항목만 정답(답안)으로 선택하십시오.
- 무단 전제 및 복사를 금합니다.

스마트홈 개론

01 스마트홈 기술 분야가 아닌 것은?

① 가전기기의 원격제어기술
② 에너지 관리기술
③ 헬스케어 기술
④ 인공지능 제작 기술

02 스마트홈의 활성화 요인이 아닌 것은?

① 소형화, 모듈화
② 저전력화, 저가격화
③ 고비용, 저기능
④ 개방화, 표준화

03 스마트홈을 구현하기 위한 핵심기술로 적절하지 않은 것은?

① 센서데이터 최적화 및 관리 기술
② 고전력 네트워킹 기술
③ 저가격, 저전력 프로세서 기술
④ 새로운 전력공급 및 저장 기술

04 ImageNet의 방대한 데이터로부터 사물을 자동 분류하는 대회에서 'AlexNet'이라는 인공지능 추론기가 과거와는 큰 차이의 높은 정확도를 달성한 일이 있었다. 다음 중 AlexNet이 사용한 인

공신경망으로서 영상 인식 분야 딥러닝의 토대가 되는 것은?

① GAN
② CNN
③ RNN
④ LSTM

05 다음 내용 중 ( )에 해당하는 것은?

> 1956년 다트머스회의에서 처음 등장했다.( )
> 이라는 용어를 만든 존 매카시(John McCarthy)
> 는 '인텔리전트한 기계를 만드는 과학과 공학'이
> 라고 정의했다.

① 인공지능
② 머신러닝
③ 딥러닝
④ 예측러닝

06 구글이 인수한 네스트랩스가 주도하고, ARM, 삼성 등이 참여하여 새로운 IP 기반의 무선 네트워크 표준과 상호호환이 가능한 사물인터넷 구현을 목표로 설립된 컨소시엄 표준화 단체는?

① AllSeen Alliance
② Thread Group
③ ITU-T
④ ISO/IEC JTC1

07 오픈 소스 IoT 플랫폼이 아닌 것은?

① Amazon AWS IoT
② Eclipse OM2M
③ IoTDM
④ OCEAN Mobius

08 다음 중 헬스케어 플랫폼과 스마트홈 플랫폼의 연결이 올바르지 않은 것은?

① 애플-헬스킷, 애플-홈킷
② 구글-구글핏, 구글-브릴로
③ 삼성-SAMI, 삼성-아틱
④ LG-홈챗, 퀄컴-올조인

09 다음 중 스마트홈 분야와 거리가 먼 것은?

① 가전기기　　　② 보안기기
③ CD/ATM기기　④ 에너지 관리 기기

10 다음 중 IoT를 활용한 헬스케어와 웰니스 서비스에 대한 설명으로 잘못된 것은?

① 활동 추적 장치를 운동화에 부착하여 걷거나 달린 거리 및 속도, 소모한 칼로리 등의 확인
② 웨어러블 디바이스를 통한 다양한 생체 관련 데이터 측정
③ 사용자 인식 기반의 스마트 스트리트(Street) 조성
④ 실시간 수집된 개인의 건강정보를 과거의 데이터와 비교하여 알맞은 의료 서비스를 연결

11 다음은 IoT 환경과 개인정보 보호에 대해 설명한 것이다. 잘못된 것은?

① 개인정보의 법적 개념 정의가 포괄적인 형식으로 이루질수록 IoT를 통해 수집이 제한되는 개인정보의 개념 범위가 무한정 확장될 여지가 있어 혼란을 초래할 수 있다.
② IoT의 확산은 데이터 수집이 가능한 디바이스의 증가, 방대한 양의 데이터 축적과 다방면에 걸친 데이터 활용이라는 측면에서 개인정보보호에 대한 요구를 증가시키고 있다.

③ 스마트홈의 경우 가정에서 사용되는 가전기기에 부착된 센서를 통해 집안의 상황에 대한 정보를 비롯하여 행태정보, 민감정보를 수집할 수 있으므로 개인정보보호법에 대한 고려가 필수적이다.
④ 개인정보처리자가 IoT 산업 활성화를 위한 목적으로 대통령령에 정하는 사유에 해당하는 경우임을 소명한 경우에만 개인정보의 처리에 대하여 정보주체 각각의 동의를 구할 때 사항을 구분하지 않고 동의를 받는 형식인, 이른 바 '포괄적 동의'가 허용된다.

12 다음 내용에 해당되는 응용서비스 분야는?

> 스마트 가전이나 보안솔루션 등 가정용 디바이스들이 서로 소통함으로써 거주자에게 편리함을 제공하거나 최적화된 생활환경을 유지하도록 함

① 스마트 시티　② 스마트 홈
③ 스마트 금융　④ 스마트 팩토리

13 다음 중 암호화를 해야 하는 개인정보에 해당하지 않는 것은?

① 전화번호　　② 운전면허번호
③ 주민등록번호　④ 비밀번호

14 스마트홈 생태계를 구성하는 6대요소가 아닌 것은?

① 유, 무선 네트워크
② 스마트 디바이스
③ 콘텐츠
④ 음성인식

15 IEEE 802.15.4로 대표되는 저전력 무선 개인화 영역 네트워크(Low-power Wireless Personal Area Network), 센서 네트워크 등에서 인터넷 프로토콜을 사용하기 위한 아키텍처 등을 표준화하고 있는 IETF의 워킹 그룹은 무엇인가?

① IPv6   ② 6LoWPAN
③ Wi-Fi   ④ BLE

16 IoT를 구성하는 센서나 컨트롤 기기들의 특징을 고려할 때, 이들 기기가 가져야 할 무선 통신 규격의 특징으로 적합하지 않은 것은?

① 저전력으로 구현되어야 한다.
② 높은 전송 속도를 지원해야 한다.
③ 통신에 소요되는 대기시간이 짧아야 한다.
④ 메모리 요구량이 적어야 한다.

17 IoT용 무선통신규격인 ZigBee와 Z-Wave의 공통점이 아닌 것은?

① 2.4GHz의 비허가 대역을 사용한다.
② 저전력 홈 네트워킹, 빌딩 자동화 등의 응용을 타겟으로 한다.
③ IEEE 802.15.4 물리적 무선 표준을 사용한다.
④ 메쉬 네트워킹을 지원한다.

18 빛을 이용하여 정보를 전송하는 유선 매체는?

① 광섬유 케이블
② 통신 위성
③ 동축 케이블
④ 마이크로웨이브

19 다음 내용에 해당되는 것은?

> 정해진 시간이나 규칙에 따라 주파수를 이동하면서 통신하는 방식으로, 전파방해나 도청으로부터 비교적 안전하다. 블루투스에서는 주변 채널 간섭을 피하기 위해 이를 적극 사용하고 있다.

① 주파수 도약   ② 주파수 전이
③ 채널 결합   ④ 채널 회피

20 핸드폰으로 걸려온 전화를 마이크와 스피커가 있는 스마트홈 기기로 중계하여 통화하기 위해 스마트홈 기기가 지원해야 하는 블루투스 프로파일은?

① HID   ② HSP
③ LAP   ④ A2DP

21 블루투스와 지그비, Wi-Fi 가 모두 사용하고 있는 비허가 무선 대역을 일컫는 용어는?

① ISM Band   ② Free Band
③ LTE   ④ DMB

22 다음 내용에 해당되는 것은?

> 무선인식이라고도 하며, 반도체 칩이 내장된 태그(Tag), 라벨(Label), 카드(Card) 등에 저장된 데이터를 무선주파수를 이용하여 비접촉으로 읽어내는 인식시스템이다. 이 방식의 태그는 전원을 필요로 하는 능동형(Active 형)과 리더기의 전자기장에 의해 작동되는 수동형(Passive 형)으로 나눌 수 있다.

① RFID   ② Bluetooth
③ NFC   ④ Wi-Fi

23 스마트 홈의 보안 위협 중 '정보유출'과 가장 거리가 먼 것은?

① 스니핑(sniffing)
② 데이터 위변조
③ 유·무선 통신 구간에서의 도청
④ 비인가 접근에 의한 유출

24 Wi-Fi 디바이스들이 Wi-Fi AP를 통해 인터넷이나 다른 디바이스와 연결되는 모드는?

① 인프라스트럭처 모드
② 멀티인프라 모드
③ 애드인 모드
④ 애드혹 모드

25 저속도 무선 개인화 영역 네트워킹(LR-WPAN)을 위한 물리 계층 및 미디어 접속 제어(MAC)를 위한 규격으로서 ZigBee가 채택하고 있는 것은?

① IEEE 802.15.1   ② IEEE 802.15.2
③ IEEE 802.15.3   ④ IEEE 802.15.4

26 다음 중 IoT용 광역 통신을 지원하기 위한 저전력 광역 네트워크(LPWAN) 프로토콜로서 교외에서 10km 이상의 통신 거리를 지원하는 통신 규격은?

① Bluetooth   ② WirelessHART
③ LoRa   ④ ZigBee

27 전 세계 대부분의 지역에서 ZigBee 기기가 사용하는 주파수 대역은?

① 784MHz   ② 868MHz
③ 915MHz   ④ 2.4GHz

스마트홈 기기

28 다음 내용 중 (   )에 해당하는 것은?

> 스마트홈 관련 제품들은 와이파이나 블루투스와 같은 다양한 근거리 무선통신기술을 지원하는 (   )를 통해 스마트홈 플랫폼에 연결된다.

① 홈 게이트웨이(Home Gateway)
② 월패드(Wall Pad)
③ 회선 게이트웨이(Circuit Gateway)
④ NFC(Near Field Communication)

29 집주인이 외부에서 스마트폰을 통해 거주하는 아파트 내 월패드의 스마트홈 구성항목을 원격제어하려 할 때 제어가 어려운 것은?

① 가스밸브 열림
② 엘리베이터 호출
③ 시스템 에어컨 가동
④ 방문차량 등록

30 다음 중 가스센서의 응용 예가 아닌 것은?

① 가스렌지의 가스 누출 검출
② 화장실의 누수 검출
③ 공기 중의 공기질 검출
④ 보일러실의 누출가스 검출

31 다음 중 화재 예방을 할 수 있는 차단기로 가장 적합한 것은?

① 배전차단기   ② 누전차단기
③ 자동복구차단기   ④ 아크차단기

32 다음 중 소리를 감지해 낼 수 있는 센서는?

① 가스센서   ② 초음파센서
③ 광센서   ④ 온도센서

33 스마트에너지(Smart Energy)에 대한 설명으로 옳지 않은 것은?

① 에너지의 생산, 전달 및 소비 과정에서 다양한 첨단 ICT 기술과 융합된 서비스이다.
② 에너지 생산, 전달, 소비의 모니터링만을 목적으로 한다.
③ 에너지 생산 및 전달 부분의 대표적인 ICT 기술은 광역 모니터링·제어, 송전망 고도화, 배전망 관리 등이다.
④ 에너지 소비 부분에서 대표적인 ICT 기술은 전력 및 가스 첨단계량인프라(AMI), 에너지저장장치(ESS), 에너지관리시스템(EMS) 등이다.

34 다음 중 온도센서가 사용되지 않는 기기는?

① 전기오븐
② 가스탐지기
③ 에어컨
④ 체온측정기

35 다음 내용 중( )에 해당하는 것은?

( ) 은/는 가장 밝은 곳부터 가장 어두운 곳까지 사람이 눈으로 보는 것과 최대한 가깝게 밝기의 범위를 확장하는 기술이다.( ) 덕분에 우리는 아주 밝은 장면부터 아주 어두운 장면까지 자세히 볼 수 있다.

① MPEG
② HEVC
③ HDMI
④ HDR

36 다음 중 초미세먼지의 기준에 해당하는 것은?

① PM10
② PM2.5
③ PM1.0
④ PM25

37 시간이 변함에 따라 크기와 방향이 주기적으로 변하는 전압, 전류를 나타내는 용어는?

① 교류
② 와류
③ 맥류
④ 직류

38 인체의 호흡, 심박까지 감지할 수 있는 레이더 방식 센서로, 스마트홈, 헬스케어 분야 등에서 유용하게 사용할 수 있는 센서는?

① UWB 센서
② 바이오 센서
③ PIR 센서
④ 초음파 센서

39 주부인 김여사는 스마트홈관리사 자격을 보유한 매장 직원으로부터, 스마트폰과 직접 연결하여 켜거나 끌 수 있는, 편리하고 효율적인 스마트 LED에 대해 소개받고 집 화장실의 20W(Watt) 백열전구를 10W(Watt)의 스마트 LED로 바꾸려고 한다. 이와 관련하여 다음 중 거리가 먼 것은?

① 스마트 LED로 바꾸면 전기료가 절감될 것이다.
② 스마트 LED는 백열등보다 밝을 것이다.
③ 스마트 LED는 반드시 스마트 허브에 연결시켜야 한다.
④ 스마트 LED에는 무선 통신 기능이 있을 것이다.

40 다음 스마트홈 용어 중에서 기능의 범주가 전혀 다른 것은?

① Smart Things
② Apple HomeKit
③ LG ThinQ
④ Philips Hue

제3회 한국정보통신자격협회 자격검정

수검일 2021.09.04

종목	구분	수검번호		제한시간	코 드	형별
스마트홈관리사	필기	성명		40분	J23703	A

- 4지 택일형 문제이므로, 문제별로 제시된 4개 항목 중 가장 적합한, 한 항목만 정답(답안)으로 선택하십시오.
- 무단 전제 및 복사를 금합니다.

스마트홈 개론

01 다음 중 가장 많은 대역폭을 필요로 하는 서비스는?

① 음악 스트리밍
② 온라인 게임
③ 소셜 미디어
④ HD 비디오 스트리밍

02 다음 ( )에 가장 알맞은 것은?

> 스마트 서비스에 있어서 가장 중요한 요소는 ( )이고, 스마트 공간, 스마트 제품, 스마트 데이터, 스마트 서비스를 총괄하는 개념이다.

① 서비스 기반
② 디지털 기반
③ 아날로그 기반
④ 통신 기반

03 네트워크 상의 다양한 기기들을 이용하여 외부 제어 기능을 제공할 수 있도록 구성한 것을 스마트 홈 서비스 모델이라고 한다. 다음 중 스마트홈 서비스 모델이 아닌 것은?

① IoT Cloud 모델
② Smart Gateway 모델
③ Hybrid 모델
④ 스마트홈 플랫폼 모델

04 커넥티드홈 그리드(네트워크 망)의 범위에 속하지 않는 것은?

① 스마트계산기
② 스마트빌딩
③ 스마트오피스
④ 스마트홈

05 다음 ( )에 가장 알맞은 것은?

> ( )은 살아 있는 사람의 신원을, 생리학적 특징 또는 행동학적 특징을 기반으로 인증하거나 인식하는 자동화된 방법을 말한다.

① 패턴인식 기술
② 생체인식 기술
③ 화상인식 기술
④ 가상인식 기술

06 다음 중 헬스케어 디바이스들의 다양한 데이터를 분석하고 헬스케어 및 의료 서비스로 이어주기 위한 플랫폼에 속하지 않는 것은?

① 헬스킷(HealthKit)
② 구글핏(Google Fit)
③ 스냅샷(SnapShot)
④ SAMI(Samsung Architecture Multimodal Interactions)

07 ISO/IEC JTC1에서 정의한 사물인터넷 서비스의 기본구조에 포함되지 않는 것은?

① 지능(Intelligence)
② 플랫폼(Platform)
③ 네트워킹(Networking)
④ 사물(Things)

08 IoT 개념과 가장 거리가 먼 것은?

① 단순히 물리적, 논리적으로 사물들을 연결하는 기술
② 네트워크에 사물들을 연결하고 지능화하여 사물의 가치를 증대
③ 산업간 융합을 통한 지능화를 가속화하여 다양한 정보를 제공
④ 사물들이 서로의 존재와 상태를 확인하고 새로운 가치를 생성

09 다음 중 글로벌 IT 기업과 그들이 제공하는 스마트홈 플랫폼 서비스의 연결이 잘못된 것은?

① Microsoft − Azure IoT Hub
② Amazon − AWS IoT
③ IBM − ThingPlug
④ Google − Cloud IoT

10 다음과 같이 인공지능 추론 기능을 클라우드 서버가 아닌 스마트홈의 말단 기기 자체에 구현하는 경우를 일컫는 용어는?

딥러닝이 적용된 카메라를 이용하여 고양이가 나타날 때마다 영상을 저장하고자 한다. 이때, 이 카메라는 영상 촬영뿐 아니라 네트워크에 연결된 서버의 도움 없이 고양이를 자체적으로 인식하는 기능을 구현하고 있다.

① 엣지 AI(Edge AI)
② 빅데이터
③ IoT
④ 머신러닝

11 스마트홈 서비스 플랫폼에서 클라우드 실행 방식에 대한 설명으로 가장 적절하지 않은 것은?

① 인터넷 망 연결이 좋지 않은 곳에서 유용하다.
② 클라우드 서버의 높은 컴퓨팅 파워를 사용할 수 있다.
③ 클라우드에서의 실행 결과를 실제 환경에 반영하기까지 네트워크 지연이 일어난다.
④ 경우에 따라서 같은 로컬 네트워크 내에 실행 서버가 있을 때도 있다.

12 인공신경망의 기초가 되는 개념으로서, 다수의 신호를 입력받아서 적절한 가중치를 곱하여 합한 후 최종 신호를 생성하는 단위를 일컫는 말은?

① 퍼셉트론(perceptron)
② 바이어스(bias)
③ 시그모이드(sigmoid)
④ 활성화함수(activation function)

13 다음 (   )에 알맞은 것은?

여러 스마트홈 플랫폼에서 복잡한 자동화를 지원하는 수단으로 (   )를 제공한다. 이를 이용하여 스마트홈 플랫폼 이용자가 직접 자신의 상황에 적합한 프로그램을 만들 수 있고, 이후 상황이 변했을 때도 유연하게 대응할 수 있다.

① API 및 스크립트
② 코드 컴파일러
③ 앱 스토어
④ 인공지능 실행기

14 과학기술정보통신부의 지능형 홈네트워크 설비 설치 및 기술기준(고시)에 따른 홈네트워크 설비의 설치기준으로 올바르지 않은 것은?

① 홈네트워크망의 배관·배선 등은 「방송통신설비의 기술기준에 관한 규정」 및 「접지설비·구내통신설비·선로설비 및 통신공동구 등에 대한 기술기준」에 따라 설치하여야 한다.

② 홈게이트웨이는 세대단자함에 설치하거나 세대단말기에 포함하여 설치할 수 있다.

③ 영상정보처리기기의 영상은 비거주 관리자에게 상시 제공될 수 있도록 관련 설비를 설치하여야 한다.

④ 세대단말기는 세대내의 스마트홈 네트워크 사용기기들과 단지서버 간의 상호 연동이 가능한 기능을 갖추어 세대 및 공용부의 다양한 기기를 제어하고 확인할 수 있어야 한다.

스마트홈 네트워크

15 다음 중 블루투스 버전별 주요 특징의 연결이 잘못된 것은?

① 블루투스 1.0 : 최초 버전, 최대전송속도 721kbps

② 블루투스 2.x : 3Mbps로 향상된 데이터 속도(EDR) 구현

③ 블루투스 3.x : 메쉬 네트워킹 지원

④ 블루투스 4.x : 저전력 블루투스(Bluetooth Low Energy, BLE) 지원

16 블루투스를 통하여 오디오를 전송 받아 스피커로 출력하기 위해 스마트홈 기기가 지원해야 하는 블루투스 프로파일은?

① CTP　　　　② HSP

③ A2DP　　　　④ HID

17 다음 중 ZigBee 디바이스 클래스 중 ZED (ZigBee End Device)에 대한 설명으로 틀린 것은?

① 주로 센서노드, 모터 제어용 액츄에이터 등 말단의 애플리케이션 노드에 해당한다.

② 이론적으로는 하나의 ZC에 수천 개의 ZED가 접속할 수 있다.

③ 다른 ZED가 보내는 데이터를 중계(라우팅)할 수 있다.

④ 일반적으로 ZigBee 디바이스 클래스 중 가장 적은 량의 메모리와 전력을 요구한다.

18 다음 중 ZigBee 표준이 정의하는 ZigBee 기기의 세 가지 클래스를 올바르게 나열한 것은?

① ZigBee Coordinator, ZigBee Router, ZigBee End Device

② ZigBee Center, ZigBee Router, ZigBee End Device

③ ZigBee Coordinator, ZigBee Allocator, ZigBee Sensor Device

④ ZigBee Aggregator, ZigBee Router, ZigBee End Device

19 지그비 얼라이언스(ZigBee Alliance)는 서로 연관된 응용과 기기가 만족해야 하는 요구 조건을 '프로파일'의 형태로 정의하고 있다. 다음 중 스마트홈의 조명, 스위치, 온도조절장치, 에어컨, 공조장치 등의 응용과 가장 밀접한 관계가 있는 지그비 프로파일은?

① Personal Home & Hospital Care(PHHC)

② Home Automation(HA)

③ Commercial Building Automation(CBA)

④ Smart Energy(SE)

20 다음 중 지그비(Zigbee) 네트워크에 혼선을 줄수 있는 요소가 아닌 것은?

① Wi-Fi
② 블루투스
③ 전자렌지
④ 휴대전화 기지국

21 다음 (   )에 알맞은 Z-Wave 용어는?

예를 들어 Z-Wave 모션 센서의 민감도를 변경하는 등, Z-Wave 에서는 (   )값을 변경하는 표준화된 방법을 제공함으로써 장치 종류, 제조사와 상관없이 일관된 방법으로 장치 설정을 변경할수 있다.

① Parameter
② Option
③ Specification
④ Constant

22 다음 중 SmartThings 허브가 지원하는 통신 프로토콜이 아닌 것은?

① Z-Wave
② IP
③ LoRa
④ ZigBee

23 다음 중 6LoWPAN 기술과 관련이 없는 것은?

① ZigBee IP
② Thread
③ IEEE 802.15.4
④ LoRa

24 다음 (   ) 안에 공통적으로 들어갈 단어로 올바른 것은?

• 사물인터넷은 (   )을/를 이용하여 사물의 존재를 파악하고 상태를 확인한다.
• WSN에서는 센서 네트워크 대부분 (   ) 네트워크를 전제로 하지 않는다.
• 사물인터넷에서 대부분의 네트워크는 (   ) 통신을 수용하는 방향으로 진행되고 있다.

① Device
② IP
③ Network
④ WWW

25 MQTT (Message Queuing Telemetry Transport) 프로토콜에서 발행(Publish)-구독(Subscribe) 기반의 메시징을 지원하기 위해 필요한 것은?

① 웹서버
② 메시지 릴레이
③ MQTT 브로커
④ MQTT 라우터

26 다음 (   )에 해당하는 것은?

시스템을 악의적으로 공격해 해당 시스템의 자원을 부족하게 하여 원래 의도된 용도로 사용하지 못하게 하는 공격이다. 특정 서버에게 수많은 접속 시도를 만들어 다른 이용자가 정상적으로 서비스 이용을 하지 못하게 하거나, 서버의 TCP 연결을 바닥내는 등의 공격이 이 범위에 포함된다. 이러한 보안공격 유형을 (   )공격이라 한다.

① 비인가 접근
② 정보유출
③ 데이터 위·변조
④ 서비스 거부(DoS)

27 다음 중 스마트홈용 기기 내부의 MCU(마이크로컨트롤러)와 센서디바이스간 통신 방법으로 널리 사용되는 것이 아닌 것은?

① 이더넷
② UART
③ I2C
④ SPI

스마트홈 기기

28 다음 중 스마트홈을 구성하는 센서기술의 활용으로 맞지 않은 것은?

① 접촉센서를 활용해 외부인의 침입을 예방할 수 있다.
② 누수 센서를 통해 집안의 누수를 확인할 수 있다.
③ 온도센서를 통해 누전사고를 예방할 수 있다.
④ 연기감지 센서를 통해 집 안의 화재를 빠르게 진화할 수 있다.

29 다음과 같은 A씨 가정의 상황에 설치하면 좋은 것은?

A씨는 xx사의 스마트 조명을 설치하고 xx사의 앱으로 조명을 제어한다. A씨의 아내는 다른 회사의 로봇청소기를 사용 중인데 로봇청소기 앱으로 청소기를 제어한다. A씨와 A씨의 아내는 한 가지 앱으로 스마트 조명과 로봇청소기를 제어하고 싶다. xx사의 스마트 조명은 ZigBee로 통신하지만 로봇청소기는 Wi-Fi로 통신한다.

① IP 공유기
② 스마트 써모스탯
③ 스마트 허브
④ Wi-Fi 범위 확장기

30 다음과 관련하여 옳지 않은 것은?

화장실의 20W(Watt) 백열전구를 10W(Watt)의 스마트 LED로 바꾸려고 한다. 스마트 LED는 스마트폰과 직접 연결하여 켜거나 끌 수 있다.

① 스마트 LED로 바꾸면 전기료가 절감될 것이다.
② 스마트 LED는 백열등보다 밝을 것이다.
③ 스마트 LED는 반드시 스마트 허브에 연결시켜야 한다.
④ 스마트 LED에는 무선 통신 기능이 있을 것이다.

31 스마트홈 허브의 역할과 가장 거리가 먼 것은?

① 서로 다른 프로토콜을 사용하는 기기들을 연계하는 수단을 제공한다.
② 자동화 시나리오를 수행하는 수행 주체이다.
③ 여러 스마트 기기들을 논리적/물리적으로 연결하고 제어한다.
④ 외부 인터넷으로부터 스마트홈 네트워크로의 불법적인 침입을 감시한다.

32 스마트홈 기기에 해당되지 않는 것은?

① ATM기
② 가전제품
③ 에너지 소비 장치
④ 보안기기

33 다음 중 옴의 법칙과 관련 없는 것은?

① 전기용량
② 저항
③ 전류
④ 전압

34 다음 중 사람의 존재를 감지하는 PIR 센서에 대한 설명으로 틀린 것은?

① 센서가 송출한 신호의 변화를 감지하는 능동형(액티브) 센서이다.
② 사람이 방출하는 적외선을 감지한다.
③ 현관등의 자동 켜짐을 제어할 때 많이 사용한다.
④ Pyroelectric 센서라고도 한다.

35 먼지센서는 매우 작은 입자의 개수나 농도를 측정하는데, 이 때 측정가능한 입자의 크기를 PM1.0으로 표현하는 경우, 그 의미는?

① 1.0 마이크로미터까지의 미세 입자를 측정할 수 있다.
② 1.0 마이크로그램까지의 미세 입자를 측정할 수 있다.
③ 1.0 나노미터까지의 미세 입자를 측정할 수 있다.
④ 1.0 마이크로미터보다 작은 미세 입자를 측정할 수 있다.

36 다음 중 원거리에서 인체 움직임을 감지하는데 적합하지 않은 센서는?

① PIR 센서
② UWB 센서
③ IR Image 센서
④ 바이오 센서

37 다음 중 광센서인 황화카드뮴 셀(CdS)의 응용 예가 아닌 것은?

① 가스가 누출되면 알람이 울리는 장치
② 밝아지면 버저가 울리는 회로
③ 어두워지면 불이 켜지는 조명장치
④ 어두워지면 불이 꺼지는 조명장치

38 인간의 5감 역할을 대신하는 센서의 역할이 아닌 것은?

① 시각　　　　　② 예감
③ 청각　　　　　④ 후각

39 다음 부품들 중 능동소자인 것은?

① 콘덴서　　　　② 코일
③ 트랜지스터　　④ 저항

40 다음 (　)에 해당하는 것은?

> (　　)은/는 유무선 홈 네트워크의 댁내망과 각종 디지털 가입자 회선(xDSL), 케이블, 파이버 투 더 홈(FTTH) 등 가입자 액세스망을 상호 접속하거나 중계하는 장치를 일컫는다. 일반적으로 그 상위 계층에 미들웨어 기술을 부가하여 가정의 사용자에게 다양한 멀티미디어 서비스를 제공하거나 웹 서버, 멀티미디어 서버, 홈 자동화 서버를 비롯하여 각종 서버 기능을 통합하여 홈 서버로서의 복합 기능을 수행하기도 한다.

① 홈 게이트웨이　　② 홈 오토메이션
③ 홈 컨트롤러　　　④ 홈 서버

수검일 2021.12.04

종목	구분	수검번호		제한시간	코 드	형별
스마트홈관리사	필기	성명		40분	J23705	A

- 4지 택일형 문제이므로, 문제별로 제시된 4개 항목 중 가장 적합한, 한 항목만 정답(답안)으로 선택하십시오.
- 무단 전제 및 복사를 금합니다.

스마트홈 개론

01 전력, 수도, 가스와 같은 공공 인프라스트럭쳐에 대한 IoT 서비스는 개방형 생태계보다는 수직통합 생태계를 이용하여 구현하는 것이 일반적이다. 그 이유는?

① 보안과 효율이 중요하기 때문
② 서비스 운용 요금이 저렴해야 하기 때문
③ 서비스의 내용을 모두 공개해야 하기 때문
④ 서비스의 개발이 용이해야 하기 때문

02 스마트홈을 구현하기 위한 핵심기술로 적절하지 않은 것은?

① 센서데이터 최적화 및 관리 기술
② 고전력 네트워킹 기술
③ 저가격, 저전력 프로세서 기술
④ 새로운 전력공급 및 저장 기술

03 다음 중 IoT를 활용한 헬스케어와 웰니스 서비스에 대한 설명으로 잘못된 것은?

① 활동 추적 장치를 운동화에 부착하여 걷거나 달린 거리 및 속도, 소모한 칼로리 등의 확인
② 웨어러블 디바이스를 통한 다양한 생체 관련 데이터 측정
③ 사용자 인식 기반의 스마트 스트리트(Street) 조성

④ 실시간 수집된 개인의 건강정보를 과거의 데이터와 비교하여 알맞은 의료 서비스를 연결

04 다음 내용에 해당되는 것은?

사람, 사물, 공간, 데이터 등 모든 것이 인터넷으로 서로 연결되어, 정보가 생성·수집·공유·활용되는 초연결 인터넷

① 인공지능
② 5G 네트워크
③ 사물인터넷(IoT)
④ 클라우드 컴퓨팅

05 스마트홈의 활성화 요인이 아닌 것은?

① 소형화
② 저전력화
③ 저가격화
④ 개별화

06 IoT 개념과 가장 거리가 먼 것은?

① 단순히 물리적, 논리적으로 사물들을 연결하는 기술
② 네트워크에 사물들을 연결하고 지능화하여 사물의 가치를 증대
③ 산업간 융합을 통한 지능화를 가속화하여 다양한 정보를 제공
④ 사물들이 서로의 존재와 상태를 확인하고 새로운 가치를 생성

07 스마트홈 서비스 플랫폼에서 클라우드 실행 방식에 대한 설명으로 가장 적절하지 않은 것은?

① 인터넷 망 연결이 좋지 않은 곳에서 유용하다.
② 클라우드 서버의 높은 컴퓨팅 파워를 사용할 수 있다.
③ 클라우드에서의 실행 결과를 실제 환경에 반영하기까지 네트워크 지연이 일어난다.
④ 경우에 따라서 같은 로컬 네트워크 내에 실행 서버가 있을 때도 있다.

08 다음 ( )에 알맞은 것은?

> 여러 스마트홈 플랫폼에서 복잡한 자동화를 지원하는 수단으로 ( )를 제공한다. 이를 이용하여 스마트홈 플랫폼 이용자가 직접 자신의 상황에 적합한 프로그램을 만들 수 있고, 이후 상황이 변했을 때도 유연하게 대응할 수 있다.

① API 및 스크립트
② 코드 컴파일러
③ 앱 스토어
④ 인공지능 실행기

09 과학기술정보통신부의 지능형 홈네트워크 설비 설치 및 기술기준(고시)에 따른 홈네트워크 설비의 설치기준으로 올바르지 않은 것은?

① 홈네트워크망의 배관·배선 등은 「방송통신설비의 기술기준에 관한 규정」 및 「접지설비·구내통신설비·선로설비 및 통신공동구 등에 대한 기술기준」에 따라 설치하여야 한다.
② 홈게이트웨이는 세대단자함에 설치하거나 세대단말기에 포함하여 설치할 수 있다.
③ 영상정보처리기기의 영상은 비거주 관리자에게 상시 제공될 수 있도록 관련 설비를 설치하여야 한다.

④ 세대단말기는 세대내의 스마트홈 네트워크 사용기기들과 단지서버 간의 상호 연동이 가능한 기능을 갖추어 세대 및 공용부의 다양한 기기를 제어하고 확인할 수 있어야 한다.

10 다음 중 개인정보보호법 상의 개인정보 보호원칙으로 적절하지 않은 것은?

① 개인정보처리자는 개인정보의 처리 목적을 명확하게 하여야 하고 그 목적에 필요한 범위에서 최소한의 개인정보만을 적법하고 정당하게 수집하여야 한다.
② 개인정보처리자는 개인정보의 처리 목적에 필요한 범위에서 적합하게 개인정보를 처리하여야 하며, 그 목적 외의 용도로 활용하여서는 아니 된다.
③ 개인정보처리자는 개인정보의 처리 목적에 필요한 범위에서 개인정보의 정확성, 완전성 및 최신성이 보장되도록 하여야 한다.
④ 개인정보처리자는 개인정보 처리방침 등 개인정보의 처리에 관한 사항을 비밀로 유지하여야 한다.

11 다음의 상황에서, 음성인식 알고리즘을 수행하는 주체의 위치와 관련된 용어는?

> 나는 스마트폰에서 문자메시지를 보낼 때 스마트폰의 음성인식 기능을 자주 이용한다. 그런데 어느날 인터넷이 연결되지 않은 곳에서 같은 기능을 사용하려 했더니 '연결된 네트워크 없음'이라고 뜨면서 음성인식이 동작하지 않았다.

① 엣지 컴퓨팅
② 클라우드 컴퓨팅
③ 분산 컴퓨팅
④ 블록체인

12 oneM2M 기능 아키텍처에서 CSE(Common Service Entity)의 설명으로 옳은 것은?

① 단대단 사물인터넷 솔루션을 위한 애플리케이션 로직을 제공
② 사물인터넷의 다양한 애플리케이션 엔티티들이 공통적으로 사용 가능한 공통 서비스 기능들로 이루어진 플랫폼
③ 공통 서비스 엔티티에 네트워크 서비스를 제공
④ 장치 관리, 위치 서비스, 장치 트리거링 등의 서비스를 제공

13 다음 중 공동주택의 세대 월패드와 연결되어 있는 스마트 홈 구성항목 중 스마트폰을 사용하여 외부에서 원격으로 제어하기 어려운 것은?

① 가스밸브 열림
② 엘리베이터 호출
③ 시스템 에어컨
④ 방문차량 등록

14 포스트 코로나(COVID-19) 시대를 맞이하여 향후 비대면 기술 등의 발전이 예상된다. 스마트 홈 시스템 또한 비대면 기술의 일환으로 볼 수 있는데, 다음 중 스마트홈 앱(App)을 통한 비대면 시스템이라고 볼 수 없는 것은?

① 무인택배 확인
② 세대 조명 교체
③ 주민투표
④ 세대 방문자 확인

15 다음 내용에 해당되는 것은?

> 일정한 간격으로 정해진 신호를 방송하는 장치를 비콘(beacon)이라고 한다. 사물인터넷에서 데이터와 음성채널을 가지고 있고, 상시 전원이 필요 없으며, 50m 반경 내에서도 서비스를 구동 시킬 수가 있어 비콘용 통신기술로 가장 많이 사용 되고 있다.

① 저전력 블루투스(Bluetooth Low Energy)
② 와이파이(Wi-Fi)
③ RFID와 NFC
④ 지웨이브(Z-Wave)

16 다음 중 ZigBee 디바이스 클래스 중 ZED (ZigBee End Device)에 대한 설명으로 틀린 것은?

① 주로 센서노드, 모터 제어용 액츄에이터 등 말단의 애플리케이션 노드에 해당한다.
② 이론적으로는 하나의 ZC에 수천개의 ZED가 접속할 수 있다.
③ 다른 ZED가 보내는 데이터를 중계(라우팅)할 수 있다.
④ 일반적으로 ZigBee 디바이스 클래스 중 가장 적은 량의 메모리와 전력을 요구한다.

17 다음 내용에 해당되는 ZigBee 디바이스 클래스는?

> • 일반적으로 ZigBee 네트워크 내에서 가장 성능이 좋은 디바이스이다.
> • ZigBee 네트워크의 루트로서 네트워크를 구성하고 다른 네트워크로 연결한다.
> • 각 ZigBee 네트워크마다 하나만 존재한다.

① ZC(ZigBee Coordinator)
② ZR(ZigBee Router)
③ ZED(ZigBee End Device)
④ ZA(ZigBee Aggregator)

18 지그비 얼라이언스(ZigBee Alliance)는 서로 연관된 응용과 기기가 만족해야 하는 요구 조건을 '프로파일'의 형태로 정의하고 있다. 다음 중 스마트홈의 조명, 스위치, 온도조절장치, 에어컨, 공조장치 등의 응용과 가장 밀접한 관계가 있는 지그비 프로파일은?

① Personal Home & Hospital Care(PHHC)
② Home Automation(HA)
③ Commercial Building Automation(CBA)
④ Smart Energy(SE)

19 다음 내용에 해당되는 것은?

> 무선인식이라고도 하며, 반도체 칩이 내장된 태그(Tag), 라벨(Label), 카드(Card) 등에 저장된 데이터를 무선주파수를 이용하여 비접촉으로 읽어내는 인식시스템이다. 이 방식의 태그는 전원을 필요로 하는 능동형(Active 형)과 리더기의 전자기장에 의해 작동되는 수동형(Passive 형)으로 나눌 수 있다.

① RFID
② Bluetooth
③ NFC
④ Wi-Fi

20 블루투스와 지그비, Wi-Fi가 모두 사용하고 있는 비허가 무선 대역을 일컫는 용어는?

① ISM Band
② Free Band
③ LTE
④ DMB

21 다음 중 SmartThings 허브가 지원하는 통신 프로토콜이 아닌 것은?

① Z-Wave
② IP
③ LoRa
④ ZigBee

22 다음 중 스마트홈용 기기 내부의 MCU(마이크로컨트롤러)와 센서디바이스간 통신 방법으로 널리 사용되는 것이 아닌 것은?

① 이더넷
② UART
③ I2C
④ SPI

23 Wi-Fi 디바이스들이 Wi-Fi AP를 통해 인터넷이나 다른 디바이스와 연결되는 모드는?

① 인프라스트럭처 모드
② 멀티인프라 모드
③ 애드인 모드
④ 애드혹 모드

24 스마트 홈의 보안 위협 중 '정보유출'과 가장 거리가 먼 것은?

① 스니핑(sniffing)
② 데이터 위변조
③ 유·무선 통신 구간에서의 도청
④ 비인가 접근에 의한 유출

25 다음은 멀티미디어 제품의 주요 보안위협 유형이다. 보기 중 주요 보안위협 원인이 아닌 것은?

> • 멀티미디어 제품 : 스마트 TV, 스마트 냉장고 등
> • 주요 보안 위협
>   -PC 환경에서의 모든 악용 행위
>   -카메라/마이크 내장 시 사생활 침해

① 인증 메커니즘 부재
② 강도가 약한 비밀번호
③ 펌웨어 업데이트 취약점
④ 공인 인증서 연동

26 다음 ( ) 안에 공통적으로 들어갈 단어로 올바른 것은?

> • 사물인터넷은 ( )을/를 이용하여 사물의 존재를 파악하고 상태를 확인한다.
> • WSN에서는 센서 네트워크 대부분 ( ) 네트워크를 전제로 하지 않는다.
> • 사물인터넷에서 대부분의 네트워크는 ( ) 통신을 수용하는 방향으로 진행되고 있다.

① Device
② IP
③ Network
④ WWW

27 주택의 보안을 위해 앞마당에 IP Camera를 설치하여 스마트폰 앱으로 실시간 영상을 관찰하려고 한다. 이 때 IP Camera가 촬영한 영상을 스마트 허브로 전송하기에 적합한 무선통신 방식은?

① Z-Wave
② Bluetooth Low Energy
③ ZigBee
④ Wi-Fi

스마트홈 기기

28 다음 중 사람의 존재를 감지하는 PIR 센서에 대한 설명으로 틀린 것은?

① 센서가 송출한 신호의 변화를 감지하는 능동형(액티브) 센서이다.
② 사람이 방출하는 적외선을 감지한다.
③ 현관등의 자동 켜짐을 제어할 때 많이 사용한다.
④ Pyroelectric 센서라고도 한다.

29 다음 중 원거리에서 인체 움직임을 감지하는데 적합하지 않은 센서는?

① PIR 센서
② UWB 센서
③ IR Image 센서
④ 바이오 센서

30 온도센서 선정 시 고려 사항이 아닌 것은?

① 온도센서 사용자
② 센서 설치 환경
③ 센서 장착 방식
④ 측정해야 하는 온도의 범위

31 다음 내용에 해당되는 것은?

> • 한 축 또는 여러 축의 회전 움직임의 각 변화량을 측정하는 센서
> • 중력이나 자기장과 같은 외부의 힘에 영향을 받지 않고 독자적으로 작동하는 센서

① 자이로 센서
② 중력 센서
③ 지자기 센서
④ 선형 가속도 센서

32 다음 중 가스센서의 응용 예가 아닌 것은?

① 가스렌지의 가스 누출 검출
② 화장실의 누수 검출
③ 공기 중의 공기질 검출
④ 보일러실의 누출가스 검출

33 스마트홈 허브의 역할과 가장 거리가 먼 것은?

① 서로 다른 프로토콜을 사용하는 기기들을 연계하는 수단을 제공한다.
② 자동화 시나리오를 수행하는 수행 주체이다.
③ 여러 스마트 기기들을 논리적/물리적으로 연결하고 제어한다.
④ 외부 인터넷으로부터 홈네트워크로의 불법적인 침입을 감시한다.

34 스마트 홈에서 이산화탄소를 스스로 감지하여 환기하는 환기시스템을 구축하려고 한다. 다음 중 구축에 필요하지 않는 요소는?

① Co2 센서 ② PM 1.0 센서
③ 환기 유닛 ④ 제어기

35 스마트 전기계량기의 역할과 기능으로 적합하지 않은 것은?

① 스마트 전기계량기는 다른 기기와의 상호 연동없이 독립적인 통신 장치로 에너지 거래를 목적으로 한다.
② 에너지 거래용 Net metering의 스마트 계량기는 소비하는 전력량과 발전해서 공급하는 전력량을 계측 및 계량하는 양방향 계량 기능을 제공한다.
③ 스마트 전기 계량기는 다양한 통신기능을 탑재하여, 소비자에게 소비량과 발전량 등의 에너지 거래정보를 제공한다.
④ Net metering은 소비량과 발전량을 비교해서 요금정산을 해야 하므로, 계량의 오차 정밀도가 중요한 관리요소이다.

36 아래의 상황에서 적용해 볼 수 있는 스마트홈 기기는?

> 지난 달 전기요금이 왜 이렇게 많이 나왔을까? 한 달 동안 어떤 시간에 얼마나 많은 전력을 사용했는지 궁금하군!

① 스마트 조명
② 스마트 에너지미터
③ 스마트 스위치
④ 스마트 도어센서

37 다음은 스마트홈에 사용되는 기기 또는 용어들이다. 다음 중 기능의 범주가 전혀 다른 하나는?

① Smart Things
② Apple HomeKit
③ Home Assistant
④ Philips Hue

38 스마트홈 보안시설로 조명이 없거나 어두운 곳에서도 촬영이 가능한 CCTV를 설치할 경우 확인해야 하는 기능은?

① IR−LED
② PIR
③ PTZ
④ 어안렌즈(Fisheye Lens)

39 전력소모 규격이 10W로 표시된 스마트 조명 10개를 2시간 동안 켰을 때 사용한 전력량은?

① 20Wh ② 200Wh
③ 720,000Wh ④ 7200Wh

40 다음 세대 내의 스마트홈 연동기기 중 AC 220V의 입력전원을 필요로 하지 않는 것은?

① 현관 자석감지기
② 등기구
③ 월패드
④ 에어컨 실외기

정답 및 해설

03 사물인터넷을 구한하기 위해서는 BLE, Zigbee, Zwave 와 같은 저전력 네트워킹 기술이 필요하다.

04 영상인식용 딥러닝의 근간은 컨볼루션 신경망(CNN)이다.

05 인공지능의 역사

06 스레드 그룹은 2014년 구글이 인수한 네스트랩스가 주도하고, ARM, 삼성 등이 참여하여 새로운 IP 기반의 무선 네트워크 표준과 상호호환이 가능한 사물인터넷 구현을 목표로 설립되었다.

07 Amazon AWS IoT는 아마존이 제공하는 IoT 서비스 플랫폼으로서 플랫폼 자체의 소스가 오픈되지는 않는다. 나머지 보기는 oneM2M의 오픈소스 구현들이다.

08 LG의 홈챗은 스마트가전 채팅 서비스이고, 퀄컴의 올조인은 장치 간 직접 통신할 수 있도록 하는 프레임 워크이다.

09 CD/ATM기기는 현금 자동 입출금기로 일반적으로 은행에서 사용한다.

10 사용자 인식 기반의 스마트 스트리트(Smart Street)의 조성은 스마트 시티에 해당한다.

11 개인정보보호법 제22조에 따라 정보 주체의 동의를 받을 때에는 각각의 동의 사항을 구분하여 정보주체가 이를 명확하게 인지할 수 있도록 알리고 각각 동의를 받아야 하며, 현행 법령상 포괄적 동의는 인정되지 아니합니다.

12 지문의 내용은 스마트홈에 대한 설명이다.

13 운전면허번호와 주민등록번호, 비밀번호는 암호화하여 저장해야 합니다.

14

제2회

01 ④	02 ③	03 ②	04 ②	05 ①
06 ②	07 ①	08 ④	09 ③	10 ③
11 ④	12 ②	13 ①	14 ④	15 ②
16 ②	17 ①	18 ①	19 ①	20 ②
21 ①	22 ①	23 ②	24 ①	25 ④
26 ③	27 ④	28 ①	29 ①	30 ②
31 ④	32 ②	33 ②	34 ②	35 ④
36 ②	37 ①	38 ①	39 ③	40 ④

01 ・스마트 홈 시스템은 유무선 통신과 디지털 정보기술을 기반으로 홈 네트워크와 인터넷 정보가전을 이용해 유비쿼터스 환경을 홈 내에 실현하여 생활환경의 지능화, 환경친화적 주거생활, 삶의 질적 혁신을 추구하는 지능화 된 홈 내 생활환경, 주거공간을 의미하고 있다.
・이러한 스마트 홈 기술 분야는 가전기기의 원격제어기술, 에너지 관리기술, 노약자나 장애인을 위한 스마트 홈 헬스케어 기술 및 생체인식보안과 동작감지센서 기술인 스마트 홈 보안기술 등이 있다.
〈출처 : http://www.ndsl.kr/ndsl/search/detail/report/report SearchResultDetail.do?cn=KAR2008027930〉

02 활성화 요인
・소형화 : MEMS과 같은 기술발전으로 센서와 부품의 크기를 아주 작게 만들 수 있다.
・표준화 : 많은 업체가 생산하는 다양한 부품이 사물인터넷 디바이스에 문제없이 사용되기 위해서 표준화를 준수하여야한다.
・모듈화 : 표준에 따라 개별 부품이 아닌 독립적인 기능을 갖춘 세트 형태로 만들어 활용성을 더욱 높였다.
・개방화 : 관련기술들을 오픈하여 개방형 생태로 전환하여 많은 업체의 참여를 이끌어 냈다.
・저전력화 : 전전력 기술과 센서와 부품의 크기를 작게하여 사용되는 전력의 소모를 크게 낮추었다.
・저가격과 : 대량생산으로 인해 센서와 부품의 가격이 크게 낮아졌다.

 산업통상자원부

스마트홈 생태계를 구성하는 6대 요소

| 유무선 네트워크 통신기술 | 스마트 디바이스 IoT 제품 | IoT 통신 표준 기기 간 호환 기술 | 운용 플랫폼 클라우드 홈 허브와 운용 시스템 | 컨트롤 디바이스 디지털 전자기기 | 콘텐츠 기기 사용 프로그램 |

산업통상자원부 정책 지원 방향

・올해 말까지 원격 검침 인프라 구축 사업 지원
・스마트홈 IoT 가정용 개방형 하드웨어 플랫폼 개발 유도
・향후 스마트홈에 전자섬유를 적용한 다양한 모델과 제품 생산에도 정책적으로 지원할 계획

15 • IPv6(Internet Protocol version 6): 인터넷 프로토콜 스택 중 네트워크 계층의 프로토콜로서 버전 6 인터넷 프로토콜(version 6 Internet Protocol)로 제정된 차세대 인터넷 프로토콜을 말한다.
• Wi-Fi : IEEE 802.11에 기반한 무선랜 표준의 집합
• BLE(Bluetooth Low Energy) : 초저전력 디바이스를 위한 블루투스 표준의 갈래

16 IoT용 센서노드나 컨트롤 기기는 적은 량의 데이터를 간헐적으로 송수신 하는 특징을 가지고 있고, 소량 데이터의 빠른 송수신이 요구된다. 또한 배터리로 구동되며 메모리가 작은 값싼 하드웨어로 구현된다.

17 ZigBee는 2.4GHz 대역을 사용하지만 Z-Wave는 Part 15 ISM Band를 사용하므로 Bluetooth, WiFi 와의 전파 간섭에서 자유롭다(한국: 920.9 MHz, 921.7 MHz, 923.1 MHz).

18 광 섬유를 전송매체로 사용하는 통신형태의 총칭으로 저(低)손실, 광대역, 경량(輕量), 세경(細徑), 무유도, 무누설인 광섬유의 특별한 장점이 있는데 여러 가지 영역에서 방식을 구성할 수 있다. 시외 장거리 기간(基幹) 회선으로 사용하는 장거리 전송방식에는 단일모드 섬유를 사용하여 섬유 1개(個)당 400Mbit/s에서 800Mbit/s되는 고속 디지털(digital) 신호를 전송하는 대용량 전송방식이 상정(想定)되며 1.3µm 또는 1.5µm인 섬유의 저(低)분산, 저손실 영역을 사용하여 20km에서 30km의 무중계전송이 가능하다.

19 지문은 주파수 도약(Frequency Hopping)에 대한 설명이다.

20 • HID : Human Interface Device profile
• HSP : Headset Profile
• LAP : LAN Access Profile
• A2DP : Advanced Audio Distribution Profile

21 • ISM Band : Industrial, Scientific, Medical의 용도로 정의된 비허가 무선대역으로서 블루투스와 지그비, WiFi가 공통으로 사용하므로 상호간 신호 간섭의 가능성이 있어 이를 고려한 네트워크 설계가 필요함.
• LTE : Long Term Evolution 의 약자로서, 3세대 이동통신을 장기적으로 진화시킨다는 의미가 있는 3.9세대 이동통신규격을 일컫는다.
• DMB : Ultra-WideBand의 약자로서, 기존의 스펙트럼에 비해 매우 넓은 대역에 걸쳐 낮은 전력으로 대용량의 정보를 전송하는 무선통신 기술이다.

22 지문은 RFID에 대한 설명이다.

23 스니핑 & 스푸핑 공격은 스니퍼를 이용하여 네트워크상의 데이터를 도청하는 행위를 말한다. 스니퍼란 컴퓨터 네트워크상에 흘러 다니는 트래픽을 엿듣는 도청장치라고 할 수 있다.

24 • 전통적인 와이파이 망은 무선 액세스 포인트로 알려진 제어 장비들(기지국/base station 또는 핫스팟/hot spot으로 불림)에 기초하고 있다. 이 장비들은 일반적으로 다음과 같이 세 가지 핵심기능을 지니고 있다. 유/무선 네트워크를 위한 물리적 지원, 네트워크 장비 간 브리징 및 라우팅, 네트워크 장비 접속 및 접속해제에 대한 서비스 공급
• 전형적인 와이파이 홈 네트워크는 광대역 통신 서비스 공급자, 액세스 포인트, 유무선으로 연결된 컴퓨터,(때로는 네트워크에 연결된 타 장비까지)에 대해 유선 연결을 포함한다. 다수의 와이파이 네트워크는 액세스 포인트가(와이파이 접속기능을 지닌 장비들을 연결하는) 중앙 허브로서의 기능을 하는 "인프라스트럭쳐 모드"로 구축된다. 각각의 장비들은 직접적인 접속이 아닌, 액세스 포인트를 통해 간접적으로 통신을 주고 받을 수 있다. 와이파이 다이렉트 장비들은 첫 연결이 이루어질 때 AP(액세스 포인트)로 동작할 장비를 서로 간에 결정한다.

25 • IEEE 802.15.1 : 블루투스가 기반으로 하고 있는 물리 계층 및 미디어 접속 제어(MAC) 규격
• IEEE 802.15.2 : 비허가 무선대역의 상호 간섭 해소 및 공존을 위한 규격
• IEEE 802.15.3 : 고속도 무선 개인화 영역 네트워킹(HR-WPAN)을 위한 물리 계층 및 미디어 접속 제어(MAC)를 위한 규격
• IEEE 802.15.4 : 저속도 무선 개인화 영역 네트워킹(LR-WPAN)을 위한 물리 계층 및 미디어 접속 제어(MAC)를 위한 규격. 지그비(ZigBee), WirelessHART, MiWi 표준의 기저 계층으로 채택됨

26 Bluetooth, WirelessHART, ZigBee는 모두 저전력 무선 개인화영역 네트워킹(LPWPAN) 규격들이다.

27 중국(784MHz), 유럽(868MHz), 미국과 호주(915MHz) 등에서 다른 대역을 사용하는 기기가 일부 존재하지만 이들 국가를 포함한 전세계 대부분의 지역에서 ZigBee 기기는 비허가 무선대역인 2.4GHz 대역을 사용한다.

28 홈 게이트웨이(Home Gateway)dp 대한 설명이다.

29 가스밸브는 안전상의 이유로 외부에서(원격으로) 닫힘 기능만 제공되어 진다.

30 가스센서는 가스의 화학적 성질을 이용하여 기체 중의 특정성분을 검지하여 전기신호로 변환하는 소자이다. 우선적으로 가연성 가스(LPG, LNG 등)의 폭발방지를 위한 가스경보기로 상용화되어, 유독가스용, 프로세스 계측용, 자동제어용, 환경계측용 등으로서 용도가 동시에 계속하여 새로운 가스센서가 개발되고 있다. 가스를 검출하기 위해서 물체의 흡착, 화학반응, 고체전해질 속의 이온의 투과, 적외선 흡수, 열전도율 등의 현상을 이용한다.

31 아크차단기는 전기 합선 등에 의한 전기 스파크를 감지한다. 전원을 차단하는 최첨단 화재 예방용 스마트 차단기다. 누전차단기 기능까지 갖췄다. 이 때문에 기존 누전차단기를 아크차단기로 간단히 교체할 수 있다. 아콘텍의 아크차단기는 유수의 대기업, 관공서, 지자체, 원자력 발전소, 아파트, 빌딩, 주택 등 다양한 곳에 보급되고 있다.

32 초음파 센서는 사람의 귀에 들리지 않을 정도로 높은 주파수(약 20kHz 이상)의 소리인 초음파가 가지고 있는 특성을 이용한 센서이다. 초음파는 공기나 액체, 고체에 사용할 수 있다. 주파수가 높고 파장이 짧기 때문에 높은 분해력을 계측할 수 있는 특징이 있다. 초음파 센서에 이용되는 파장은 매체의 음속과 음파의 주파수에 따라 결정되고, 바다 속의 어군탐지기나 소나에서는 1~100mm, 금속 탐상(探傷) 등에서는 0.5~15mm, 기체 속에서는 5~35mm 정도이다. 초음파 센서는 초음파의 발신소자와 수신소자가 동일하고, 센서 재료로는 자기변형 재료(페라이트 등)나 전압, 전기 변형재료(로셀염, 티탄산 바륨 등)가 이용되고 있다.

33 에너지 생산 및 전달, 소비 부분에서 광역 모니터링 및 제어 기술을 담당한다.

34 온도센서는 습도의 제어를 요하는 기기에 사용된다.

35 HDR은 High Dynamic Range의 약자입니다. 가장 밝은 곳부터 가장 어두운 곳까지 사람이 눈으로 보는 것과 최대한 가깝게 밝기의 범위를 확장하는 기술이죠. HDR 덕분에 우리는 아주 밝은 장면부터 아주 어두운 장면까지 자세히 볼 수 있습니다. 예를 들어 어두운 동굴 장면에서 HDR이 적용된 TV는 동굴 벽의 질감뿐만 아니라 모양과 색까지 실감나게 전달합니다. 햇빛이 눈부시게 쏟아지는 바다 위를 요트가 지나가는 장면에서도 햇살 하나하나를 선명하게 보여주죠. 지금 여러분은 이 글을 PC나 스마트폰으로 보고 있겠죠? 그 기기가 HDR을 지원하지 않는다면 어떤 차이인지 와닿지 않을 것입니다. 지금 가까운 전자제품 매장에 가서 HDR이 만드는 놀라운 현실감을 경험해보세요. 백문이 불여일견이니까요.

36 미세먼지란 대기 중에 떠다니거나 흩날려 내려오는 입자상물질인 먼지 중 다음의 흡입성먼지를 말합니다(「미세먼지 저감 및 관리에 관한 특별법」 제2조제1호 및 규제「대기환경보전법」 제2조제6호).
- 미세먼지 : 입자의 지름이 10마이크로미터(μm) 이하인 먼지(PM-10)
- 초미세먼지 : 입자의 지름이 2.5마이크로미터(μm) 이하인 먼지(PM-2.5)

37 교류(Alternating current, AC)란 시간에 따라 흐르는 방향과 크기가 주기적으로 변하는 전기의 흐름을 말한다. 전기의 흐름, 즉 전류를 크게 직류와 교류로 나눌 수 있다. 교류는 시간에 따라 흐르는 전류의 방향과 크기가 바뀌는 경우를 지칭하는데, 교류발전기를 이용하여 인위적으로 전기를 만드는 경우에 대부분 사인파 형태로 주기적으로 생성된다.

38 레이더 센서는 사용 주파수와 감도에 따라 작은 움직임까지 포착해낼 수 있다. UWB는 낙상 유무, 호흡 유무 등을 감지할 수 있으므로 헬스케어 분야에서 활용하는 센서이다.

39 • 스마트 LED의 소모전력이 백열전구의 절반이므로 같은 시간 사용할 경우 에너지 소모량은 절반이 된다.
- 스마트 LED의 소모전력은 백열전구의 절반이지만 밝기 효율이 훨씬 높으므로 이 정도의 차이라면 더 밝은 경우가 대부분이다.
- 스마트 LED는 무선 통신 기능이 내장되어 있어서 스마트폰과 직접 연결할 수도 있고 스마트 허브에 연결시킬 수도 있다.

40 ①, ②, ③은 대표적인 스마트홈 플랫폼이지만 4는 스마트 조명의 상표명이다.

01 ④	02 ②	03 ④	04 ①	05 ②
06 ③	07 ①	08 ①	09 ③	10 ①
11 ①	12 ①	13 ①	14 ③	15 ③
16 ③	17 ③	18 ①	19 ②	20 ④
21 ①	22 ③	23 ④	24 ②	25 ③
26 ④	27 ①	28 ③	29 ③	30 ③
31 ④	32 ①	33 ①	34 ①	35 ①
36 ④	37 ①	38 ②	39 ③	40 ①

01 • 음악 스트리밍 : <1Mbps
• 온라인 게임 : 다운로드 3~6Mbps, 업로드 1~3Mbps
• 소셜 미디어 : 다운로드 ~3Mbps, 업로드 ~1.5Mbps
• HD 비디오 스트리밍 : 5~25Mbps

02 스마트 서비스의 세상의 가장 중요한 요소는 디지털 기반이고, 스마트 공간, 스마트 제품, 스마트 데이터, 스마트 서비스를 총괄하는 개념이다.

03 스마트홈 서비스 모델에는 IoT Cloud 모델, Smart Gateway 모델, Hybrid 모델이 있다.

04 커넥티드홈 그리드(네트워크 망)은 스마트 하우스, 스마트 오피스, 스마트 홈 등이다.

05 생체인식 기술은 살아 있는 사람의 신원을 생리학적 특징 또는 행동학적 특징을 기반으로 인증하거나 인식하는 자동화된 방법을 말한다.

06 구글 핏(Google Fit)은 구글이 개발한 안드로이드 내의 소프트웨어로, 피트니스, 건강 트래킹 시스템이다.
헬스킷은 지금까지 아이폰과 아이패드 등 iOS 기기로 출시된 여러 가지 건강 관련 앱을 통해 측정한 사용자의 심박수와 수면 데이터, 체중, 혈압 등의 건강 정보를 한데 모아 보여주는 일종의 건강 플랫폼입니다.
삼성은 작년 11월에 발표한 SAMI 자체는 사물 인터넷 플랫폼으로 헬스케어에 초점을 두었다.

07 ISO/IEC JTC1에서의 사물인터넷 서비스 구조에 포함되는 것은 사물, 네트워킹, 플랫폼, 사용자이다.

08 IoT는 단순히 물리적, 논리적으로 사물들을 연결하는 기술이라고 볼 수 없다.

09 ThingPlug는 SK Telecom의 IoT 서비스 브랜드이다.

10 • 빅데이터 : 스마트폰, 각종 IT 기기들이 생성하는 막대한 데이터 자체 또는 그러한 데이터를 저장, 가공, 분석하는 기술을 총칭하는 말
• IoT : Internet of Things의 약자로서 사물인터넷이라고도 함
• 머신러닝(기계학습) : 데이터에 존재하는 패턴이나 특징을 판별하는 기능을 데이터 자체를 이용한 최적화를 적용하여 만들어내는 기법

11 ①번은 로컬 실행 방식의 장점이다.

12 퍼셉트론은 인공 신경망을 구성하는 기본 '노드'로서 입력신호에 가중치를 곱한 후 활성함수를 거쳐 출력값을 계산해 내는 인공 뉴런의 역할을 한다.

13 스마트홈 플랫폼에서 groovy, lua, python 등이 현재 많이 사용되는 스크립트 언어이다.

14 지능형 홈네트워크 설비 설치 및 기술기준(과학기술정보통신부고시 제2020-24호) 제10조 가. 영상정보처리기기의 영상은 필요시 거주자에게 제공될 수 있도록 관련 설비를 설치하여야 한다.

15 블루투스 메쉬 네트워킹은 저전력 블루투스(BLE) 기반으로 표준화되었으므로 블루투스 4.x에 해당하는 내용이다.

16 • CTP : Cordless Telephony Profile
• HSP : Headset Profile
• A2DP : Advanced Audio Distribution Profile
• HID : Human Interface Device profile

17 ZigBee 네트워크에는 하나의 ZC가 존재하며 여기에는 이론적으로 65,536개의 ZED가 접속할 수 있다. 다른 ZED가 보내는 데이터를 중계(라우팅)할 수 있는 디바이스 클래스는 ZR(ZigBee Router) 이다.

18 ZigBee가 정의하는 세가지 디바이스 클래스
ZC(ZigBee Coordinator), ZR(ZigBee Router), ZED(ZigBee End Device)

19 • Personal Home & Hospital Care(PHHC) : 일상 생활의 헬스케어 응용에 필요한 요구 사항 정의
• Home Automation(HA) : 가정의 조명, 스위치, 온도조절장치, 에어컨, 공조장치 등의 모니터링과 관리를 자동화해 주는 응용에 관한 요구 사항 정의
• Commercial Building Automation(CBA) : 대형 상업용 빌딩의 응용에 필요한 요구 사항 정의
• Smart Energy(SE) : 효율적이고 신뢰성 있는 에너지 사용을 위한 에너지 사용량 측정, 에너지 관리에 관한 요구 사항 정의

20 Wi-Fi, 블루투스, 전자렌지는 모두 2.4GHz 주파수 대에 영향을 줄 수 있다.

21 Z-Wave 장치는 고유의 Configuration Parameter를 가지고 있다. 이 parameter 값을 변경함으로써 장치의 동작을 변경할 수 있다.

22 SmartThings 허브는 인터넷 연결을 위한 IP 접속을 지원하고 무선기기들과는 ZigBee, Z-Wave와 접속한다. LPWAN 기술인 LoRa는 지원하지 않는다.

23 • ZigBee IP : 6LoWPAN 헤더 압축 기술을 적용하여 IEEE 802.15.4 위에서 표준 IPv6 패킷을 전송할 수 있게 하는 네트워킹 방법
• Thread : Google 이 인수한 Nest사를 중심으로 50여개의 기업이 만든 6LoWPAN 활용 홈오토메이션 네트워킹 표준
• IEEE 802.15.4 : ZigBee가 채용한 물리/MAC 계층으로서 6LoWPAN은 IEEE 802.15.4 위에서 IP 패킷의 전송을 목표로 활동중인 IETF의 워킹 그룹이자 기술의 명칭이다.
• LoRa : 저전력 무선 광대역 네트워크 기술(LPWAN)로서 10km 이상의 통달 거리를 지원하는 IoT용 저전력, 광대역 통신 기술임

24 IP(Internet Protocol)는 컴퓨터간의 통신을 위해 미국 국방부에서 개발한 인터넷 통신 프로토콜로, TCP/IP에 해당한다.

25 MQTT 브로커는 MQTT 클라이언트의 발행(publish) 또는 구독(subscribe) 요청을 등록하고 특정 '토픽(topic)'을 구독 중인 클라이언트에게 그 토픽에 대해 발행된 메시지를 중계하여 준다.

26 서비스 거부 공격(-拒否 攻擊, 영어 : denial-of-service attack) 또는 디오에스/도스(DoS)는 시스템을 악의적으로 공격해 해당 시스템의 자원을 부족하게 하여 원래 의도된 용도로 사용하지 못하게 하는 공격이다. 특정 서버에게 수많은 접속 시도를 만들어 다른 이용자가 정상적으로 서비스 이용을 하지 못하게 하거나, 서버의 TCP 연결을 바닥내는 등의 공격이 이 범위에 포함된다. 수단, 동기, 표적은 다양할 수 있지만, 보통 인터넷 사이트 또는 서비스의 기능을 일시적 또는 영구적으로 방해 및 중단을 초래한다.

27 UART, I2C, SPI는 모두 MCU와 반도체 칩간의 직렬 디지털 통신 규격으로서 MCU와 각종 센서간의 인터페이스 규격으로 널리 활용된다.
이더넷은 IEEE 802.3 기반의 LAN 접속 규격이다.

28 누전은 온도센서와 관계가 없다. 누전의 예방은 전기 차단기를 통해 가능하다.

29 스마트 허브 또는 스마트홈 허브는 서로 다른 프로토콜을 사용하는 서로 다른 기기를 통합 제어하기 위해 사용하는 장치이다.

30 • 스마트 LED의 소모전력이 백열전구의 절반이므로 같은 시간 사용할 경우 에너지 소모량은 절반이 된다.
• 스마트 LED의 소모전력은 백열전구의 절반이지만 밝기 효율이 훨씬 높으므로 이 정도의 차이라면 더 밝은 경우가 대부분이다.
• 스마트 LED는 무선 통신 기능이 내장되어 있어서 스마트폰과 직접 연결할 수도 있고 스마트 허브에 연결시킬 수도 있다.

31 ④번은 방화벽 혹은 Security Gateway의 역할이고 일반적인 스마트홈 허브의 역할이라 보기는 어렵다.

32 ATM기는 스마트홈 기기에 해당하지 않는다.

33 옴의 법칙은 회로에서 전압, 전류, 저항 사이의 관계를 설명하기 위해 사용된다. 이 법칙은 1826년 과학자 게오르크 옴(Georg Simon Ohm)에 의해 발견되었으며 옴이 다양한 길이와 재질을 갖는 도선에 흐르는 전류를 수없이 많이 측정한 후 결과를 얻어 발표하였다. 그의 업적을 인정하여 저항의 단위를 Ω(옴, ohm)이라고 한다.

34 PIR(Passive Infra-Red) 센서는 모든 인체가 방출하는 적외선에 반응하는 수동형 센서로서 별도의 신호를 송출하지 않는다. Pyroelectric 현상을 이용하므로 Pyroelectric 센서 또는 IR 모션센서라고도 한다.

35 PM1.0 : Particle Matter 1.0으로서, 1.0 마이크로미터까지의 미세입자를 의미한다. PM 숫자가 작을수록 더 작은 미세입자를 검출할 수 있다.

36 바이오 센서는 생물학적 특성을 이용하여 물질의 성질을 조사하는 센서이다. 소변 검사, 임신 진단 키트 등에서 사용하고 원거리의 움직임을 감지하는데는 적합하지 않다.

37 CdS(황화카드뮴 셀 : Cadmium sulfide cell)이란 카드뮴과 황화합물인 황화카드뮴 CdS를 사용한 광도전 소자이다. CdS에 빛을 조사하면 반도체 중 캐리어 밀도가 증가하여 도전율이 증가하는 현상으로 외부로부터의 빛의 에너지에 의하여 가전자대(valence band)의 자유전자가 전도대(conduction band)로 여기되어 그 결과로 도전성을 나타낸다. 일종의 가변 저항기로, 주변이 밝으면 저항이 감소하여 전기가 잘 흐르고, 주변이 어두워지면 저항이 증가하여 전기가 잘 흐르지 않는 특성을 가지고 있다.

38   사람은 외부에서 오는 자극을 5감(시각 · 청각 · 후각 · 미각 · 촉각)으로 받아들여 그 신호를 뇌로 보내고 뇌에서 내리는 명령에 따라 근육을 움직이는데, 인간의 5감의 역할과 센서의 역할이 같다.

39   능동소자 [Active component]는 전자 회로를 구성하는 소자 중, 입력 신호의 증폭 또는 발진 등을 작용할 수 있는 소자를 말한다. 이때, 에너지 보존 법칙이 성립해야 하므로 다른 전원 장치로부터 에너지를 얻어 작동한다. 능동소자는 전압원, 전류원, 저항 또는 축전기와 같은 수동 소자로 구성된 등가회로로 나타낼 수 있다. 수동소자 [Passive component]는 전자 회로를 구성하는 소자 중, 전기적 에너지를 소모, 저장 혹은 전달 할 뿐 다른 역할을 하지 않는 소자를 말한다. 이때, 수동소자는 수동적으로 작용할 뿐이므로, 외부전원 없이 단독으로 동작한다. 수동 소자의 예로 저항기, 축전기, 인덕터 등이 있다.

40   홈 게이트웨이 [home gateway]는 유무선 홈 네트워크의 댁내망과 각종 디지털 가입자 회선(xDSL), 케이블, 파이버 투 더 홈(FTTH) 등 가입자 액세스망을 상호 접속하거나 중계하는 장치. 일반적으로 그 상위 계층에 미들웨어 기술을 부가하여 가정의 사용자에게 다양한 멀티미디어 서비스를 제공하거나 웹 서버, 멀티미디어 서버, 홈 자동화 서버를 비롯하여 각종 서버 기능을 통합하여 홈 서버로서의 복합 기능을 수행하기도 한다.

01 ①	02 ②	03 ③	04 ③	05 ④
06 ①	07 ①	08 ①	09 ③	10 ④
11 ②	12 ②	13 ①	14 ②	15 ①
16 ③	17 ①	18 ②	19 ①	20 ①
21 ③	22 ①	23 ①	24 ②	25 ④
26 ②	27 ④	28 ①	29 ④	30 ①
31 ①	32 ②	33 ④	34 ②	35 ①
36 ②	37 ④	38 ①	39 ②	40 ①

01 공공 인프라는 효율과 보안 측면에서 개방형 생태계가 적합하지 않으며 특정 공공 인프라에 적합한 플랫폼과 애플리케이션, 네트워크 서비스가 제공되는 것이 바람직하기 때문

02 사물인터넷을 구현하기 위해서는 BLE, Zigbee, Zwave 와 같은 저전력 네트워킹 기술이 필요하다.

03 사용자 인식 기반의 스마트 스트리트(Street) 조성은 스마트시티와 관련이 깊다.

04 지문이 설명하는 것은 사물인터넷(IoT)의 개념이다.

05 사물인터넷 활성화 요인으로는 소형화, 표준화, 모듈화, 개방화, 저전력화, 저가격화, 고성능화 등이 있다. 고비용, 저기능은 사물인터넷의 활성화 요인이 아니다.

06 IoT는 단순히 물리적, 논리적으로 사물들을 연결하는 기술로 설명될 수 없다.

07 ①번은 로컬 실행 방식의 장점이다.

08 스마트홈 플랫폼에서 groovy, lua, python 등이 현재 많이 사용되는 스크립트 언어이다.

09 지능형 홈네트워크 설비 설치 및 기술기준(과학기술정보통신부고시 제2020−24호) 제10조 가. 영상정보처리기기의 영상은 필요시 거주자에게 제공될 수 있도록 관련 설비를 설치하여야 한다.

10 개인정보 처리방침 등 개인정보의 처리에 관한 사항은 공개되어야 합니다(개인정보보호법 제3조 제5항).

11 지문에서처럼, 음성인식을 인터넷으로 연결된 서버에서 수행하는 경우, '클라우드 컴퓨팅'이라고 한다. 만약 스마트폰에서 직접 음성인식을 수행한다면 '엣지 컴퓨팅'이라고 부를 수 있다.

12 공통 서비스 엔티티(CSE : Common Service Entity) 는 사물인터넷의 다양한 애플리케이션 엔티티들이 공통적으로 사용 가능한 공통 서비스 기능들로 이루어진 플랫폼이다. 공통 서비스 엔티티가 제공하는 공통 서비스 기능들은 Mcc, Mca 레퍼런스 포인트를 통해 제공되어, 다른 공통 서비스 엔티티와 애플리케이션 엔티티에 의해 각각 사용된다. 레퍼런스 포인트 Mcn은 네트워크 서비스를 사용하는 데 쓰인다.

13 옥외보안등은 홈네트워크 건물인증 심사 항목이 아님.

14 세대조명제어는 타인과의 접촉을 필요로 하지 않는, 내 집에서의 제어이므로 비대면 시스템의 일환으로 보기는 어렵다. 나머지는 모두 대면을 비대면으로 변경한 기능으로 볼 수 있다.

15 저전력 블루투스(Bluetooth Low Energy)에 대한 설명이다.

16 ZigBee 네트워크에는 하나의 ZC가 존재하며 여기에는 이론적으로 65,536개의 ZED가 접속할 수 있다. 다른 ZED가 보내는 데이터를 중계(라우팅)할 수 있는 디바이스 클래스는 ZR(ZigBee Router)이다.

17 • ZR(ZigBee Router) : 애플리케이션을 수행하지만 다른 노드가 송신하는 데이터를 중계(라우팅)하는 역할도 수행한다.
• ZED(ZigBee End Device) : 센서노드와 같이 애플리케이션을 수행하면서 자신에게 송신되는 데이터를 수신하고 자신이 보내기를 원하는 데이터만 송신하는 말단 디바이스이다.

18 • Personal Home & Hospital Care(PHHC) : 일상 생활의 헬스케어 응용에 필요한 요구 사항 정의
• Home Automation(HA) : 가정의 조명, 스위치, 온도조절장치, 에어컨, 공조장치 등의 모니터링과 관리를 자동화해 주는 응용에 관한 요구 사항 정의
• Commercial Building Automation(CBA) : 대형 상업용 빌딩의 응용에 필요한 요구 사항 정의
• Smart Energy(SE) : 효율적이고 신뢰성 있는 에너지 사용을 위한 에너지 사용량 측정, 에너지 관리에 관한 요구 사항 정의

19 RFID(Radio Frequency Identification)는 '전파식별'보다 한국기술표준원에서 정의한 '무선인식'으로 더 불리고 있다. RFID 시스템은 태그, 안테나, 리더기 등으로 구성되는데, 태그와 안테나는 정보를 무선으로 수미터에서 수십미터까지 보내며 리더기는 이 신호를 받아 상품 정보를 해독한 후 컴퓨터로 보낸다. 보내진 자료는 인식한 자료를 컴퓨터 시스템으로 보내 처리된다. 그러므로 태그가 달린 모든 상품은 언제 어디서나 자동적으로 확인 또는 추적이 가능하며 태그는 메모리를 내장하여 정보의 갱신 및 수정이 가능한 것이다.

20 • ISM Band : Industrial, Scientific, Medical의 용도로 정의된 비허가 무선대역으로서 블루투스와 지그비, WiFi가 공통으로 사용하므로 상호간 신호 간섭의 가능성이 있어 이를 고려한 네트워크 설계가 필요함
• LTE : Long Term Evolution 의 약자로서, 3세대 이동통신을 장기적으로 진화시킨다는 의미가 있는 3.9세대 이동통신규격을 일컫는다.
• DMB : Ultra-WideBand의 약자로서, 기존의 스펙트럼에 비해 매우 넓은 대역에 걸쳐 낮은 전력으로 대용량의 정보를 전송하는 무선통신 기술이다.

21 SmartThings 허브는 인터넷 연결을 위한 IP 접속을 지원하고 무선기기들과는 ZigBee, Z-Wave와 접속한다. LPWAN 기술인 LoRa는 지원하지 않는다.

22 UART, I2C, SPI는 모두 MCU와 반도체 칩간의 직렬 디지털 통신 규격으로서 MCU와 각종 센서간의 인터페이스 규격으로 널리 활용된다.
이더넷은 IEEE 802.3 기반의 LAN 접속 규격이다.

23 전통적인 와이파이 망은 무선 액세스 포인트로 알려진 제어 장비들(기지국/base station 또는 핫스팟/hot spot으로 불림)에 기초하고 있다. 이 장비들은 일반적으로 다음과 같이 세 가지 핵심기능을 지니고 있다. 유/무선 네트워크를 위한 물리적 지원, 네트워크 장비 간 브리징 및 라우팅, 네트워크 장비 접속 및 접속해제에 대한 서비스 공급
전형적인 와이파이 홈 네트워크는 광대역 통신 서비스 공급자, 액세스 포인트, 유무선으로 연결된 컴퓨터(때로는 네트워크에 연결된 타 장비까지)에 대해 유선 연결을 포함한다. 다수의 와이파이 네트워크는 액세스 포인트가(와이파이 접속기능을 지닌 장비들을 연결하는) 중앙 허브로서의 기능을 하는 "인프라스트럭처 모드"로 구축된다. 각각의 장비들은 직접적인 접속이 아닌, 액세스 포인트를 통해 간접적으로 통신을 주고받을 수 있다. 와이파이 다이렉트 장비들은 첫 연결이 이루어질 때 AP(액세스 포인트)로 동작할 장비를 서로 간에 결정한다.

24 스니핑 & 스푸핑 공격은 스니퍼를 이용하여 네트워크 상의 데이터를 도청하는 행위를 말한다. 스니퍼란 컴퓨터 네트워크상에 흘러 다니는 트래픽을 엿듣는 도청장치라고 할 수 있다.

25 멀티미디어 제품의 주요 보안위협 원인으로는 인증 메커니즘 부재, 강도가 약한 비밀번호, 펌웨어 업데이트 취약점, 물리적 보안 취약점이 있으며 공인 인증서 연동을 채택하고 있지 않다.

26 IP(Internet Protocol)는 컴퓨터간의 통신을 위해 미국 국방부에서 개발한 인터넷 통신 프로토콜로, TCP/IP에 해당한다.

27 Z-Wave, Bluetooth Low Energy, ZigBee는 스마트홈 기기들이 많이 사용하는 무선통신 방식이지만 전송속도가 낮아서 IP Camera가 촬영한 영상을 스트리밍하기에는 적합하지 않다.

28 PIR(Passive Infra-Red) 센서는 모든 인체가 방출하는 적외선에 반응하는 수동형 센서로서 별도의 신호를 송출하지 않는다. Pyroelectric 현상을 이용하므로 Pyroelectric 센서 또는 IR 모션센서라고도 한다.

29 바이오 센서는 생물학적 특성을 이용하여 물질의 성질을 조사하는 센서이다. 소변 검사, 임신 진단 키트 등에서 사용하고 원거리의 움직임을 감지하는 데는 적합하지 않다.

30 사용자는 온도 센서를 선택할 때 몇 가지 사항을 신중하게 고려한 후 지금까지 설명한 센서들 중에서 자신이 처한 상황에 적합한 센서를 선택해야 한다.
사용자가 온도 센서 선택 시 고려해야 할 사항들은 ▲ 측정 분야와 요구 사항 ▲ 측정해야 하는 온도의 범위 ▲ 센서 설치 환경 ▲ 센서 장착 방식과 열 전도를 극대화 시킬 수 있는 장착 방식 ▲ 온도 신호의 컨디셔닝, 수집, 분석, 표시 및 저장에 필요한 측정 하드웨어 등이다.
측정 분야와 요구 사항에서 사용자가 중점적으로 생각해 보아야 할 부분은 온도의 변화 속도와 센서의 견고성 및 정확도이다.
측정 온도 범위에 있어서 사용자는 적용 가능한 전체 온도 범위 이상에서 작동 가능한 센서의 유형과 전압 또는 저항과 온도 간의 변환 정확도를 향상시킬 수 있는 높은 선형 응답성을 갖춘 센서의 유형이 무엇인지를 고민해야 한다. 센서 설치 환경 측면을 고려할 때 사용자는 자신이 몸담고 있는 현장이 화학 물질에 노출된 환경 하에 있는지를 파악한 후, 센서가 화학 물질에 노출되는 현상을 막을 수 있는 적합한 센서 덮개를 센서에 적용하는 것을 고민해야 한다. 또한 사용자는 현장에서 발생할 수 있는 센서 접지 루프 및 노이즈 현상을 방지할 수 있는 절연의 필요성을 판별해야 하는 동시에 현장에 설치될 센서를 마모시키고 센서에 진동을 전달하는 요소가 있는지를 파악해 이 같은 요소가 있을 시 이를 견딜 수 있는 등급을 갖춘 센서를 도입해야 한다.

31 자이로센서에 대한 설명이다.

32　가스센서는 가스의 화학적 성질을 이용하여 기체 중의 특정성분을 검지하여 전기신호로 변환하는 소자이다. 우선적으로 가연성 가스(LPG, LNG 등)의 폭발방지를 위한 가스경보기로 상용화되어, 유독가스용, 프로세스 계측용, 자동제어용, 환경계측용 등으로서 용도가 동시에 계속하여 새로운 가스센서가 개발되고 있다. 가스를 검출하기 위해서 물체의 흡착, 화학반응, 고체전해질 속의 이온의 투과, 적외선 흡수, 열전도율 등의 현상을 이용한다.

33　④번은 방화벽 혹은 Security Gateway의 역할이고 일반적인 스마트홈 허브의 역할이라 보기는 어렵다.

34　PM 1.0 센서는 이산화탄소와 관련이 없다.

35　스마트 전기 계량기는 다양한 스마트 가전기기 등과 상호 연동하는 IT 융복합형 전기 계량기 및 스마트 게이트 웨이 등으로 발전할 수 있다.

36　스마트 에너지미터는 가전 기기별 에너지 사용 데이터를 수집해 분석한 후 에너지 절감 가이드라인을 제공하는 실시간 에너지 계량기를 말한다.

37　①, ②, ③은 대표적인 스마트홈 플랫폼이지만 4는 스마트 조명의 상표명이다.

38　• IR-LED : 근적외선을 방출하는 LED를 IR-LED라고 하며, CCTV가 사용하는 이미지센서의 근적외선 감지 능력과 조합하면 조명이 없거나 어두운 곳에서도 촬영을 할 수 있다.(단, 컬러이미지는 촬영할 수 없다.)
• PIR : Passive Infra-Red 의 약자로서, 사물에서 자연적으로 방출되는 적외선을 감지하여 움직임을 감지하는 센싱 방식이다.
• PTZ : 카메라의 Pan-Tilt-Zoom을 일컫는 용어이다.
• 어안렌즈 : Fisheye Lens라고도 부르는 초광각 렌즈를 의미한다. 적은 수의 카메라로 넓은 공간을 커버하고 싶을 때 활용할 수 있다.

39　10W의 조명 10개는 100W의 전력을 소모하는데, 이것은 1초에 100J의 에너지를 소모한다는 뜻이다. 100W의 전력을 소모하는 기기가 1시간동안 소모하는 전력량(에너지)은 $100W \times 2h = 200Wh$인데, 이것을 에너지의 표준량인 Joule로 환산하면 $100W \times 3600초 \times 2 = 720,000$ Joule이 된다. 이와 같이 특정 시간동안 소모한 전력량은 결국 에너지의 양인데 Joule로 표기하면 너무 값이 커지므로 Wh와 같은 단위를 많이 사용한다.

40　자석감지기는 UTP를 통한 DC 전원이면 동작이 가능하다. 나머지는 모두 AC 220V의 전원라인이 필요하다.

한국정보통신자격협회 시행
국가공인
자격종목 소개

국가공인 네트워크관리사 2급

네트워크관리사 2급은 국가가 공인(公認)한 IT 분야 전문자격으로서, 서버를 구축하고 보안 설정, 시스템 최적화 등 네트워크 구축 및 이를 효과적으로 관리할 수 있는 네트워크 관련 기술력을 검정하는 자격 분야이다.

시험방식

필기
IBT
Internet
Based Test

실기
CBT
Computer
Based Test

필기 세부내용
- 네트워크 일반
- TCP/IP
- NOS
- 네트워크 운용기기
- 정보보호 개론(1급)

실기 세부내용
- LAN 전송매체
- 네트워크 설계/구축
- TCP/IP
- NOS
- 네트워크 운용기기

응시자격 · 검정료	1급	필기 시험	• 네트워크관리사 2급 자격증 소지자 • 전기, 전자, 통신, 정보처리 직무 분야 국가기술 자격 취득자 중 아래 해당자 가. 기술사, 기사, 산업기사 자격증 소지자 나. 기능사 자격 취득한 후 동일 직무 분야에서 2년 이상 실무에 종사한 자 • IT 관련 사업장에서 5년 이상 종사한 자(상기 1항 이상 해당자)	43,000원
		실기 시험	해당 등급 필기 합격자로서 합격일로부터 2년 이내의 응시자	100,000원
	2급 (국가공인)	필기 시험	제한 없음	43,000원
		실기 시험	해당 등급 필기 합격자로서 합격일로부터 2년 이내의 응시자	78,000원
합격기준			60점 이상	

공인번호 : 제2019-02호(2급) / 민간자격 등록번호 : 제2008-0212호(1, 2급) / (1급은 공인자격이 아닙니다.)

국가공인 PC정비사 1·2급

PC정비사는 국가가 공인(公認)한 하드웨어 전문자격으로서 컴퓨터 전반에 관한 하드웨어 시스템과 소프트웨어 지식을 겸비하여 컴퓨터의 문제점을 파악해 보수하거나 하드웨어 업그레이드, 수리 등을 할 수 있는 능력을 검정하는 자격 분야이다.

시험방식

필기
IBT
Internet
Based Test

실기
CBT
Computer
Based Test

필기 세부내용
- PC 운영체제
- PC와 주변장치
- PC 유지보수
- PC 네트워크
- 디지털 논리회로(1급)

실기 세부내용
- PC 분해 조립 및 시스템 점검
- PC 진단과 처방
- PC 네트워크 구축
- H/W 업그레이드

응시자격 · 검정료	1급 (국가공인)	필기 시험	• PC정비사 2급 자격증 소지자 • 전기, 전자, 통신, 정보처리 직무 분야 국가기술 자격 취득자 중 아래 해당자 가. 기술사, 기사, 산업기사 자격증 소지자 나. 기능사 자격 취득한 후 동일 직무 분야에서 2년 이상 실무에 종사한 자 • IT 관련 사업장에서 5년 이상 종사한 자(상기 1항 이상 해당자)	43,000원
		실기 시험	해당 등급 필기 합격자로서 합격일로부터 2년 이내의 응시자	100,000원
	2급 (국가공인)	필기 시험	제한 없음	43,000원
		실기 시험	해당 등급 필기 합격자로서 합격일로부터 2년 이내의 응시자	78,000원
합격기준			60점 이상	

공인번호 : 제2018-03호(1, 2급) / 민간자격 등록번호 : 제2008-0213호(1, 2급)

필기 | 실기 한권끝장
스마트홈관리사

定價 30,000원

저 자 김일진 · 이의신
       황준호 · 장우성

발행인 이 종 권

2022年 12月 1日 초 판 인 쇄
2022年 12月 7日 초 판 발 행

發行處 (주) 한솔아카데미

(우)06775 서울시 서초구 마방로10길 25 트윈타워 A동 2002호
TEL : (02)575-6144/5   FAX : (02)529-1130
〈1998. 2. 19 登錄 第16-1608號〉

ISBN 979-11-6654-224-4 13550